面向新工科普通高等教育系列教材

Linux 系统与服务管理

主　编　王明泉

副主编　刘　义　郭宏亮　王殿利

主　审　吕光雷

机　械　工　业　出　版　社

本书是在任务驱动教学理念的指导下进行设计和编写的，主要包括系统基础、系统管理、网络管理及系统实验 4 篇。本书在深入浅出地介绍各章节内容的基础上，特别强调各章节的内在逻辑性，围绕操作系统的基本特性——对于多任务、多用户的支持而展开。其中，第 1 章操作系统的绪论部分统领全书；第 2 章介绍了 Linux 系统的基本操作控制命令、vim 编辑器及重定向等内容，是学习第 3 章及后续章节的基础；第 3 章介绍了多用户部分，第 4 章介绍了文件系统管理，第 5 章介绍了软件包及软件安装的内容，为多任务部分做铺垫；第 6 章介绍了多任务部分，是第 7、8 章的网络及服务管理内容的基础。本书每章均配有习题，以指导读者进行深入总结。

本书既可作为高等院校 Linux 操作系统课程的教材，也可作为培训班的技术参考书。同时，对于自学 Linux 系统的读者，本书也提供了完备的学习路径。

本书配有授课电子课件及相关视频等资料，需要的教师可登录 www.cmpedu.com 免费注册，审核通过后下载，或联系编辑索取（微信：15910938545，电话：010-88379739）。

图书在版编目（CIP）数据

Linux 系统与服务管理 / 王明泉主编. —北京：机械工业出版社，2022.6
（2025.2 重印）
面向新工科普通高等教育系列教材
ISBN 978-7-111-70874-2

Ⅰ. ①L… Ⅱ. ①王… Ⅲ. ①Linux 操作系统-高等学校-教材 Ⅳ. ①TP316.85

中国版本图书馆 CIP 数据核字（2022）第 091752 号

机械工业出版社（北京市百万庄大街 22 号　邮政编码　100037）
策划编辑：郝建伟　　责任编辑：郝建伟　解　芳
责任校对：张艳霞　　责任印制：邓　博
北京盛通数码印刷有限公司印刷

2025 年 2 月第 1 版·第 3 次印刷
184mm×260mm·15.75 印张·463 千字
标准书号：ISBN 978-7-111-70874-2
定价：79.00 元

电话服务　　　　　　　　　　　　网络服务
客服电话：010-88361066　　　　　机 工 官 网：www.cmpbook.com
　　　　　010-88379833　　　　　机 工 官 博：weibo.com/cmp1952
　　　　　010-68326294　　　　　金 书 网：www.golden-book.com
封底无防伪标均为盗版　　　　　机工教育服务网：www.cmpedu.com

前言

百年大计，教育为本。习近平总书记在党的二十大报告中强调"教育、科技、人才是全面建设社会主义现代化国家的基础性、战略性支撑"，首次将教育、科技、人才一体安排部署，赋予教育新的战略地位、历史使命和发展格局。需要紧跟新兴科技发展的动向，提前布局新工科背景下的计算机专业人才的培养，提升工科教育支撑新兴产业发展的能力。

开源的 Linux 系统是 GNU 计划中的基础性系统软件，具有广泛的应用领域，如服务器管理、桌面应用、云计算、大数据分析、机器学习等。在当前多边开放的全球化格局下，更加需要Linux 这样包容开放的软件，为万物互联的世界提供安全、可控的系统平台。因此，Linux 系统与服务管理课程成为计算机、大数据等专业的必修课程。

本书是在任务驱动教学理念指导下设计和编写的，主要包括系统基础、系统管理、网络管理及系统实验 4 篇，共计 8 章理论内容以及 11 个系统实验，其中的系统实验部分是任务驱动教学理念的具体体现。

在深入浅出地介绍 Linux 相关知识点的基础上，本书强调各章节的内在逻辑性。因此，本书围绕操作系统的基本特性——对于多任务、多用户的支持而展开。主要内容归纳如下。

1）在学习 Linux 系统的过程中，通过 Shell 命令及目录的层次结构的学习，能够逐渐掌握文件系统。文件系统除了包括文件、目录、路径、设备、层次结构等基本概念之外，还包括外存空间布局、文件数据如何存储等具体问题的解决方案。这些内容主要在第 2、4 章中介绍，是 Linux 的基础。

2）Linux 系统的迅速发展和广泛应用，离不开其强大的多用户、多任务支持能力。其中，对于大量用户的支持与管理，是采用身份编号并赋予不同权限的机制实现的；对于多任务的支持，采用以进程为单位的资源分配回收及相应管理机制。这些内容对应于第 3、6 章，是学习 Linux 系统的一条主线。

3）掌握软件的安装、升级、卸载与查询等功能，是深入学习 Linux 系统的必由之路，也为后续的服务管理奠定了基础。压缩及打包的相关命令、RPM 软件包及管理命令、YUM 管理工具以及一些必要的扩充内容，在第 5 章介绍。

4）Linux 系统对于网络的支持也有自身的特色。Linux 内核直接支持的多种网络协议，一直是 Internet 的坚实基础，这些网络协议能够实现不同类型网络的连接、配置、监控、远程登录等各种类型的数据传输及资源共享功能，保证网络的畅通。同时能够提供 TCP/IP 协议栈支持的各种服务，包括一些基础性的服务以及多种应用层服务，如 SSH、FTP、NFS、Samba、DNS、Web等。这些系统服务的知识是第 7、8 章的主要内容，也是 Linux 应用的主要领域。

本书适合作为课时量在 60 学时左右的 Linux 系统课程的主教材或实验教材。在具体的教学过程中，可以适当裁剪或者扩充。如果以实验内容为主线，在增加学习兴趣的同时，还可以将授课时长适当减少至 48 学时左右。

关于以实验内容为主线的教学方式，即在每次课程中设定一个具体可执行的题目、任务，设定非常明确的任务目标，完成这个目标需要一组命令的组合，包括它们的执行顺序。这样在完成任务目标的过程中讲解、学习各种命令，避免为了命令而讲命令格式及用法的枯燥形式，同时也精简了相关知识点，学习的目的性更强。对于一些复杂深入的内容，在教师的指导下，可以留在课外，进行研讨式学习。

另外，Linux 是开源自由的系统基础软件，本书不可避免地提到 Linux 系统并加入了 GNU 计划的相关内容。书中很多内容参考了 Linux 系统的帮助文档。

在本书的编写过程中，刘义编写了第 3 章及第 5 章；郭宏亮编写了第 7 章、8.1 节、8.2 节及 8.3 节；王殿利编写了 8.4 节并进行了大量的资料收集工作；王明泉编写了第 1、2、4、6 章及第四篇系统实验部分，并负责汇总及统稿。本书由吕光雷主审，薛明轩、王越和陈霄参与了编写工作，并对本书的内容提出了宝贵意见，在此一并表示感谢。

机械工业出版社郝建伟老师耐心细致地审阅了本书的全部书稿，并在出版过程中给予了全力的支持和帮助，特此表示感谢！

由于编者的学识水平有限以及写作时间仓促，本书难免存在不足之处，在此恳请广大读者提出宝贵建议，帮助改进、充实、完善本书的结构及内容。

编 者

目录

第二篇 系 统 管 理

第三篇　网　络　管　理

第四篇 实 战 实验

第一篇 系统基础

第1章
绪论

开放源代码以及通用公共许可协议（GPL）的特性，使得 Linux 系统具有强大的生命力和广阔的应用领域。另外，Multics、UNIX、Minix 等操作系统在设计开发过程中积累的经验与成熟的技术，以及 GNU 计划的支持，都为 Linux 的快速发展奠定了坚实的技术基础。特别是在当前多边开放的全球化格局下，更加需要 Linux 这样包容开放的软件，为万物互联的世界提供安全、可控的系统平台。

本章知识单元

阐述计算机系统中的核心软件——操作系统的发展过程、作用和功能；GNU 计划；开源 Linux 系统的框架结构；内核及主要功能、Shell、X-Window；版本问题；应用领域；虚拟机软件；系统安装的主要步骤。

1.1 Linux 操作系统的发展

Linux 操作系统伴随着计算机软硬件技术的快速发展和不断普及的过程而产生、进步并迭代完善，在多个领域中得到了广泛应用。

计算机系统由硬件和软件两大部分构成，操作系统在其中扮演着承上启下的纽带和桥梁的作用。首先，操作系统能够有效管理下层的各种硬件资源，如 CPU、存储器、I/O 等；其次，操作系统为上层软件提供了各种必需的系统调用 API（应用程序接口），如数据的输入、输出以及各种控制函数等；再者，操作系统内部使用进程、线程的概念整合了各种软硬件资源，并进行了合理调度，满足上层软件的各种需求。操作系统的核心角色作用如图 1-1 所示。

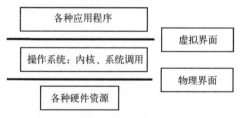

图 1-1　操作系统的核心角色作用

1.1.1 从无到有的操作系统

操作系统软件是伴随着计算机硬件的快速发展，而不断成长与完善的。

从 1946 年人类创造出第一台通用电子数字计算机 ENIAC 后，计算机硬件技术经历了从电子管到晶体管，从独立元件到集成电路，从小规模集成电路到大规模、超大规模集成电路的快速迭代发展过程。目前，一块 CPU 芯片上，集成的晶体管数量规模超过 100 亿个，如麒麟 9000 芯片集成的晶体管数量超过了 150 亿个。随着硬件技术的不断发展，系统软件也从最初的直接采用机器指令进行控制的形式，发展到使用助记符号汇编指令编写，进一步从汇编语言到高级语言的混合设计模式。而应用软件的开发则经历了从高级语言到脚本程序开发的快速迭代过程。

20 世纪 60 年代，在 IBM 公司的 IBM 7094 计算机上，密歇根大学开发了 UMES（密歇根大学执行系统），它是一个能够保存中间计算结果的操作系统，从而产生出中断的概念。20 世纪 70 年代，IBM 公司设计了 IBM 360 计算机，运行 OS/360 操作系统。随着 IBM 对 OS/360 操作系统的不断完善，操作系统提供了更多的资源管理和共享功能，允许 CPU 与外部设备并行工作，多道程序并发运行，软件系统逐渐演变成功能强大、性能可靠稳定的多道批处理系统。在此之后麻省理工学院（MIT）与密歇根大学联合 AT&T 公司的贝尔实验室，共同开发了 Multics 通用多用户系统项目。项目的研究开发过程中明确了计算机领域中的许多概念，如中断、进程、文件系统、分时操作等。Multics 系统在商业领域的第一个应用系统是并行的分时系统 CTSS。目前，在 https://www.multicians.org/ 网站能够了解到 Multics 系统的发展历程，如图 1-2 所示。

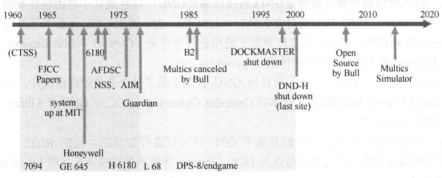

图 1-2　通用操作系统 Multics 的重要发展阶段

Multics 系统的开发推动了操作系统的发展。由于提出的目标过于庞大复杂，时间和经费成本过于高昂，导致开发过程进展缓慢。贝尔实验室的研究人员提出了不同的开发方向及意见，最后离开了团队。

1.1.2　UNIX 与 Minix

Linux 的产生离不开 UNIX 操作系统的发展。UNIX 系统最初是 1969 年由贝尔实验室的 Thompson 等科研人员使用汇编语言开发的一个小型文件服务系统程序，称之为 Unics，最初的开发工作是在 DEC 公司的 PDP-7 和 PDP-11 小型计算机上完成的。1973 年，Thompson 与 Ritchie 合作，使用 C 语言重新改写并完善了原来的 Unics 系统源代码，并最终命名为 UNIX。由于使用了较高级的（相对于低级的机器语言和汇编语言）C 语言进行程序代码的开发与设计工作，使得 UNIX 能够比较容易地移植到不同架构的计算机系统之上，如后来的 x86 以及 PowerCPU 系统架构上。也正是由于 UNIX 系统和 C 语言的快速发展及在高校及科学研究领域的广泛普及应用，极大地促进了各种版本的操作系统以及各种编程工具的不断产生。

1977 年，诞生了 UNIX 系统的重要分支：加州大学伯克利分校的 BSD 系统。并以此为契机，1979 年产生出 UNIX 系统的几个主要版本，分别是 AT&T 公司的 System V、IBM 公司的 AIX 和 Sun 公司（已被甲骨文收购）的 FreeBSD。多种 UNIX 版本无序生长，最终导致了内核与应用程序之间的接口规范 POSIX 的产生，由美国电气与电子工程师学会（IEEE）发布。

出于商业及自身实际情况的考虑，AT&T 于 1979 年在发行新版的 UNIX 系统 System V 时，特别提出了对 UNIX 系统源代码使用的严格限制性要求。因此，教师们在课堂上便不能够随意使用 UNIX 的源代码讲授操作系统课程。

在这种情况下，荷兰阿姆斯特丹自由大学的 Andrew S. Tanenbaum 教授，从 1984 年开始，着手在 x86 架构下设计了一个类 UNIX 的 Minix 系统，用于操作系统课程的教学工作。Minix 系统不是完全免费的（随着 Minix 系统的教材一起发行），也不希望增加新功能，以便于保证教学过程的相对独立性。正是这样的特性，导致了 Linux 系统的诞生。

1.1.3　GNU 计划与 Copyleft 概念

以操作系统为核心的软件技术在经历了 20 世纪 60～70 年代的软件危机之后，引入了工程管理的概念，蓬勃发展到 20 世纪 80 年代，产生了 Copyright 与 Copyleft 观念的对立。

有趣的是，当 1984 年 Tanenbaum 教授开始设计 Minix 系统时，几乎在同一年，理查德·马修·斯托曼（Richard Matthew Stallman）发起了 GNU 计划，正式宣布开始进行一项宏伟的计划：创造一套完全自由免费、兼容于 UNIX 的操作系统 GNU，并且成立了自由软件基金会（Free Software Foundation，FSF）以促进计划的执行。1985 年，为了避免 GNU 计划下开发的软件被其他人利用变成专利软件，斯托曼与律师草拟了通用公共许可证（General Public License，GPL），并且称之为 Copyleft（相对于专利软件的 Copyright）。

斯托曼不但提出了 GNU 计划，而且为 GNU 计划贡献了几个著名的自由软件，分别是移植到 UNIX 系统的 Emacs 编辑器软件、GNU Compiler Collection（GCC）、GNU C Library（glibc）以及程序调试器 GBD 等。

目前，绝大多数自由开源软件都是基于 GPL 许可证进行分发的，包括 RHEL、CentOS、Ubuntu 这样的操作系统，以及大名鼎鼎的 GCC、Python 等程序开发编译工具和 LibreOffice 等众多的其他应用软件。

1.1.4　Linux 系统的诞生及发展

Linux 系统最早是在 1991 年由林纳斯·托瓦兹（Linus Torvalds）在芬兰的赫尔辛基大学计算机专业读书期间设计开发的。林纳斯发现 Minix 及终端仿真软件使用起来非常麻烦，为此编写了磁盘驱动程序和文件系统，成为后来 Linux 内核的雏形。1991 年 9 月，发布了第一个版本的 Linux，大约有一万行代码。

在此之后，Linux 经过日积月累，将网络上许多编程高手的经验、创意和代码整合成一个集合体，于 1994 年 3 月推出了 1.0 版内核。同时林纳斯本人受到自由软件概念提出者 Richard Matthew Stallman 的精神感召，正式使用 Linux 这一名称（Linux 这一名称来源于 Linus 本人的名字，以及 UNIX 和 Minix），将这款类 UNIX 的操作系统加入到了自由软件基金会（FSF）的 GNU 计划中，并采用 GPL 的通用性授权，允许用户销售、复制并且改动程序，而且必须以同样的自由方式传递下去，免费公开修改后的源代码。

开放源代码是 Linux 得到快速发展并取得成功的重要因素之一。

1.2　Linux 系统结构及功能

Linux 系统能够快速发展并取得成功，除了开放源代码之外，还体现在如下几个方面。

1）其系统结构层次清晰，具有较好的模块化结构。

2）内核功能完善，具有较好的健壮性，能够运行在不同体系结构的 CPU 之上。

3）用户界面友好，提供了 Shell 命令交互界面和 X-Window 图形操作界面。

4）具有众多的开发社区及企业机构，可以为用户提供丰富的、不同类型的应用软件。

1.2.1 Linux 框架结构

为了方便交流，在开始学习时，可以将 Linux 系统大致划分为如下四部分，即内核（Kernel）、命令界面 Shell，桌面窗口 X-Window 以及应用软件。如图 1-3 所示的结构框图描述了各组成部分之间的层次关系。

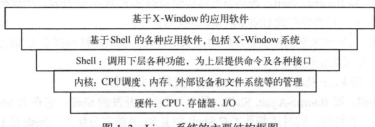

基于 X-Window 的应用软件

基于 Shell 的各种应用软件，包括 X-Window 系统

Shell：调用下层各种功能，为上层提供命令及各种接口

内核：CPU调度、内存、外部设备和文件系统等的管理

硬件：CPU、存储器、I/O

图 1-3　Linux 系统的主要结构框图

结构框图更加突出地强调了上层软件对下层功能的扩充和完善，是更加方便用户使用的操作系统设计理念的体现。同时也表达了在系统中增加一层软件，即形成一个新的虚拟机系统的概念。

1. 内核

内核是 Linux 系统中用于管理 CPU、内存（Memory）、外部设备 I/O 的所有软件、部件的集合。也就是说，要有效地管理计算机系统中的所有软硬件资源，提供相应硬件部件的驱动程序，为上层其他软件提供运行环境支撑，并调度安排所有应用程序的执行顺序，方便用户使用系统的各种资源，这样的一系列软件的集合构成了内核的主体。

Linux 内核采用了模块化的层次性设计方法，从操作系统原理角度看，包括的主要模块有 CPU 管理及调度、进程及线程同步管理、内存储器管理、设备驱动及管理、网络通信协议、系统引导及系统调用 API 等。Linux 内核主要是使用 C 语言进行开发设计的，只有与 CPU 体系结构及设备驱动相关的少部分代码采用了汇编语言编写，使得 Linux 的源代码具有相当好的可移植性和可读性。林纳斯领导的内核开发社区一直在进行不懈的努力，不断更新系统内核。

2. 命令界面 Shell

命令界面被称为 Shell，或者称为内核与用户的交互界面，有时也被称为外壳。一般来说，Shell 的主要功能就是将用户输入的命令或者上层函数调用进行翻译解释，然后传递给内核（Kernel），调用内核提供的系统调用 API 进行必要的处理计算，最后将结果信息以用户容易理解的方式在屏幕上显示出来。所以 Shell 也可以称为命令解释器。

Linux 系统经过加电、启动、运行之后，使用用户名登录到系统，命令界面 Shell 就会自动运行并在屏幕上显示提示符#或者$，安装了 X-Window 系统后就会显示桌面和鼠标光标。在用户使用系统的过程中，输入的每一条命令（包含用户在图标上单击或者双击）都是由 Shell 接收并进行解释的。如果是符合 Shell 语法规则的，就调用内核的相关系统调用负责执行处理和计算等任务，然后将运行的结果返回给用户。如果输入的命令是错误的，或者包含了不符合语法规则的内容，则输出必要的提示，如"command not found..."。

在 Shell 中执行系统提供的各种丰富多样的命令及软件是本书要介绍的重点内容，后续章节会逐步讲述。

另外需要强调的是，命令界面 Shell 不仅能够使用交互方式，对用户输入的命令进行解释执行，还能够执行 Shell 脚本程序。Shell 脚本与 C 语言程序类似，在脚本中也可以定义和使用变量

（如简单变量甚至是数组类型的变量），同时也可以在函数之间传递参数、实现程序流程控制以及函数调用等强大功能。

由于 Linux 系统是从 UNIX 系统发展而来，因此，UNIX 系统中多个版本的 Shell 都可以在 Linux 下顺利运行。下面简单介绍比较常用的 Shell。

1）B Shell，即 Bourne Shell，最初由贝尔实验室的 S. R. Bourne 开发，因此得名。是最早开始使用的 Shell 之一，几乎所有的 UNIX/Linux 系统都支持。

2）C Shell，由加州大学伯克利分校的 Bill Joy 开发，因其语法类似于 C 语言而得名。这种 Shell 易于使用，交互性也较好。

3）K Shell，即 Korn Shell，由 David Korn 开发并由此得名。

4）Bash Shell，即 Bourne-Again Shell，是专为 Linux 开发的 Shell。它在 B Shell 的基础上增加了许多新功能、新特性，同时还兼具了 C Shell 和 K Shell 的部分优点。Bash 是 Linux 系统中默认的 Shell。因此本书也使用 Bash 的语法规则进行命令的介绍。

3．X-Window

X-Window 是类 UNIX 系统的图形化用户操作界面的事实标准，又称为 X 视窗。1984 年诞生于美国麻省理工学院（MIT），包括一组标准化软件工具包及显示架构协议。常用的GNOME和KDE桌面系统都是以 X-Window 为基础构建而成的。

X-Window 为用户提供了基本的窗口功能支持，一般的窗口都包含标题栏、菜单栏、工具栏、状态栏、工作区及滚动条等部件，能够支持鼠标单击，甚至是触摸屏操作等，同时 X-Window 系统窗口的内容、模式等可由用户使用窗口管理程序进行必要的定制。X-Windows 与微软 Microsoft Windows 的窗口部件的风格、操作方式等有许多相似之处，如更换桌面背景、图标、调整字体大小等。在 X-Window 系统中有多种桌面环境的选择，如 GNOME、KDE、Unity、UKUI 等。

Linux 系统主要是通过 Shell 接收用户发布给内核的指令的。这些指令可以是内核直接提供的，也可以是在内核基础上开发的各种应用程序。X-Window 就是 Linux 下的一个应用程序，没有 X-Window 并不影响 Linux 系统的多用户多任务特性。这一点与 Microsoft Windows 窗口的性质是完全不同的。X-Window 与 Windows 系统下软件窗口对照如图 1-4 和图 1-5 所示。

图 1-4　LibreOffice 软件窗口

图 1-5　WPS 软件窗口

1.2.2　Linux 内核基本功能

为用户提供方便友好的操控计算机的体验，是设计并实现操作系统的首要任务目标之一。Linux 提供给用户的除了 Shell 及桌面系统之外，必须包含下面的基本功能模块，才能实现对系统中全部软件、硬件资源的有效管理，满足用户需求。

1. CPU 调度

支持多用户多任务是 Linux 系统的基本功能，实现方式是 CPU 的分时使用机制。也就是将 CPU 的单位时间划分成若干个时间片，依次轮流分配给各个进程，执行各自的指令，完成各自的任务。此时，如果某个分配到时间片的进程还需要等待其他资源才能占用 CPU 执行指令，Linux 系统则采用优先级反馈调度算法选择其他进程占用 CPU。

可以看出，CPU 调度是计算机系统的核心任务，涉及进程/线程管理、资源分配回收、死锁策略和设备驱动管理等多方面的问题。

2. 进程/线程管理

为了充分利用 CPU 的计算资源，提出了进程的概念，为了进一步提高并发程度，又提出了线程的概念，提高程序运行的效率。进程作为基本的资源分配对象，线程作为占用 CPU 执行指令的基本单位，都需要管理其创建、撤销、状态转换、调度、资源分配回收等操作，因此进程/线程管理采用了表格的方式进行登记，即 PCB 和 TCB 结构。

在执行过程中，创建、撤销及状态转换等操作是不能够被中断的，称为原语或者原子性操作。而普通进程是并发执行的，是可以随时被中断的，执行过程是走走停停的，即拥有用户特权。这样的矛盾是进程/线程管理中需要认真解决的。

用户同时运行多款软件，多位用户同时操控同一台计算机，这样复杂的工作都由 CPU 调度以及进程/线程管理模块统一运筹，不需要用户参与考虑。

3. 存储器管理

存储器管理主要完成内存及外存的分配回收、地址保护、地址独立及存储器容量的逻辑扩充等功能。

Linux 遵循了虚拟段页式内存管理机制，允许运行超过内存容量大小的进程。依据局部性原理，只需要将当前使用的少量进程页面保持在内存中，而进程中的其他部分暂时保持在外存，需要时，由操作系统将外存的页面调入内存。同时源程序在编译过程中，按照段的模式进行管理，并且使用段-页二级表格，实现虚拟段页式机制。

外存管理主要采用了非对称的索引结构，并反映在文件系统中。

存储器管理使得用户在使用计算机的过程中，不必过多地关心内存容量、数据存取、进程地址等技术细节，大大降低了使用计算机的门槛。

4. 文件系统管理

计算机中所有数据都是以文件的形式进行存储及传输的，而目录及设备都是按照文件的形式进行管理的，因此文件及目录等概念是文件系统的基础。文件系统是一组软件的集合，能够对外存上的所有数据（即文件、目录及设备等）实施统一有效管理，同时与内存管理配合，实现数据在内、外存之间的透明传输。

Linux 的文件系统是从 ext（Extended File System）格式发展起来的。目前主要有 ext4 及 XFS 两种格式。ext 格式的文件系统经历了 ext、ext2、ext3 格式的不断发展，到 ext4 时已经能够支持日志管理、在线碎片整理等诸多扩展功能。

从 CentOS 7 开始，默认的文件系统格式类型发展成 XFS，从而进一步解决了磁盘容量不断增加以及虚拟化带来的问题。

除了上述的 ext2、ext3、ext4 及 XFS 格式，其他操作系统所使用的文件系统还有多种格式，如 Windows 的 NTFS 和 VFAT32、IBM 的 JFS、Linux 下的 NFS 等。因此，Linux 使用了虚拟文件系统（VFS）的概念，达到识别支持不同格式的文件系统的目的。

经过文件系统的封装之后，用户使用文件名甚至是图标就可以方便、快速地访问各种数据，而不需要了解文件在外存中的具体位置，更不需要了解数据存储位置的磁头、柱面、扇区等技术细节。

由于文件数量的急剧增长，为了向用户提供方便，文件系统更进一步发展，与网络相结合，产生了云的概念及庞大的应用生态。

5．设备管理

设备主要是指各种能够完成输入/输出（Input/Output）任务的硬件部件。I/O 设备种类繁多，速度差距大，接口类型不一致，因此操作系统将各种设备划分成不同的类别。如字符设备、块设备、网络设备等。这些设备在 Linux 系统的/dev 目录下都以文件的形式存在，这样可以将对设备的存取以及控制操作都以统一的文件读写操作完成，方便系统的设计与开发，具体的任务则由设备驱动程序完成。设备驱动程序可以简单理解为针对具体的硬件设备控制器的特性而编写设计的操控函数的有序集合。

网络接口是设备管理中的一个主要部分，能够提供对各种网络标准协议的支持以及相应硬件设备的存取控制。因此，网络接口包括协议栈和设备驱动模块等相关部分。

经过设备管理的封装，隐藏了各种硬件设备的操控细节，提供给用户的是统一的文件读写或存取操作。

1.2.3　Linux 应用领域

Linux 系统为人们的日常生活和工作，特别是云计算方面提供了广泛、深入的服务。2019 年 7 月，IBM 公司正式完成了对 Linux 开发商 Red Hat 高达几百亿美元的收购，此消息更加证实了 Linux 系统的普及和重要性。Linux 系统的应用范围，目前主要涉及以下几个方面，如桌面应用领域、网络服务器领域、嵌入式系统开发和云计算服务等。

1．桌面应用领域

X-Window 已经成为 Linux 桌面应用软件的事实标准，能够为用户提供良好的图形操作界面，成为桌面应用的基本环境。Linux 的多种发行版本（如 GNOME 和 KDE），在 X-Window 基础上，进一步提供更加友好的桌面应用环境，支持桌面应用程序的顺畅运行。Ubuntu 已经成为 Linux 领域中广泛使用的图形桌面系统之一，桌面应用环境更加优化，其开发社区也成为最活跃的开源开发社区之一。

Ubuntu 系统的发展离不开马克·沙特尔沃思个人坚持不懈的努力。马克成立了 Canonical 有限公司，并于 2004 年开始通过 Canonical 对 Ubuntu 的社区开发进行资助，致力于推广普及 Linux 桌面应用系统。2020 年，Canonical 发布了针对树莓派优化的 Ubuntu 20.10 桌面版。

桌面环境经常提供的应用服务如下。

1）办公环境：能够为用户提供文字、图表、演示文稿等数据的编辑、排版及打印等服务。LibreOffice 5 办公套件包含 Writer、Impress、Cacl 及 Draw 等主要软件。金山公司的 WPS 软件也提供了面向 Linux 的版本。

2）信息查询：使用浏览器在互联网上进行有关内容的查找、检索等操作。

3）图像处理：对照片、截图等图像数据进行修饰美化、编辑修改等操作。

2．网络服务器领域

目前，在金融、保险、银行、通信、互联网及其他企业的服务器上，甚至是超级计算中心

8

上，大部分运行的是 UNIX 的替代者 Linux 系统，网络服务器是其典型的应用领域。

采用 Linux 系统的主要原因，一是 UNIX 系统开发的软件甚至可以不加修改就能够在 Linux 中正常运转；二是 Linux 的网络功能强大且稳定，能够支持 7×24h、甚至是更高的系统要求；三是 Linux 系统拥有大量优秀的实用软件，且支持 GPL 授权模式，有效降低了企业软件升级的成本代价。

Linux 系统能够满足金融数据库、大型企业网络环境下的关键任务需求，也能够满足高性能计算、集群系统的扩展性需求。Linux 系统能够提供构建 Web 服务器、邮件服务器、文件服务器、打印服务器、数据库服务器以及云计算管理等各种类型的服务。

3. 嵌入式系统开发

由于 Linux 内核可以根据硬件系统的配置情况，比较方便地进行必要的裁剪及重新编译，能够满足嵌入式系统开发中对于功能、成本、体积和功耗方面的严格要求，因此对于嵌入式系统开发而言，使用 Linux 是最为合适的。此外，嵌入式系统开发也成为 Linux 应用中最具有商业前景的领域之一。Linux 满足嵌入式系统开发的优势具体表现如下。

1）Linux 具有强大灵活的可移植特性，能够支持各种电子产品的硬件平台。目前能够支持的 CPU 包括 Intel、ARM、STM32 等。

2）Linux 内核可以自由免费获得，并进行定制化裁剪，符合嵌入式系统开发按需定制的要求。如可以依据存储容量、外部设备的不同，进行内核设置，重新编译。

3）Linux 支持各种开发语言，如目前较为流行的 C、C++、Java 和 Python 等，为嵌入式系统开发提供了丰富的环境支持，且大部分工具也都采用 GPL 的通用性授权。

4）Linux 得到了越来越多的国际知名公司的全力支持，从谷歌、IBM、摩托罗拉、三星、英特尔（Intel）、微软到各种系统开发社区等。

4. 云计算服务

云计算服务的产生是网络技术快速发展及数据量爆炸式增长的必然结果。计算机网络的发展经历了如下几个阶段：一是以主机为中心的远程联机系统；二是多主机通信线路的互联互通；三是遵循 TCP/IP 等国际标准协议的开放式互联网络，包括 Internet；四是高速智能网络时代，包括高速无线网络。

随着无线移动设备的大量普及和网络速度、带宽的大幅提升，每天产生了 PB 甚至是 EB 级别的数据量，需要进行有效快速的存取。这些都极大地促进了云计算服务的产生和发展。移动办公、电子商务、即时通信、高清视频以及网络游戏等都需要云计算提供强有力的技术支撑。

系统集群技术是云计算的基础。公司内部的云计算服务，一般称之为私有云。与之相对应的是，网络服务提供商（ISP）和网络应用提供商（IAP），利用自身超大规模的存储容量及计算能力的冗余，为企业用户、个人用户生产开发的虚拟化产品——公有云。用户的关键应用（如网站、邮件、开发环境、办公环境等）都可以通过公有云提供的全面技术支撑得到顺畅运行。公有云及私有云大都以 Linux 系统为基础搭建。

另外，Linux 系统还在其他方面也具有广泛的应用。据统计，世界 Top500 计算机中，92%以上使用的都是 Linux 系统。移动端设备（各种使用 Android 系统的手机）的核心就是 Linux 的内核。终端设备（包括树莓派（Raspberry Pi）及香蕉派（Banana Pi）等）都广泛使用 Linux 的某个发行版本，如 Ubuntu。

最后，随着学习的不断深入，将看到 Linux 是一个安全、可控的操作系统。

1.3 Linux 的版本

Linux 系统主要是由内核及其他系统级应用程序构成的，因此，其版本也可以分为两种情况进行讨论，一是指针对系统内核（Kernel）的版本；二是指包含应用程序在内的 Release 发行套件的版本。

1.3.1 内核版本

目前，Linux 内核仍然由林纳斯本人领导的开发社区负责版本功能的升级以及日常维护，并且对加入内核的功能及程序拥有最后的决定权。不同 Linux 内核源代码可以通过访问 www.kernel.org 网站免费获取。Linux 内核能够完成 CPU 调度管理、进程管理、内存管理、设备驱动（Driver）和文件系统（FS）等操作系统的基本功能。

Linux 使用三个数字表示内核的版本号，形如 x.y.z，其中，第一个数字 x 表示主版本号；第二个数字 y 表示次版本号，一般使用偶数表示正式版本，奇数表示增加了新功能的测试版本；第三个数字 z 表示当前版本修改的次数。

Linux 内核的版本，在不断升级的过程中可以这样描述，正式版本主要是针对上一个版本的特定缺陷进行必要修正后形成的稳定版本；测试版本则是在正式版本中继续增加新的功能，不断进行测试、验证、改进后，才能最后形成新的稳定版本，即成为正式版本。

CentOS 7(x86_64)使用的内核版本是 3.10.0，CentOS 8 的内核版本是 4.18.0。这里内核版本除了使用数字标识，还分成了 32 位版和 64 位版两种，用以支持不同字长的 CPU。

Linux 内核版本的几个代表性时间节点如下。

1991.04	0.01 版，大约 1 万行代码。
1991.10	0.02 版，Linux 成为一个独立的操作系统。
1994.03	1.0 版，大约 17 万行代码。
1996.06	2.0 版，大约 40 万行代码。
2003.12	2.6 版，大约 600 万行代码。
2009.06	2.6.32 版，大约 1160 万行代码。直到目前，此版本内核仍然被广泛稳定使用。
2013.06	3.10 版，大约 1500 万行代码。CentOS 7 使用此版本的内核。

较新的 Linux 内核版本，已经从 2018 年的 4.18.0 快速升级到 2019 年初发布的 5.0 版本，2021 年初发布的长期支持版 5.10.19 以及稳定版 5.11.2。

1.3.2 发行版本

由于 Linux 系统的内核是自由软件，在此基础上可以根据需要添加不同的工具及应用软件，再加上 GNU 计划中已经推出的一系列自由软件，包括编译器（GCC）、其他编程语言的安装包和系统必需的应用工具软件等，构成了 Release 发行套件的版本。

开发厂商在 Linux 内核的基础上自行组合的其他应用软件，大部分是 GNU 计划中的自由开源软件，形成具有自身特色的各种 Linux 发行版本，如 Red Hat、CentOS、Ubuntu、Debian、Fedora、openSUSE 和 Arch Linux 等。此处的 Release 发行套件版本就是包含了内核、系统设置管理工具、Shell 及各种必要的应用软件等的较完整的操作系统软件集合。因此，Linux 系统的发行版本也称为 GNU/Linux，一般情况下，将 GNU/Linux 操作系统简称为 Linux 系统，或者 Linux。

由于开发厂商以及社区组织众多，Linux 系统发行版本的种类是很难进行准确统计的。在 https://linux.org/pages/download/网址上直接提供的发行版本链接，就有 25 个之多。如图 1-6 所示。

本书使用的 CentOS 发行版本都可以在 https://archive.kernel.org/centos-vault 页面下载。

在阿里云上，对 CentOS 的简要说明为：CentOS 是基于 Red Hat Linux 提供的可自由使用源代码的企业级 Linux 发行版本，是一个稳定、可预测、可管理和可复制的免费企业级计算平台。

Ubuntu 是各种 Linux 系统中以桌面系统应用为鲜明特色的一个发行版本，可以在其官方网址 https://ubuntu.com/#download 下载最新版本，如图 1-7 所示，包括中文版的 Ubuntu Kylin。

图 1-6　Linux 系统发行版本链接

图 1-7　各种 Ubuntu 版本

其他发行版本的 Linux 都有自己的版本编号方式，在此不一一列举。

1.3.3　虚拟机软件

由于虚拟化软件技术的快速发展，现在越来越多地使用虚拟机进行操作系统的安装、使用及学习。硬件的虚拟化技术已经很成熟了，在 CPU 指令集中包含了虚拟化的相关指令，因此，现在的普通台式机都可以虚拟出多台在逻辑上相互独立的计算机。使用虚拟化指令，当然需要软件技术的支持。

目前，在计算机上常用的虚拟机软件主要有微软公司的 Virtual PC、VMware 公司的 Workstation 以及 Oracle 公司的 VirtualBox 等。由于 Workstation 出现得较早，因此使用得较为广泛，而 VirtualBox 是自由开源的软件，也被越来越多的用户使用。

适合服务器运行的、性能更加完善的虚拟机软件主要包括 Linux 的 KVM、微软的 Hyper-V、剑桥大学的 Xen 以及 VMware 的 vSphere 等。

使用虚拟机软件安装操作系统带来的好处主要有三个。一是能够在一台物理机器（也称为宿主机）上安装多台虚拟机（只要外存空间足够大）；二是避免了多次重新启动系统造成的频繁而缓慢的硬件启动过程；三是宿主机与虚拟机之间共享文件及数据更加方便直观。

本书涉及的虚拟机软件主要是 VMware 的 Workstation Pro，实验中也包括了使用 Oracle 的 VirtualBox 的例子。

使用虚拟机软件创建一台虚拟硬件系统之后，在其中安装操作系统软件，便形成了一台新的包含软件、硬件部件的独立机器系统，也称为虚拟机，平时说到的虚拟机主要是指这种情况，需要注意区别。

虚拟机与宿主机之间通过网络接口设备进行连接，需要必要的设置操作，才能够保证双方的正常通信，在实验 1、实验 7 以及第三篇网络管理部分都有相关介绍。

1.4 安装 CentOS 系统

系统安装是指将操作系统软件复制到计算机的外部存储器——磁盘中的特定位置，并由操作系统软件依据硬件的相关参数，进行必要的配置工作，确保之后操作系统软件能够掌控全部的软硬件资源，并自动运行，为用户使用计算机提供最大的方便。

在系统的安装过程中，如果能够了解一些相关的软硬件知识，如基本输入输出系统（BIOS）、启动光盘、磁盘分区、网络连接设置、内存与外存的区别以及目录位置等，就会更加顺畅。当然，在安装过程中注意总结还会获得更多的相关知识点。

1.4.1 系统规划

前面已经提到过，Linux 系统有众多的发行版本。事实上，不同的发行版本存在许多差异，有的是界面风格形式方面的，有的是安装包格式及命令方面的。但是基本命令的差异却并不大，许多基本命令都是通用的。因此，对系统的安装做如下规划。

1. 选择系统的版本并下载映像文件

本书选用了 CentOS 系列的操作系统，在 https://archive.kernel.org/centos-vault 网站可以下载到多种版本。国内的镜像网站提供了较新版本的下载包。由于软件包容量比较大（在 3GB 以上），需要事先考虑更快的下载方式。

2. 外部存储设备——磁盘的分区规划

对外部存储设备进行分区管理，主要有以下几点好处。

1）支持不同的文件系统格式，在不同分区上使用不同的文件系统格式更加方便。

2）支持系统的安全可靠性，若某个分区出现问题甚至损坏，对整个系统的影响较小。

3）系统管理更加方便，保证外存空间的有效充分利用，方便特别大的或者比较小的文件的快速读取及保存。

因此，Linux 系统将外存空间至少划分成两个分区：swap 交换分区和/根分区。在生产环境中也将用户数据单独存放，所以也要划分/home 分区。为了保证系统的安全可靠，划分/boot 分区也是需要的。

本书采用的分区规划如下。

swap 分区：使用固定大小，如 4096MB；一般建议是内存的 2 倍或者 4 倍。

/home 分区：建议也使用固定大小，如 20GB；能够支持磁盘配额设置以及多用户。

/根分区：剩余的全部空间。用于安装系统软件、配置本地软件仓库以及安装软件等。

1.4.2 主要安装步骤

可以选择的映像文件如下。

```
CentOS-8-x86_64-1905-dvd1.iso
CentOS-7-x86_64-DVD-1908.iso
CentOS-6.9-x86_64-bin-DVD1.iso
ubuntu-20.04.2.0-desktop-amd64.iso
```

在创建完成的虚拟机中，将映像文件放入到虚拟机光盘驱动器中，启动虚拟机开始 CentOS 的安装过程。

安装 CentOS 6 系统的主要步骤如下。

选择安装类型；检查光盘介质；选择安装语言及键盘类型；选择存储设备类型；设置主机名

及网络；选择时区；设置 root 用户密码；磁盘分区；保存分区参数；设置 GRUB 引导；选择安装软件包类型；开始安装软件包；安装结束重新引导。

安装 CentOS 7 系统的主要步骤如下。

系统菜单中选择安装 CentOS 7；加载必要的系统文件，在选择安装使用的语言及键盘类型后，进入到安装信息摘要（也就是安装主窗口），进行各个安装选项的设置。主要包括本地化、软件及系统三个部分。一般情况下，语言支持、键盘和日期时间等本地化部分选项已经不需要修改，此时主要设置软件选择、安装源等软件部分的选项，以及安装位置、网络和主机名等系统部分的选项。

1）安装位置选项，主要是进行磁盘分区操作，根据需要可以划分为多个分区，而不使用默认的自动配置分区选项。

2）网络和主机名选项，设置打开以太网连接，此时可以进行网络参数的必要设置，也可以选择保存默认值，而不进行参数修改；此选项中还能够设置主机名，例如，将主机名修改成 WXYZa、ABCx 等，或者其他有具体含义的字符串。

3）软件选择选项，能够设置安装的软件包类型及数量，一般可以选择 GNOME 桌面类型进行安装，方便初学者使用，也可以选择最小化安装等，并可以根据需要选择添加必要的软件包。

此外，在安装软件包的过程中，可以进行 root 用户的密码设置，以及创建管理者用户、接受许可等必要的操作。

安装过程的详细步骤请参见实验 0。

1.4.3　系统首次启动

顺利完成上述步骤，系统重新引导后，就进入到首次启动过程，经过如下几个步骤，才能最后进入到 CentOS 的登录界面。

对于 CentOS 6 系统，主要包括选择启动的系统、欢迎界面、接受许可证信息、创建普通用户账号、设置网络同步日期和时间、设置 Kdump 等步骤。

对于 CentOS 7 系统，主要包括接受许可、完成配置、登录系统、选择语言、隐私、在线账号、开始使用等步骤。

Linux 系统的 root 用户是权限最高的。为了防止无意或有意地对系统造成破坏，一般不建议使用 root 登录系统，因此在首次启动过程中，要创建普通用户。一些普通用户无权限执行的操作可以切换到 root 用户，或者使用 sudo 命令进行授权。

1.4.4　安装建议

对于安装虚拟机及 Linux 系统软件过程中遇到的问题，建议如下。

1）Windows 10 及 Windows 8 系统下安装虚拟机软件时，使用管理员权限进行安装。安装完成后，运行虚拟机软件时也使用管理员权限。

2）虚拟机软件本身及 CentOS 系统的镜像文件不需要最新版本的，比较稳定的版本更容易操控，在生产环境下也采用同样的原则。

3）最初开始学习 Linux 系统时，应该将创建虚拟机硬件的过程与安装操作系统软件的过程分开进行，这样对虚拟机硬件及软件才能够有更多的认识和掌握。

4）创建 Linux 虚拟机时，选择在 C 盘分区之外建立单独目录，保存虚拟机相关文件，可以避免产生许多不必要的问题，也不至于影响到学习进度。

5）应该保证宿主机的实际磁盘容量充裕够用，如大于 50GB 的可用空间。这样，创建 Linux

虚拟机时，设定的磁盘容量也可以大一些，如 128GB。

6）Linux 系统的内存大小应该根据宿主机内存容量设定。给定 1GB 可以保证基本系统的正常运行。如果要安装更多的系统服务，应该考虑划分更多内存给 Linux 系统。将宿主机内存的 1/4 左右划分给虚拟机是适合的。

7）在虚拟机软件环境下安装 Linux 操作系统应该多次安装，甚至安装不同的发行版本，才能更加熟悉安装过程，也能够学习、掌握、总结出更多的软硬件知识。同时也建议将最初安装完成的虚拟机目录做一个备份，这样在 Linux 系统出现故障时，能够解燃眉之急。

1.5 习题

一、选择题

1．操作系统的主要功能体现在（　　　）方面。
    A．CPU 管理　　　　　　B．内存管理　　　　　C．文件管理　　　　D．设备管理

2．操作系统中的设备管理将外部设备划分成（　　　）等类别。
    A．字符　　　　　　　　B．块　　　　　　　　C．网络　　　　　　D．输入输出

3．常见的商业操作系统品牌主要有（　　　）。
    A．Linux　　　　　　　B．macOS　　　　　　C．Android
    D．Windows　　　　　　E．iOS

4．Linux 操作系统能够支持的主要特性有（　　　）。
    A．多用户　　　　　　　B．多任务　　　　　　C．分时性　　　　　D．虚拟性

5．一般说 Linux 系统的版本，主要是指（　　　）。
    A．内核版本　　　　　　B．发行版本　　　　　C．应用软件　　　　D．系统软件

6．常见的 Linux 系统的发行版本包括（　　　）。
    A．CentOS　　　　　　　B．Ubuntu　　　　　　C．Red Hat　　　　　D．openSUSE

7．Linux 系统一般包括（　　　）组成部分。
    A．Kernel　　　　　　　B．X-Window　　　　　C．Shell　　　　　　D．KDE

8．在 Linux 环境下使用的 Shell 是（　　　）。
    A．Bash　　　　　　　　B．Korn　　　　　　　C．Bourne　　　　　D．C Shell

9．CentOS 发行版本的镜像文件名中，包含 i386 的含义是（　　　），x86_64 的含义是（　　　）。
    A．32 位字长　　　　　　B．64 位字长　　　　　C．86 位字长　　　　D．386 位字长

10．创建的虚拟机硬件以及安装操作系统软件之后的虚拟机应该使用单独的（　　　）存放。
    A．设备　　　　　　　　B．文件　　　　　　　C．目录　　　　　　D．地址

二、讨论题

1．收集查阅 Linus Torvalds 开发 Linux 操作系统内核的有趣资料，并与同学们分享。

2．针对常用的 Ubuntu、CentOS 以及 Red Hat 三种发行套件，讨论其各自的特色。

3．讨论 Copyright 与 Copyleft（GNU 计划的 GPL）各自的主要观点。

4．总结在安装 Linux 系统的过程中学习到的新的软硬件知识点。

第 2 章
Linux 操控基础

服务器领域广泛使用的 Linux 操作系统，需要为用户提供更多的计算服务及资源，因此操控服务器时，使用更多的是命令行界面，本章主要介绍的内容就是各种操控命令及工具。在桌面应用领域，Linux 系统也可以为用户提供更多的方便性，因此图形用户界面也得到了系统的强大支持。

本章知识单元：

Linux 系统界面的三种基本类型；Bash 界面；终端及伪终端；命令基本格式；系统的登录、注销、重启与关闭；文件、目录、路径、相对路径及绝对路径；常用命令；文本编辑软件 vi/vim；Shell 脚本案例。

2.1 Shell 界面

实际上，被广泛使用的所有企业级操作系统（包括 Linux）都为用户提供了多种对系统进行操作控制的不同方式，主要包括三种基本类型：图形用户界面（GUI）、命令行界面（CLI）和应用程序接口（API）。

1）图形用户界面（Graphical User Interface，GUI）：将计算机能够为用户提供的所有功能及相关对象都以图形化的按钮、图标及菜单的形态展现在屏幕上，用户可以使用鼠标光标或触摸直接操控计算机，完成各种功能动作。

2）命令行界面（Command Line Interface，CLI）：为用户提供的是一个由等待输入命令字符串的提示符以及不断闪烁的光标所构成的颜色单一的窗口。所有要求计算机完成的工作，都是以命令字符串的形式输入给计算机的，而且只有符合一定语法规则要求的命令才能够被正确执行。这些命令需要事先学习，甚至是系统提供的帮助信息也同样需要事先的学习之后才能够正确使用。

3）应用程序接口（Application Programming Interface，API）：是程序设计者所使用的、由操作系统提供的各种函数。与命令和图形化操作相比，这些函数能够完成的功能更加基本、更加单一，使用更加复杂。因此，必须在程序开发设计过程中使用各种算法综合运用这些函数，才能够为普通用户提供各种命令或者图形化的操作。需要用户学习更多的计算机软硬件知识及必要的数学知识，才能够有效使用 API 控制计算机系统。

本章以 Bash 命令行界面的运用为主。此外，界面 Interface 在类 UNIX 系统中也被称为 Shell。

2.1.1 Bash 命令行界面

用户可以选择登录到 Linux 系统的图形用户界面或者命令行界面，如图 2-1 和图 2-2 所示。

图形用户界面包括任务栏、状态栏、桌面、图标、鼠标光标和窗口等部件，使用方法主要是使用鼠标单击图标、任务栏按钮、状态栏按钮、窗口按钮等完成各种操作，与 Windows 系统的使用方法相似或者一致。从图形用户界面进入命令行界面的一般方法是：在桌面空白处单击鼠标右键，从弹出的菜单命令中选择并单击"Open in Terminal"项；或者选择窗口任务栏中的"Applications"菜单项，选择"System Tools"子菜单选项，单击其中的"Terminal"命令，如图2-3和图2-4所示。

图 2-1　Linux 的图形用户界面

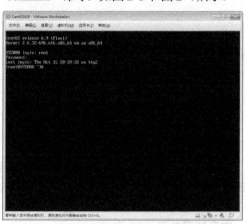

图 2-2　Linux 的命令行界面

图 2-3　打开终端窗口方式一

图 2-4　打开终端窗口方式二

CentOS 7 或 CentOS 8 图形用户界面进入命令行界面的方法如图 2-5、图 2-6 及图 2-7 所示。这两个版本的图形用户界面的风格与 CentOS 6 不同。

图 2-5　CentOS 7 打开终端方式一

图 2-6　CentOS 7 打开终端方式二

提示：关于系统使用的本地化语言，在 CentOS 7 中，可以从"应用程序"→"系统工具"→"设置"命令弹出对话框中，选择"Region & Language"选项进行更换，如图 2-8 所示。

单击
Teminal图标

图 2-7　CentOS 8 打开终端方式

图 2-8　CentOS 7 设置系统语言

CentOS 系统为用户提供的是称为 Bash 的命令行界面，它是在 B shell 的基础上增加了一些功能，而设计开发的新 Shell，是 GNU 计划中重要的工具软件之一，其可执行文件是位于/bin/目录下的 bash 程序。当前 Linux 系统可以使用的各种 Shell 可以在/etc/shells 文件中查看。

与图形窗口相比，Bash（包括其他的 Shell）为用户提供的命令行界面窗口占用的系统计算资源要少很多（这一点对于服务器很重要），因此界面结构简单，一般是黑色背景、白色字符。主要包括必要的提示信息、提示符、闪烁的输入光标。如图 2-2 所示。

在没有执行命令时，系统一直处于等待用户输入命令的状态。在提示符之后光标闪烁处，用户输入的命令字符串向右侧延展，直到输入回车键〈Enter〉后，开始进行命令的语法检查并执行此命令。

Bash 为用户提供的提示符有两种形式，分别是以#或者$结束的一串字符。形式如 [root@XYZ0 ~]#和[learn@ABCx ~]$，其中，@符号前面的字符串是用户名，@符号后面的第一部分是计算机名，空格后面的是当前目录，~符号代表当前用户的家目录，方括号[]后面的是用户身份标识，其中，#符号表示登录到系统的是 root 用户，$符号则代表登录用户是普通用户。不同的终端窗口及提示符如图 2-9 及图 2-10 所示。

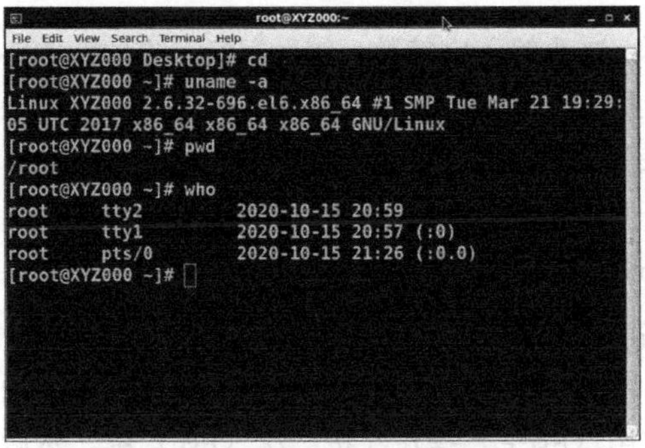

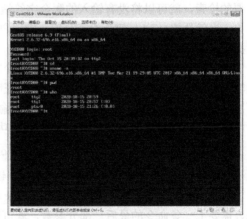

图 2-9　伪终端 pts/0 窗口

图 2-10　终端 tty 窗口

需要注意的是，提示符中的~符号，代表当前用户的家目录，也称为主目录。root 用户的家目录是/root/。其他普通用户的家目录默认是/home/目录下的与用户名相同的子目录。例如，learn 用户的家目录是/home/learn/。另外，~位置的内容是随着目录的切换而发生改变的。如[learn@ABCx backgrounds]$表明已经进入到 backgrounds/子目录中。

Ubuntu 系统中的提示符，与上述提示符的区别是没有方括号[]；机器名与当前目录名之间使用冒号:分隔，形如 learn@ABCx:~$及 root@ABCx:~#。

macOS 系统中的提示符形如 abc@bogon ~ %及 bogon:~ root#，其中，bogon 是机器名，%是普通用户的提示符，#是 root 用户的提示符。

另外，CentOS、Ubuntu、macOS 这些类 UNIX 系统的许多命令是通用的。

下面介绍几个 Bash 的实用功能。

1）检查输入的命令字符串是否符合语法格式要求。如果不符合，则提示出错信息（刚开始学习时，经常会发生将命令或者文件名、目录名输错的情况）；符合格式要求，则执行此命令，需要时显示运行结果。示例如下。

```
[learn@ABCx ~]$ ls  -l                    #以长格式显示当前目录下文件，运行结果省略
[learn@ABCx ~]$ uname  -a                 #显示全部系统内核信息
Linux ABCx 3.10.0-1062.el7.x86_64    #1 SMP Wed Aug 7 18:08:02 UTC 2019 x86_64
x86_64 x86_64 GNU/Linux               #这是 uname 命令的运行结果
[learn@ABCx ~]$ cp  /mybak/*  /home/learn/mybak/      #复制文件
cp: cannot stat '/mybak': No such file or directory
```

2）history 功能。Bash 会自动记录 1000 条用户输入过的命令。当用户需要执行之前已经执行过的命令时，按上下方向键，在 history 的记录中就可以找到，然后按〈Enter〉键就可以再次执行，也可以修改后再执行。

在用户家目录的隐藏文件.bash_history 中保存了本次用户登录之前输入的命令，使用 cat 命令就可以看到。执行 history 命令输出的是当前用户执行过的命令（包括 history 在内）。history 命令执行情况在稍后介绍。

另外，使用向上的方向键，能够查找之前输入的命令；在多次使用向上方向键之后，使用向下的方向键能够查找在此之后的命令。

3）使用〈Tab〉键完成命令名、文件名或者目录名的补全功能。在输入命令名、文件名、目录名时，可以先输入前面几个字符，然后按〈Tab〉键一次或者两次，Bash 会在当前环境下进行必要的检索，就可以将没有输入的剩余字符填补完整。如果按一次〈Tab〉键，不能检索到唯一结果，也就是按〈Tab〉键后没有反应，则用户可以连续输入两次〈Tab〉键，Bash 会在下一行给出提示，让用户再次自行选择。

〈Tab〉键补全功能的好处体现在以下几个方面：减少输入字符数；辅助记忆；方便特殊字符的输入；关键的是，如果能够进行补全，则证明在此之前的输入都是正确的。也就是说，如果按两次〈Tab〉键还不能补全，则应该检查前面输入的字符串是否正确。

因此，非常熟练地使用〈Tab〉键的补全功能，是初学者应该养成的必要习惯，示例如下。

```
[root@ABCx ~]# ll  /run/me<tab>dia/ro<tab>ot/C<tab>entOS\ 7\ x86_64/
```

上面例子中的<tab>部分即表示按〈Tab〉键，进行必要的补全，然后输入后续字符。

4）由于 Linux 系统中的文件名以及目录名有时比较长，难于记忆，在输入新命令时，如果刚好需要上一条命令的最后一部分参数，就可以使用〈Esc+.〉操作（按一次〈Esc〉键，然后再按一下小数点〈.〉键），将上条命令最后的参数部分复制到当前光标闪烁处，加快并简化输入。也是 Bash 中常用的功能之一。

2.1.2　终端与伪终端窗口

Bash 在窗口、tty 终端窗口或 pts 伪终端窗口环境下运行。tty 是 Teletypewriters 或者

Teletypes 的简写，即电传打字机。现在发展成由键盘和屏幕组成的终端设备。终端 tty 设备窗口可以理解成 Linux 系统提供的执行命令的操控窗口，可以是图形用户界面形式，也可以是命令行界面形式。如果启动了图形用户界面，首先在终端 tty1 上运行图形用户界面，也就是当前窗口，其他终端都是命令行界面形式（CentOS 8 及 Ubuntu 系统与此有所不同）。图形用户界面的终端窗口如图 2-9 所示，字符界面的终端窗口如图 2-10 所示。

另外，使用〈Ctrl+Alt+F1〉～〈Ctrl+Alt+F6〉（有些笔记本计算机需要同时按〈Fn〉键）可以打开多个不同的终端窗口，对应的终端分别是 tty1、tty2……。多个终端窗口的好处是，方便不同的用户分别登录到各自的终端，并运行各自的命令或者程序，体现了 Linux 的多用户特性。

在图形用户界面下打开的命令行界面 Open in Terminal 是伪终端窗口 pts。伪终端 pts/0 是图形用户界面下的第一个命令行窗口；打开第二个命令行窗口的伪终端名称是 pts/1，以此类推。伪终端窗口的一个好处是，可以比较方便地按照用户习惯设定窗口中字体大小以及前景、背景颜色。如图 2-11、图 2-12、图 2-13 和图 2-14 所示。

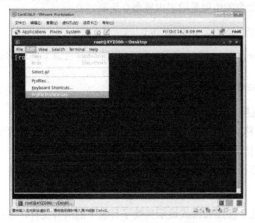

图 2-11　设置字体及颜色选项

图 2-12　编辑伪终端中的字体

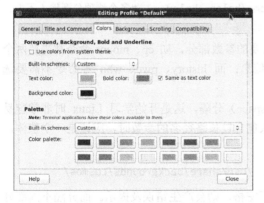

图 2-13　设置前景背景颜色标签

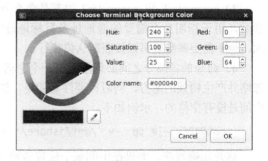

图 2-14　编辑修改前景背景颜色

终端及伪终端都与/dev 目录下的一个设备文件相对应，使用如下命令查看。

```
[learn@ABCx ~]$ ls  -l  /dev/tty*        #查看/dev/子目录下所有以 tty 开头的文件，此处是设
备文件
[learn@ABCx ~]$ ls  -l  /dev/pts/?       #查看/dev/pts/子目录下用一个字符标记的设备有哪些
[learn@ABCx ~]$ who                      #查看登录到系统的用户名、终端或伪终端、登录日期时
```

间等信息

```
[learn@ABCx ~]$ w                        #与 who 相似，输出信息带有标题，信息项目更多。输
出部分省略
```

2.1.3 命令的一般格式

用户输入的每一条命令都必须符合语法格式及规则的要求，否则不能被系统执行，并且还会给出错误提示信息。Shell 命令的一般格式主要由命令名、选项及参数三个部分组成。在终端窗口中输入命令时，应该按照如下说明的格式及规则进行。

```
command  [-options]  parameter1  parameter2
```

1）在提示符后首先输入的是命令的名称，即 command 部分，如 ls、who、cd、mkdir 等。命令可以是内置的（直接由 Bash 支持实现的），也可以是可执行文件（外部命令）的名称。命令名表达的是告知内核要具体进行什么操作。

```
[learn@ABCx ~]$ help                     #此命令的作用是输出内置命令简要列表
```

如果输入的是可执行文件名，其前面是可以加路径的，示例如下。

```
[root@ABCx vmware-tools-distrib]# ./vmware-install.pl        #执行当前目录下的名称是
vmware-install.pl 的脚本文件
[root@XYZ0 ~]# /media/VBox_GAs_6.1.10/VBoxLinuxAdditions.run
```

上例中的 ./ 以及 /media/VBox_GAs_6.1.10/这些字符串都称为路径，在后面介绍。

2）用方括号[]表示第二部分是可选的，因此称为选项部分，选项前面一般使用一个或两个减号-，如 ls -l、ls --help。选项部分用于给命令提供特定的限制性说明。

如果需要多个选项，基本写法是每一个选项分别用减号-标识。没有歧义时，也可以在一个-号后面接多个选项，示例如下。

```
[learn@ABCx ~]$ ls  -a  -l      #分开的写法。按照长格式显示当前子目录下的所有文件，包括
隐藏文件
[learn@ABCx ~]$ ls  -al          #多个选项合并写在一个-号之后，与分开写法效果一致
[root@ABCx ~]# useradd  -g  1000  -d  /home/halen  halen    #多个选项分开输入不能合
并的例子
```

3）parameter1 和 parameter2 等都是命令所需要的参数部分，如 cp、mount 命令都需要两个参数，用于指明命令需要的源地址及目标地址等信息；而 history、pwd、who 等命令不需要选项，也不需要参数就可以按照默认值执行。

4）命令的各部分之间必须用至少一个空格（space）分隔，这是开始学习 Linux 时非常容易忽略并产生错误的地方。同时需要注意的是，输入包含较长路径名的参数时，应该是一个整体，中间是没有空格的，示例如下。

```
[root@ABCx ~]# cp  -v  /mnt/jshare/*.jpg  /usr/share/backgrounds/cosmos/
```

这是正确写法。如果在中间某个位置多输入了空格，则会产生错误及提示。而分隔不同部分时必须输入空格，否则也会产生错误及提示，而不能正确执行命令。

5）Linux 系统是字母大小写敏感的，如 WHO、who、Who 是三个不同的字符串。此外，所有命令中使用的各种标点符号都是英文状态下输入的，不能使用中文的。例如，小数点、连字符（减号）、冒号及其他各种标点符号，参见 2.4.3 节。

6）输入〈Enter〉键表示将输入的命令提交给 Bash，并按照给定的选项及参数执行此条命令。每条命令输入完毕之后，必须输入〈Enter〉键才能确认执行。

7）输入命令过程中，可以配合使用左右方向键、〈Delete〉键和〈Backspace〉键进行光标及字符的移动、删除与修改。修改后可以直接按〈Enter〉键执行此命令，不需要将光标移动到命令行的最后再按〈Enter〉键。

需要注意的是，如果在某些情况下，左右方向键不能正常移动光标，还可能会产生一些其他字符，那么此时只能使用〈Backspace〉键，向前删除字符并移动光标。

2.1.4　登录、注销、重启及关闭

Linux 是支持多任务、多用户的操作系统，因此在使用此系统时，需要首先输入用户名及密码，登录后才能够执行其他命令或者操作。用户结束使用系统时，应该退出登录，也就是注销此用户。一般情况下，root 或者系统管理用户才拥有重启或关闭系统的权限。

1. 登录 login 到系统

计算机系统接通电源之后，系统将一系列程序不断调入内存的相应位置，运行一段时间之后，就进入到登录界面。命令行状态的登录界面如图 2-15 所示。

在登录界面的"login:"之后系统等待输入用户名，按〈Enter〉键后还要输入正确的密码。在命令行界面输入密码时，屏幕上没有任何输出显示，用户只要按照正确顺序输入密码，之后按〈Enter〉键即可。用户名以及密码任何一个有误，都从"login:"处重新开始。登录后进入到如图 2-2 所示的界面。

系统启动后也可以进入到图形状态的登录界面，如图 2-16 所示。图形界面下输入用户名和密码如图 2-17 和图 2-18 所示。输入用户名和密码后进入如图 2-1 所示的状态。在输入密码之前可以选择系统所使用的语言种类，如果需要使用中文输入法，应该在此处选择中文。

图 2-15　命令行状态的登录界面　　　　图 2-16　图形状态的登录界面

从用户登录到系统时开始，直到输入注销命令为止，这段时间是此用户使用计算机的计费依据。

CentOS 7 系统及 Ubuntu 系统的图形登录界面如图 2-19 和图 2-20 所示。在 CentOS 7 以及 CentOS 8 中登录 root 用户时，首先选择 Not listed?选项，再输入 root 及密码，直接按〈Enter〉键或者单击 Sign in 按钮完成登录操作过程。

2. 注销 logout

如果计算机系统是按照使用时间进行计费的，则用户在结束使用时必须输入注销命令，系统才能正确计算出当前的使用时间长度，进行费用计算。注销操作就是退出当前的登录使用状态，而其他正在使用此计算机系统的用户不会受到此注销命令的影响。有三种注销命令，分别是

logout、exit 以及〈Ctrl+D〉组合键，其功能一致。执行注销命令后，终端返回到登录界面，等待其他用户登录。

图 2-17　图形状态输入用户名

图 2-18　图形状态输入密码

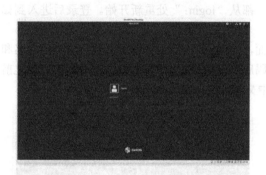
图 2-19　CentOS 7 系统的登录界面

图 2-20　Ubuntu 系统的登录界面

3. 系统的重启及关闭

与登录及注销操作不同（特别是在生产环境中），重启以及关闭计算机系统的命令都应该是具有 root 权限的管理者才能够发布的，而且应该是事先规划好的。简单地关闭计算机电源可能会造成用户数据的丢失，严重情况下可能导致系统无法正常工作。

系统的重启及关闭过程都要完成一系列动作，如结束正在运行的守护进程及其他服务、卸载文件系统等。常用的重启、关闭命令是 shutdown，reboot、halt 命令也可以完成重启、关闭计算机的任务，这两个命令不需要选项及参数。

shutdown 命令格式：shutdown　[-选项]　时间

-h 表示关闭计算机系统。-r 表示重启计算机系统。"时间"以分钟为单位，可以使用数值，now 等同于 0。例如，输入 shutdown　-r　10 命令，表示系统会在 10 分钟后进行重启操作。

2.1.5　几个基本命令

下面介绍一些 Linux 中常用的基本命令。其中 man 命令能够为深入学习其他命令提供大量的帮助信息。

1．--help 选项及 man、info 命令

Linux 系统的命令一般都提供--help 选项，是开发者在设计此命令时已经将命令的简要语法格式规定好了并提供给用户的。--help 选项直接加在命令名后（与命令名之间同样需要空格分隔）即可输出帮助信息。示例如下。

```
[learn@ABCx ~]$ date  --help
[learn@ABCx ~]$ man  --help
```

除了--help 选项之外，Linux 系统还提供了 man 命令（是 manual 的简写），作用是格式化显示在线手册的内容，一般也称为帮助命令。--help 选项的结果要比 man 命令的更加简洁一些。

命令格式：man　命令名/函数名/文件名

主要功能：按照标准格式显示在线手册中与命令名相关的描述信息。

man 命令的执行结果如图 2-21 及图 2-22 所示。

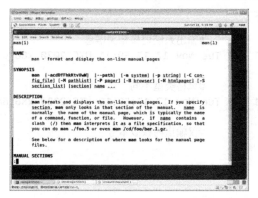

图 2-21　执行 man　man 的结果　　　　图 2-22　执行 man　uname 的结果

man 执行后，显示的是参数部分给出的命令名的描述信息，包括命令名及功能、语法格式、选项及参数的描述、命令设计者信息、BUGS 反馈、版权等多方面内容。用户可以使用上下方向键、〈PgUp〉〈PgDn〉键翻看不同部分的文字内容。需要退出时，按〈Q〉键结束 man 命令的执行过程。

[☞]下面是 macOS 系统退出 root 登录及 man 执行命令过程。

```
bogon:~ root# exit                    #macOS 系统不建议使用 root
logout
abc@bogon ~ % man  bc                 #显示的内容与 CentOS 一致
```

随着逐步深入掌握 man 的用法，可以进一步发现 man 命令分成不同的层次来提供帮助，而且 man 是学习其他命令的最主要途径之一。另外，info 命令同样具有解释命令用法及一些知识点的功能。

2．help 命令

对于 Bash 的内嵌命令，如 cd、echo、exec、history 等，使用 man 进行帮助时，并不能直接看到结果，往往需要前后翻页多次。此时可以使用 help 命令获得相关语法格式信息。

命令格式：help　[-options]　内嵌命令

主要功能：按照 options 指定的选项要求，输出匹配内嵌命令的相关语法格式信息。

常用的[-options]选项如下。

-d：输出匹配内嵌命令的简短描述。

-m：按照 man 手册中的描述输出匹配内嵌命令的信息。

-s：只输出匹配内嵌命令的语法格式，没有详细说明。

例如，只显示 history 的语法格式时，help 命令如下。

```
[learn@ABCx ~]$ help  -s  history                 #获得 history 命令的帮助信息
```

3．uname 命令

命令格式：uname [-options]

主要功能：按照 options 指定的选项要求，输出包括内核版本在内的系统相关信息。

常用的[-options]选项如下。

-a，--all：输出包括其他选项含义在内的所有的系统相关信息。

-s，--kernel-name：输出内核名称。

-n，--nodename：输出网络上使用的本节点的主机名称。

-r，--kernel-release：输出内核版本号。

-m，--machine：输出机器的硬件架构名。

例如，查看当前所有的系统相关信息命令如下。

```
[learn@ABCx ~]$ uname   -a                        #输出系统内核相关信息
Linux ABCx 3.10.0-1160.6.1.el7.x86_64 #1 SMP Tue Nov 17 13:59:11 UTC 2020 x86_64
x86_64 x86_64 GNU/Linux
[learn@ABCx ~]$ uname   --all                     #风格类型不同
Linux ABCx 3.10.0-1160.6.1.el7.x86_64 #1 SMP Tue Nov 17 13:59:11 UTC 2020 x86_64
x86_64 x86_64 GNU/Linux
[learn@ABCx ~]$ uname   -r                         #仅输出内核版本号
3.10.0-1160.6.1.el7.x86_64
```

4．who 命令

命令格式：who   [-options]

主要功能：按照 options 指定的选项要求，输出当前登录到系统的用户相关信息。

常用的[-options]选项如下。

-a，--all：输出包括其他选项含义在内的所有的用户相关信息。

-q，--count：输出所有登录到（过）系统的用户名及数量。

-r，--runlevel：输出当前的运行级别。

-u，--users：输出登录的用户列表。

-p，--process：输出由 init 创建的活动进程。

-d，--dead：输出死亡的进程。

例如，查看当前登录到系统的所有用户信息，命令如下。

```
[learn@ABCx ~]$ who                               #输出当前登录到系统的用户相关信息。
下面是 CentOS 8 下执行的结果。可以登录多个图形用户界面
  root     tty2        2021-01-02 08:15 (tty2)
  learn    tty3        2021-01-02 09:13
  wmq      tty4        2021-01-02 09:15 (tty4)
  halen    tty5        2021-01-02 09:16 (tty5)
[learn@ABCx ~]$ who  -a                            #输出登录到系统的所有用户信息
```

与 who 命令功能相似的包括 whoami、w 命令。

5．history 命令

命令格式：history [-c] [-d offset] [n]

主要功能：按照选项要求，输出用户执行过的命令记录。

-c：删除历史记录中的所有命令。

-d offset：删除 offset 对应的历史记录，后面的依次前移一位。offset 是 history 命令输出时显示的编号。

n：代表一个具体的数字，含义是仅输出最后的 n 条记录。

与 history 命令显示的编号相关的用法包括在提示符后直接输入!编号，可以执行编号对应的命令；而!!则表示要再次执行前一条命令。

```
[learn@ABCx ~]$ history                    #显示执行过的命令记录。运行结果省略
[learn@ABCx ~]$ history  10                #输出最近的 10 条命令
[learn@ABCx ~]$ !55                        #执行编号为 55 的对应命令
uname  -a                                  #此为编号 55 的命令。执行结果如下
Linux ABCx 3.10.0-1062.el7.x86_64 #1 SMP Wed Aug 7 18:08:02 UTC 2019 x86_64
x86_64 x86_64 GNU/Linux
[learn@ABCx ~]$ !!                         #执行前一条命令
uname  -a
Linux ABCx 3.10.0-1062.el7.x86_64 #1 SMP Wed Aug 7 18:08:02 UTC 2019 x86_64
x86_64 x86_64 GNU/Linux
```

6．date 命令

命令格式：date   [MMDDhhmm[[yy]yy]]

主要功能：输出或者设置系统的日期及时间。

date 命令使用方法如下。

```
[learn@ABCx ~]$ date                       #显示当前的系统日期时间
[learn@ABCx ~]$ date  +'%Y/%m/%d   %H:%M'   #按照格式显示日期时间
2020/10/24   09:19
```

root 用户拥有设置时间及日期的权限，可以使用 sudo 命令。

```
[learn@ABCx ~]$ sudo  date  102409102025                    #设置系统的日期时间
[sudo] password for learn:
Fri Oct 24 09:10:00 CST 2025
```

[☞]提示：CST 是指 China Standard Time，中国标准时间。

即使是 root 用户也不应该随意修改系统的日期及时间，因为日期时间是重要的系统参数。最好是让它与 Internet 保持一致，执行"应用程序"→"系统工具"→"设置"→"详细"→"日期时间"。

7．cal 命令（calendar）

命令格式：cal   [-options]   [[[day]month]year]

主要功能：按照 options 指定的选项要求，显示一个简单的月历，如果没有参数，则显示当前月份的月历，否则按照参数给定的年月显示月历，日期反色显示。

常用的[-options]选项如下。

-s，--sunday：星期日作为每周第一天。

-m，--monday：星期一作为每周的第一天。

-y，--year：显示当前年份的月历，三个月一组，星期日作为每周的第一天。

```
[learn@ABCx ~]$ cal                        #显示当前月份的月历
[learn@ABCx ~]$ cal  3  2021               #显示 2021 年 3 月的月历
```

8. echo 命令

命令格式：echo　[-neE]　[字符串 ...]

主要功能：按照选项要求，将字符串输出到标准输出设备上，一般指屏幕上。

常用的选项如下。

-n：显示字符串后，不追加换行符。

-e：启用反斜杠的转义解释。

-E：显式地抑制对于反斜杠的转义解释。

```
[learn@ABCx ~]$ echo  "hello world"              #输出字符串及一个换行符
hello world
[learn@ABCx ~]$ echo  -n  "hello world"          #不追加换行符的效果
hello world[learn@ABCx ~]$ echo  "$USER $(cal)"  #能够显示当前用户名及当前月份的月历
[root@ABCx ~]# echo  $PATH                        #显示 root 的搜索路径
/usr/local/sbin:/usr/local/bin:/sbin:/bin:/usr/sbin:/usr/bin:/root/bin:/usr/include
[learn@ABCx ~]$ echo  $PATH                       #显示 learn 的搜索路径
/usr/local/bin:/usr/local/sbin:/usr/bin:/usr/sbin:/bin:/sbin:......:/home/learn/bin
```

echo 命令与其他特殊符号的结合还有一些比较复杂的用法。关于 echo 的其他用法及标准输出设备参见 2.4 节。

9. bc 命令

命令格式：bc　[-options]

主要功能：按照 options 指定的选项要求，完成高精度计算的交互式命令。

常用的[-options]选项如下。

-l，--mathlib：使用标准数学库进行计算。

-q，--quiet：不输出版本及版权等信息。

执行 bc 命令后，进入到交互式运行模式。直接输入表达式后按〈Enter〉键就可以得到运算结果。加载数学库之后按照双精度进行计算。

```
[learn@ABCx ~]$ bc  -l              #加载数学库进行计算
bc 1.06.95                          #显示版本版权等信息。输出等其他内容省略
(33+7)/5                            #输入表达式，按〈Enter〉键
8.00000000000000000000              #显示运算结果
4*a(1)                              #a(x)是内置函数，计算 x 的反正切值
3.14159265358979323844              #输出运算结果
```

在 2.4.4 节，介绍了 bc 与 echo 命令结合使用的例子。

10. clear 命令

命令格式：clear

主要功能：清除终端窗口中当前屏幕上的内容。命令执行后，提示符处于当前窗口的最上面一行的位置。

11. 容易混淆的常用组合键

除了〈Tab〉〈Esc+.〉之外，在 Bash 环境下，下列组合键也经常会遇到。

〈Ctrl+C〉：中断当前正在执行的程序。Windows 环境下是复制的作用。

〈Ctrl+D〉：结束当前会话或者键盘输入。对 vim 编辑软件不可用。

〈Ctrl+Z〉：挂起当前进程退入后台运行。在 Windows 环境下是撤销上一步操作。

〈Ctrl+S〉：暂停该终端。在 Windows 环境下是保存文件。

〈Ctrl+Q〉：重新开始该终端。是与〈Ctrl+S〉相对的操作。

〈Shift+PgUp | PgDn〉：向前或向后翻页。

例如，cat　/etc/yum.repos.d/CentOS-Base.repo，由于 CentOS-Base.repo 文件内容超出一屏，此时就可以使用〈Shift+PgUp〉向前翻页，〈Shift+PgDn〉向后翻页。

2.2　文件及目录

文件和目录看起来是根本不同的概念。事实上，在操作系统中，所有数据最终都是以文件形式保存在存储设备上的，因此，可以将文件理解成存储设备上的具有名字的一组相关数据的逻辑集合。

2.2.1　文件及目录基本含义

关于文件及目录的概念，需要逐渐加深理解和把握。首先必须分清文件和目录，掌握它们之间的区别。然后才能进一步理解文件、目录的概念及实质。

1. 文件类别

通常情况下，按照存储的数据类型把文件分成 4 种类别：常规文件、目录文件、设备文件及链接文件。

在不产生歧义时，本书的其余部分都把常规文件简称为文件，目录文件简称为目录，设备文件简称为设备，链接文件简称为链接。

事实上，在计算机系统中，涉及相关概念时都用这样的名称进行称呼。因此，可以将目录、设备、链接理解成是存储特殊类型数据的文件。文件概念的分类如图 2-23 所示。

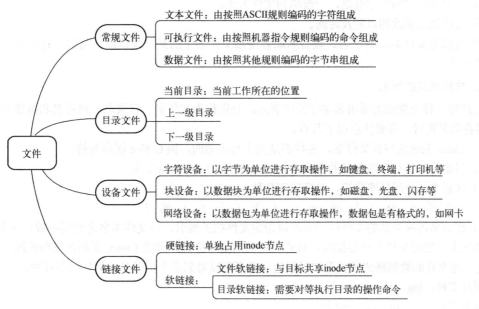

图 2-23　文件概念的分类

对于上述各种类别的文件，基本的区分方法是使用 ls　-l 命令进行查看。命令的执行结果显示在屏幕上，每一行的第一个字符表明了文件的不同类型。如果第一个字符是-号，则表示后面的名称是常规文件的名字，字母 d 则代表目录名。设备又分成字符设备（c）和块设备（b）等。链接文件用字母 l 表示。ls 命令的详细用法见 2.2.2 节。

下面结合文件的概念，说明 ls -l 命令的结果。命令的每一行展示了一个文件的 7 个属性，如图 2-24 所示。

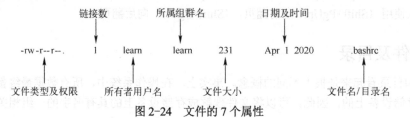

图 2-24　文件的 7 个属性

图 2-24 各部分的含义依次解释如下。

1）文件类型及权限部分比较复杂，会在 3.3 节详细介绍。这里仅说明其中第一个字符的常见取值及含义。

-：减号-表明后面的名称是文件名。

d：字母 d 表明后面的名称是目录名。减号-及字母 d 是区分文件及目录的标准。

c：字母 c 表明后面的名称是字符设备。

b：字母 b 表明后面的名称是块设备。

l：小写的字母 l 表明后面的名称是链接文件。

2）链接数：参见链接命令 ln。

3）所有者的用户名。

4）所有者所属的组群名称。

5）占用存储空间的字节数，一般称为文件大小。

6）文件最后修改的日期及时间。

7）可以是文件名、目录名、设备名或者链接文件名中的某一种情况。与这一行的第一个字符直接关联。

2. 文件名及扩展名

上述每一种类别都需要用名字字符串表示，分别称为文件名、目录名、设备名和链接名等。在命名各类名称时，需要注意以下几点。

1）Linux 系统支持长文件名。名称都是大小写敏感的，例 C 和 c 区别对待。

2）尽量设定具有明确含义的名称，如 MapReduce1、hadoop0 等。

3）尽量不要使用特殊字符，包括以下几种。

? / ` $ # & ! \ @ < > [ ] { } ( ) % |

4）在命名各种类别的文件时，还可以指定文件的扩展名，与文件本名之间用小数点.分隔。

事实上，使用文件存储数据时，有许多不同的编码格式。因此 Linux 系统在某些范围内，使用扩展名对文件的数据格式及类型加以限定，甚至可以看到多个扩展名，例如以下几种。

图片文件：jpg、png、bmp 等。

脚本文件：sh、pl、js、xml 等。

打包及压缩文件：tar、rpm、bz、bz2、xz 等。

Linux 系统中的可执行文件一般没有扩展名。而 Windows 系统中，使用 exe 或者 com 等标识；文本文件一般使用 txt 作为扩展名等。

在开始学习 Linux 前，如果要更加明确地将上述类别的名称区别开来，除了经常执行 ls -l 命令进行查看阅读之外，还可以按照如下方法加以区别。

1）对于子目录名称，可以在子目录名后面增加一个斜杠，如/root/、/home/learn/、cosmos/、/usr/share/backgrounds/cosmos/等，最后的斜杠/对命令的执行没有影响。熟练之后，可以将其省略掉。

2）对于设备名，可以加上设备所在路径，如/dev/sda1、/dev/tty1、/dev/pts/0 等。

3）对于常规文件名和链接名，直接书写名称即可。有时为了帮助记忆常规文件的所在位置，书写时也加上路径，在阅读时需要加以区别。

3. 目录及路径

目录中存储的数据是以二维表格的形式组织的，每一行对应一个名字（文件、子目录、设备及链接），每个名字用若干个相关属性进一步描述，这一行数据称之为目录项，表示一个文件及相关属性。可以理解为目录是包含了若干文件、目录、设备及链接的容器。因此，从概念的角度上看，目录是由定长的目录项组成的记录文件。从目录的作用看，它与纸质书本前面的目录作用是一致的，而且也是分层次的。

目录中可以包含下一级目录，则下一级目录称为上一级的子目录。在系统最顶层的目录称为根目录，简称根，用斜杠/表示，根目录是唯一的。其他目录或者位于根下，或者位于上一级目录之下，所以都可以称为子目录，有时也简称为目录。这样就构成了系统的目录树结构，也就是层次结构。在目录层次结构的最后一级子目录下，只包含文件。例如，根目录下包括 root、home、usr、opt 和 bin 等子目录；root 子目录下又包含 Desktop、Picture、Download 等子目录；usr 子目录下包含 bin、share、include 和 lib 等子目录。

为了表达文件、子目录等在系统目录树层次结构中的具体位置，引入了路径的概念。路径是由根以及（或者）多个子目录名构成的字符串，子目录名之间使用斜杠/分隔（Windows 系统用右下斜杠\分隔）。

例如，字符串/usr/share/background/cosmos/back.xml，表达了 back.xml 文件位于系统目录树中的具体位置，这里的第一个斜杠/表示根目录，其他的斜杠/起到分隔作用，也代表之下的含义。

这种从根目录开始写起的路径称为绝对路径，有时写起来会比较长。为了方便，又引入了相对路径的概念。这里的相对是指所谓的当前位置，也就是目前所处的位置，称为工作目录或者当前目录。用上面的例子，比如当前处于 share 子目录之中进行操作，工作目录字符串是/usr/share/，此时要表达 back.xml 文件的位置，就可以使用相对路径，而把前面的部分省略，写成的字符串是 background/cosmos/back.xml。注意：此时 background 子目录名称前面是不能写斜杠/的。

在后续的大部分命令中，都会用到文件、目录和路径的概念。更进一步的介绍请参看第 4 章。接下来介绍与文件及目录相关的一些常用的重要命令。

2.2.2　常用的重要命令

下面的命令与文件及目录操作相关，有的仅对文件起作用；有的仅对目录执行；有的既可以操作文件，又可以操作目录，需要注意区分。

1. pwd 命令（print working directory）

命令格式：pwd

主要功能：输出当前工作目录的绝对路径字符串。

这是一个简单而又经常使用的重要命令。

2．ls 命令（list）

命令格式：ls [-options] [[path]file] ...

主要功能：按照 options 指定的选项要求，显示输出指定子目录中的文件及其子目录名称等相关属性信息，不指定选项及参数时，默认按照短格式显示输出当前子目录的内容。短格式只包括文件及子目录名。ls 可以同时显示多个文件的属性，对应格式中的省略号。

常用的[-options]选项如下。

-a，--all：输出指定子目录中所有文件名及子目录名，包括以小数点.开头的隐藏文件名及子目录名。

-d，--directory：输出子目录自身，而非其中的内容。

-l：按照长格式输出文件及其子目录的属性信息，长格式包括类型、权限、所有者、所属组、大小、最后修改时间及名称等属性。

-i，--inode：输出每个文件的索引数。

-t：按照修改时间排序显示，最近的排在前面。默认按照字母顺序显示。

-r，--reverse：按照排序的反序输出显示。

-R，recursive：递归地显示输出指定子目录中的文件及子目录。

-s，--size：计算文件占用的区块数量。

-S：按照文件大小排序后输出显示。

ls 命令的选项比较丰富，多个选项可以进行组合，例子如下。

```
[learn@ABCx ~]$ ls                    #按照短格式显示输出当前目录中的文件及子目录等。短
格式仅包含名字，其他属性都不显示。运行结果如下
Desktop  Documents  Downloads  Music  Pictures  Public  Templates  Videos
```

-a 与-l 选项一起使用，能够按照长格式显示输出当前目录中的所有文件及子目录等，包含以点.开头的隐藏文件及隐藏子目录。注意选项字符可以一起写出来，前面只用一个-号，也可以分别写成-a -l。执行过程及运行结果如下。

```
[learn@ABCx ~]$ ls  -al
total 48                                          #这个数值在第 4 章说明
drwx------. 15 learn learn 4096 Nov 23 10:36 .    #小数点.代表当前目录
drwxr-xr-x.  3 root  root    19 Nov 23 10:29 ..   #两个..代表上一级目录
-rw-r--r--.  1 learn learn   18 Apr  1  2020 .bash_logout
-rw-r--r--.  1 learn learn  193 Apr  1  2020 .bash_profile
-rw-r--r--.  1 learn learn  231 Apr  1  2020 .bashrc      #以上三个是隐藏文件
drwxr-xr-x.  2 learn learn    6 Nov 23 10:36 Desktop
drwxr-xr-x.  2 learn learn    6 Nov 23 10:36 Documents
drwxr-xr-x.  2 learn learn    6 Nov 23 10:36 Downloads    #以上三个是目录
......                                                    #省略了输出的其他内容
```

下面是另外一种写法，与 ls -a -l 结果一致。

```
[root@ABCx ~]# ls --all  -l           #命令中可以写--all 这种选项
[learn@ABCx ~]$ ls  -al  /usr/        #按照长格式显示/usr/目录下的所有内容，包括隐藏
的。这种写法比较常用，因为不需要切换路径
[learn@ABCx ~]$ ls  -l  /etc/services  /tmp/services.gz    #按照长格式同时显示两个
特定文件的信息，如果不存在则输出错误信息
[learn@ABCx ~]$ ls  -ldSr  /etc/*     #将/etc/下的所有文件按照从小到大的顺序显示输出
```

请比较 ls　-Sr　/etc/以及 ls　-Sr　/etc/*的运行结果。

由于 ls　-l 命令经常使用，因此，Bash 将其以别名的形式进行重新命名。只要输入 alias 命令，结果中包括 alias　ll='ls -l --color=auto'，表明 ll 等价于以系统定义的颜色及长格式显示目录的信息。

[☞]在 macOS 系统下能够识别 ls　-l，而不能执行 ll。用户也可以使用别名方式设置。

ls 命令是使用频率最高的命令之一，事实上，ls 除了显示目录内容之外，也能够起到验证上一条命令执行结果的效果，因此在后续的操作中会频繁执行 ls 命令。经常与 ls 结合使用的是 cd 命令。

3．cd 命令（change directory）

命令格式：cd　[path]

主要功能：将当前的工作目录切换到 path 指定的子目录。不指定 path 时，返回到自己的家目录。path 是路径字符串。

cd 命令的选项部分一般不常使用，cd 命令的例子如下。

```
[learn@ABCx ~]$ cd                            #返回自己的家目录
[learn@ABCx ~]$ cd  ~                          #上面两条命令等效，都是返回到用户的家目录
[learn@ABCx ~]$ cd  /usr/share/backgrounds/     #进入/usr/share/backgrounds/目录
[learn@ABCx backgrounds]$ ls  -l    #此命令可用 ll  /usr/share/backgrounds/替代
[learn@ABCx ~]$ cd                            #返回用户的家目录
[learn@ABCx ~]$ cd  -                          #减号-表示此前的目录位置。这是减号-
的特殊用法，不要与各个命令的选项部分使用的减号-混淆
/usr/share/backgrounds                         #显示减号-的当前值
[learn@ABCx backgrounds]$                      #显示当前已经切换到 backgrounds
```

需要特别注意的是，每个子目录中都包含了两个特殊的子目录，即当前子目录.（用一个小数点表示当前子目录）和上一级子目录..（两个小数点）。以点.开头的文件及目录都是隐藏的，所以使用 ls　-l 或者 ls 时并不显示。下面的例子展示了 cd 命令的其他用法。

```
[learn@ABCx cosmos]$ cd  ..                   #切换到当前子目录的上一级子目录
[learn@ABCx cosmos]$ cd  ./Picture
[learn@ABCx cosmos]$ cd  Picture              #这两条命令的效果一致。当前子目录下
包括 Picture 这个子目录，则能够正确执行，否则提示错误
[learn@ABCx picture]$ pwd                      #显示当前位置的绝对路径
/home/learn/mbgs/picture
[learn@ABCx picture]$ cd  ../../              #切换到上一级的上一级目录
[learn@ABCx ~]$ pwd                            #查看当前位置的绝对路径
/home/learn
```

4．mkdir 命令（make directory）

命令格式：mkdir　[-options]　[path]directory

主要功能：按照 options 指定的选项要求，创建 directory 指定的子目录。

常用的[-options]选项如下。

-m，--mode：创建子目录，并设置访问权限。

-p，--parents：创建子目录时，如果父目录不存在，则同时创建。

示例如下。

```
[learn@ABCx ~]$ mkdir  python                  #创建子目录 python
[learn@ABCx ~]$ mkdir  -p  java/work          #先在当前目录下创建 java 子目录（如
```

果不存在的话），然后再创建 work 子目录

```
[root@ABCx ~]# mkdir  /opt/abc/market               #不使用-p 选项，abc 子目录不存在，所
```
以 market 子目录也不能创建。给出错误提示如下
```
mkdir: cannot create directory '/opt/abc/market': No such file or directory
[root@ABCx ~]# mkdir  -p  /opt/abc/market           #root 用户能够在其他任何位置创建子目
```
录。普通用户只能在自己的家目录及其他有权限的位置创建子目录

5. cp / mv 命令（copy / move）

命令格式：cp [-options] SOURCE DEST

主要功能：按照 options 指定的选项要求，将 SOURCE 指定的文件或目录复制到 DEST 位置；mv 是将 SOURCE 指定的文件或目录移动（剪切）到 DEST 位置，删除原来位置的文件或目录。

常用的[-options]选项如下。

-b，--backup：目标文件存在时，先备份，再进行复制或者移动。

-f，--force：目标文件存在则不询问，而直接覆盖。

-R，-r，--recursive：mv 命令没有这个选项。将源目录及其下的子目录一起复制到目标位置。

-v，--verbose：展示复制/移动命令的执行过程。

示例如下。

```
[learn@ABCx ~]$ cp  -v  /mnt/hgfs/vmshare/newpicture/*.jpg  mbgs/
#将源位置的所有扩展名是 jpg 的文件都复制到目标子目录下
[learn@ABCx ~]$ cp  /usr/share/backgrounds/default.xml  mbgs/back.xml
#复制的同时修改了文件名
[learn@ABCx ~]$ mv  mbgs/back.xml  ./b.xml        #将 mbgs 子目录下的 back.xml 文件移动
到（剪切后再复制到）当前目录，并改名为 b.xml
```

6. cat 命令及 more、less、head、tail 命令

命令格式：cat [-options] [path]file

主要功能：按照 options 指定的选项要求，输出 file 指定的文件内容。

文本文件（按照 ASCII 码规则进行编码的）能够正常显示；而图片、可执行等是具有特定编码格式的文件，如果还是按照 ASCII 编码规则进行解释，那么在屏幕上就会显示乱码。

常用的[-options]选项如下。

-b，--number-nonblank：为非空行添加行号，然后输出显示，替代-n。

-n，--number：所有行都按顺序添加行号并输出显示。

cat 命令的使用方法如下。

```
[learn@ABCx ~]$ cat  -b  /usr/share/backgrounds/default.xml
......
42     <to>/root/Pictures/wp4.jpg</to>
43     </transition>
44     </background>
```

CentOS 7 的 default.xml 比 CentOS 6 的 background.xml 少了很多行，但是除了空行，还有 44 行，一屏不能够完整显示文件的全部内容。此时使用 more 或者 less 命令就比较方便。

执行 more 文件命令后，首先在标准输出设备（即屏幕）上，显示文件内容的第一屏，并在屏幕的最后一行显示--More--(40%)，提示当前显示了文件内容的百分比，此时按〈Space〉键显示下一屏，按〈Enter〉键增加显示一行，按〈Q〉键则退出当前命令。下面的命令等价于 more。

```
[learn@ABCx ~]$ cat  /usr/share/backgrounds/default.xml  |  more
```

less 命令同样可以分屏显示文件内容，在第一屏的最后一行显示的是文件名，此时用户按上下方向键、〈PgUp〉〈PgDn〉〈Space〉〈Enter〉键等，末行出现: 冒号提示符，完成前后翻看内容，比较方便。退出操作使用〈Q〉键。

head 及 tail 命令仅显示文件开头或结尾的若干行（默认为 10 行），用选项可以指定行数，示例如下。

```
[learn@ABCx ~]$ head  -15  /usr/share/backgrounds/default.xml
[learn@ABCx ~]$ tail  -7  /usr/share/backgrounds/default.xml
```

cat 命令与重定向功能相结合，还会产生一些特别的效果，具体内容会在后面介绍。cat 命令查看可执行文件时，会产生乱码现象。

```
[learn@ABCx ~]$ ll  /bin/ls
-rwxr-xr-x. 1 root root 117608 Aug 20  2019 /bin/ls
[learn@ABCx ~]$ cat  /bin/ls                    #屏幕上显示乱码。也会看到 ASCII 码字
符，是程序中的字符串。查看一个图片文件的内容也会如此
[root@ABCx ~]# cat  /var/lib/rpm/Packages        #已经安装的软件包的数据库文件，使用
cat 命令同样不能看到想要的内容。应该使用相关的软件打开，取得数据
```

7. touch 命令

命令格式：touch [-options] [path]file

主要功能：按照 options 指定的选项要求，将 file 指定文件的时间修改为命令执行的时间，如果文件不存在，也没有指定-c 或者-h 选项，则按照当前时间创建一个空文件，大小为 0。

常用的[-options]选项如下。

-c，--no-create：即使文件不存在，此选项也禁止创建它。

-d，--date=time：按照 time 的值修改指定文件的时间值，可以包含月份名、时区名以及 am和 pm 等。

```
[learn@ABCx ~]$ touch  fileABC                    #创建空文件 fileABC
[learn@ABCx ~]$ touch  --date="2024-02-29 16:21:42" filexyz1    #创建 filexyz1 文
件，指定日期时间是 2024-02-29 16:21:42
[learn@ABCx ~]$ touch  --date="16:21:42"  filexyz2    #指定时间创建文件
[learn@ABCx ~]$ touch  --date="2024-02-29"  filexyz3  #指定日期创建文件
```

8. rm 命令（remove）

命令格式：rm [-options] [path]file

主要功能：按照 options 指定的选项要求，删除 file 指定的文件或者目录。

常用的[-options]选项如下。

-f，--force：强制删除文件或目录，不需要确认，也忽略不存在的文件。

-r，-R，--recursive：按照递归方式删除目录及其下的所有文件和子目录。

-d，--dir：删除空的子目录。

```
[learn@ABCx ~]$ mkdir  temp                    #在当前目录下创建实验用的子目录 temp
[learn@ABCx ~]$ touch  temp/tfile              #在 temp 下创建一个空文件
[learn@ABCx ~]$ ll  temp                        #查看验证
total 0
-rw-rw-r--. 1 learn learn 0 Dec 13 09:26 tfile
[learn@ABCx ~]$ rm  temp                        #删除子目录需要使用-r 选项
```

```
rm: cannot remove 'temp': Is a directory
[learn@ABCx ~]$ rm  -d  temp/                    #-d 选项不能删除非空目录
rm: cannot remove 'temp/': Directory not empty
[learn@ABCx ~]$ rm  -fd  temp2/                  #非空目录使用强制选项也无法完成
rm: cannot remove 'temp2/': Directory not empty
[learn@ABCx ~]$ rm  -r  temp/  #删除子目录使用-r 选项。删除成功，没有输出，也没有提示
[learn@ABCx ~]$ rm  file11      #普通用户删除文件时，不需要确认。与使用-f 删除文件一样
[root@ABCx ~]# rm  log-20201122.txt              #root 删除文件时会提示确认
rm: remove regular file 'log-20201122.txt'? y
```

9．grep 及 find 命令

命令格式：grep [-options] pattern [FILE...]

主要功能：按照 options 指定的选项要求，在 FILE 指定的文件或管道中查找与 pattern 相匹配的字符串，并显示包含字符串的行。

常用的[-option]选项如下。

-c，--count：仅输出匹配文本的行数，而不输出具体的文本行。

-e PATTERN，--regexp=PATTERN：按照模式指定的字符串进行匹配。

-i，--ignore-case：在模式及输出中都忽略大小写。

-r，--recursive：按照递归的方式查找指定的目录。

-v，--invert-match：按照与之后模式相反的含义进行匹配。

grep 命令与正则表达式结合使用具有强大的查找功能，这里仅列举几个基本用法。

```
[learn@ABCx ~]$ grep  -e  "echo"  -c  sysvar.sh  sysinfo.sh #在文件中查找字符串
echo，并显示包含字符串的行数值
sysvar.sh:16                                     #sysvar.sh 文件中包含 16 行
sysinfo.sh:3                                     #sysinfo.sh 文件中包含 3 行
[learn@ABCx ~]$ grep  -e  "echo"  sysvar.sh  sysinfo.sh      #显示包含字符串的每一行
sysvar.sh:echo "当前账户是:$USER,当前账户 UID 是:$UID"
......                                            #省略了输出的其他内容
sysinfo.sh:echo "CPU 15min 的平均负载 : $cpu"
```

grep 命令经常用于在其他命令的结果中查找指定的字符串。

```
[learn@ABCx ~]$ rpm  -qa  |  grep   "make"
libpagemaker-0.0.3-1.el7.x86_64
make-3.82-24.el7.x86_64
```

另外，find 也是功能强大的命令，主要用于查找指定的文件。

```
[learn@ABCx ~]$ find  /etc/  -name  "*.txt"                  #查找/etc/目录下，扩展
名是 txt 的文件
find: '/etc/grub.d' : Permission denied                     #是普通用户无权访问的
find: '/etc/pki/CA/private' : Permission denied
/etc/pki/nssdb/pkcs11.txt
......                                                       #输出的其他部分省略
[learn@ABCx ~]$ find  /usr/src/kernels/linux-4.19.165/  -name  "syslog.h"
/usr/src/kernels/linux-4.19.165/include/linux/syslog.h
```

10．whereis 命令

命令格式：whereis [-options] command-names

主要功能：按照 options 指定的选项要求，查找命令的可执行文件、源代码文件及手册页等

所在的位置路径。

常用的[-options]选项如下。

-b：仅查找可执行文件的位置。

-m：仅查找手册页的位置。

-s：仅查找源代码文件的位置。

```
[learn@ABCx ~]$ whereis  ls                    #查找 ls 命令及帮助文档的位置
ls: /usr/bin/ls /usr/share/man/man1/ls.1.gz /usr/share/man/man1p/ls.1p.gz
```

11．wc 命令（word counts）

命令格式：wc　[-options]　[path]file

主要功能：按照 options 指定的选项要求，对 file 指定的文本文件进行计数统计，统计的单位可以是字符、字或者行，并显示输出结果。

常用的[-options]选项如下。

-c，--chars：以字符为单位进行统计。

-l，--lines：以行为单位进行统计。

-w，--words：以字 word 为单位进行统计。

```
[learn@ABCx ~]$ wc  -l  /usr/share/backgrounds/default.xml        #统计文件的行数
51 /usr/share/backgrounds/default.xml
```

wc 命令也经常与其他命令配合使用，示例如下。

```
[learn@ABCx ~]$ rpm -qa  | wc -l              #统计当前系统安装的软件包数量
1676
[learn@ABCx ~]$ ll  /dev/  |  wc  -l          #统计/dev 目录下设备数量
160
```

2.3　文本编辑器 vi/vim

Linux 系统为各种服务器的高效运行提供了坚实的基础，而系统管理员的一项经常性的重要工作就是检查、编辑、修改各种服务的配置文件，因此，一个方便灵活的文本文件编辑软件是必不可少的。vi/vim 能够满足文件的检查、编辑、修改等多种要求，是系统中经常使用的编辑工具。

另外，配置文件是按照 ASCII 规则进行编码的文本文件，也称为纯文本文件。各种操作系统环境下，文本文件都是能够直接识别的，一般是通用的。

2.3.1　vi/vim 概述

Linux 系统为用户提供了多种纯文本编辑软件，如 Nano、Emacs 与 vi/vim 等。其中，vi/vim 被广泛使用的主要原因如下。

1）所有类 UNIX 系统都内置了 vi/vim 文本编辑软件，虽然使用 vi/vim 时必须记忆许多子命令，操作较为复杂。

2）Linux 系统中的一些软件（如 crontab、edquota）进行编辑修改操作时，需要调用 vi/vim，因为其纯字符模式操作能够满足作为嵌入式软件的基本要求。

3）vim 的代码补全及错误跳转等方便编程的功能特别丰富，还可以实现以不同颜色标识关键字、字符串等功能，适合于程序开发者的使用习惯，拥有较为庞大的用户群体。学习 vi/vim 的使用方法是掌握 Linux 系统的基本要求之一。

文本编辑器 vi（Visual interface）是在 UNIX 系统发展早期由比尔·乔伊（Bill Joy）于 1976

年设计的，能够提供可视化接口的编辑修改功能。vim（vi IMproved，vi 的增强改进版）软件是 20 世纪 90 年代初由 Bram Moolenaar 等人设计开发的。目前常用的是 7.4 版，CentOS 8 提供的最新版本是 8.0。

Linux 系统中，vim 已经替代了 vi。在命令行界面下，输入 vi 命令，进入开始界面，可以看到 VIM - Vi IMproved 字样。普通用户输入 alias 命令，也可以看到 vi='vim'这一行。

vim 的官方网站 http://www.vim.org 宣称自己是一个程序开发设计工具，而不仅仅是文字处理软件。因此文本文件的编辑修改只是其基本功能。

2.3.2 vim 启动方式及窗口结构

启动 vim 有多种方法，下面列出几种常用的格式。

格式 1：vim　　#进入到开始界面，显示一些 vim 的相关信息和帮助命令等。

格式 2：vim　file　　#如果文件存在则打开显示其内容，否则创建空文件。

格式 3：vim　[filelist]　　#同时打开多个文件，方便于编程。

格式 4：vim　+450　file　　#打开文件，光标定位在 450 行。

格式 5：vim　+/name　file　　#打开文件，光标定位在第一个 name 字符串。

按照格式 1 执行的结果如图 2-25 所示；输入:help 这样的命令，结果如图 2-26 所示。按照格式 2 分别在图形界面和纯字符的命令模式下执行，结果如图 2-27～图 2-30 所示。

注意：图 2-25～图 2-28 的外层是虚拟机软件的窗口。内部灰色部分都属于 CentOS 系统，包括系统的菜单栏、状态栏、任务栏等。具有 root@ABCx 标题的窗口属于伪终端，包括菜单栏。中间白色背景的窗口属于 vim。图 2-29 及图 2-30 中黑色区域窗口属于 CentOS 系统，当前由 vim 使用，退出后即为系统的提示符。

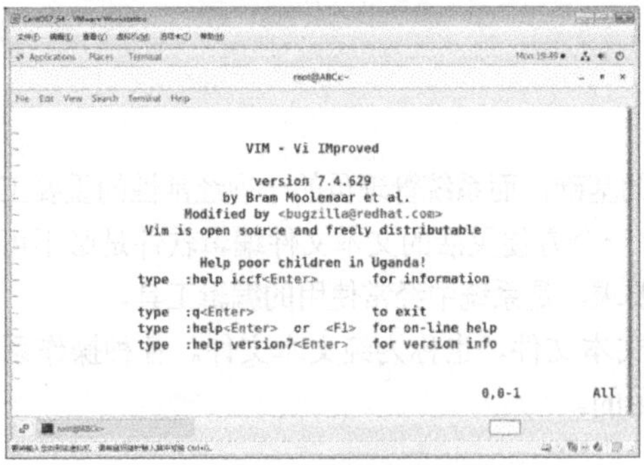

图 2-25　图形界面执行 vim

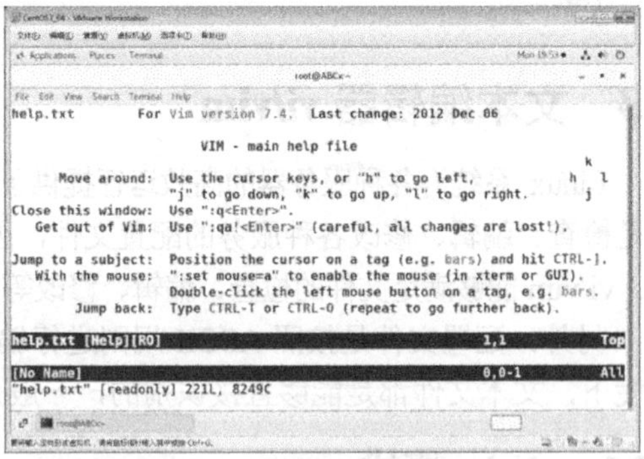

图 2-26　图形界面输入:help

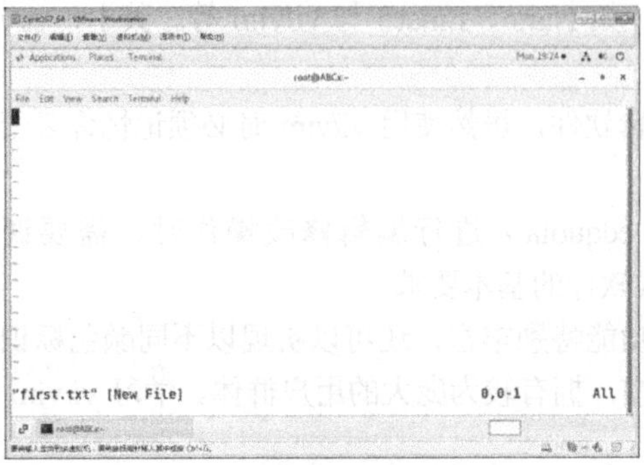

图 2-27　图形界面创建空文件

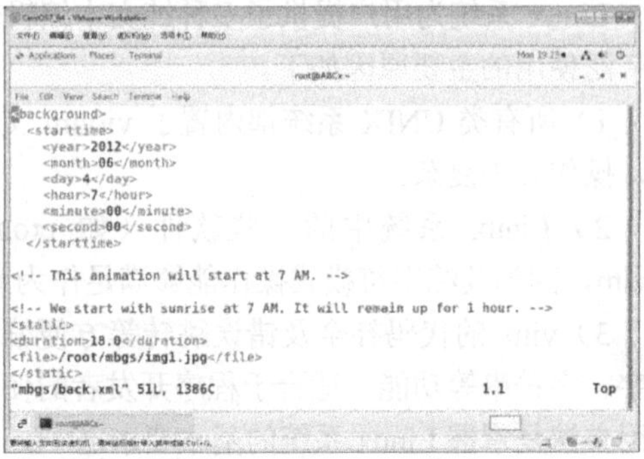

图 2-28　图形界面打开文件

图 2-29 纯字符界面创建空文件

图 2-30 纯字符界面打开文件

vim 启动后，其窗口的基本结构分为两个部分：编辑工作区及状态命令区。编辑工作区占据窗口的绝大部分空间，显示文件的内容，可以进行文件的编辑、修改。状态命令区对应窗口的最后一行，显示了当前正在编辑的文件名称、状态、行数、字符数以及光标当前位置等信息，也用于输入末行命令。图 2-27 及图 2-29 的状态命令区显示创建了新文件 first.txt，光标位于 0 行 0 列，当前屏幕显示了文件的全部内容。符号~在这里表示空行。图 2-28 及图 2-30 显示的是打开了存在的文件 mbgs/back.xml，共 51 行，1386 个字符，光标位于 1 行 1 列，当前显示的是文件的前面部分内容（top）。

2.3.3 vim 的工作模式

vim 能够在命令、编辑和末行三种模式之间进行切换，从而完成对文本文件的编辑、修改、保存、退出等操作。

1）命令模式：使用 vim 打开一个文件（如果文件不存在，则创建，并显示空行），显示文件的第一屏内容后，首先进入的是命令模式。此时光标在上次退出时所在行的行首处闪烁，使用方向键可以将光标移动到某个位置，也可以对文件内容进行查找、替换、复制、粘贴、删除等操作。

2）编辑模式：也称为插入或者替换模式。在命令模式下，输入 i、I、o、O、a、A、r、R 等字符中的某一个就进入到编辑模式，此时在窗口的最下面一行显示 "--INSERT--" 或 "--REPLACE--" 字样，表明现在可以开始进行文字的输入、编辑和修改操作了。编辑操作过程中，需要退出编辑返回到命令模式，必须按下〈Esc〉键，至少一次。

3）末行模式：在命令模式下，输入英文状态的冒号:、斜杠/、问号? 这三个英文字符中的某一个，就进入到末行模式，输入的字符在窗口的最下面一行的最左侧显示，光标也从文本编辑位置跳到这里闪烁，此时可以执行读取文件、保存、显示行号、字符串查找替换、删除、退出等命令，命令执行完成后自动返回到命令模式，或者退出 vim，返回到系统的命令行提示状态。

三种模式转换过程及使用的命令如图 2-31 所示。

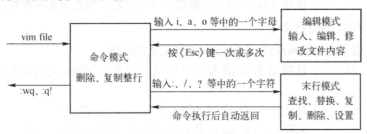

图 2-31 vim 的模式转换图

从图 2-31 可以看出，编辑模式与末行模式之间的转换必须经过命令模式。在末行模式下输入相关命令，可以对文件内容进行删除、复制、粘贴等编辑操作，也可以进行字符串查找、设置行号等辅助性操作。在编辑模式下只能使用〈Delete〉及〈Backspace〉键完成单个字符的删除，移动光标使用方向键、〈PgUp〉及〈PgDn〉键完成，输入字符后，光标也会自动后移，其他的删除行、复制、粘贴、查找字符串等功能，必须按〈Esc〉键返回到命令模式，或者进入末行模式才能完成。

2.3.4　vim 常用操作及子命令

vim 的操作及子命令较多，下面仅针对一些常用的命令进行讨论。

1．切换到编辑模式的命令

前面已经提到过，从命令模式切换到编辑模式使用的是 i、I、a、A、o、O、r、R 等字母键中的某一个，各自的含义有所区别。

i　　　　在当前光标位置处开始插入字符。
I　　　　光标移动到当前行的行首位置，开始插入字符。
a　　　　在当前光标的下一个位置，开始插入字符。
A　　　　光标移动到当前行的行尾，开始插入字符。
o　　　　在光标所在行之下插入新的空行，开始插入字符。
O　　　　在光标所在行之上插入新的空行，开始插入字符。
r　　　　从当前光标位置处开始，用输入的字符替换原有的字符。
R　　　　在当前光标的下一个位置处，开始用输入的字符替换原有的字符。

编辑模式包括插入 INSERT 和替换 REPLACE（改写）两种状态。插入状态下可以插入新的空行，光标也能够移动到行尾的下一个位置处（非下一行）。在替换状态及命令模式下，都无法将光标移动到行尾的下一个位置。从替换状态改变到插入状态，应该先切换到命令模式。从编辑模式切换到命令模式，需要至少按一次〈Esc〉键。

2．重复及撤销命令

在编辑模式下无法完成重复及撤销操作，可以在命令模式下使用如下命令完成。
u　　　　撤销上一步操作。与 Windows 系统的〈Ctrl+Z〉相当。
.　　　　重复上一步操作。与 Windows 系统的〈Ctrl+Y〉相当。

3．设置命令

在命令模式下输入冒号:、斜杠/、问号? 这三个英文符号，则切换到末行模式，并且在窗口的最后一行开始处显示输入的符号。末行模式下能够完成添加或取消行号、设置〈Tab〉键等操作。
:set　nu　　　　每一行较长的情况下，添加行号方便浏览及其他操作。
:set　nonu　　　取消行号显示。
:set　ts=4　　　设置〈Tab〉键的跳格数为 4 个字符，默认为 8 个字符。

4．复制、移动、删除行命令

下面的命令必须退出编辑模式，进入到命令模式才能执行。
:n1,n2　co　n3　　复制 n1 行至 n2 行（包括 n1、n2 行，下同）之间的所有行到当前的 n3 行之后。如：2,11　co　31。
:n1,n2　m　n3　　移动 n1 行至 n2 行之间的所有行到当前的 n3 行之后。
:n1,n2　d　　　　删除 n1 行至 n2 行之间的所有行，暂存到缓冲区中。
dd　　　　　　　删除光标所在行，暂存到缓冲区。

ndd	删除光标所在行之下的 n 行，暂存到缓冲区。
D	删除光标所在字符到行尾的内容，暂存到缓冲区。
G	删除光标所在行到文件末尾的内容，暂存到缓冲区。
Y 或 yy	复制光标所在行到缓冲区。
nY 或 nyy	复制光标所在行之下的 n 行到缓冲区。
p	将缓冲区的内容复制到光标所在行之下。
P	将缓冲区的内容复制到光标所在行之上。

5. 字符串查找替换命令

/字符串　　　　从光标当前位置向文件尾方向查找字符串。找到，则将光标停在字符串的首字母处，否则光标位置不变，且提示未找到。

?字符串　　　　从光标当前位置向文件头方向查找字符串。找到，则将光标停在字符串的首字母处，否则光标位置不变，且提示未找到。

n　　　　　　　继续查找满足条件的字符串。

N　　　　　　　改变查找方向，继续查找。

:n1,n2　s/字符串 1/字符串 2/g　　　将 n1 至 n2 行所有字符串 1 替换为字符串 2。如果没有匹配的字符串，则提示，光标位置不变。

:%s/字符串 1/字符串 2/g　　　　　将文件中所有字符串 1 替换为字符串 2。如果没有匹配的字符串，则提示，光标位置不变。

6. 文件的保存及退出 vim

:w　文件	将窗口中的内容保存为指定的文件。
:q	没有修改文件内容时，可以退出 vim。
:q!	内容已经修改过，必须强制退出 vim 才能够不保存修改。
:wq	按照当前的文件名保存修改过的内容，并退出 vim。
:x	与:wq 功能一致。
ZZ	命令模式下直接输入大写字母 ZZ，与:wq 功能一致。

7. 其他命令

:!ls　-l　/etc/passwd　　　执行 Bash 的 ls　-l 命令。

:map　^p　I#<Esc>　　　定义〈Ctrl+P〉快捷键的功能是在光标所在行的行首插入#号后，返回到命令模式。其中^p 的输入是〈Ctrl+V+P〉或者〈Ctrl+V〉，再〈Ctrl+P〉，直接输入^p 无效。而〈Esc〉是逐个字符输入的，含义是返回到命令模式。I 字符是在光标所在行的行首插入的含义。#号是要输入的字符。

:unmap　^p　　　　　　　取消〈Ctrl+P〉的定义。

2.3.5　相关问题

最初学习 vim 时，会遇到各种各样的问题，影响读者学习的兴趣，甚至无法进行下去。下面仅列举几个具有代表性的问题。

1）应该保证鼠标光标一直处于编辑窗口之中，并单击一次，这样能够保证当前窗口具有输入焦点。否则无法输入任何字符及其他按键。

2）如果单击了关闭按钮，则按照提示，选择取消即可。否则选择了关闭终端选项则会产生隐藏的交换文件。这时需要按照下述的第 5、6 步操作。

3）如果按了〈Ctrl+Z〉快捷键，暂停了进程，则在提示符下执行 fg　1命令（数字1）。

4）在编辑过程中，误用了〈Ctrl+S〉〈Ctrl+A〉等快捷键一般没有影响，按几次〈Esc〉键就可以继续了。此时要重新进行内容的输入，还是要按〈Esc〉键之后，再按 i、I、a、A、o、O 等字母中的某一个开始新的输入过程。

5）如果此时意外关闭了计算机，或者无意中按动某些组合键（macOS 中按〈⌘+U〉），导致 vim 退出。那么重新启动 vim 后，需要再一次编辑此文件时会出现交换文件已存在的提示。可以选择（R）ecovery 恢复选项，再按一次〈Enter〉键，进入编辑状态。此时应该尽快保存退出。也可以选择（D）elete it 删除选项，直接删除交换文件。如图 2-32 和图 2-33 所示。

图 2-32　产生交换文件的情况　　　　　　　图 2-33　对应的英文界面

6）一般情况下，删除交换文件之后就可以正常编辑此文件了。强制删除交换文件命令如下。

```
[learn@ABCx ~]$ rm  -f  .sysvar.sh.swp       #强制删除交换文件。交换文件名是由原来文件
名的前面加小数点.，后面加.swp 组成的。
```

2.4　重定向及管道

Linux 系统的 Shell（包括 Bash）都支持 Shell 脚本文件（script）的执行。Shell 脚本就是描述性的程序，以 ASCII 的编码形式存在，其中包含完成某项功能的若干条指令、变量定义及流程控制等内容，与 C 语言程序类似。Shell 脚本支持数组、判断、循环、函数调用等功能。下面简要说明与 Shell 脚本及命令执行相关的内容。

Shell 编程及命令执行时，系统将标准的（或者说是默认的）输入设备指向键盘，标准输出及错误信息的输出设备指向屏幕。有些情况下，经常要改变标准输入输出设备的指向，也就是改变数据的流动方向。如果不使用系统已经规定好的标准输入、标准输出及标准错误信息输出设备时，可以重新将数据流向指定到某个文件或者其他设备，这种情况称之为重定向。重定向功能使用不同符号表示，说明如下。

1）标准输入 stdin：编号 0，使用 < 或者 << 表示。

2）标准输出 stdout：编号 1，使用 > 或者 >> 表示。

3）标准错误 stderr：编号 2，使用 2> 或者 2>> 表示。

2.4.1　输出重定向

对于输出重定向，可以按照替换输出重定向、追加输出重定向及错误输出重定向三种情况分别处理。

1．替换输出重定向 >及>>

使用大于号>就可以完成替换输出重定向功能，就是将命令的执行结果保存到文件中，而不是输出到屏幕上显示，并且用命令结果替换文件中原有内容，示例如下。

```
[learn@ABCx ~]$ ls  -al                #命令的执行结果输出到屏幕上，此处省略
[learn@ABCx ~]$ ls  -al >  file         #屏幕上没有输出，结果保存在 file 文件中
```

前面已经介绍过 ls -al 命令的功能，是以长格式显示当前目录下的所有文件及子目录的相关信息，包括隐藏的文件及子目录。在命令的后面增加了输出重定向符号>及文件名 file（之间必须使用至少一个空格分隔），执行后屏幕上没有任何信息输出，所有结果都保存到指定的文件 file 中了。如果指定的文件不存在，则先创建指定的文件，再将结果保存到此文件中。如果文件存在，则用新内容替换掉原有内容。

所以，要在完成输出重定向功能的同时，还能够创建新文件。因此输出重定向可以与 cat 命令结合在一起使用，将键盘输入的字符串保存到文件中。

```
[learn@ABCx ~]$ cat >  file11           #cat 命令的功能是显示文件内容，增加了重定向符号
后，此命令的含义是将键盘上输入的字符串保存到文件中
Hello, world!                           #在此处输入字符串
[Ctrl+d]                                #按组合键〈Ctrl+D〉表示结束输入
```

提示：输入执行此命令后，屏幕上的光标移动到下一行开始处闪烁，等待输入新内容，多行内容可以输入〈Enter〉键换行。所有内容输入完毕后，按组合键〈Ctrl+D〉，本次输入结束。重新显示 Bash 的提示符及光标。

cat 命令与输出重定向结合使用，还可以完成将多个文本文件内容合并到另外一个文件的功能。

```
[learn@ABCx ~]$ cat >  file2            #将键盘输入的字符串保存到文件 file2 中
File2 is a ASCII file. End.
[learn@ABCx ~]$ cat >  file3            #将键盘输入的字符串保存到文件 file3 中
File3 is another ASCII file. End.
[learn@ABCx ~]$ cat file2 file3 > file4     #file2 和 file3 的内容没有输出到屏
幕，而是合并到 file4 中保存。file2 和 file3 文件本身仍然保持不变
[learn@ABCx ~]$ cat file4               #显示 file4 的内容
File2 is a ASCII file. End.
File3 is another ASCII file. End.       #是 file2 和 file3 合并的结果
```

2．追加输出重定向 >>

使用 >> 符号完成追加输出重定向功能，即在文件的末尾追加新内容，而不是替换原有的内容。

```
[learn@ABCx ~]$ cat >> file2            #将键盘输入字符串追加保存到文件 file2 中
Append new line to file2.
[learn@ABCx ~]$ cat file2               #显示 file2 的内容
File2 is a ASCII file. End.
Append new line to file2.               #刚刚追加输入的字符串
```

3．错误输出重定向 2> 及 2>>

一条命令执行之后，如果有错误内容输出，则首先在标准的错误输出设备指向上显示错误内容。此时如果指定了错误重定向文件，则将错误内容输出到指定的文件之中。以 find 命令为例说明如下。

```
[learn@ABCx ~]$ find /home -name .bashrc    #查找结果中包含错误
/home/learn/.bashrc
find: '/home/study0/.cache': Permission denied  #普通用户没有查找其他用户目录的权
```

限，不被允许，因此是 Permission denied

```
find: '/home/study0/.local': Permission denied
......                                      #输出的其他部分省略
[learn@ABCx ~]$ find  /home  -name  .bashrc  >  lright  2>  lerror
#命令将正确结果保存在 lright 文件中，错误内容保存在 lerror 文件中
[learn@ABCx ~]$ find  /home  -name  .bashrc  &>  list
#&>表示将正确及错误结果都保存在 list 文件中
[learn@ABCx ~]$ find  /home  -name  .bashrc  2>  /dev/null
#命令将错误结果输出到空设备中，即抛弃掉不予理会
[learn@ABCx ~]$ find  /home  -name  .bashrc  2>>  list_er
#命令将错误结果追加保存到 list 文件末尾
```

2.4.2　输入重定向

使用小于号<能够将输入数据流从键盘改为文件，完成输入重定向。两个小于号<<连写，含义是其后的字符串是输入结束的标识。

```
[learn@ABCx ~]$ cat  <  list                     #与 cat  list 的结果一致
[learn@ABCx ~]$ cat  >>  list  <  ./.bashrc       #将.bashrc 文件的内容追加到 list 文
件的末尾
[learn@ABCx ~]$ cat  >>  list  <<  'eof'          #将键盘输入的内容追加到 list 文件中，
以输入字符串 eof 并按〈Enter〉键作为结束标志
> Hello!                                          #输入字符串。本行的大于号>可以看作是提示符
> eof                      #输入 eof 字符串并按〈Enter〉键就可以结束本次输入。不需要〈Ctrl+D〉
[learn@ABCx ~]$ cat  >>  list  <<  "end."         #使用其他字符串作为输入的结束标志也是可行的
```

2.4.3　通配符及元字符

在 Bash 环境执行命令或 Shell 脚本时，经常需要用特殊字符表示一个或者多个不同字符，这种情况下就要使用通配符号 wildcard，见表 2-1。

表 2-1　通配符列表

通配符	含　义
*	能够匹配 0 到多个任意字符，不能匹配点.等特殊符号
?	能够匹配 1 个任意字符
[]	方括号[]表示从列出的多个字符中，选择一个进行匹配
[-]	方括号[]中的减号-，表示省略了中间的字符。如[a-z]，表达的是此位置可以是字母 a~z 的任意一个
[!]及[^]	方括号中的!及^符号均可以表示除此之外的含义

```
[learn@ABCx ~]$ ll  -d  /etc/*.conf      #查看/etc 下扩展名是 conf 的所有文件。-d 选
项限定仅在/etc 目录下查找，其下的其他子目录不查找
[learn@ABCx ~]$ ll  -d  ~/.*            #仅查看当前目录下的所有以点.开头的文件
[learn@ABCx ~]$ ll  -d  /etc/*.*        #仅查看/etc 目录下具有扩展名的文件
[learn@ABCx ~]$ ll  /dev/sd*            #查看/dev 下以 sd 开头的所有文件
[learn@ABCx ~]$ ll  /dev/sd?            #查看/dev 下以 sd 开头的后面仅包含一个字符
的所有文件
[learn@ABCx ~]$ ll  -d  /dev/[!a-w]*    #查看/dev 目录下除了 a-w 之外的字符开头的文件
[learn@ABCx ~]$ ll  -d  /dev/[^a-u]*    #与[!a-u]*一致
[learn@ABCx ~]$ ll  -d  /dev/*[0-9]*    #查看/dev 目录下包含一个数字的所有文件
```

Bash 除了支持上述通配符之外，还支持其他的特殊符号，也称之为元字符，见表 2-2。

表 2-2　特殊含义符号列表

特殊符号	作用及含义
#	是脚本文件中的注释符号，其后的内容视为说明，不执行。本书中命令后面的#也起注释的作用
\	将其后的一个字符转换成原本含义。例如\$，表示$不再是变量的前导符，只是$字符本身
|	管道命令，前面命令执行的结果传递给后面的命令，作为输入
/	路径的分隔符，也表示根目录
~	当前用户的家目录
$	变量的前导符，$FLAGS 表示使用变量 FLAGS 的值。$$是 Bash 预设变量，表示当前进程号
&	在命令的最后输入&，表示命令将在后台运行
>　>>	输出重定向，分别表示覆盖重定向和追加重定向
<　<<	小于号<表示输入重定向，两个小于号<<表示其后的字符串是输入重定向的输入结束标识符
^	匹配字符串的第一个字符，如^d，显示/etc 下子目录的命令： [learn@ABCx pictures]$ ll　/etc/　|　grep　"^d" 注意与[^]的区别。grep 命令后的字符串使用单双引号均没有屏蔽作用
;	多条命令之间的分隔符。两条命令只有前后顺序，没有数据传递，与管道的作用不同。例如，sleep 4;echo -e "Time's up \n"
' '	单引号中间的字符作为一个整体，所有特殊字符均失去特殊含义。如'$$'，表示字符串$$，而非当前进程号。又如'$(echo hello)'、'$((3+4))'、'*'、'a　b　c'等均是字符串本身，没有特殊含义
" "	双引号中间的字符作为一个字符串整体，仅保留部分特殊符号的特殊含义，如反引号`、变量前导符$、反斜杠\、^符号仍然起作用。如 echo　"abc$$"，结果是 abc2781，2781 是当前进程号
` `	反引号，能够将其中命令执行结果字符串替换到反引号所在的位置，如日期作为文件名：cat > log-`date +%Y%m%d`.txt
( )	在算术扩展中使用。例如，执行 echo　"$(($((5**2))*3))"命令的结果是 75
{ }	一对大括号{}，表示按照其中给定的模式形成字符串。例如，mkdir　{2019..2021}-0{1..9}　{2019..2021}-{10..12}，表示创建以年月字符串命名的目录，包括 201901～202112 所有的

2.4.4　管道（pipe）

类 UNIX 系统都能支持通过管道进行的数据传送功能。管道的作用就是连接前后两条命令，并且把前一条命令执行的结果传递给后一条命令，作为其输入。管道改变了后一条命令的标准输入设备。管道操作使用符号 | 表示。下面仅提供几个较为典型的例子来说明管道的强大功能。读者还可以充分运用系统提供的帮助文档来获取更多信息。

```
[learn@ABCx ~]$ ls  -al  /etc  |  less          #将 ls 命令输出的内容按照分屏
的方式显示，按〈Space〉键显示下一页，按〈Q〉键结束命令的执行
[learn@ABCx ~]$ ls  -al  /etc  |  wc  -l        #统计/etc 目录下所有文件及子目
录的数量
[learn@ABCx ~]$ ls  -al  /etc  |  grep  "^d"     #仅查看/etc 下的子目录。^d 表
示的是行首第一个字符是 d 的行含义
```

echo 命令能够显示内置变量的值，示例如下。

```
[learn@ABCx backgrounds]$ echo  ${PATH}          #显示 PATH 变量的值
/home/learn/.local/bin:/home/learn/bin:/home/learn/.local/bin:/home/learn/bin:/us
r/local/bin:/usr/local/sbin:/usr/bin:/usr/sbin
[learn@ABCx backgrounds]$ echo  ${PATH}  |  cut  -d  ':'  -f  3
/home/learn/.local/bin                          #将路径字符串按照冒号:分隔输出第 3 部分
```

echo 命令还可以通过管道向其他命令传送字符串，示例如下。

```
[root@ABCx ~]# echo  "123456"  |  passwd  --stdin  halen      #root 设置普通用
户 halen 密码的另外一种写法
```

```
Changing password for user halen.
passwd: all authentication tokens updated successfully.
```

echo 命令可以将表达式字符串传递给 bc 命令进行计算，示例如下。

```
[learn@ABCx ~]$ echo  "scale=30; 4*a(1)"  |  bc  -l          #将双引号中的字符
串传送给 bc 命令进行计算。-l 表示加载数学库；scale 指定计算精度；4*a(1)在 bc 命令中的含义就是计算 pi 值
3.141592653589793238462643383276
[learn@ABCx ~]$ echo  pi=$(echo  "scale=30;  4*a(1)"  |  bc  -lq)     #另外一种写法。需
要特别注意命令中的空格
pi=3.141592653589793238462643383276
```

2.4.5　Shell 脚本案例

下面两个例子均引用自参考文献[3]。

【例题 1】 获取本地主机的网卡 IP 地址、内存剩余容量、CPU 负载等相关信息。具体步骤如下。

1）执行下列命令创建脚本文件，并输入如下内容。

```
[learn@ABCx ~]$ vim  sysinfo.sh
#!/bin/bash
#描述信息：获取主机的网卡 IP、内存、CPU 负载等相关信息
localip=$(ifconfig enp0s3 | grep netmask | tr -s " " | cut -d " " -f3)
mem=$(free | grep Mem | tr -s " " | cut -d " " -f7 )
cpu=$(uptime | tr -s " " | cut -d " " -f10 )
echo  "本机 IP 地址  : $localip"
echo  "内存剩余容量 : $mem"
echo  "CPU 15min 的平均负载 : $cpu"
```

2）输入上述内容后，保存退出。
3）给脚本文件添加执行的属性。

```
[learn@ABCx ~]$ chmod  +x  sysinfo.sh
```

4）执行脚本。

```
[learn@ABCx ~]$ ./sysinfo.sh
```

【例题 2】 输出当前账户的相关信息，根据执行脚本文件时提供的三个参数创建文件。创建编辑 sysvar.sh 脚本文件如下。

```
[learn@ABCx ~]$ vim  sysvar.sh
#!/bin/bash
echo "当前账户是:$USER,当前账户 UID 是:$UID"
echo "当前账户的根目录是: $HOME"
echo "当前工作目录是:$PWD"
echo "返回 0~32767 的随机数是:$RANDOM"
echo "当前脚本的名称是:$0"
echo "当前脚本的进程号是:$$"
echo "当前脚本的第 1 个参数是:$1"
echo "当前脚本的第 2 个参数是:$2"
echo "当前脚本的第 3 个参数是:$3"
echo "当前脚本的所有参数是：$*"
echo "准备创建一个文件..."
```

```
echo "$*"; touch  $1
echo "准备创建多个文件..."
echo ":$@"; touch  $2  $3
ls  -l  /etc/passwd
echo "是正确的返回状态码:$?，因为上一条命令执行结果没有问题 "
ls  -l  /etc/pas
echo "是错误的返回状态码:$?，因为上一条命令执行结果有问题，提示无此文件。命令输入错了"
##程序结束
[learn@ABCx ~]$ chmod  +x  sysvar.sh
[learn@ABCx ~]$ ./sysvar.sh   file1  file2  file3
```

2.5　习题

一、选择题

1. 可执行文件中保存的主要是机器指令及要处理的数据，其编码规则与（　　）不同。
   A．ASCII 码　　　　　　　B．数据文件编码　　　　C．目录　　　　　　D．设备

2. 输入输出设备，简称是 I/O 设备，包括（　　）。
   A．键盘　　　　　　　　　B．磁盘　　　　　　　　C．显示器
   D．网卡　　　　　　　　　E．终端

3. 执行 cp 命令，需要指定的参数包括（　　）。
   A．文件　　　　　　　　　B．目标地址　　　　　　C．源地址　　　　　D．目录

4. rm 命令的作用是删除（　　）。
   A．文件　　　　　　　　　B．目录　　　　　　　　C．设备　　　　　　D．链接

5. vim 编辑器，包括（　　）工作模式。
   A．命令　　　　　　　　　B．编辑　　　　　　　　C．修改
   D．删除　　　　　　　　　E．末行

6. man、info、help 三个命令以及--help 选项，都能够提供命令的（　　）信息。
   A．参考　　　　　　　　　B．帮助　　　　　　　　C．格式
   D．功能　　　　　　　　　E．执行

7. 执行 cat >> list << 'eof'命令，作用是将键盘输入的内容追加到文件末尾，以输入字符串（　　）并按〈Enter〉键作为结束标志。
   A．Ctrl+Z　　　　　　　　B．Ctrl+C　　　　　　　C．Ctrl+D
   D．list　　　　　　　　　E．eof

8. 执行 ll -d /etc/*.*命令的作用是仅查看/etc 目录下具有（　　）的文件。
   A．文件名　　　　　　　　B．扩展名　　　　　　　C．链接名
   D．设备名　　　　　　　　E．目录名

9. 执行 echo pi=$(echo "scale=30; 4*a(1)" | bc -lq)命令，是为了计算（　　）位精度的 pi 值。
   A．120　　　　　　　　　　B．30　　　　　　　　C．4　　　　　　　　D．1000

10. 执行 vim 命令修改文件，之后需要把输入内容保存并退出命令的执行过程，应该输入的字符串是（　　）。
    A．\:wq　　　　　　　　　B．<ESC>:q!　　　　　C．<ESC>:wq　　　　D．:wq

11. mkdir 命令创建子目录时，可以在目录名称之前加上（   ）。

　　A．路径　　　　　　　B．文件　　　　　　　C．绝对路径　　　　D．相对路径

12. ls -l 命令，是按照长格式显示文件的 7 个属性，其中第一个字符表明（   ）。

　　A．文件类型　　　　　B．目录类型　　　　　C．链接类型　　　　D．设备类型

13. 执行 cd ～命令，作用是返回到（   ）。

　　A．家目录　　　　　　B．父目录　　　　　　C．子目录　　　　　D．根目录

二、简答题

1．讨论文件、目录、设备、链接的含义及分类。

2．重定向包括哪些运算符号？其含义和作用是什么？

3．讨论路径、当前目录、相对路径、绝对路径的含义及作用。

4．讨论管道的含义及作用，举例详细说明。

5．总结 vi/vim 编辑修改文件的主要步骤及相关命令。

6．解释登录、注销、重启及关闭系统的含义及作用。

7．总结终端及伪终端的区别与联系，其作用是什么？

8．总结 Linux 的命令格式中各部分的作用及含义。

第二篇 系统管理

第3章
用户管理

Linux 是一个能够完善支持多任务、多用户的操作系统。其中，对于大量用户支持与管理的基本方式是采用身份编号并赋予不同权限的机制实现的。这种方式不但能够管理数量众多的用户，还能够将不同用户划分成组群分门别类地区别对待，以达到不同的用户及组群对于不同文件、目录及设备具有不同的操控权限的目的。关于多任务的内容会在第 6 章详细介绍。

本章知识单元：

用户管理机制；用户编号 UID、组群编号 GID；passwd、shadow、group 文件及格式；用户管理命令；组群管理命令；与权限相关的用户类别、文件的访问控制权限、权限表示法、讨论目录权限、修改权限命令。

3.1　用户及组群基础

Linux 系统的多用户特征，通过用户及组群的概念及管理机制表现出来，统称为用户管理，主要包括用户 UID、组群 GID、相应文件的格式、用户权限设置及命令等具体内容。严格规范地管理用户及组群是保证 Linux 系统安全稳定运行的基础。

3.1.1　用户管理机制

参照现实世界对每位公民的管理方式，在 Linux 系统中，为每个用户都提供了若干个属性字段，对其具体特征进行描述。包括用户名、密码、UID、GID、全名、家目录路径和使用的 Shell 等字段，共同构成用户的账号信息。

在用户的账号信息中，UID 是用户在系统内部的编号，也称为用户标识码，是一个正整数；GID 是用户所在的主要组群编号，也就是组群标识码，也用正整数表示。

所有用户的账号信息都保存在/etc/passwd 文件中，每一行字符串保存了一位用户的信息数据；而密码则单独以加密的形式保存在/etc/shadow 文件中。

用户组群的账号信息都保存在/etc/group 文件中，每一行字符串保存了一个组群的信息数据；组群密码则单独以加密的形式保存在/etc/gshadow 文件中。

[✍]需要注意的是，从系统管理的角度看，用户的账号信息实际上表达了此用户所拥有的一组权限，如对某个或者某些文件、目录具有的操控限制，也就是此用户所能够掌控的系统资源的集合。

3.1.2　passwd 文件

所有用户都具有查看读取/etc/passwd 文件内容的权限，而只有 root 用户拥有修改写入数据的权限。文件权限的修改设置在 3.3 节介绍。查看文件权限及文件内容的命令如下。

```
[learn@ABCx ~]$ ll  /etc/passwd                    #查看 passwd 文件的属性
-rw-r--r--. 1 root root 2441 11 月 24 08:48 /etc/passwd
[learn@ABCx ~]$ cat  /etc/passwd                   #显示 passwd 文件的内容。因为 passwd
是按照 ASCII 码规则编码的文本文件
root:x:0:0:root:/root:/bin/bash
ftp:x:14:50:FTP User:/var/ftp:/sbin/nologin
apache:x:48:48:Apache:/usr/share/httpd:/sbin/nologin
learn:x:1001:1001::/home/learn:/bin/bash
......                                             #输出的其他部分内容省略
[learn@ABCx ~]$ cat  /etc/passwd  |  wc  -l        #计算用户数量
47
```

/etc/passwd 文件保存的用户信息包含 7 个字段，之间用冒号: 分隔。分别是：

用户名:密码:UID:GID:备注:家目录:Shell 路径。

1. 用户名字段

用户名字段是用户登录系统时使用的名称，在系统中是唯一的。Linux 系统对字母大小写是敏感的，如 Learn 与 learn 是两个不同的名称。

创建新用户是 root 才拥有的权限，普通用户不能创建其他用户。使用命令 useradd 创建一个新用户，在 passwd 文件中就添加一行数据，与此用户对应。

2. 密码字段

在登录系统时，用密码字段来验证用户身份的合法性。密码字段一般用字母 x 表示用户的密码以加密的形式保存在/etc 目录下的 shadow 文件中。

创建新用户之后，必须使用 passwd 命令为此用户设置密码，之后才能正常登录到系统，否则无法正常使用。

普通用户也可以使用 passwd 命令修改自己的密码，但不能修改其他用户的密码。

3. UID（user identity）字段

在 Linux 系统中，用户标识码（UID）的取值按照一定范围进行划分。

1）0～999：是系统用户使用的编码，这些用户的存在能够保证系统服务的正常运行。需要注意的是，root 用户的 UID 是 0。

2）1000 以上：普通用户标识码的取值范围。如果没有特别指定，第一个普通用户的标识码系统默认为 1000。

在 CentOS 7 之前的版本中，普通用户标识码的取值范围是 500～60000。相应地，系统用户的编码是 0～499。

4. GID（group identity）字段

为了方便管理，将权限相同的多个用户放在一个组群之中，每个组群都拥有自己的 GID 数值，每个用户至少属于一个组群。GID 的取值范围与 UID 一致，但需要注意的是，没有设定 UID 值与 GID 值必须相等的要求。root 用户的 GID 也是数值 0。

创建用户时如果不指定其所属的组群，则用户名是默认的组群名。

5. 备注字段

此字段用于保存用户的一些附加信息，如用户的全名、办公地址、联系电话及电子邮件地址等。此字段也可以是空的。

6．家目录字段

家目录字段，也就是登录用户的默认工作目录，需要使用绝对路径表达。默认情况下，root 用户的家目录是/root/，而其他普通用户的家目录是/home/下与用户同名的子目录，如 learn 的默认家目录是/home/learn/。创建用户时，如果不指定家目录，则使用默认的家目录；当然也可以特别指定。每位用户对自己的家目录都拥有最大的操控权限，即 rwx 权限。

7．Shell 路径字段

此字段指明了用户登录时启动的默认 Shell，因此需要使用绝对路径的形式表示。例如，Linux 系统的默认 Shell 是/bin/bash。

[☞]提示：以 root 身份登录也不要试图删除 passwd 文件中的任何内容，因为系统账户丢失，会导致某些功能不能正常运行，甚至是整个系统不能工作。

3.1.3 shadow 文件

/etc/shadow 文件的权限比较特殊，查看权限及文件内容的命令如下。

```
[root@ABCx ~]# ll  /etc/shadow                          #CentOS 7 系统的情况
----------. 1 root root 1427 Nov 24 08:48 /etc/shadow
learn@learn0:~$ ll  /etc/shadow                         #Ubuntu 系统的情况
-rw-r----- 1 root shadow 1679 11 月 30 15:38 /etc/shadow
[root@ABCx ~]# cat  /etc/shadow
root:$6$cVSlBshH$kuzNq.8na2MOjX0S587b7vC9jrLhQ2hyAnUSV31BKEE3kyH28Sr7341wSM.LP/P7
fxsxMzckBk5KH0X2XSMzH/:18556:0:99999:7:::
daemon:*:18480:0:99999:7:::
......                                                   #输出的中间部分内容省略
learn:$6$362JSWIx$qacemZQuc0e7ajh6uvDnqADzS49DMHxJGKVr.AOf30Fxm8t7wA7jXA4WLkxN8O8
m/fXu4OmOIdQianS.3jPSC.:18555:0:99999:7:::
vboxadd:!:18555:::::
[root@ABCx ~]# cat  /etc/shadow  |  wc -l               #结果与/etc/passwd 一致
47
```

上面的权限结果表明，其他用户、root 的同组用户及 root 本身都没有任何权限操作此文件，即使是读取、查看的权限也没有。但是由于 root 具有特殊身份，它能够查看甚至编辑、修改其内容。尽管如此，建议 root 也不要直接编辑、修改此文件的内容，而应该使用相应的命令进行操作。

Ubuntu 系统下此文件的权限设置稍有不同，更符合逻辑。

/etc/目录下的 shadow 文件，保存的与密码相关的信息包含 9 个字段，分别是：用户名:加密密码:最后修改时间:最小间隔:最大间隔:警告时间:禁用期:失效时间:保留。

1）用户名字段：与/etc/passwd 中的用户名一致。

2）加密密码字段：该字段一般都以如下字符串开始。

*或!：是系统用户密码字段的取值，表明账户不需要通过密码认证。

!!：表示普通账户处于锁定状态，没有设置密码之前显示此符号。

前后两个冒号之间没有任何符号，即空：表明密码被删除，下次登录不需要密码。

1：表示加密密码是使用 MD5 算法生成的。

6：表示加密密码是使用 SHA-512 算法生成的。

3）最后修改时间字段：时间以天为单位，从 1970 年 1 月 1 日开始计算。

4）最小间隔字段：修改密码的最小间隔时间，单位为天。

5）最大间隔字段：修改密码的最大间隔时间，单位为天。

6）警告时间字段：密码失效之前，发出警告的天数。0 或空表示无警告。

7）禁用期字段：密码过期后，仍接受该密码的最大天数。空表示无限制。

8）失效时间字段：从 1970 年 1 月 1 日开始计算的有效天数，在此之后失效。空表示不会失效。

9）保留字段：用于后续扩展。

3.1.4　group 文件

/etc/group 文件保存了系统中所有组群的相关信息，每个组群的密码以加密的形式保存在 /etc/gshadow 文件中。其相关命令及执行结果如下。

```
[learn@ABCx ~]$ ll  /etc/group                        #查看 group 文件的属性及权限
-rw-r--r--. 1 root root 1015 Nov 30 15:49 /etc/group
[learn@ABCx ~]$ cat  /etc/group                        #显示 group 文件的内容
root:x:0:
bin:x:1:
daemon:x:2:
......                                                  #输出的中间部分内容省略
learn:x:1001:
halen:x:1002:
[learn@ABCx ~]$ cat  /etc/group  |  wc  -l             #组群的数量与用户数不一定相等
75
```

group 文件中每个组群信息使用冒号: 分隔的 4 个字段进行描述，含义如下。

组群名:密码:组群标识码 GID:成员列表

1）组群名：是 root 在创建用户或组群时指定的名称，代表一个组群，groupadd 命令能够创建指定名称的新的组群。如果在创建新用户时不指定其所属的组群，则系统会同时创建一个与用户名同名的组群。若在创建新用户时指定了其所属的组群，则不会再创建新的组群。

2）密码：用 x 表示密码以加密的形式存储在/etc/gshadow 文件中。许多组群没有单独设置的密码。与一些应用软件中设置组群密码的方式不同。

3）组群标识码 GID：GID 的取值范围与 UID 是一致的。

4）成员列表：属于这个组群的用户列表，多个用户名之间以逗号,分隔。root 可以将某个用户添加到相应的某个组群中，也就是允许用户可以属于多个组群。

3.2　用户及组群管理

用户及组群的管理只有以 root 身份登录才能够进行，主要包括对账户信息的新增、删除、修改、查看等基本操作，而普通用户仅具有修改自身密码的权限。实质上，用户及组群管理主要就是对文件内容进行编辑、修改、查看等操作。不建议初学者直接编辑、修改文件内容，这样做非常危险。使用系统提供的命令进行操作能够进行必要的验证，保证用户或者组群账户信息内容的完整性和正确性。

3.2.1　用户管理命令

Linux 系统对多用户的支持主要体现在用户及组群管理的命令，下面介绍用户管理部分的相关命令。

1. useradd 命令

命令格式：useradd　[-options]　用户名

主要功能：按照 options 指定的选项要求，在系统中增加一个由用户名指定的新账户，默认情况下系统自动分配新用户的 UID 值。只有 root 能够执行此命令。

常用的[-options]选项如下。

-u，--uid：新增用户的同时指定它的 UID 值。

-g，--gid：同时指定 GID 值，或者组群名，是指其所属的主要组群。

-G，--groups：同时指定所属的其他组群值或者名称。

-s，--shell：同时指定登录时使用的 Shell 名，需要写绝对路径。

-d，--home-dir：同时指定用户的家目录，需要写绝对路径。

-r，--system：新增系统用户时使用此选项。

-D，--defaults：查看系统当前设定的新增用户时使用的默认值信息。

-c，--comment：指定与此用户相关的注释信息。

-e，--expiredate：有效期限，格式为 YYYY-MM-DD。与 shadow 文件的"失效时间字段"对应。

useradd 命令的使用方法举例如下：

```
[root@ABCx ~]# useradd  wu                    #没有任何输出表明命令正确执行完成。可以使
用命令查看 cat  /etc/passwd 文件验证
```

不指定任何选项时，只要名称 wu 是系统中不存在的用户，此命令就按照默认值新增名称为 wu 的账户，其家目录是/home/wu/；使用的 Shell 是/bin/bash；UID 及 GID 根据 passwd 及 group 文件中的最大值分别加 1 确定。

命令 useradd 正确执行后，系统的/etc/passwd 和/etc/shadow 文件都新增加一行数据，记录此用户的账户信息。如果命令中没有指定所属组群，则/etc/group 及/etc/gshadow 文件同时也增加一行数据，记录与用户名同名的新组群信息。

使用 useradd 命令新增用户时，可以同时指定其 UID 的值、家目录（与默认的不同）、所属的组群、所属的其他组群等。示例如下。

```
[root@ABCx ~]# useradd -g learn -d /home/ABCx/merry  -u 1300 merry
```

这条 useradd 命令在新增用户 merry 时，指定其所属的主要组群是 learn，规定其家目录是/home/ABCx/merry，指定其 UID 是 1300。

```
[root@ABCx ~]# ll -d /home/ABCx/merry      #验证是否创建用户的家目录
drwx------. 3 merry learn 78 Dec  9 17:25 /home/ABCx/merry
[root@ABCx ~]# cat  /etc/passwd            #查看验证文件的最后是否增加了 wu 的记录
......                                      #输出的中间部分内容省略
wu:x:1010:1010::/home/wu:/bin/bash
merry:x:1300:1001::/home/ABCx/merry:/bin/bash
[root@ABCx ~]# useradd  -D                 #查看新增用户时系统使用的默认值
GROUP=100
HOME=/home
INACTIVE=-1
EXPIRE=
SHELL=/bin/bash
SKEL=/etc/skel
CREATE_MAIL_SPOOL=yes
```

useradd 命令不适用于批量添加新用户。有关于批量添加新用户的内容请参见实验 3。

2．userdel 命令

命令格式：userdel ［-options］ 用户名

主要功能：按照 options 指定的选项要求，删除指定用户名的账户信息。只有 root 能够执行此命令。

常用的[-options]选项如下。

-r，--remove：删除用户的家目录。

-f，--force：强制删除指定用户名的账户，包括家目录，即使此用户已经登录到系统也会被删除。

与 useradd 命令相对应的就是删除用户的 userdel 命令。userdel 命令的选项部分相对比较少，使用方法如下。

```
[root@ABCx ~]# userdel  -r  wu          #删除 wu 的账户，同时删除其家目录
```

可以查看/home/目录及 passwd 文件内容并进行验证。

3．passwd 命令

命令格式：passwd ［-options］ ［用户名］

主要功能：按照 options 指定的选项要求，设置或修改指定用户名账户的密码。root 用户可以设置或修改所有用户的密码，普通用户只能修改自己的密码。

常用的[-options]选项如下。

-l, --lock：暂时锁定指定用户名账户的密码。在账户的加密密码前加双叹号!!。

-u, --unlock：解除账户的锁定状态。

-d，--delete：删除指定用户名账户的密码，账户的密码字段变成空。

-S, --status：显示查看账户的相关信息。

--stdin：可以通过管道输入密码。

事实上，新增用户之后，必须首先使用 passwd 命令设置用户的密码，之后此用户才能正常登录到系统，具体用法如下。

```
[root@ABCx ~]# passwd  wu               #root 用户设置或者修改 wu 的密码
[wu@ABCx ~]$ passwd                     #用户修改自己的密码，输入密码时屏幕没有任何显示
Changing password for user wu.          #提示正在进行的工作，并进行权限检查等
Changing password for wu.
(current) UNIX password:                #输入正在使用的密码，验证正确后，才能修改密码
New password:       #输入新密码，不能与原密码相同，符合大小写数字混合的要求
Retype new password:                    #再次输入密码进行验证
passwd: all authentication tokens updated successfully.          #表明修改成功
```

root 修改其他用户密码时，不需要输入其正在使用的密码，直接输入新密码即可。同时也不限定密码的强度，仅有提示。

```
[root@ABCx ~]# passwd  -l  wu           #锁定 wu 的密码
Locking password for user wu.
passwd: Success
[root@ABCx ~]# cat  /etc/shadow         #查看验证
......                                  #中间部分内容省略
wu:!!$6$yxw6mGwb$.edKih11gI808tNdR5Kiq./EYdRcYuC99gRg39hHZEZDIuAUq6swSKxZa8hwXhwn
RtCtR.hdSSsg7sM8I9J631:18606:0:99999:7:::
```

某用户的密码被锁定之后，即使此用户输入了正确的密码，也无法登录到系统。

```
[root@ABCx ~]# passwd -u wu                          #解除 wu 的密码锁定状态
[root@ABCx ~]# cat /etc/shadow                       #查看验证
......                                                #中间部分内容省略
wu:$6$yxw6mGwb$.edKih11gI808tNdR5Kiq./EYdRcYuC99gRg39hHZEZDIuAUq6swSKxZa8hwXhwnRt
CtR.hdSSsg7sM8I9J631:18606:0:99999:7:::
[root@ABCx ~]# passwd -d wu                           #删除 wu 的密码
Removing password for user wu.
passwd: Success
[root@ABCx ~]# cat /etc/shadow                        #查看验证
......                                                #中间部分内容省略
wu::18606:0:99999:7:::
```

删除某个用户的密码后，此用户再次登录到系统，不需要密码认证即可通行

```
[root@ABCx ~]# passwd -S wu                           #root 有权限查看任何账户的相关信息
wu PS 2020-12-10 0 99999 7 -1 (Password set, SHA512 crypt.)
[wu@ABCx ~]$ passwd -S wu                             #普通用户不能查看自己的账户信息
Only root can do that.
[root@ABCx ~]# echo "123456" | passwd --stdin halen          #root 设置普通用
户 halen 密码的另外一种写法
Changing password for user halen.
passwd: all authentication tokens updated successfully.
```

查看密码相关信息时，还可以使用 chage 命令，示例如下。

```
[root@ABCx ~]# chage -l learn                         #查看 learn 的密码期限信息
Last password change                                  : Nov 23, 2020
Password expires                                      : never
Password inactive                                     : never
Account expires                                       : never
Minimum number of days between password change        : 0
Maximum number of days between password change        : 99999
Number of days of warning before password expires     : 7
```

4. usermod 命令

命令格式：usermod [-options] 用户名

主要功能：按照 options 指定的选项要求，修改系统中已经存在的用户信息，只有 root 能够执行此命令。

常用的[-options]选项如下。

-u, --uid：修改用户的 UID 值。

-g, --gid：同时修改 GID 值或组群名，是指其所属的主要组群。

-G, --groups：同时修改所属的其他组群值或者名称。

-s, --shell：同时修改登录时使用的 Shell 名，需要写绝对路径。

-d, --home-dir：同时修改用户的家目录，需要写绝对路径。

-l, --login：将用户名修改成新的名称。

-c, --comment：修改与此用户相关的注释信息。

-e, --expiredate：有效期限，格式为 YYYY-MM-DD。与 shadow 文件的"失效时间字段"对应。

下面举例说明 usermod 命令的具体用法。

```
[root@ABCx ~]# cat  /etc/shadow                    #先查看 wu 密码的有效期，第八个字段
......                                             #输出的中间部分内容省略
wu:$6$49Npy8dW$tjYVk29t0wKFSwN2vZfhlvdoMARZQr1ODI1QdLnrNXDNPdcuuhxLpx7tdCJ3y7/T4E
77rmak7eKxRYncO7Udg0:18606:0:99999:7:::
[root@ABCx ~]# usermod  -e  "2030-12-31"  wu       #修改 wu 用户的有效期
[root@ABCx ~]# cat  /etc/shadow                    #从 1970 年 1 月 1 日开始计算
......                                             #输出的中间部分内容省略
wu:$6$49Npy8dW$tjYVk29t0wKFSwN2vZfhlvdoMARZQr1ODI1QdLnrNXDNPdcuuhxLpx7tdCJ3y7/T4E
77rmak7eKxRYncO7Udg0:18606:0:99999:7::22279:
[root@ABCx ~]# chage  -l  wu  |  grep  'Account expires'     #查看 wu 的有效期
Account expires                              : Dec 31, 2030
```

usermod 命令修改用户登录名称的用法如下。

```
[root@ABCx ~]# usermod  -l  wuli  wu               #将 wu 的登录名称修改成 wuli
wuli:x:1301:1301::/home/wu:/bin/bash
```

修改登录名称后，passwd、shadow、group 及 gshadow 文件中对应的字段会同时修改。但是请注意，用户的家目录、所属组群、登录 Shell、UID 及 GID 等都没有变化。

5. id 命令

命令格式：id [-options] 用户名

主要功能：按照 options 指定的选项要求，查看并显示真实有效的 UID、GID 及所属组群信息。

常用的[-options]选项如下。

-n，--name：显示用户的名称而非数字编号，需要与其他选项配合使用。

-u，--user：显示有效的用户标识码，与 n 配合则显示名称。

-g，--group：仅显示有效的组群标识码，与 n 配合则显示名称。

-G，--groups：显示所有组群标识码，与 n 配合则显示名称。

id 命令的具体用法如下。

```
[learn@ABCx ~]$ id                                 #显示当前用户的 ID 及组群信息
uid=1001(learn) gid=1001(learn) groups=1001(learn)    #输出的后面内容省略，是与
SELinux 有关的，这里不做进一步展开
[halen@ABCx ~]$ id  root                            #普通用户也可以查看 root 的 ID 信息
uid=0(root) gid=0(root) groups=0(root)
[halen@ABCx ~]$ id  -gn  root
root
```

6. su 命令

命令格式：su [-options] 用户名

主要功能：按照 options 指定的选项要求，切换到指定用户名的账户。不指定用户名时，表示切换到 root。

常用的[-options]选项如下。

-，-l，--login：三种写法都描述切换时采用指定用户名账户的环境变量。

-c，--command：使用切换后的用户环境执行一次命令，当前用户身份保持不变。

-s，--shell：指定切换身份后使用的 Shell 名称。

-m，-p：使用当前环境切换身份，不读取与用户名对应的配置文件内容。

su 命令的具体用法如下。

```
[root@ABCx ~]# su  -  learn                        #切换到普通用户不需要输入密码
```

```
Last login: Thu Dec 10 12:41:56 CST 2020 on pts/1
[learn@ABCx ~]$ su - -c "cat /etc/shadow"      #以 root 身份执行 cat 命令
Password:                                        #需要输入 root 的密码
......                                           #输出的中间部分内容省略
learn:$6$9JUD7ddQ$vFlOH91Tqil.bOyWJSuBp2xnYoA4XWErmm2nh0yTpPDKvtGHfSupUXnaFeG5Ziq
hrNO6Y7aSmwoEret.TCG4i1:18589:0:99999:7:::
[learn@ABCx ~]$ su -                             #重新切换回 root，需要输入 root 的密码
Password:
Last login: Thu Dec 10 14:13:08 CST 2020 on pts/1
[root@ABCx ~]# exit                             #退回到切换身份之前的账户
logout
[learn@ABCx ~]$ exit                             #退出
logout
[root@ABCx ~]# exit                             #可以多次使用 exit 命令直至当前窗口关闭
```

7. sudo 命令

如果普通用户都可以切换到 root，意味着 root 密码的泄露。解决方法是使用 sudo 命令。sudo 命令允许普通用户不需要知道 root 的密码，即可执行系统的管理命令的能力。

为此，root 需要事先在 sudo 的配置文件中进行设置，下面给出执行过程。

```
[root@ABCx ~]# visudo          #编辑修改/etc/sudoers 文件的专用命令，操作与 vim 一致
root          ALL=(ALL)  ALL   #原文件中 100 行左右的，在下面添加如下内容
learn         ALL=(ALL)  ALL   #新插入的一行
```

保存退出。此时切换到 learn 用户，验证，发现能够使用 sudo 执行需要 root 身份的管理及其他命令了。

```
[learn@ABCx ~]$ sudo cat /etc/shadow       #learn 用户已经能够执行 sudo 命令了
[sudo] password for learn:                  #验证 learn 的密码，而不是 root 的
......                                       #显示的内容省略
```

[✍]在 Ubuntu 及 macOS 系统中，广泛使用 sudo 命令，限制以 root 身份登录。CentOS 系统同样建议使用普通用户身份登录，需要时进行身份切换。

3.2.2 组群管理命令

组群是为了方便管理若干用户而设置的概念，下面介绍组群的相关命令。

1. groupadd 命令

命令格式：groupadd [-options] 组群名

主要功能：按照 options 指定的选项要求，在系统中增加一个新组群，默认情况下 GID 是系统自动分配的，命令正确执行完成后，/etc/group 及/etc/gshadow 文件的末尾添加一行数据，记录新组群的各个字段。只有 root 能够执行此命令。

常用的[-options]选项如下。

-g，--gid：新增组群的同时指定它的 GID 值。

-r，--system：新增系统组群。

使用 groupadd 命令新增组群并指定新用户属于此组群，具体命令如下。

```
[root@ABCx ~]# groupadd -g 1100 ABCx        #新增 ABCx 组群，指定 GID 为 1100
[root@ABCx ~]# mkdir /home/ABCx              #为组群 ABCx 创建子目录
[root@ABCx ~]# chown :ABCx /home/ABCx        #修改 ABCx 目录所属组群
[root@ABCx ~]# useradd -g 1100 -d /home/ABCx/sun sun        #新增用户 sun，指
```

定其属于 ABCx 组群，指定家目录在 ABCx 子目录之下建立

```
[root@ABCx ~]# passwd  sun                          #设置 sun 用户的密码
[root@ABCx ~]# cat /etc/passwd | grep 'sun'         #在 passwd 文件中查找 sun 字符
```

串。结果在标准输出设备上显示。grep 查找字符串的命令

```
sun:x:1003:1100::/home/ABCx/sun:/bin/bash
```

　　groupadd 命令也可以创建系统组群。创建系统组群及系统用户一般是为了运行某些服务而设定的。具体命令如下。

```
[root@ABCx ~]# useradd  --system  andy        #创建系统用户的同时创建系统组群
[root@ABCx ~]# cat /etc/passwd | grep "andy"      #验证
andy:x:986:980::/home/andy:/bin/bash
[root@ABCx ~]# cat /etc/group | grep "andy"       #验证
andy:x:980:
[root@ABCx ~]# usermod  -s /bin/nologin andy      #修改 andy 用户的 Shell
[root@ABCx ~]# cat /etc/passwd | grep "andy"      #验证
andy:x:986:980::/home/andy:/bin/nologin
[root@ABCx ~]# groupadd -r hadoop                 #创建 hadoop 组群
[root@ABCx ~]# cat /etc/group | grep "hadoop"     #验证
hadoop:x:979:
[root@ABCx ~]# cat /etc/passwd | grep 'hadoop'    #验证是否同时创建 hadoop 用
```

户，没有输出表明没有创建。注意此处单引号' 与双引号" 没有区别

2. groupdel 命令

命令格式：groupdel　[-options]　组群名

主要功能：按照 options 指定的选项要求，删除系统中存在的组群。只有 root 能够执行此命令。

groupdel 命令的选项部分很少，也很少使用。

需要说明的是，删除组群之前，必须先删除以此组群为主要组群的所有用户，否则会给出错误提示信息。具体如下。

```
[root@ABCx ~]# groupdel  andy                  #andy 用户存在，所以删除组群不成功
groupdel: cannot remove the primary group of user 'andy'
[root@ABCx ~]# userdel  -r andy                #删除之前创建的系统用户，成功
userdel: andy mail spool (/var/spool/mail/andy) not found
userdel: andy home directory (/home/andy) not found
[root@ABCx ~]# cat /etc/passwd | grep 'andy'
[root@ABCx ~]# cat /etc/group | grep 'andy'  #这两条命令均没有输出，表明 andy 用户
```

及组群被同时删除了

　　上述操作表明删除用户的同时，以用户名作为组群名的组群也同时删除了，而那些没有同名用户的组群需要使用 groupdel 命令进行删除，具体命令如下。

```
[root@ABCx ~]# cat /etc/passwd | grep 'hadoop'
[root@ABCx ~]# cat /etc/group | grep 'hadoop'     #表明存在 hadoop 组群，而不存
在以 hadoop 为主要组群的用户
hadoop:x:979:
[root@ABCx ~]# groupdel hadoop                    #所以删除组群成功
[root@ABCx ~]# cat /etc/group | grep 'hadoop'     #没有输出，验证正确
```

3. groupmod 命令

命令格式：groupmod　[-options]　组群名

主要功能：按照 options 指定的选项要求，修改系统中组群的属性。只有 root 能够执行此命令。

常用的[-options]选项如下。

-n，--new-name：将组群修改成新的名称。

-g，--gid：修改组群 GID 为新值。

groupmod 命令可以修改组群的名称以及组群的 GID 值，具体如下。

```
[root@ABCx ~]# groupmod  -g  1200  ABCx        #以 ABCx 为主要组群的用户账户信息也都随之修
改了
```

4．groups 命令

命令格式：groups [-options] 用户名

主要功能：按照 options 指定的选项要求，查看用户名所属的主要组群及其他组群。

[-options]主要包括--help 及--version 两个，不需要赘述。groups 命令的具体用法如下。

```
[learn@ABCx ~]$ groups                         #查看自己的所属组群，其中第一个为主要组
群，后面的都是其他组群
learn wheel                                    #仅输出了组群名
[learn@ABCx ~]$ touch  file11                  #创建的文件、目录的所属组群是主要组群的，
不可能属于其他组群
[learn@ABCx ~]$ ll  file11                      #使用 ll 验证，如加粗部分表明是正确的
-rw-rw-r--. 1 learn learn 0 Dec 12 08:54 file11
[learn@ABCx ~]$ groups  halen                   #查看其他用户的组群信息
halen : halen                                   #输出用户名 ：组群名
```

3.3 权限管理

Linux 是能够完善支持多任务、多用户的操作系统。因此，保证每个用户能够安全有效地访问系统提供的各种资源，成为实现和支持多用户目标的基本要求。所以需要给每个用户设定必要的权限，这样才能够既保证自身数据资源的安全性，又能够具有访问系统提供的其他资源的权限。

因此，权限管理也称为对文件的访问控制机制，是一个涉及多方面因素的复杂问题，在操作系统原理课程中有较多的介绍。下面仅介绍文件的用户类别、访问控制权限、表示方法及设置权限的命令等内容。

3.3.1 与权限相关的用户类别

权限与用户的身份相关，不同身份的用户对于不同的文件，具有不同的访问权限。从这个角度可以将用户划分为三个类别。

1）所有者 own User：创建文件或目录的用户是所有者。

2）同组用户 Group：与文件所有者在同一个组群的用户，称为同组用户。

3）其他用户 Others：所有者及同组用户之外的用户。

特别地，root 用户身份特殊，负责 Linux 系统的管理和维护工作，因此拥有所有文件的全部访问权限。

在设置权限的命令中，字母 u 表示所有者；字母 g 表示同组用户，字母 o 表示其他用户。表示全部三种类别的用户，则使用 a 字母。

3.3.2 文件的访问控制权限

Linux 系统的访问控制机制规定了用户对文件及目录的访问控制权限，细分成三种：读取 read、写入 write、执行 execute。而文件和目录的三种权限又有所区别，具体如下。

1）数据读取 read：浏览、查看文件内容或者目录中数据的权限。有，在对应位置以字母 r 表示；无，在对应位置显示减号-。

2）写入数据 write：对于文件就是修改并保存内容的权限；对于目录就是在其中创建、删除及重命名子目录或者文件的权限，即在此目录之下修改保存数据的权限。有，在对应位置以字母 w 表示；无，在对应位置显示减号-。

对于目录的 w 权限及下面的 x 权限，会在 3.4.3 节进一步举例说明。

3）执行 execute：对于文件就是是否允许运行其中命令语句的权限；对于目录就是切换进入该目录的权限。有，在对应位置以字母 x 表示；无，在对应位置显示减号-。

三个类别的用户对于某个文件或目录的访问控制权限都需要分别设置。

文件及目录在创建时被自动赋予了默认权限，文件所有者及 root 用户可以使用 chmod 命令修改文件或目录的访问控制权限。

3.3.3 权限表示法

第 2 章已经介绍了文件的 7 个基本属性。本节继续介绍其中的文件类型及权限部分，这部分共计 10 个字符，其中第一个字符代表文件的类型，在 2.2 节已经提及。其他访问控制权限的 9 个字符进一步划分成三个子部分，如图 3-1 所示。

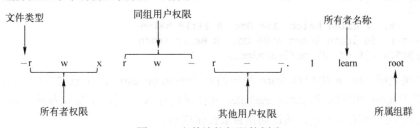

图 3-1 文件访控权限的划分

从图 3-1 可以看出，第一部分 3 个字符对应于所有者的访问控制权限；第 2 部分是同组用户的权限；第 3 部分是其他用户的权限。权限位置也是固定的，依次是读取、写入及执行。

例如，-rwxrw-r--表明这是一个常规文件，所有者具有读取、写入及执行权限；同组用户仅具有读取及写入权限；其他用户仅具有读取权限，没有写入及执行的权限。

为了输入方便，也经常采用数字表示法，是与 rwx 权限表示法一致的另外一种写法。

具体规则是：如果具有 r 权限，则对应数字 4；具有 w 权限，则为 2；具有 x 权限，则为 1；没有权限均为 0；且每个部分数字相加；每种类别的用户对应一个数值。

例如，权限 rwxrw-r--用数字表示法是字符串 764；权限 r-xr-----对应的字符串是 540。

3.3.4 讨论目录权限

下面进一步介绍所有者与子目录的权限问题，命令如下。

```
[learn@ABCx ~]$ ls  -dl  mbgs                    #查看 mbgs/的内容及权限
drwxrwxr-x. 3 learn learn 22 Nov 23 11:05 mbgs
```

表明 mbgs 是一个子目录名，所有者及同组用户都具有 rwx 权限，其他用户具有 rx 权限，没有 w 权限。

```
[learn@ABCx ~]$ ls  -1  mbgs                     #查看 mbgs 子目录下的内容
total 0
drwxrwxr-x. 2 learn learn 124 Dec  4 17:30 pictures
```

表明 mbgs 子目录下当前拥有一个 pictures 子目录，没有其他的文件及子目录。

```
[learn@ABCx ~]$ cd  mbgs                              #拥有进入子目录 mbgs 的权限
```

learn 用户是子目录 mbgs 的所有者，且具有 rwx 权限，所以能够执行进入目录、创建子目录、创建文件等命令，如下。

```
[learn@ABCx mbgs]$ mkdir  docw                        #能够创建子目录
[learn@ABCx mbgs]$ touch  file11                      #vim、cat 也可以创建文件
[learn@ABCx mbgs]$ ls  -l                             #验证上述说法
total 0
drwxrwxr-x. 2 learn learn   6 Dec  8 10:58 docw
-rw-rw-r--. 1 learn learn   0 Dec  8 10:58 file11
drwxrwxr-x. 2 learn learn 124 Dec  4 17:30 pictures
```

上述操作表明 learn 用户在 mbgs 子目录下能够创建文件及子目录。下面验证其他用户不可以执行需要写入权限的命令。

```
[learn@ABCx ~]$ su - halen                            #切换到 halen 用户
Password:                     #输入密码时屏幕没有显示，按照正确顺序输入后按〈Enter〉键
Last login: Tue Dec  8 11:09:30 CST 2020 on pts/0    #显示上次成功登录时间
[halen@ABCx ~]$ ls  -l  /home                         #查看/home 目录下的内容及权限
total 4
drwx---r-x.  7 halen halen  154 Dec  8 11:10 halen
drwx---r-x. 16 learn learn 4096 Dec  8 08:53 learn
[halen@ABCx ~]$ cd  /home/learn/mbgs
```

上述结果表明，halen 用户对 learn 用户的家目录/homg/learn 具有 rx 权限，没有 w 权限。learn 用户对于 halen 用户的家目录/home/halen 同样仅具有 rx 权限，没有 w 权限。learn 及其下的 mbgs/对于其他用户具有 x 权限，所以切换目录操作成功。

```
[halen@ABCx mbgs]$ ls  -l                             #具有 r 权限所以能够浏览查看
total 0
drwxrwxr-x. 2 learn learn   6 Dec  8 10:58 docw
-rw-rw-r--. 1 learn learn   0 Dec  8 10:58 file11
drwxrwxr-x. 2 learn learn 124 Dec  4 17:30 pictures
[halen@ABCx mbgs]$ mkdir  pict1                       #不具有 w 权限所以否定了请求的操作
mkdir: cannot create directory 'pict1': Permission denied
[halen@ABCx mbgs]$ cat  >>  file11                    #不具有 w 权限所以否定了请求的操作
-bash: file11: Permission denied
```

读者可以将更进一步的验证作为练习。

3.3.5　修改权限命令

下面介绍与文件权限相关的命令。

1. chgrp 命令

命令格式：chgrp [-options] 组群名 文件名或者目录名
主要功能：按照 options 指定的选项要求，仅修改文件或者目录所属的主要组群。
常用的[-options]选项如下。
-R，--recursive：按照递归方式，修改目录下所有文件及其子目录的所属组群。
修改所属组群 chgrp 命令的具体用法及验证如下。

```
[root@ABCx ~]# ll  pfile22
```

```
-rw-r--r--. 1 root root 0 Dec 12 10:50 pfile22          #pfile22 属于 root 组群
[root@ABCx ~]# chgrp  ABCx  pfile22                     #修改 pfile22 所属的主要组群
[root@ABCx ~]# ll  pfile22
-rw-r--r--. 1 root ABCx 0 Dec 12 10:50 pfile22   #表明 pfile22 属于 ABCx 组群
```

2. chown 命令

命令格式：chown　[-options]　所有者[:组群名]　文件名或者目录名

主要功能：按照 options 指定的选项要求，可以同时修改文件或者目录的所有者及所属组群。

常用的[-options]选项如下。

-R，--recursive：按照递归方式，修改目录下所有文件及子目录的所有者及所属组群。

修改所有者及所属组群 chown 命令的具体用法及验证情况如下。

```
[root@ABCx ~]# mkdir  mbgs/pictures               #创建一个子目录
[root@ABCx ~]# ll  mbgs                           #查看mbgs 子目录下目录的所有者及组群
total 0
drwxr-xr-x. 2 root root 6 Dec 12 10:56 pictures
[root@ABCx ~]# ll  -d  mbgs                       #查看mbgs 目录自身的所有者及所属组群
drwxr-xr-x. 3 root root 22 Dec 12 10:56 mbgs
[root@ABCx ~]# chown  --recursive  ABCx:ABCx  mbgs
chown: invalid user: 'ABCx:ABCx'
```

ABCx 不是有效用户名称，所以不能将 mbgs 子目录修改成属于它，修改不成功。

```
[root@ABCx ~]# chown  --recursive  sun:ABCx  mbgs    #没有输出时，成功
[root@ABCx ~]# ll  mbgs                              #查看验证
total 0
drwxr-xr-x. 2 sun ABCx 6 Dec 12 10:56 pictures
[root@ABCx ~]# ll  -d  mbgs                          #查看 mbgs 本身
drwxr-xr-x. 3 sun ABCx 22 Dec 12 10:56 mbgs
```

3. chmod 命令

命令格式：chmod　[-options]　模式　文件名或者目录名

主要功能：按照 options 指定的选项要求，并按照模式的规定，修改文件或者目录的 rwx 权限。

常用的[-options]选项如下。

-R，--recursive：按照递归方式，修改目录下所有文件及其子目录的权限。

chmod 命令中用到的模式分成两类，与权限表示法对应：数字模式及功能模式。首先展示数字模式的例子。

```
[root@ABCx ~]# ll  pfile22
-rw-r--r--. 1 root ABCx 0 Dec 12 10:50 pfile22
[root@ABCx ~]# chmod  000  pfile22                #修改所有类别用户对 pfile22 均不具有
任何权限
[root@ABCx ~]# ll  pfile22
----------. 1 root ABCx 0 Dec 12 10:50 pfile22  #权限 000 字符串对应----------
```

普通用户对自己具有权限的文件及目录同样可以使用 chmod 命令进行修改。

```
[learn@ABCx ~]$ ll  sysvar.sh  #脚本文件必须具有 rx 权限才能执行
-rw-------. 1 learn learn 769 Nov 24 10:30 sysvar.sh
[learn@ABCx ~]$ chmod  755  sysvar.sh
```

设置文件 sysvar.sh 的权限是所有者具有 rwx 权限，同组及其他用户均具有 rx 权限，命令如下。

```
[learn@ABCx ~]$ ll  sysvar.sh
```

```
-rwxr-xr-x. 1 learn learn 769 Nov 24 10:30 sysvar.sh
```

下面介绍非所有者也非同组用户的其他用户，在仅具有 x 权限时是否能够执行脚本文件。chmod 命令中的功能模式示例如下。

```
[root@ABCx ~]# ll  pfile22
----------. 1 root ABCx 0 Dec 12 10:50 pfile22
[root@ABCx ~]# chmod  u+rx   pfile22          #功能模式，给所有者添加 rx 权限
[root@ABCx ~]# ll  pfile22
-r-x------. 1 root ABCx 0 Dec 12 10:50 pfile22
```

功能模式写法需要给出三个部分，即用户类别、操作符及具体权限。

1）用户类别：字母 u 代表所有者；字母 g 是同组用户；字母 o 是其他用户；字母 a 对应所有三类用户。

2）操作符：加号+表示添加权限；减号-则是取消。

```
[root@ABCx ~]# chmod  g+w,o+x  pfile22     #逗号，分隔不同的用户类别
[root@ABCx ~]# ll  pfile22          #思考这样的权限是否具有实际的意义
-r-x-w---x. 1 root ABCx 0 Dec 12 10:50 pfile22
```

chmod 命令同样可以对目录和其中的文件及子目录进行递归式的修改设置。

```
[[root@ABCx ~]# ll  mbgs  -d          #事先检查 mbgs 的权限
drwxrwxrwx. 3 sun ABCx 22 Dec 12 10:56 mbgs
[root@ABCx ~]# ll  mbgs          #mbgs 下子目录及文件的权限
total 0
-rwxrwxrwx. 1 root root 0 Dec 12 11:52 abcfile
drwxrwxrwx. 2 sun ABCx 6 Dec 12 10:56 pictures
[root@ABCx ~]# chmod  -R  a-wx  mbgs
```

这条命令中的-R 选项表明，对 mbgs 目录进行递归修改，包括其自身；功能模式字符串 a-wx 表明，对所有用户都执行取消 wx 权限的操作。

```
[root@ABCx ~]# ll  -d  mbgs          #查看验证
dr--r--r--. 3 sun ABCx 22 Dec 12 10:56 mbgs
[root@ABCx ~]# ll  mbgs
total 0
-r--r--r--. 1 root root 0 Dec 12 11:52 abcfile
dr--r--r--. 2 sun  ABCx 6 Dec 12 10:56 pictures
```

3.4 习题

一、选择题

1. 切换到 root，应该执行（   ）命令。
   A. su -　　　　B. sudo　　　　C. sudo -　　　　D. su root
2. UID 的含义是（   ）的标识码，GID 的含义是（   ）的标识码。
   A. 设备　　　　B. 通用　　　　C. 组群　　　　D. 用户
3. 修改文件的所有者，应该执行（   ）命令。
   A. chmod　　　　B. chown　　　　C. useradd　　　　D. chgrp
4. chgrp 命令的含义是修改（   ）。
   A. 所属组群　　　　B. 所有者　　　　C. 同组用户　　　　D. 其他用户

5. chmod 命令中，如果使用数字模式字符串 555，表明（　　）权限。

　　A．设置 rx　　　　B．设置 wx　　　　C．所有用户设置 rx　　　　D．所有用户设置 wx

6. 修改用户的登录密码，应该执行（　　）命令。

　　A．passwd　　　　B．useradd　　　　C．groupadd　　　　D．password

7. groupadd 命令的含义是向系统中添加（　　）。

　　A．组群　　　　B．用户　　　　C．同组用户　　　　D．组群及用户

8. 执行 useradd 命令时，使用了-g 选项，含义是指定（　　）。

　　A．用户名　　　　B．GID　　　　C．UID　　　　D．路径

9. 执行 chown　abc:abc　/home/abc 命令，作用是修改/home/abc 子目录的（　　）。

　　A．所有者及所属组群　　　　　　B．所有者

　　C．所属组群　　　　　　　　　　D．同组用户

10. chmod 命令中，如果使用功能字符串 a+rwx，表明（　　）权限。

　　A．a 用户添加 rwx　　　　　　　B．a 用户取消 rwx

　　C．所有用户取消 rwx　　　　　　D．所有用户添加 rwx

11. 给文件 p33 添加同组用户的 w 权限，应该执行（　　）p33。

　　A．chown　g+w　　　　　　　　B．chgrp　g+w

　　C．chmod　g+w　　　　　　　　D．chmod　a+w

二、简答题

1. 讨论 passwd 文件的作用及用途，哪些用户拥有执行 passwd 命令的权限？

2. 讨论 group 文件的作用及用途，组群管理的命令有哪些？

3. 讨论 shadow 及 gshadow 文件的作用及用途。root 是否能够删除这两个文件？

4. 讨论 rwx 权限的含义及作用。

5. 请详细说明 rwx 与数字表示法之间的对应关系。

6. 讨论 chmod、chown、chgrp 三条命令的功能及作用。

第4章
文件系统管理

通过学习 Shell 命令及目录的层次结构，读者能够逐渐了解并掌握文件系统。文件系统除了包括文件、目录、路径、层次结构等基本概念和整体上的逻辑结构之外，还包括外存空间布局、文件数据如何存储等具体问题的解决方案，以及文件数据的一致性和访问安全等许多设计与实现方面的问题，称之为文件的物理结构。

本章知识单元：

目录及目录的层次结构；区块及索引节点；文件系统区块分配；磁盘分区；创建文件系统；挂载与卸载；相关命令；添加磁盘；定额管理；逻辑卷管理；磁盘阵列管理等。

4.1 文件系统基础

从操作系统原理角度看，文件是保存数据的基本单元，对文件进行分门别类的存储管理，则形成了目录的概念。多级的子目录、父目录就构成了目录树的层次结构，一个文件的具体位置则用路径字符串表示。同时，为了有效管理和控制，系统中的多种输入/输出设备和目录自身的相关数据，也都按照文件的格式进行统一的读写操作。这些都是文件系统逻辑结构方面的内容，也就是从系统的使用者角度看到的文件系统。

文件中保存的各种数据，按照某种形式分布在存储设备上，如连续存放、链接存放、索引方式存放等具体格式，以及空闲存储空间的分配、占用空间的回收、存储地址的独立性与安全保护管理等内容，则构成了文件系统的物理结构，与上述相对应，这是操作系统设计者所要关心的如何实现文件系统的问题。可以看出，更加深入地了解并掌握文件的物理结构，就可以更好地掌握和使用逻辑结构的相关知识内容。

Linux 文件系统的主要格式类型是 ext4 及 xfs，能够实现逻辑及物理结构等方面的具体设计要求，并且具有较高的读写效率。

文件系统涉及许多方面的问题。下面仅对目录结构、常见的文件系统类型、索引节点及相关命令内容等加以介绍。

4.1.1 目录层次结构

与 Windows 的目录结构相比，Linux 系统涉及的目录较多，每个子目录均具有明确的功能和作用。CentOS 7 安装完成后，系统根/目录下共设置了 19 个一级子目录，请参见 4.1.4 节中的 tree 命令执行结果。

本书提及的一级子目录包括/home、/root、/dev、/mnt、/etc、/usr、/opt、/run、/var 及/tmp 等。二级及其他级别的子目录在具体使用时再进行说明。

CentOS 7 一级子目录的主要功能及作用简要描述见表 4-1。

表 4-1　CentOS 7 的一级子目录

目录名	主要功能及作用
/bin/	CentOS 7 之前的版本中，是存放可执行文件的目录，现在统一链接到/usr/bin/目录下
/boot/	操作系统引导启动文件的存放目录
/dev/	设备目录。各种输入、输出设备文件的存放目录。例如，各种终端设备文件，/dev/tty、/dev/pts/0 等；磁盘设备，/dev/sda、/dev/sdb 等；光盘设备，/dev/sr0、/dev/cdrom 等；特殊设备，/dev/zero、/dev/null 等
/etc/	配置目录。各种软件程序的配置文件均存放在此目录下。例如，YUM 工具的配置文件，/etc/yum.repos.d/CentOS-Base.repo；保存用户账号信息的/etc/passwd 文件；以及后续各种服务进程的配置文件等
/home/	家目录。不特别指定时，所有普通用户的家目录均是在此目录下创建的，且是与用户名同名的子目录。如/home/learn/是 learn 用户的家目录
/lib/	存放库文件的目录，现在统一链接到/usr/lib/目录下
/lib64/	存放 64 位库文件的目录，现在统一链接到/usr/lib64/目录下
/media/	可以挂载光盘的子目录。需要时，其他存储介质也可以挂载到此目录
/mnt/	挂载目录。各种介质的存储设备都可以挂载到此目录，或者是在此目录下创建的子目录
/opt/	第三方软件的存放安装目录
/proc/	进程文件系统（procfs）的存放目录。执行 ps、top 命令，就是遍历此目录，它记录了系统中运行的进程及线程，事实上此目录仅保存在内存中，并不占用磁盘空间
/root/	root 用户的家目录。普通用户没有操作此目录的权限
/run/	存放与运行相关的内容的子目录
/sbin/	系统服务的可执行文件存放目录，现在统一链接到/usr/slib/目录下
/srv/	系统服务执行过程中使用的目录
/sys/	存放管理系统设备相关数据的子目录
/tmp/	存放公用临时文件的子目录
/usr/	存放各种应用程序、共享库、包含文件、系统服务、帮助文档等内容的目录。其结构是比较固定的，当前版本包含 12 个二级子目录
/var/	此目录中存放的是内容经常改变的文件及子目录，如 httpd 服务的首页文件、系统日志、用户邮件等

与文件系统目录树相关的一个问题是系统的默认查找路径及顺序，通过下面的例子可以看到路径查找的具体方法，普通用户与 root 的查找路径及顺序是有区别的。

```
[learn@ABCx ~]$ echo  $PATH          #显示 learn 用户的查找路径及顺序
/usr/local/bin:/usr/local/sbin:/usr/bin:/usr/sbin:/bin:/sbin:/home/learn/.local/bin:......
[root@ABCx ~]# echo  $PATH          #root 的查找路径与普通用户有区别
/usr/local/sbin:/usr/local/bin:/sbin:/bin:/usr/sbin:/usr/bin:/root/bin:/usr/include
```

按照查找路径及顺序，搜索某个命令的可执行文件的位置，命令如下。

```
[root@ABCx ~]# whereis  whereis      #按照查找路径搜索 whereis 命令位置
whereis: /usr/bin/whereis /usr/share/man/man1/whereis.1.gz
[root@ABCx ~]# which  tree          #搜索 tree 命令的可执行文件所在位置
/bin/tree                           #由于/bin 已经链接到/usr/bin，所以结果是/usr/bin/tree
```

下面的语句表明，脚本文件不在查找路径之内，所以无法执行。

```
[learn@ABCx ~]$ ll  sysinfo.sh      #sysinfo.sh 文件在当前目录下
```

```
-rwxrwxr-x. 1 learn learn 373 Dec  5 14:48 sysinfo.sh
[learn@ABCx ~]$ sysinfo.sh            #直接执行脚本文件时，提示命令没有找到
bash: sysinfo.sh: command not found...
```

此时，需要将家目录添加到查找路径之中，命令如下。

```
[learn@ABCx ~]$ vim .bash_profile      #将用户家目录添加到系统的搜索路径中。只需
修改.bash_profile 文件中的下面一行，具体如下
   PATH=$PATH:$HOME/.local/bin:$HOME/   #将此行最后的 bin 字符串去掉。如果此行不存
在，则输入之，并再添加一个新行，并输入 export  PATH，保存后退出
[learn@ABCx ~]$ source .bash_profile   #重新读取.bash_profile 文件内容使之生效
```

添加了恰当的查找路径，修改正确之后就可以直接执行脚本文件了。

```
[learn@ABCx ~]$ echo $PATH              #显示 learn 用户的路径查找顺序
/usr/local/bin:/usr/local/sbin:/usr/bin:/usr/sbin:/bin:/sbin:/home/learn/.local/b
in:/home/learn/bin:/home/learn/.local/bin:/home/learn/      #/home/learn 已经是搜索路径中
的一个
[learn@ABCx ~]$ sysinfo.sh              #直接输入脚本文件按〈Enter〉键，能够找到并执行
本机 IP 地址 :   192.168.0.110       ......
```

否则，不添加恰当的查找路径，执行当前目录下的脚本文件就需要在文件名之前加上其绝对路径或相对路径。

4.1.2　区块及索引节点

各种目录及其他文件等数据，最终都要保存在磁盘上。而对于磁盘，存储数据的最小单位是扇区，每个扇区能够存储 512B 的数据。磁盘上每个扇区都有统一编号，用以保证有序存储数据的要求。关于磁盘管理的内容在 4.2 节进一步介绍。

对于文件系统，为了有效存储文件及目录等数据，一般都将连续的 8 个扇区作为一个整体来统一管理，称为区块，每个区块大小为 4KB，并且每个区块需要单独赋予一个编号，用 4B 变量存储，这个编号就是区块的地址，或者说是指针。

事实上，Linux 支持不同类型格式的文件系统，包括 ext4 以及 xfs，主要是以多级非对称索引结构为基础来构造文件数据的存储方案。一个文件需要存储的数据包括本身的内容数据、若干描述文件属性的数据等。多级非对称索引结构的主要规则如下。

1）每个区块大小为 4KB，其编号占用 4B。这是一组有效的经验数值。

2）区块分为数据区块及索引区块两类，大小都是 4KB。数据区块用于存放文件的具体内容数据，数据区块数量等于文件大小除以区块大小。索引区块用于存放数据区块的编号，所以被称为索引（编号）区块。索引区块数量也能够依据文件大小、区块大小以及每个编号占用的字节数计算出来。

3）目录是由若干个目录项组成的定长记录文件。目录下的每个文件（包括其下的子目录）都要占用一个目录项，也就是一条记录；目录项由文件（子目录）名、权限、链接数、文件大小、日期时间、12 个直接地址，一级、二级、三级索引等若干个字段组成。

ls 命令可以将目录文件的内容数据显示给用户，如 ls /root。当然不是显示全部数据，仅按照命令的选项要求有选择地输出。

上述方案能够解决文件（包括目录）在磁盘上存储的问题，但是对于目录的读取还存在一些需要进一步探讨的问题。

从上述内容可知，目录本身的大小等于目录项数量与大小的乘积，而每个目录项占用的字节数就是各字段字节数之和。其中，文件名字段占用字节数较多，最多可以是 256B；其他的字段可

以分别按照 4B 计算，如日期时间字段至少需要 3 个 4B，12 个直接地址需要 12 个 4B 等。

这里的主要问题是目录项占用的字节数较多，影响了目录的读取速度。解决方法是对目录进行瘦身，对目录项的结构加以改进。目前，各种不同类型格式的文件系统大都将目录项设计成仅包含文件名和索引节点编号两个字段，以达到提高目录读取效率的目的。

这里的索引节点也称为 inode 节点，是原来目录项中除了文件名之外的所有字段的集合。改进后，目录中的文件名字段仅占用 12B，文件名的其他部分一般都存放在 inode 节点中，有的文件系统也会另外开辟空间单独存放。inode 节点编号字段占用 4B。

接下来，在分区或者区块组群中划分出固定的独立区域，统一存放所有文件及目录的 inode 节点数据。因此，此区域称为 inode 区域或者 inode 表。每个文件及目录的 inode 在 inode 表中就是一个节点，因此称为 inode 节点，inode 节点在 inode 表中按照系统规定的顺序分配编号。inode 节点的编号就代表对应的文件，具体如下。

```
[learn@ABCx ~]$ ll  -i  .bash_profile      #-i 是显示文件 inode 节点编号的选项
7160 -rw-r--r--. 1 learn learn 190 Jan  4 15:59 .bash_profile      #7160 是 inode 节
点编号
[learn@ABCx ~]$ ll  -di  /  /home/  /home/learn/  /home/learn/temp/     #-di 是 显
示指定目录的 inode 节点编号的含义
  64 dr-xr-xr-x. 18 root  root   277 Dec 17 13:34 /
  64 drwxr-xr-x.  6 root  root    56 Dec 10 11:34 /home
  76 drwx---r-x. 18 learn learn 4096 Jan  4 17:05 /home/learn
 111 drwxrwxr-x.  2 learn learn    6 Jan  4 16:59 /home/learn/temp
```

-di 选项能够显示指定目录本身的 inode 节点编号及占用空间大小。-s 的作用是显示占用空间大小，以 KB 为单位，具体如下。

```
[learn@ABCx ~]$ ll  -dsi  /  /home  /home/learn  /home/learn/temp
  64 0 dr-xr-xr-x. 18 root  root   277 Dec 17 13:34 /
  64 0 drwxr-xr-x.  6 root  root    56 Dec 10 11:34 /home
  76 4 drwx---r-x. 18 learn learn 4096 Jan  4 17:05 /home/learn
 111 0 drwxrwxr-x.  2 learn learn    6 Jan  4 16:59 /home/learn/temp
[learn@ABCx ~]$ ll  -asi  temp/          #显示 temp 子目录下所有文件、子目录的 inode
节点编号及占用空间大小
  total 1668                             #total 的含义是下列几项大小之和，并且是以
KB 为单位计算总和的
  111     0 drwxrwxr-x.  2 learn learn      24 Jan  4 20:27 .
   76     4 drwx---r-x. 18 learn learn    4096 Jan  4 20:27 ..
10631 1664 -rwxrwxr-x.  1 learn learn 1700040 Dec 13 12:51 tmact.docx
[learn@ABCx ~]$ ll  -is  temp/           #显示 temp 目录的相关信息
total 1664                               #再验证一次关于 total 的说法
10631 1664 -rwxrwxr-x.  1 learn learn 1700040 Dec 13 12:51 tmact.docx
```

4.1.3　文件系统的主要类型

Linux 使用和能够支持的文件系统类型格式较多，见表 4-2。

表 4-2　CentOS 7 使用及支持的文件系统

类型名称	说　明
ext/ext2/ext3/ext4	CentOS 7 之前版本使用的文件系统格式，在性能、可靠性方面不断升级改进。ext4 格式使用最为广泛，并向下兼容 ext3 格式。支持最大文件容量达 16TB，分区达 1EB；还支持不限量的目录数、日志校验、inode 增强等扩展功能
xfs	一种高性能的日志文件系统，是 CentOS 7 及 RHEL 使用的默认文件系统类型及格式。支持最大文件容量达 9EB。与 ext4 相比，性能有进一步的改进和提高

（续）

类型名称	说　明
iso9660	标准 CD_ROM 光盘的文件系统格式，CentOS 默认支持
nfs	网络文件系统格式。能够实现不同 Linux 主机之间的文件共享，使用挂载命令识别远程主机上的共享资源
smb	Samba 服务提供的用于不同操作系统之间实现资源共享的文件系统格式。通过客户端/服务器模式访问共享目录
fat/vfat/fat32	早期 Windows 系统使用的文件系统格式。现在主要是 U 盘使用的格式
ntfs	Windows 系统使用的文件系统格式
swap	用于保存内/外存交互数据的存储空间，具有自身独特的格式，因此也是文件系统的一种类型或格式
proc	基于内存的虚拟文件系统格式，/proc 子目录反映了这种文件系统的主要内容和结构形式，显示内存中进程及多种数据结构

Linux 支持的其他文件系统的相关内容，执行 man 8 mount 命令可以查询。关于 inode 节点、ext4 及 xfs 的分区方案及分区内区块分配情况，请参见 4.2 节的内容。

4.1.4　相关命令

与文件系统相关的命令较多，已经在前面各章节分别进行了介绍，包括 cd、ls、cp、mv、rm、mkdir、touch 等。下面继续讨论其他的文件系统命令。

1．tree 命令

如果 tree 命令不可用，则执行 yum install tree 命令，安装 tree 软件包。yum 命令及其子命令的内容将在 5.3 节介绍。

命令格式：tree [-options] [directory]

主要功能：按照 options 指定的选项要求，显示 directory 指定目录的层次（树形）结构及文件。如果不加任何选项及参数，则显示当前目录下的子目录及文件。

常用的[-options]选项如下。

-d：仅显示目录名，不包括其中的文件。

-L level：设定目录树显示的最大深度。

```
[learn@ABCx ~]$ tree                          #显示当前目录下的各个子目录及文件
[learn@ABCx ~]$ tree /                        #显示根/下的各个子目录及文件
[learn@ABCx ~]$ tree -d /opt   #显示/opt 下的各个子目录。上述三条命令的执行结果均省略
[root@ABCx ~]# tree -d -L 1 /                 #仅显示根目录下的一级子目录
/
├── bin -> usr/bin
├── boot
├── dev
├── etc
├── home
├── lib -> usr/lib
├── lib64 -> usr/lib64
├── media
├── mnt
├── opt
├── packages                    #编者设置的本地 yum 仓库子目录，不是系统目录
├── proc
├── root
├── run
```

```
├── sbin -> usr/sbin
├── srv
├── sys
├── tmp
├── usr
└── var
```

```
20 directories                              #系统安装完成后，根/目录下共计 19 个一级子目录
[learn@ABCx ~]$ tree -d -L 1 /run           #查看/run 下的一级子目录
/run
├── abrt
├── avahi-daemon
├── boltd
......                                       #其他部分省略
41 directories                              #/run 目录下共包含 41 个子目录
[learn@ABCx ~]$ tree -dL 1 /run             #这种写法与上一条结果一致
```

2．ln 命令（link）

命令格式：ln　[-options]　target　link_name

主要功能：按照 options 指定的选项要求，创建到目标 target 的名称是 link_name 的链接文件。

常用的[-options]选项如下。

-s, --symbolic：创建符号链接，或者称为软链接。

链接 ln 命令给用户提供了多种格式，这里仅讨论常用的一种。此命令就是创建一个，由 link_name 指定的链接（文件），链接的源文件称为目标。

（1）硬链接

默认情况下，执行此命令是创建硬链接，如果要创建软（符号）链接，应该使用-s 或者-- symbolic 选项。下面首先展示硬链接命令及其含义。

```
[root@ABCx ~]# touch  test                              #创建一个空的源文件
[root@ABCx ~]# ll  -i test  /tmp/test_hard              #显示 test 及要创建的硬链接
ls: cannot access /tmp/test_hard: No such file or directory   #test_hard 还不存在
134313677 -rw-r--r--. 1 root root 0 Jan  5 15:40 test    #test 文件大小为 0，
inode 节点编号是 134313677，链接计数字段是 1
[root@ABCx ~]# ln  /root/test  /tmp/test_hard           #按照格式创建到/root/test 的
链接，文件名是/tmp/test_hard
[root@ABCx ~]# ll  -i  test  /tmp/test_hard             #显示 inode 节点编号一致
134313677 -rw-r--r--. 2 root root 0 Jan  5 15:40 test      #链接数加 1
134313677 -rw-r--r--. 2 root root 0 Jan  5 15:40 /tmp/test_hard
[root@ABCx ~]# ln  test  /root/test_hard                #也可以在当前目录创建硬链接
[root@ABCx ~]# ll  -is  test  test_hard  /tmp/test_hard    #同时显示占用空间大小
134313677 0 -rw-r--r--. 3 root root 0 Jan  5 15:40 test      #链接数再加 1
134313677 0 -rw-r--r--. 3 root root 0 Jan  5 15:40 test_hard   #文件大小仍是 0
134313677 0 -rw-r--r--. 3 root root 0 Jan  5 15:40 /tmp/test_hard
```

硬链接及目标文件（也就是源文件）的 inode 节点编号一致，说明它们只是同一存储空间的不同名称。因此，对其中任何一个文件的存入数据都应该得到保存，并且对应的硬链接或者目标文件可以自由读取、修改，具体如下。

```
[root@ABCx ~]# echo  "Hello"  >>  /tmp/test_hard        #向硬链接中输入字符串
[root@ABCx ~]# ll  -is  test  test_hard  /tmp/test_hard   #查看空间及大小的变化
134313677 4 -rw-r--r--. 3 root root 6 Jan  5 16:26 test
134313677 4 -rw-r--r--. 3 root root 6 Jan  5 16:26 test_hard
```

```
    134313677 4 -rw-r--r--. 3 root root 6 Jan  5 16:26 /tmp/test_hard
```

文件大小是 6B（实际输入了 5B，最后 1B 是行结束），占用了 4KB 大小的区块，三个文件使用相同的存储空间，因为系统分配存储空间时，是以区块为单位进行的，每次至少一块。

```
[root@ABCx ~]# echo  world  >>  test                           #给源文件输入字符串
[root@ABCx ~]# cat  test_hard                                  #三个文件一样变化
Hello
world
[root@ABCx ~]# ll  -is  test  test_hard  /tmp/test_hard
    134313677 4 -rw-r--r--. 3 root root 12 Jan  5 16:40 test      #仅仅是字节数变化，占用
的存储空间还是 4KB，没有改变
    134313677 4 -rw-r--r--. 3 root root 12 Jan  5 16:40 test_hard
    134313677 4 -rw-r--r--. 3 root root 12 Jan  5 16:40 /tmp/test_hard
```

上述例子还表明，创建一个硬链接，链接计数加 1；删除一个硬链接时，链接计数减 1。另外，硬链接也存在一些限制规则，如不能对存在于不同分区的文件创建硬链接、不能对目录创建硬链接等，具体如下。

```
[root@ABCx ~]# ln  mbgs  mbgs_hard                             #无法对目录创建硬链接
ln: 'mbgs': hard link not allowed for directory
```

（2）软链接

事实上，硬链接在实际工作中使用较少。大多数情况下，是创建目标的软链接。

```
[learn@ABCx ~]$ ln --symbolic /home/learn/test /tmp/test_soft #创建到目标 test
文件的软链接 test_soft
```

注意，创建软链接时，目标文件应该加上绝对路径。

```
[learn@ABCx ~]$ ll  -is  test  test_hard  /tmp/test_soft      #查看三个文件的属性
    7118 4 -rw-rw-r--. 2 learn learn 12 Jan  5 20:32 test
    7118 4 -rw-rw-r--. 2 learn learn 12 Jan  5 20:32 test_hard
  68042706 0 lrwxrwxrwx. 1  learn  learn  16  Jan   5  20:28 /tmp/test_soft ->
/home/learn/test
```

软链接与硬链接明显不同，文件名后面有明确的指向，类型标识是字母 l，并且软链接的权限是完全开放的，也就是所有人都具有 rwx 权限。

软链接并没有增加或减少链接计数值。

软链接相当于 Windows 系统中的快捷方式。虽然软链接和目标文件占用不同的 inode 节点编号，但是向软链接或者目标文件输入的数据都保存在目标文件的区块中。

```
[learn@ABCx ~]$ echo  Good  >>  test                           #向目标文件输入数据
[learn@ABCx ~]$ cat   /tmp/test_soft                           #显示软链接的内容，与目标文件一致
Hello
world
Good
[learn@ABCx ~]$ echo  Morning  >>  /tmp/test_soft             #向软链接中输入数据，结果仍然
保存在目标文件中
[learn@ABCx ~]$ ll  -is  test  test_hard  /tmp/test_soft
    7118 4 -rw-rw-r--. 2 learn learn 25 Jan  5 21:06 test
    7118 4 -rw-rw-r--. 2 learn learn 25 Jan  5 21:06 test_hard
  68042706 0 lrwxrwxrwx. 1  learn  learn  16  Jan   5  20:28 /tmp/test_soft ->
/home/learn/test
```

软链接文件大小并没有发生改变，数据不会重复存放。

```
[learn@ABCx ~]$ cat  test              #显示目标文件内容，与上述说法吻合
Hello
world
Good
Morning                                #还可以验证删除软链接及目标文件中的数据
[learn@ABCx ~]$ vim  /tmp/test_soft                      #删除第二行 world 字符串
[learn@ABCx ~]$ ll  test  test_hard  /tmp/test_soft
-rw-rw-r--. 2 learn learn 19 Jan  6 08:57 test          #字节数减少 6B
-rw-rw-r--. 2 learn learn 19 Jan  6 08:57 test_hard
lrwxrwxrwx. 1 learn learn 16 Jan  5 20:28 /tmp/test_soft -> /home/learn/test
[learn@ABCx ~]$ cat  test              #目标文件减少的数据与软链接相同
Hello
Good
Morning
```

如果目标是一个文件，那么创建的软链接就是文件类型的软链接。如果目标是一个目录，那么创建的软链接就是一个目录类型的软链接，就应该使用目录的操作命令，具体如下。

```
[learn@ABCx ~]$ ln  -s /home/learn/temp/   temp_soft      #temp 是一个子目录
[learn@ABCx ~]$ echo  abcdef >> temp_soft                 #目录是不能这样操作的
bash: temp_soft: Is a directory                           #给出了明确的提示
[learn@ABCx ~]$ cd  temp_soft                             #正确的操作命令
[learn@ABCx temp_soft]$ ll                                #作为对比
total 1664
-rwxrwxr-x. 1 learn learn 1700040 Dec 13 12:51 tmact.docx
[learn@ABCx temp_soft]$ mkdir  /home/learn/temp_soft/direc1 #正确的写法。使用相对路
径也是正确的
[learn@ABCx temp_soft]$ ll                                #与上面相比，结果正确
total 1664
drwxrwxr-x. 2 learn learn       6 Jan  5 21:26 direc1
-rwxrwxr-x. 1 learn learn 1700040 Dec 13 12:51 tmact.docx
```

3. df 命令

命令格式：df [-options] [file]...

主要功能：按照 options 指定的选项要求，仅查看已经挂载的文件系统的磁盘空间使用占比状况。

常用的[-options]选项如下。

-a，--all：已经挂载的所有文件系统，包括 procfs、sysfs 等。

-h，--human-readable：使用可读性更好的计量单位，如 KB、MB、GB 等。

-i，--inodes：显示 inode 节点信息，代替区块信息。

-T，--print-type：显示文件系统的类型格式名称。

df 命令的主要作用是显示已挂载的文件系统的磁盘空间使用占比情况，不能计算显示某个目录的使用占比等信息。下面的例子展示了 df 命令的具体用法。

```
[learn@ABCx ~]$ df           #显示已挂载的文件系统的块大小（单位是 KB）、使用量、可用
量、使用占比、挂载点
Filesystem        1K-blocks       Used        Available      Use%       Mounted on
devtmpfs          925280          0           925280         0%         /dev
......
```

```
/dev/sda3              92228612           12191380      80037232    14%        /
/dev/sda1              25153536           67268         25086268    1%        /home
......
[learn@ABCx ~]$ df  -hT  /          #显示根/目录的使用占比，根/对应的是设备/dev/sda3
Filesystem      Type  Size  Used  Avail  Use% Mounted on
/dev/sda3       xfs   88G   12G   77G    14% /              #根/所在的分区
[learn@ABCx ~]$ df  -hT  /usr/           #/usr/的使用占比与根/以及/dev/sda3 相同。
进一步说明 df 仅能够显示已挂载分区的使用占比
Filesystem      Type  Size  Used  Avail  Use% Mounted on
/dev/sda3       xfs   88G   12G   77G    14% /
[learn@ABCx ~]$ df  -hT  /home/           #/home/分区的使用占比，也是/dev/sda1 设备
的使用占比
Filesystem      Type  Size  Used  Avail  Use% Mounted on
/dev/sda1       xfs   24G   66M   24G    1% /home
```

-i 选项的对比情况如下。

```
[learn@ABCx ~]$ df  -ihT  /dev/sda3
Filesystem      Type Inodes IUsed IFree IUse% Mounted on
/dev/sda3       xfs   44M   218K  44M    1% /
[learn@ABCx ~]$ df  -hT  /dev/sda3
Filesystem      Type  Size  Used  Avail  Use% Mounted on
/dev/sda3       xfs   88G   12G   77G    14% /
```

4．du 命令

命令格式：du [-options] [file]...

主要功能：按照 options 指定的选项要求，汇总计算 file 指定的文件或者子目录占用的存储空间大小。

常用的[-options]选项如下。

-a，--all：计算显示每一个文件的占用量，默认情况下仅统计目录的占用量。

-h，--human-readable：使用可读性更好的计量单位，如 KB、MB、GB 等。

-m：以 MB 为单位计算显示占用量。

--inodes：显示 inode 节点占用量信息。

-s，--summarize：只显示每个文件 file 的总占用量。

```
[learn@ABCx ~]$ du  -h                      #显示当前目录下各子目录占用量的计算结果
......                                       #省略了许多子目录的结果
1.7M    ./temp
0       ./abcd
26M     .                                    #当前子目录占用量的总和
[learn@ABCx ~]$ du  -h  temp_soft/           #显示软链接的占用量，即软链接目标的占用
量，只显示子目录的结果，文件没有单独显示
0       temp_soft/direc1
1.7M    temp_soft/
[learn@ABCx ~]$ du  -ah  temp_soft/          #显示软链接下每一个目录的占用量
1.7M    temp_soft/tmact.docx
0       temp_soft/direc1
1.7M    temp_soft/
[learn@ABCx ~]$ du  -ash  temp_soft/         #-a 与-s 不能同时使用
du: cannot both summarize and show all entries
Try 'du --help' for more information.
```

```
[learn@ABCx ~]$ du  -sh  temp_soft/                    #汇总的结果
1.7M    temp_soft/
[learn@ABCx ~]$ du  -sh  sysinfo.sh  sysvar.sh         #显示指定文件的占用量
4.0K    sysinfo.sh                                     #是占用区块的容量
4.0K    sysvar.sh
```

5. dd 命令

命令格式：dd [operand]...

主要功能：按照运算对象 operand 指定的格式复制文件。

dd 是一个功能强大的命令，能够完成磁盘克隆或磁盘复制等复杂操作，当然需要一定的环境才能够正确执行。

dd 的格式与其他命令不同，这里介绍一些常规用法，具体如下。

```
[learn@ABCx ~]$ dd  --help          #或使用 man  dd，均可获得帮助信息
[learn@ABCx ~]$ dd  --version       #dd 命令仅有 help 和 version 两个选项
```

按照如下格式考查 dd 命令，更容易理解。

```
dd  if=输入文件  of=输出文件  bs=字节数  count=传输次数
```

其中，用 if=指定具体的输入文件名，或者是输入设备名；of=指定输出文件或设备；bs=指定一次输入输出的字节数，作为一个数据块一次性传输完成，可以由用户任意指定，是扇区或区块大小的整数倍时，传输效率更高；count=指定传输的次数。具体如下。

```
[learn@ABCx ~]$ dd  if=/dev/zero  of=./output.txt  bs=4096  count=1
1+0 records in                  #/dev/zero 不断输出数字 0 的设备
1+0 records out                 #output.txt 是保存输入数据的文件名，在当前目录下创建
4096 bytes (4.1 kB) copied, 0.000132189 s, 31.0 MB/s
[learn@ABCx ~]$ ll  -is output.txt              #查看文件大小
7165 4 -rw-rw-r--. 1 learn learn 4096 Jan  6 11:12 output.txt
```

4.2 磁盘管理

由于磁盘生产制造技术成熟稳定，其价格成本比较低廉；另外，磁盘的存储密度和存取速度能够满足大部分应用的基本要求，并且针对磁盘的特性，设计了稳定的优化算法。综合来看，与电子存储设备固态硬盘（SSD）相比，磁盘具有较高的性价比优势。因此，磁盘是数据大量存储的主要介质。所以磁盘的有效管理是学习 Linux 系统不可或缺的方面。

4.2.1 基础知识

前面已经介绍了区块编号及管理的内容，下面进一步介绍磁盘的相关内容。

1. 磁盘扇区的地址

磁盘上存储数据的最小单元是扇区，每个扇区能够存储 512B 有效数据。那么，扇区是如何编号的？即扇区的地址是如何规定的？

实际上扇区的编号方式与磁盘结构有关。磁盘上磁道及扇区划分方式的逻辑示意图如图 4-1 所示。磁盘内部结构如图 4-2 所示。

从磁道及扇区划分示意图中可以看出，每个盘片上都存在若干个直径不同的同心圆，每一个圆就是一条磁道。磁道上的一段圆弧就称为扇区，每条磁道上的扇区数默认相同，用 s 标记磁道上扇区的总数，即每条磁道上，各个扇区分别用 0~s-1 进行编号。

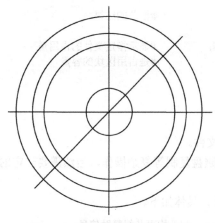
图 4-1 磁道及扇区划分示意图

图 4-2 磁盘内部结构

一块磁盘中可能包含若干个盘片，每个盘片的上下两面都能够存储数据，所以各需要一个磁头，用 h 标记磁盘中磁头总数，各个磁头的编号分别是 0～h-1。

把各个盘片上直径相同的磁道作为一个整体看待，形成一个柱状体，就称为柱面，用 t 标记柱面数的最大值，柱面数与磁道数一致，各个柱面的编号分别是 0～t-1。

这样，磁盘扇区的地址需要三个数据：柱面号、磁头号、扇区号才能标识。现在，已知的基本数据包括每磁道扇区数 s、磁头数 h、柱面数 t 以及磁盘扇区总数 t×h×s。

如果将这个三维数据构成的编号转换成一维数据，也就是将扇区按照柱面、磁头、扇区的顺序统一重新编号，用 Sths 标记扇区地址。则第 i 柱面、第 j 磁头、第 k 扇区的地址编号 Sths 是：

```
Sths = i * h * s +j * s + k
```

Sths 的取值范围是 0～t×h×s-1。在程序设计中，如果假设 Sths 是已知的，那么此扇区所在柱面 i、磁头 j、扇区 k（一条磁道上原来的扇区编号，范围是 0～s-1），可以按照如下方式分别求出：

```
i = Sths / ( h * s )
j = ( Sths % ( h * s ) ) / s
k = ( Sths % ( h * s ) ) % s
```

按照上述公式，能够完成文件数据存储到若干个磁盘扇区的映射过程，再进一步就可以实现非对称索引存储等复杂方案。

2. 磁盘分区

划分磁盘分区的操作就是将一个容量较大的磁盘分隔成多个区域，方便以后的管理及使用。具体来说，划分分区有如下三个优点。

1）不同的分区可以安装不同类型格式的文件系统，能够满足兼容性的要求。

2）某个（些）分区损坏或受到攻击，不一定会影响到其他分区的正常运转。这也是安全性的要求。

3）分区是磁盘有效管理的要求。对于使用 4B 存储区块编号的文件系统，也就是用一个 32 位二进制数保存区块的地址，这已经限制了区块的数量不能超过 2^{32}=4G 个，所以一个分区的大小不能超过 4G×4KB=16TB。这里 4KB 是 8 个扇区为一组分配一个编号。

因此，Linux 对存储设备采用了划分分区的管理方式。磁盘的各个分区就是系统中的一个设备，每个设备都采用有规律的命名方式。命名形式如下。

1）光盘：/dev/sr0。现在/dev/cdrom 设备统一链接到/dev/sr0。

2）磁盘：是在/dev/sd 名称后面添加 a、b、c…，表示磁盘及序号。如 sda、sdb 分别表示第一块、第二块磁盘等。磁盘经过分区划分后，用数字表示不同分区，如 sda1、sdb3 等。

3）U 盘：按照磁盘统一编号。如果系统中已经存在两块磁盘，则挂载一个 U 盘后，其名称应该是 sdc，根据分区情况，继续加数字表示。

逻辑卷、磁盘阵列的命名规则在 4.3.2 节及 4.3.3 节介绍。

3. 格式化

磁盘完成分区划分之后，必须进行格式化操作，才能存储某种类型格式的文件系统。如图 4-3 所示，展示了一个分区的几个主要部分。其中，数据及索引区是存储文件及目录等具体数据的部分，在整个分区中应该是占比最大的。其他几个部分的说明如下。

图 4-3　磁盘分区及文件系统区块分配

1）inode 表占用区域：存储分区内所有文件及目录的 inode 节点，并且每个 inode 节点都按序编号，所以称为 inode 表。

2）占用区块表及空闲区块表占用的区域：存储区块占用及空闲情况的表格。具体内容属于数据结构或者操作系统原理课程的内容。

3）超级块及描述信息占用的区域：超级块中存储了一些本分区的重要数据，如区块及 inode 节点总数、占用及空闲的数据区块数量等重要系统数据。文件系统描述信息部分则存储了区块组群的重要数据。

每个分区再进一步划分成区块组群进行管理的方式，在此不做深入探讨。

4.2.2　相关命令

以下命令与文件系统密切关联，不同的文件系统类型格式在具体使用时存在一定的差别。

1. fdisk 命令

命令格式：fdisk　[-options]　[device]

主要功能：按照 options 指定的选项要求，对 device 指定的设备进行划分分区操作。只书写命令名本身时，相当于查看简要的帮助信息。

常用的[-options]选项如下。

-l：显示指定设备的分区表信息，然后结束程序的执行。

-s：仅显示指定设备或分区的大小，以块为单位，然后结束程序的执行。

-S：划分分区时，指定每条磁道的扇区数。这是一个逻辑值，将保存到分区表中。

-H：划分分区时，指定磁盘的磁头数。这是一个逻辑值，将保存到分区表中。

-C：划分分区时，指定每个盘片上的磁道数。这是一个逻辑值，将保存到分区表中。

```
[learn@ABCx ~]$ fdisk  /dev/sdb           #普通用户要执行划分分区操作，被否决
fdisk: cannot open /dev/sdb: Permission denied
[learn@ABCx ~]$ fdisk  -l  /dev/sdb       #普通用户要查看分区信息，也被否决
```

```
fdisk: cannot open /dev/sdb: Permission denied
```

上述例子说明，必须拥有 root 身份才能够执行 fdisk 命令。后面提到的 gdisk 命令同样不能够被普通用户执行。

```
[root@ABCx ~]# fdisk  -l                          #查看磁盘的分区表信息
Disk /dev/sda: 137.4 GB, 137438953472 bytes, 268435456 sectors
Units = sectors of 1 * 512 = 512 bytes            #磁盘的基本信息
Sector size (logical/physical): 512 bytes / 512 bytes
I/O size (minimum/optimal): 512 bytes / 512 bytes
Disk label type: dos
Disk identifier: 0x000aa660                        #下面是/dev/sda 设备的分区表信息
   Device Boot      Start         End      Blocks   Id  System
/dev/sda1          2048    50333695    25165824   83  Linux
/dev/sda2      50333696    83888127    16777216   82  Linux swap / Solaris
/dev/sda3  *   83888128   268435455    92273664   83  Linux
Disk /dev/sdb: 30.1 GB, 30064771072 bytes, 58720256 sectors
Units = sectors of 1 * 512 = 512 bytes
Sector size (logical/physical): 512 bytes / 512 bytes
I/O size (minimum/optimal): 512 bytes / 512 bytes  #表明/dev/sdb 没有划分分区
```

选项-l 之后没有写出具体设备或者分区时，显示系统中所有磁盘的分区表信息及基本信息；指定设备名或分区名则显示具体的某一个或多个的相关信息。

选项-s 后必须指定具体的设备或分区名，具体如下。

```
[root@ABCx ~]# fdisk  -s  /dev/sdb
29360128
[root@ABCx ~]# fdisk  -s  /dev/sda1
25165824
```

使用 fdisk 命令的主要目的是划分分区，创建分区表。fdisk 命令提供了子命令，帮助完成分区的划分过程。常用的子命令列表如下。

Command (m for help): m

d：删除一个存在的分区。

l：显示已知的分区类型及编号。

m：输出本列表菜单。

n：创建新分区。

o：创建新的空闲 dos 分区表。

p：显示分区表。

q：不保存修改并退出，此时磁盘分区保持原状态不变。

t：修改分区类型。

w：将分区表写入磁盘并退出，原有分区表不可恢复。

提示：在生产环境下，执行划分分区操作都是事先规划的，并且应该记录在案。

```
[root@ABCx ~]# fdisk   /dev/sdb              #对/dev/sdb 第二块磁盘设备划分分区
```

fdisk 的子命令都不需要记忆，执行后屏幕显示提示，输入 m 可以得到帮助。完成分区的主要过程大致可以按照这样的顺序进行：执行 m、p，重复执行 n，有问题则执行 d、p，最后确认符合规划要求之后，执行 w 保存分区表并退出 fdisk 的执行过程。中间过程也可以用 q 退出，不会写入分区表，则没有破坏作用。

```
Command (m for help): n                          #输入子命令 n, 开始划分分区
Partition type:
   p   primary (0 primary, 0 extended, 4 free)
   e   extended
Select (default p): p                            #输入 p 创建主要分区, 输入 e 则创建扩展分区
Partition number (1-4, default 1):               #磁盘可以划分 4 个逻辑分区, 使用默认值 1
First sector (2048-58720255, default 2048):      #输入第 1 个扇区的编号, 使用默认值,
则直接按〈Enter〉键
Using default value 2048
Last sector, +sectors or +size{K,M,G} (2048-58720255, default 58720255): +20G
```

此时输入分区的最后扇区编号, 也可以使用大小值。输入+20G, 表示设定第 1 个主分区大小是 20GB。还可以输入其他数字, 如 40962048; 使用加号+, 则还要加上开始的 2048。

再次创建分区时, 分区编号及起始扇区号都会自动调整。

提示: 此处输入数字时, 使用上下左右方向键移动光标, 均会显示特殊字符, 不可正常使用, 只能使用〈Backspace〉键向左移动光标。如果遇到无法继续的情况, 使用〈Ctrl+C〉键可以中断当前进程, 等于执行子命令 q 退出。

```
Partition 1 of type Linux and of size 20 GiB is set    #显示分区结果, 此次分区结束返回
Command (m for help): p                          #输入子命令 p, 显示当前的分区表
......                                            #省略基本信息部分
   Device Boot      Start        End      Blocks   Id  System
/dev/sdb1            2048    41945087    20971520   83  Linux
```

接下来, 可以把剩余的空间划分给第 2 个主分区, 然后保存分区表并退出。执行结果如下。

```
[root@ABCx ~]# fdisk  -l /dev/sdb
......                                            #磁盘基本信息省略
   Device Boot      Start        End      Blocks   Id  System
/dev/sdb1            2048    41945087    20971520   83  Linux
/dev/sdb2        41945088    58720255     8387584   83  Linux
[root@ABCx ~]# ll  /dev/sdb*                     #还要查看分区结果是否存在
brw-rw----. 1 root disk 8, 16 Jan  6 20:40 /dev/sdb
brw-rw----. 1 root disk 8, 17 Jan  6 20:40 /dev/sdb1   #产生了两个新分区
brw-rw----. 1 root disk 8, 18 Jan  6 20:40 /dev/sdb2   #分区操作正常完成
```

与 fdisk 类似的命令有 gdisk、parted 等, gdisk 是针对 GPT 分区表的。

2. mkfs 命令

命令格式: mkfs [options] [device]

主要功能: 在 device 指定的设备上, 按照 options 的要求创建文件系统。没有选项及参数, 只写命令名本身时, 相当于查看简要的帮助信息。创建文件系统有时也称为格式化。

常用的[-options]选项如下。

-t, --type: 指定格式化文件系统的类型, 包括 ext4 及 xfs 等。

-L: 格式化时指定分区的卷标。

```
[root@ABCx ~]# mkfs  /dev/sdb                    #没有分区的磁盘, 一般不进行格式化
mke2fs 1.42.9 (28-Dec-2013)
/dev/sdb is entire device, not just one partition!
Proceed anyway? (y,n) n                          #虽然可以强制格式化, 但不建议如此
[root@ABCx ~]# mkfs  -V  -t  xfs  /dev/sdb       #已经分区的磁盘, 应该对分区进行格式
```

77

化操作，不应该对磁盘进行格式化

```
mkfs from util-linux 2.23.2
mkfs.xfs /dev/sdb                                          #ext2 是格式化文件系统时的默认类型
mkfs.xfs: /dev/sdb appears to contain an existing filesystem (ext2).
mkfs.xfs: Use the -f option to force overwrite. #用 ext2 格式化过。-f 按照下例使用
[root@ABCx ~]# mkfs  -t  xfs  /dev/sdb1               #正确写法，结果省略
[root@ABCx ~]# mkfs.xfs  -f  -L  DataSum  /dev/sdb1   #强制再次执行格式化
[root@ABCx ~]# mkfs.ext4  -L  DateSum  /dev/sdb1      #ext4 类型不需要-f 选项
mke2fs 1.42.9 (28-Dec-2013)
Filesystem label=DateSum                                          #设置的卷标
......                                                            #输出的其他内容省略
```

上述结果表明，mkfs 命令是调用不同类型格式化子命令分别完成的。例如，希望将文件系统格式化成 xfs 类型时，调用了 mkfs.xfs 进行；希望格式化成 ext4 类型时，实际上调用了 mkfs.ext4 完成等。

对于其他类型格式的文件系统的支持，请参见表 4-2，或者参见 mount 命令的说明。对于 NTFS 的支持，会在 5.4 节介绍。

3．mount 命令及 fstab 文件

（1）mount 命令

命令格式：mount [-options] [device] [dir]

主要功能：按照 options 指定的选项要求，将 device 指定的设备挂载到 dir 指定的目录。只写命令名本身，没有选项及参数时，相当于检查当前已经挂载的设备。

常用的[-options]选项如下。

-a，--all：重新挂载/etc/fstab 文件中指定的设备。

-L，--label：挂载指定卷标的设备。

-o，--options：指定特殊的挂载选项。

-t，--types：指定挂载的文件系统类型。

-r，--read-only：以只读方式挂载。

-w，--rw，--read-write：以读写方式挂载。

挂载的目的是对设备进行读写（或存取）操作。Linux 系统不允许在 Shell 环境下直接对设备进行读写操作。挂载成功之后，对挂载目录的操作就是对被挂载设备的读写。在下面的命令中，一定要区分设备名与挂载目录的不同作用。挂载命令的用法较多，下面仅列举一些主要用法。

```
[root@ABCx ~]# mount  -t  xfs  /dev/sdb1  /mnt/        #没有任何输出，表明执行正确
```

这是 mount 命令的标准用法。将设备/dev/sdb1 按照 xfs 类型格式挂载到/mnt/目录下。接下来，对/mnt/的操作，特别是写入数据的操作，最终都记录到/dev/sdb1 设备上。

-t 选项后面的类型格式名称，请参见表 4-2，或者执行 man mount 命令，找到-t 选项位置即可查看。常用的格式有 xfs、ext4、vfat、iso9660 等。另外，-t 指定的类型必须与设备格式化的类型保持一致。

请注意，挂载设备成功后，原来/mnt 目录下的内容暂时无法访问。卸载后，恢复原状。因此最好是按照如下方式进行。

```
[root@ABCx ~]# mkdir  /mnt/sdb1mnt                     #创建一个子目录，用于挂载设备
[root@ABCx ~]# mount  -t  xfs  /dev/sdb1  /mnt/sdb1mnt      #挂载顺利完成
```

除了标准格式的挂载操作之外，mount 命令还有其他用法，如光盘和 U 盘的挂载。

```
[root@ABCx ~]# mount  -t  iso9660  /dev/cdrom  /media          #mount 能够自动识别光盘
类型，因此这里的-t 选项可以省略
mount: /dev/sr0 is write-protected, mounting read-only         #以只读方式挂载光盘，成功
[root@ABCx ~]# ll  /media                                      #显示光盘内容省略
```

现在的 Linux 系统一般都会自动挂载光盘和 U 盘，在图形桌面系统下能够直接访问使用。在命令行窗口中，则需要手工查找自动挂载的路径，默认情况下，光盘的自动挂载目录是/run/media/root/CentOS\ 7\ x86_64/。因此，重新挂载后访问比较方便。

在修复系统时常用如下的 mount 命令使用方法。

```
[root@ABCx ~]# mount  -o  remount,rw  /      #重新以读写模式挂载根/，救援模式等环境下运
用，正常使用时不需要
```

注意这里将设备名省略了，表示要按照/etc/fstab 文件指定的方式进行挂载。另外，-o 选项功能比较复杂，其后面的特殊选项比较多。

```
[root@ABCx ~]# mount  --all                  #重新挂载/etc/fstab 文件中指定的设备
```

（2）fstab 文件中的字段含义

在系统启动时，/etc/fstab 文件中指定的设备完成自动挂载。因此，需要启动时自动挂载的设备可以按照格式加入此文件，具体如下。

```
[root@ABCx ~]# cat  /etc/fstab                                  #显示此文件的内容数据
#注释部分省略
UUID=77bb40d8-4f90-4fbf-a0fd-289aa4d2eb80     /       xfs   defaults   0    0
UUID=017fec42-9512-43ad-b4d6-8235efc8b8d0     /home   xfs   defaults   0    0
UUID=e32b9c06-963e-4a5c-a40c-bec224196e2b     swap    swap  defaults   0    0
```

此文件中，每一行对应一个设备。每一行分为六个字段，分别是 UUID（设备通用识别码）或分区设备名、挂载目录、文件系统的类型格式名、挂载参数、是否备份、是否检测。其中，挂载参数字段一般使用 defaults，表示取默认值。各字段的含义还可以参见 man　fstab。

分区设备名、挂载目录字段的使用方法如下。

```
[root@ABCx ~]# vim  /etc/fstab                       #编辑修改此文件，添加如下一行
/dev/sdb1                      /mnt/sdb1mnt ext4 defaults  0 0
```

输入完成，检查正确无误后保存退出。输入字符串时，各字段之间至少用一个空格或〈Tab〉键分隔，尽量与上一行保持对齐。

```
[root@ABCx ~]# mount  --all                  #可以先检验添加的挂载是否正确。没有任何输
出，则表示完全正确
[root@ABCx ~]# mount                          #查看结果，其他部分省略
/dev/sdb1 on /mnt/sdb1mnt type ext4 (rw,relatime,seclabel,data=ordered)
```

挂载命令的上述用法都必须拥有 root 身份才能执行，否则会报错。普通用户可以按照下面的用法执行 mount 命令。

```
[root@ABCx ~]# mount                          #root 用户查看已经挂载的设备
[learn@ABCx ~]$ mount                         #普通用户执行，结果一致
sysfs on /sys type sysfs (rw,nosuid,nodev,noexec,relatime,seclabel)
proc on /proc type proc (rw,nosuid,nodev,noexec,relatime)
......                                         #输出的其他内容省略
```

4．umount 命令

命令格式：umount　[-options]　[dir|device]

主要功能：卸载 dir 指定的目录，或者卸载 device 指定的设备。卸载其中一个即可。

常用的[-options]选项如下。

-a, --all：卸载/etc/mtab 文件中描述的所有设备，新的版本中没有卸载/proc。

使用 umount 命令进行卸载操作时，仅需要指定被挂载的设备名或挂载目录名中的一个即可。具体如下。

```
[root@ABCx ~]# mount  /dev/sdb1  /mnt/sdb1mnt/          #类型选项也可以省略，成功
[root@ABCx ~]# umount  /mnt/sdb1mnt                     #卸载挂载的目录名，成功
[root@ABCx ~]# umount  /dev/sdb1                        #再次卸载设备名，报告没有被挂
载，说明已经卸载成功了。按照相反的顺序卸载，亦是如此
umount: /dev/sdb1: not mounted
```

将光盘插入到光盘驱动器之后，Linux 系统能够自动识别并挂载成功。此时如果用户为了方便，又手工挂载一次，则/dev/sr0 设备挂载了两次。具体如下。

```
[root@ABCx ~]# mount  /dev/sr0  /media          #用户手工挂载光盘
mount: /dev/sr0 is write-protected, mounting read-only   #报告以只读方式挂载成功
[root@ABCx ~]# mount                            #查看此时的挂载设备情况
......                                           #其他的都省略
/dev/sr0 on /run/media/root/CentOS 7 x86_64 type iso9660 (ro,nosuid,nodev,relatime,uid=0,
gid=0,iocharset=utf8,dmode=0500,mode=0400,uhelper=udisks2)
/dev/sr0 on /media type iso9660 (ro,relatime,uid=0,gid=0,iocharset=utf8,dmode=0500,mode
=0400)                                          #显示 sr0 设备被挂载两次
[root@ABCx ~]# umount  /dev/sr0                  #执行 umount 命令
[root@ABCx ~]# mount                            #检查发现还有一个 sr0 设备
/dev/sr0 on /run/media/root/CentOS 7 x86_64 type iso9660 (ro,nosuid,nodev,relatime,uid=0,
gid=0,iocharset=utf8,dmode=0500,mode=0400,uhelper=udisks2)
[root@ABCx ~]# umount  /dev/sr0                  #目录名太长只好写设备名，再次
卸载，结果应该符合预期
```

[☞]两次挂载是按照先进后出的顺序完成的，挂载三次可以进一步验证，需要注意，三次的挂载目录是否应该是不同的？

```
[root@ABCx ~]# mount  /dev/sr0  /mnt/sdb1mnt/
mount: /dev/sr0 is write-protected, mounting read-only   #以只读方式挂载成功
```

5．xfs_repair 及 fsck.ext4 命令

命令格式：xfs_repair　[-options]　[filesystem]

主要功能：按照 options 指定选项的规定，检查并修复 filesystem 指定的文件系统，只能针对 xfs 的磁盘分区设备进行操作。

常用的[-options]选项如下。

-n：只进行文件系统检查，并标记需要修复的问题。

-d：在单用户及救援模式下，对根/目录进行检查及修复操作。

-f：检查修复包含文件系统的镜像文件。

执行检查与修复命令时，只针对已经创建了文件系统的磁盘分区设备进行。并且必须在文件系统没有被挂载的状态下，才能执行此命令。

```
[root@ABCx ~]# umount  /dev/sdb1
```

```
[root@ABCx ~]# xfs_repair  /dev/sdb1              #检查修复命令的基本用法
Phase 1 - find and verify superblock...
Phase 2 - using internal log
        - zero log...
......                                            #输出的其他内容省略
done
```

fsck 命令能够针对 ext 文件系统的不同版本，分别调用不同子命令完成检查与修复操作，其中，最常用的是 fsck.ext4 子命令。

命令格式：fsck.ext4　filesystem

主要功能：检查并修复 filesystem 指定的文件系统。

```
[root@ABCx ~]# umount  /dev/sdc1
[root@ABCx ~]# fsck.ext4  /dev/sdc1              #检查并修改 ext4 文件系统
e2fsck 1.42.9 (28-Dec-2013)
/dev/sdc1: clean, 11/5242880 files, 376224/20971264 blocks
```

关于磁盘管理使用的其他命令，如 fuser、lsblk、blkid、dumpe2fs 等请使用 man 帮助。本书针对上述磁盘管理命令设计了一个综合实训，参见实验 5。

4.3　存储管理技术

许多门户网站每天产生的数据量达到了 PB（2^{50}B）级别甚至更多。保证大量数据的一致性、安全性、有效性的同时，还要保证访问的速度（即效率），是计算机系统面临的重大课题。磁盘阵列、逻辑卷、磁盘定额等技术方案，就是为了解决速度及效率问题而提出的。存储技术、集群技术、网络技术的进一步发展促进了云存储技术解决方案的产生。

4.3.1　定额管理

为了满足大量用户访问计算机系统的需求，在一定程度上限定每个用户或组群占用磁盘空间的数量，才能更好地保护用户的公平使用权。

系统管理员可以给用户分配磁盘使用定额 quota，包括两种情况，一是设定用户或组群拥有的文件数量，即 inode 节点数；二是设定分配给用户或组群的区块数量 blocks，即容量。xfs 能够针对目录设置定额。

容量以及文件数量的定额，又进一步分为软定额和硬定额，分别用 bsoft、bhard、isoft、ihard 表示。

一般情况下，用户使用值小于软定额时，不会产生任何影响；使用值大于软定额、小于硬定额时，每次登录都会得到容量或文件数量即将耗尽的通知，且给予一个宽限期 grace time，用 warn 表示，宽限期一般为 7 天。在宽限期内，用户应该主动管理文件数量及占用磁盘空间的容量，避免被锁定。

1. 定额管理的基本步骤

启动执行用户或组群的定额管理功能，需要注意 ext4 与 xfs 实现步骤的区别。

1）修改/etc/fstab 文件内容，保证挂载的文件系统支持定额管理功能，具体如下。

```
[root@ABCx ~]# vim  /etc/fstab                                      #仅修改下面一行
UUID=0539f503-d9e2-4a25-aa72-31edf7b2d3bd  /home ext4 defaults,usrquota,grpquota 1 2
```

在原来的 defaults 后面插入字符串",usrquota,grpquota"，如上面加粗部分。确认无误后保存退出。usrquota 及 grpquota 分别表示用户及组群的定额功能。还需要重新挂载对应的/home/分区，才能启动支持定额功能。在下面的命令中，先查看，然后再重新挂载/home/。

```
[root@ABCx ~]# mount  |  grep  /dev/sda1          #查看/dev/sda1 的挂载情况
/dev/sda1 on /home type ext4 (rw)                 #读写方式，没有定额选项
[root@ABCx ~]# mount  -o  remount  /home/         #重新挂载/home/分区，使用
mount  -a 不起作用
[root@ABCx ~]# mount  |  grep  /dev/sda1          #再次查看/dev/sda1 的挂载情况
/dev/sda1 on /home type ext4 (rw,usrquota,grpquota) #表明已经支持定额功能
```

上述修改是针对 ext4 格式进行的，对于 xfs 格式的修改如下。

```
[root@ABCx ~]# vim  /etc/fstab                     #仅修改下面一行
UUID=44a493b6-64de-4316-9140-50ab90a6b112 /home xfs defaults,uquota,gquota  0  0
```

在原来的 defaults 后面插入字符串",uquota,gquota"。确认无误后保存退出。在 xfs 中用户及组群的定额功能也可以用 usrquota 及 grpquota 表示，除此之外，还增加了表示目录定额的pquota/prjquota 功能。

与定额设置相关的 fstab 文件挂载参数字段的取值，有如下三种。

① quota/uquota/usrquota：三个取值都表示用户定额功能。

② gquota/grpquota：表示组群的定额功能。

③ pquota/prjquota：表示目录的定额功能。不能与组群定额同时使用。此功能仅针对 xfs 文件系统有效。

下面的命令对 xfs 格式先查看，之后再重新挂载/home。

```
[root@ABCx ~]# mount  |  grep  /dev/sda1          #查看/dev/sda1 的挂载情况
/dev/sda1 on /home type xfs (rw,relatime,seclabel,attr2,inode64,noquota)
```

xfs 显示的挂载选项比 ext4 更详细，可以看到没有启用定额功能支持。

```
[root@ABCx ~]# umount  /home/                      #xfs 需要先卸载/home/目录
[root@ABCx ~]# mount  /home/                       #用 mount 直接挂载
[root@ABCx ~]# mount  |  grep  /dev/sda1           #再次查看/dev/sda1 的挂载情况
/dev/sda1 on /home type xfs (rw,relatime,seclabel,attr2,inode64,usrquota,grpquota)
```

可以清楚地看到重新挂载/home/目录后，启用了对定额功能的支持。

2）创建定额管理的对应数据文件，启动定额管理功能。ext4 文件系统使用 quotacheck 及quotaon 命令完成操作。xfs 不需要此步骤。

3）设定用户或组群的使用定额，使用 setquota、edquota 命令，xfs 使用 xfs_quota。

下面讨论相关命令的执行情况，展示磁盘定额管理的具体方法步骤。

ext4 的定额管理命令主要包括 quota、repquota、edquota、setquota、quotacheck、quotaon、quotastats 等。

xfs 的命令是 xfs_quota。一般使用命令行模式，需要通过选项及参数指定具体子命令，完成规定的定额功能。

2．ext4 文件系统的定额管理命令

ext4 文件系统的定额管理命令较多，下面分成三类进行介绍。

（1）quota 及 repquota、quotastats 命令

命令格式：quota [-options] [filesystem]

主要功能：按照 options 指定的选项要求，输出文件系统或挂载点的定额信息。

常用的[-options]选项如下。

-g，--group：指定对组群执行的命令。

-u，--user：指定对用户执行的命令。

-s，--human-readable：使用易读的形式显示信息。

-v，--verbose：输出更多的执行过程信息。

```
[root@XYZ000 ~]# quota  -ugv              #显示用户及组群的定额信息
quota: Cannot open quotafile /home/aquota.user: No such file or directory
quota: Cannot open quotafile /home/aquota.group: No such file or directory
```

由于用户及组群的定额文件都不存在，所以没有显示相关信息。repquota 及 quotastats 命令的执行结果也是如此。

```
[root@XYZ000 ~]# repquota  -ugv  /home/       #执行 repquota 命令
repquota: Cannot open quotafile /home/aquota.user: No such file or directory
repquota: Not all specified mountpoints are using quota.
[root@XYZ000 ~]# quotastats                   #执行 quotastats 命令
Kernel quota version: 6.5.1
......                                        #输出的其他内容省略
Number of in use dquot entries (user/group): 0
```

repquota 命令格式及功能如下。

命令格式：repquota　[-options]　filesystem

主要功能：按照 options 指定的选项要求，统计汇总 filesystem 指定的文件系统的定额信息，并以报告形式输出。

常用的[-options]选项参见 quota 命令。

quotastats 命令的功能是输出定额的状态信息，不需要选项及参数。

启用了文件系统的定额功能之后，上述命令的执行结果情况请参见下面的 setquota 及 edquota 命令的执行部分。

（2）quotacheck、quotaon、quotaoff 命令

命令格式：quotacheck　[-options]　filesystem

主要功能：按照 options 指定的选项要求，扫描 filesystem 指定的文件系统或挂载点，完成定额文件的创建、检查等任务。

常用的[-options]选项如下。

-c，--create-files：执行创建、检查定额文件的任务，-c 是默认选项。

-a，--all：对/etc/mtab 文件中指定的已挂载的文件系统执行命令。

-M，--try-remount：如果挂载失败，则使用读写模式强制扫描检查文件系统。使用此选项，应该保证扫描检查期间没有进程进行写操作。

-m，--no-remount：不以只读模式重新挂载文件系统。

在执行 quotacheck 命令时还经常使用-u、-g、-v 三个选项，其含义与 quota 命令中的保持一致。

使用 quotacheck -ugv 命令能够创建用户及组群的定额文件，具体如下。

```
[root@ABCx ~]# quotacheck  -ugv  /home/             #创建用户及组群的定额文件
quotacheck: Your kernel probably supports journaled quota but you are not using
it. Consider switching to journaled quota to avoid running quotacheck after an
unclean shutdown.
quotacheck: Scanning /dev/sda1 [/home] done          #扫描创建完成
quotacheck: Checked 12 directories and 8 files       #扫描子目录及文件数量
```

```
[root@ABCx ~]# ll  -d  /home/*                      #查看/home 目录下的文件及子目录
-rw-------. 1 root    root      7168 Feb  3 11:23 /home/aquota.group #组群的定额文件
-rw-------. 1 root    root      7168 Feb  3 11:23 /home/aquota.user  #用户的定额文件
......                                              #输出的其他内容省略
```

用户的定额文件是 aquota.user；组群的定额文件是 aquota.group，在执行 quotacheck 命令之前并不存在。

quotaon 命令的基本含义是启动文件系统的定额功能。Quotaoff 命令就是关闭定额功能。选项-u、-g、-v 的含义与上述相同。

```
[root@ABCx ~]# quotaon  -ugv  /home/               #启动文件系统的定额功能
/dev/sda1 [/home]: group quotas turned on
/dev/sda1 [/home]: user quotas turned on
```

如果不需要继续使用定额管理功能，则执行 quotaoff 命令。

```
[root@ABCx ~]# quotaoff  -ugv  /home/              #关闭定额功能
/dev/sda2 [/home]: group quotas turned off
/dev/sda2 [/home]: user quotas turned off
```

同时，应该删除/etc/fstab 文件中的相关定额参数，这样重新启动 CentOS 系统之后，定额功能就不再得到支持了。

（3）setquota 及 edquota 命令

命令格式：setquota [-options] filesystem

主要功能：按照 options 指定的选项要求，设置 filesystem 指定的文件系统或挂载点的定额限制，包括容量及文件数的软定额、硬定额。

常用的[-options]选项如下。

-p, --prototype=protoname：复制 protoname 指定的用户或组群的定额，完成其他用户定额的设置。

-t, --edit-period：用于指导容量或文件数的宽限期。

选项-u、-g、-v、-a 的含义与上述相同。

如下的格式更容易理解：

setquota -u 用户 容量软定额 容量硬定额 文件数软定额 文件数硬定额 挂载点

下面的命令需要在创建定额文件并使用 quotaon 启动定额功能之后执行。使用 setquota 命令设置 learn0 用户的容量软定额是 50，容量硬定额是 60，默认单位是 KB；文件数软定额为 20 个，文件数硬定额 30 个。

```
[root@ABCx ~]# setquota  -u  learn0  50  60  20  30  /home/         #设置定额
```

查看 learn0 的定额限制情况如下。

```
[root@ABCx ~]# quota  -u  learn0
Disk quotas for user learn0 (uid 500):
    Filesystem  blocks   quota   limit   grace   files   quota   limit   grace
     /dev/sda1     36*      50      60   7days      9      20      30
```

此时查看 wuftp 用户的定额情况如下。

```
[root@ABCx ~]# quota  -u  wuftp
Disk quotas for user wuftp (uid 501): none
```

重新设置定额均为 0，等于是取消定额限制，并查看结果如下。

```
[root@ABCx ~]# setquota -u learn0 0 0 0 0 /home/          #取消定额限制
[root@ABCx ~]# quota -u learn0                            #再次查看 learn0 的定额
Disk quotas for user learn0 (uid 500): none              #表明现在没有定额限制
```

此时，还可以检查文件系统的定额使用情况，具体如下。

```
[root@ABCx ~]# quota -ugv                                 #文件系统的定额情况
Disk quotas for user root (uid 0):
     Filesystem blocks   quota   limit   grace   files   quota   limit   grace
     /dev/sda1      20       0       0               2       0       0
Disk quotas for group root (gid 0):
     Filesystem blocks   quota   limit   grace   files   quota   limit   grace
     /dev/sda1      20       0       0               2       0       0
```

由于 learn0 已经取消了定额限制，wuftp 用户没有设置定额，因此，仅显示已经启动定额功能的设备/dev/sda1 的定额情况。如果需要指明文件系统，则执行如下命令，与上面的结果一致。

```
[root@XYZ000 ~]# quota -ugvf /home/                      #查看/home/的定额情况
```

仅给 learn0 设置文件数软定额 12，文件数硬定额 15 的命令，具体如下。

```
[root@XYZ000 ~]# setquota -u learn0 0 0 12 15 /home/
[root@XYZ000 ~]# quota -uv learn0
Disk quotas for user learn0 (uid 500):
     Filesystem blocks   quota   limit   grace   files   quota   limit   grace
     /dev/sda1      36       0       0               9      12      15
```

另外设置组群的定额功能可以使用如下格式的 setquota 命令。

```
setquota -g 组群 容量软定额 容量硬定额 文件数软定额 文件数硬定额
```

给 wuftp 组群设置容量软定额 55，容量硬定额 65，文件数软定额 25，文件数硬定额 30 的命令如下。

```
[root@XYZ000 ~]# setquota -g wuftp 55 65 25 30 /home
[root@XYZ000 ~]# quota -gv wuftp
Disk quotas for group wuftp (gid 501):
     Filesystem blocks   quota   limit   grace   files   quota   limit   grace
     /dev/sda1      44      55      65              12      25      30
```

执行 repquota 命令查看到的信息如下。

```
[root@XYZ000 ~]# repquota -ugv /home/                    #查看用户及组群定额设置报告
*** Report for user quotas on device /dev/sda1
Block grace time: 7days; Inode grace time: 7days
                    Block limits             File limits
User           used  soft  hard grace  used  soft  hard grace
root      --     20     0     0           2     0     0
learn0    --     36     0     0           9    12    15    #设置用户定额
wuftp     --     44     0     0          12     0     0    #没有设置
Block grace time: 7days; Inode grace time: 7days
root      --     20     0     0           2     0     0
learn0    --     36     0     0           9     0     0    #没有设置
wuftp     --     44    55    65          12    25    30    #设置了组群定额
......                                                     #输出的其他内容省略
```

执行 quotastats 命令的结果如下。

```
[root@XYZ000 ~]# quotastats                    #查看用户及组群定额状态
......                                         #输出的其他内容省略
Number of allocated dquots: 5
Number of free dquots: 3
Number of in use dquot entries (user/group): 2  #当前 2 个用户或组群设置定额
```

也可以将组群 1 的定额限制复制给组群 2，而不需要再次直接设置，使用-p 选项，按照如下的格式书写，即可完成。

```
setquota  -g  -p  组群1  组群2  挂载点
[root@XYZ000 ~]# setquota  -g  -p  wuftp  learn0  /home/
```

上面的命令将组群 wuftp 的定额限制复制给组群 learn0，可以使用如下命令验证。

```
[root@XYZ000 ~]# repquota -gv /home/
*** Report for group quotas on device /dev/sda1
Block grace time: 7days; Inode grace time: 7days
                        Block limits            File limits
Group           used   soft   hard  grace  used  soft  hard  grace
learn0    --     36     55     65      9    25    30          #复制 wuftp 的定额
wuftp     --     44     55     65     12    25    30
......                                                       #输出的其他内容省略
```

只要将命令中的-g 改成-u，同时组群 1、组群 2 改成用户 1、用户 2，即可完成用户定额限制的复制功能。

另外，edquota 命令能够调用 vi 的编辑功能，对定额限制进行修改。其选项与上述命令类似，使用-t 或-T 选项也可以设置宽限期。

```
[root@XYZ000 ~]# edquota  -g  wuftp                 #编辑组群 wuftp 的定额
Disk quotas for group wuftp (gid 501):              #进入到 vi 的编辑界面
  Filesystem      blocks        soft       hard      inodes      soft      hard
  /dev/sda1         44            55         65        12          25        30
```

上面显示的定额数字可以直接在编辑界面上修改，之后保存退出即可完成设置。另外，宽限期是针对文件系统整体设置的，具体如下。

```
[root@XYZ000 ~]# edquota  -t                      #只能对文件系统整体设置宽限期
Grace period before enforcing soft limits for users:  #进入到编辑界面进行修改
Time units may be: days, hours, minutes, or seconds
  Filesystem            Block grace period       Inode grace period
  /dev/sda1                  7days                7days   #修改宽限期
```

如下的两种写法，与上面的结果一致。

```
[root@XYZ000 ~]# edquota  -f  /home/  -t
[root@XYZ000 ~]# edquota  -t  -f  /home/
```

3. xfs 的定额命令

xfs 的定额命令与 ext4 的具有较多区别。

（1）xfs_quota 命令格式

命令格式：xfs_quota [-x] [-p prog] [-c cmd] ... [-d project]   [path ...]

主要功能：按照 options 指定选项的要求，执行 xfs_quota 定额命令。xfs_quota 命令具有两种执行模式，分别是交互会话模式以及指定命令行参数模式。

常用的选项如下。

-c cmd：用于指定可执行的子命令 cmd 参数。一条 xfs_quota 命令中可多次使用-c 选项指定子命令参数，多个-c 参数按顺序依次执行。

-x：指定使用专业 expert 模式，也就是直接指定命令行参数的模式。与-c 选项配合。

-d project：指定项目目录的定额。

-p prog：对于提示或错误信息设置处理程序，默认是 xfs_quota 本身。

path 是命令的参数部分，用于指定 xfs 格式的挂载点或设备。在指定命令行参数的模式下，一般不可省略。

使用 xfs_quota 命令管理用户、组群及目录的定额，经常按照指定命令行参数的专业模式进行，此时需要指定-x 与-c 选项配合。-c 选项指定的子命令 cmd 参数，主要包括如下取值。

print：显示输出主要挂载点定额相关信息的子命令。

report［-gpu］［-bir］［-ahntlLNU］［-f file］：报告输出定额子命令。

state ［-gpu］［-av］［-f file］：输出定额状态子命令。

limit [-g|-p|-u] bsoft=N | bhard=N | isoft=N | ihard=N | rtbsoft=N | rtbhard=N -d | id | name：设置定额具体数值的子命令。

timer ［-g | -p | -u］［-bir］ value：设置定额的宽限期（警告期）。对于所有用户、组群及目录的宽限期是一致的；但可以区分容量、文件数量以及实际使用的块数的宽限期不一致，需要分别设置。

disable ［-gpu］［-v］：暂时取消磁盘定额的限制。

enable ［-gpu］［-v］：磁盘定额恢复到正常限制状态。

off ［-gpu］［-v］：完全关闭磁盘定额的限制。

remove ［-gpu］［-v］：删除已经设置的定额，必须在关闭定额限制的状态下进行。

上述子命令作为-c 选项的参数，在书写时需要加上双引号或单引号。另外，这些子命令都包括自己的选项部分，其中的-u、-g、-p 分别指定用户、组群、子目录；-b、-i、-r 分别表示占用的块数（容量）、inode 节点数（文件数量）、实际占用的块数；-v 表示显示执行过程；其他选项的含义在下面解释命令执行的过程中进行介绍。

执行下面的命令之前，需要按照前述的步骤，对 fstab 文件的/home/分区指定支持用户及组群的定额功能，并重新挂载了/home/分区，具体如下。

```
[root@ABCx ~]# mount  /home/                          #挂载/home/分区
[root@ABCx ~]# mount  |  grep  /home/                 #查看/home/挂载参数
/dev/sda1 on /home type xfs (rw,relatime,seclabel,attr2,inode64,usrquota,grpquota)
```

上述结果表明，/home/分区已经支持用户及组群定额管理功能，在此基础上才能够执行下面的与定额有关的命令。

（2）print、report、state 子命令查看定额信息数据

```
[root@ABCx ~]# xfs_quota  -x  -c  "print"             #输出挂载点的定额支持信息
Filesystem          Pathname
/                   /dev/sda3                         #不支持定额管理
/home               /dev/sda1 (uquota, gquota)        #支持用户及组群的定额功能
[root@ABCx ~]# xfs_quota  -x  -c  print /home         #仅显示/home 的信息
Filesystem          Pathname                          #简单子命令不加双引号也可
/home               /dev/sda1 (uquota, gquota)
```

print 子命令中不包含空格分隔符，因此不加双引号或单引号也能够正确识别。子命令之后一般都加上挂载点，如/home/，则显示相应分区的定额信息。

report 子命令的执行情况如下。

```
[root@ABCx ~]# xfs_quota  -x  -c  report  /home/ #输出/home/的定额汇总信息
User quota on /home (/dev/sda1)
                                    Blocks
User ID        Used         Soft         Hard     Warn/Grace
----------  ----------  ----------  ----------  -----------------
root           6544            0            0     00 [--------]
learn         19348            0            0     00 [--------]
Group quota on /home (/dev/sda1)
                                    Blocks
Group ID       Used         Soft         Hard     Warn/Grace
----------  ----------  ----------  ----------  -----------------
root           6544            0            0     00 [--------]
learn         19360            0            0     00 [--------]
......                                                          #输出的其他内容省略
```

　　report 子命令显示了用户及组群的定额情况汇总，包括已占用的空间及软定额、硬定额、宽限期。使用 report 子命令分别查看用户及组群的定额情况，具体如下。

```
[root@ABCx ~]# xfs_quota  -x  -c  "report  -u  learn"   /home
[root@ABCx ~]# xfs_quota  -x  -c  "report  -g  root"   /home
```

　　上述命令执行之后，没有输出，表明针对用户及组群均没有设置定额限制。需要注意的是，子命令中包含空格分隔符，因此必须加上双引号或单引号。

　　report 子命令中常用的选项组合是-ubih，表示以易读形式（-h）显示用户（-u）的块数（-b）及 inode 节点（-i）的使用情况，执行结果如下。

```
[root@ABCx ~]# xfs_quota  -x  -c  'report  -ubih'  /home
root           6.4M        0        0  00 [------]      10        0        0  00 [------]
learn         18.9M     100M     200M  00 [------]     318        0        0  00 [------]
......                                                         #输出的其他内容省略
```

　　state 子命令的执行情况如下。

```
[root@ABCx ~]# xfs_quota  -x  -c  state                    #查看支持定额功能的状态
User quota state on /home (/dev/sda1)                       #用户定额情况
  Accounting: ON
  Enforcement: ON
  Inode: #7125 (3 blocks, 3 extents)
Group quota state on /home (/dev/sda1)                      #组群定额情况
  Accounting: ON
  Enforcement: ON
  Inode: #7133 (5 blocks, 5 extents)
Project quota state on /home (/dev/sda1)                    #不支持针对目录的定额功能
  Accounting: OFF
  Enforcement: OFF
  Inode: #7133 (5 blocks, 5 extents)
Blocks grace time: [7 days]                                 #宽限期情况
Inodes grace time: [7 days]
Realtime Blocks grace time: [7 days]
```

　　（3）limit 子命令

　　设置 learn 用户的定额限制命令如下，含义为容量（块数）软定额是 210MB，硬定额是 300MB，inode 节点的软定额是 330 个文件，硬定额是 340 个文件。

```
[root@ABCx ~]# xfs_quota -x -c 'limit -u bsoft=210M bhard=300M isoft=330
ihard=340 learn' /home
```

命令执行后没有输出，表明正确完成。如果有输出，则表明命令输入过程存在错误，如没有输入用户名或字符串输入错误等。各个部分之间必须用空格分隔。正确执行的结果如下。

```
[root@ABCx ~]# xfs_quota -x -c 'report -ubih'  /home
root        6.4M       0       0  00 [------]       10       0       0  00 [------]
learn      18.9M     210M    300M  00 [------]      318      330     340  00 [------]
......                           #输出的其他内容省略，之后的 report 子命令都有省略
```

report 子命令执行后，与前面的 report 命令执行结果对比，可以看出变化。用户的磁盘定额在设定之后，root 有权重新修改，具体如下。

```
[root@ABCx ~]# xfs_quota -x -c 'limit -u bsoft=21M bhard=30M isoft=0
ihard=0 learn'  /home
[root@ABCx ~]# xfs_quota -x -c 'report -ubih'  /home
root        6.4M       0       0  00 [------]       10       0       0  00 [------]
learn      18.9M      21M     30M  00 [------]      318       0       0  00 [------]
```

其中，文件数量的定额都设置为 0，表示没有限制。limit 子命令还可以仅设置容量或文件数量的定额，具体如下。

```
[root@ABCx ~]# xfs_quota -x -c 'limit -u isoft=20 ihard=24 halen'  /home
[root@ABCx ~]# xfs_quota -x -c 'report -ubih'  /home
learn      18.9M      21M     30M  00 [------]      318       0       0  00 [------]
halen       24K        0       0  00 [------]       16      20      24  00 [------]
```

上述结果表明，对 halen 用户仅设置了文件数量的定额，而没有设置容量的定额。

将上述 limit 命令中的-u 选项改为-g 选项，同时使用对应的组群名称，即可完成对组群定额的设置。

关于单独对某个目录设置定额，请参见其他参考资料或者使用 man xfs_quota 命令。

（4）timer 子命令

执行 timer 子命令能够完成宽限期的设置，可以分别对容量、文件数量及实际占用块数设置宽限期，具体如下。

```
[root@ABCx ~]# xfs_quota -x -c 'timer -b 21d' /home    #宽限期设置为 21 天
[root@ABCx ~]# xfs_quota -x -c 'timer -i 14d' /home
[root@ABCx ~]# xfs_quota -x -c 'timer -r 5days' /home
[root@ABCx ~]# xfs_quota -x -c state /home
......                                      #输出的中间部分省略
Blocks grace time: [21 days]
Inodes grace time: [14 days]
Realtime Blocks grace time: [5 days]
```

宽限期如果设置为 21 天，可以写成 21d 或 21days，默认是以秒为单位的，具体如下。

```
[root@ABCx ~]# xfs_quota -x -c 'timer -r 500' /home    #设置宽限期
[root@ABCx ~]# xfs_quota -x -c state /home
......                                      #输出的中间部分省略
Blocks grace time: [21 days]
Inodes grace time: [14 days]
Realtime Blocks grace time: [0 days 00:08:20]         #500s
```

（5）disable、enable、off、remove 子命令

前面的例子使用 xfs_quota -x -c 'limit -u isoft=20 ihard=24 halen' /home/命令设置 halen 用户的文件数量软定额是 20 个文件，而当前 halen 用户已经拥有了 16 个文件及子目录，下面的执行过程验证了定额的限制作用。

```
[halen@ABCx ~]$ ll   /usr/share/backgrounds/*.jpg       #显示目录下有 7 个 jpg 文件
-rw-r--r--. 2 root root 961243 Jun 11  2014 /usr/share/backgrounds/day.jpg
-rw-r--r--. 2 root root 961243 Jun 11  2014 /usr/share/backgrounds/default.jpg
-rw-r--r--. 1 root root 980265 Jun 11  2014 /usr/share/backgrounds/morning.jpg
-rw-r--r--. 1 root root 569714 Jun 11  2014 /usr/share/backgrounds/night.jpg
-rwxr-xr--. 1 root root 499979 Jun 15  2020 /usr/share/backgrounds/wp1.jpg
-rwxr-xr--. 1 root root 733644 Jun 15  2020 /usr/share/backgrounds/wp2.jpg
-rwxr-xr--. 1 root root 676037 Jun 15  2020 /usr/share/backgrounds/wp3.jpg
```

下面使用 disable 子命令暂时取消定额限制。

```
[root@ABCx mnt]# xfs_quota -x -c 'disable -u' /home/     #取消用户的定额限制
[root@ABCx mnt]# xfs_quota -x -c state /home/            #查看状态
User quota state on /home (/dev/sda1)
  Accounting: ON
  Enforcement: OFF                                       #表明当前没有执行定额强制限制
  Inode: #7125 (3 blocks, 3 extents)
......                                                   #输出的其他部分省略
```

切换到 halen 用户执行复制操作，结果如下。

```
[halen@ABCx ~]$ cp /usr/share/backgrounds/*.jpg  mbgs/
[halen@ABCx ~]$ ll  mbgs/                                #上面的复制命令顺利完成，查看结果
total 5276
-rw-r--r--. 1 halen halen 961243 Feb 21 13:34 day.jpg
......                                                   #输出的其他部分省略
```

能够顺利完成复制任务，查看定额报告的输出结果如下。

```
[root@ABCx ~]# xfs_quota -x -c 'report -ubih' /home/
learn    18.9M    21M   30M 00 [------]    318    0     0 00 [------]
halen     5.2M     0     0 00 [------]     23    20    24 00 [6 days]
......                                                   #输出的其他部分省略
```

表明 halen 用户的文件数量超出了软定额，宽限期还剩余 6 天。已经暂时取消的定额限制，可以使用 enable 子命令重新恢复限制。

```
[root@ABCx ~]# xfs_quota -x -c 'enable -ug' /home
[root@ABCx ~]# xfs_quota -x -c 'state' /home
User quota state on /home (/dev/sda1)
  Accounting: ON
  Enforcement: ON
......                                                   #输出的其他部分省略
```

硬定额限制是不能突破的，命令如下。

```
[halen@ABCx ~]$ touch  halenf1
[halen@ABCx ~]$ touch  halenf2
touch: cannot touch 'halenf2': Disk quota exceeded
```

取消所有定额限制需要执行 off 及 remove 子命令，具体如下。

```
[root@ABCx ~]# xfs_quota  -x  -c 'off  -ug' /home          #关闭用户及组群的定额
[root@ABCx ~]# xfs_quota  -x  -c 'remove  -ug' /home       #移除用户及组群的定额
[root@ABCx ~]# mount  |  grep  /home
/dev/sda1 on /home type xfs (rw,relatime,seclabel,attr2,inode64,noquota)
[root@ABCx ~]# xfs_quota  -x  -c 'report  -ugbih' /home    #查看报告
learn       18.9M       0       0  00 [------]     318      0      0  00 [------]
halen        3.3M       0       0  00 [------]      20      0      0  00 [------]
......                                                      #输出的其他部分省略
```

取消所有定额限制的另外一种方法是直接修改 fstab 文件，删除其中的定额参数，保存退出。这样下一次启动时，同样取消了所有定额限制。

（6）xfs_quota 命令的交互会话模式

具体命令如下。

```
[root@ABCx ~]# xfs_quota                    #以交互会话模式执行 xfs_quota 命令
xfs_quota> help                             #xfs_quota>字符串是提示符，加粗部分是子命令
df [-bir] [-hn] [-f file] -- show free and used counts for blocks and inodes
help [command] -- help for one or all commands
print -- list known mount points and projects
quit -- exit the program
quota [-bir] [-g|-p|-u] [-hnNv] [-f file] [id|name]... -- show usage and limits
Use 'help commandname' for extended help.
xfs_quota> print                            #执行 print 子命令
Filesystem          Pathname
/                   /dev/sda3
/home               /dev/sda1 (uquota, gquota)
xfs_quota> df -h                            #查看分区的利用情况，与 df 命令一致
Filesystem     Size   Used  Avail Use% Pathname
/dev/sda3      88.0G  26.7G 61.3G 30% /
/dev/sda1      24.0G  65.5M 23.9G  0% /home
xfs_quota> help  quota                      #显示 quota 子命令的帮助信息
quota [-bir] [-g|-p|-u] [-hnNv] [-f file] [id|name]... -- show usage and limits
 display usage and quota information
 -g -- display group quota information
 -p -- display project quota information
 -u -- display user quota information
......                                      #输出的其他内容省略
```

定额管理的主要内容及命令见表 4-3。

表 4-3 定额命令对照表

主要内容及流程	xfs 的命令	ext4 文件系统的命令
修改/etc/fstab 的参数	uquota/gquota/pquota	usrquota/grpquota
定额配置文件	不需要	quotacheck
设置用户及组群定额	'limit -u isoft=20 ihard=30 halen'	setquota 或 edquota
设置宽限期	'timer -r 21days'	edquota
查看定额情况报告	'report -ugbih'、'state'、'print'	repquota 或 quota
暂停磁盘定额及重启	'disable -ug'及'enable -ug'	quotaoff、quotaon

4.3.2 逻辑卷管理

前面已经提到，磁盘划分分区之后，才能够创建文件系统，用以保存数据。因此，对于磁盘

的分区划分实际上是一种事先完成的静态管理方法，存在的问题是在调整修改分区大小之后，分区上的文件系统不能正常读写，必须重新进行创建及安装等操作，这对于服务器来说是无法接受的，非常麻烦。

逻辑卷管理（Logical Volume Manager，LVM）是在磁盘分区的基础上，创建抽象的逻辑层，屏蔽磁盘分区的具体细节，提供大小可以弹性调整的逻辑卷，为增加、删除物理分区等磁盘管理操作提供方便性和灵活性。

实现逻辑卷管理的软件包是 lvm2，在 CentOS 系统中是默认安装的，软件包提供了一系列 LVM 管理命令，其中 lvm 是交互方式执行的命令，其他常用的是非交互方式命令，详见本节最后的命令列表部分。

1．基本概念

逻辑卷管理过程中，按照执行的顺序，涉及的概念如下。

（1）物理卷（Physical Volume，PV）

物理卷是指对磁盘分区或与磁盘分区具有同等功能的设备（如磁盘阵列等）进行初始化操作而获得的存储单元。初始化物理卷使用 pvcreate 命令完成。

在初始化物理卷之前，必须将磁盘分区的类型修改成 Linux LVM，创建物理卷的工作才能够顺利完成，在 GPT 分区中，LVM 类型编号是 0x31；在 MBR 分区中，LVM 类型编号是 0x8e。

（2）卷组（Volume Group，VG）

将多个物理卷组合成一个卷组，这样就形成了 LVM 的大小能够弹性调整的大磁盘，即卷组相当于 LVM 中的物理磁盘。

因此，为了存储数据的方便，卷组与磁盘相似，同样要先划分成若干个区块，在 LVM 中称为物理扩展块（Physical Extent，PE）。每个 PE 大小默认是 4MB，而磁盘区块的默认大小是 4KB。划分物理扩展块是在创建卷组的过程中同时完成的。

（3）逻辑卷（Logical Volume，LV）

在卷组这个逻辑磁盘上进一步创建虚拟分区，也就是将若干个 PE 划分成一组，就得到了逻辑卷。

逻辑卷相当于物理磁盘上的分区，因此，在逻辑卷上创建文件系统之后，通过挂载命令将其映射到某个目录，就可以进行正常的读写操作，完成数据的存取。

2．创建逻辑卷

在创建逻辑卷之前，按照实验 5 的步骤 2，为 CentOS 系统添加两块 80GB 的虚拟磁盘，设备名称分别是/dev/sdb、/dev/sdc。按照如下步骤完成逻辑卷的创建过程。

（1）划分分区，分区类型设置为 LVM 类型

参照前面介绍的 fdisk 命令部分，两块磁盘都只划分一个分区即可（划分多个分区，下面的步骤稍有不同），创建分区之后，使用 t 子命令，按照十六进制输入 8e，也就是将分区类型修改为 Linux LVM，结果如下。

```
[root@ABCx ~]# fdisk  -l  /dev/sdb  /dev/sdc
......                                                    #输出的其他内容省略
   Device Boot      Start           End       Blocks   Id  System
/dev/sdb1           2048       167772159    83885056   8e  Linux LVM
   Device Boot      Start           End       Blocks   Id  System
/dev/sdc1           2048       167772159    83885056   8e  Linux LVM
```

（2）创建物理卷。

为了创建逻辑卷，首先要初始化物理分区，也就是创建物理卷，通过执行 pvcreate 命令完成

初始化工作，结果如下。

```
[root@ABCx ~]# pvcreate  /dev/sdb1  /dev/sdc1              #创建 sdb1、sdc1 两个物理卷
  Physical volume "/dev/sdb1" successfully created.
  Physical volume "/dev/sdc1" successfully created.        #表明创建成功
```

pvcreate 命令对磁盘分区进行初始化，将其创建为物理卷，其格式如下。

```
pvcreate  [-options]  PV ...
```

此命令的常用格式如上例所示，在命令名称后直接书写磁盘分区的设备名即可，多个设备名之间用空格分隔。常用的选项部分-u，含义是指定设备的通用唯一识别码（UUID）。更详尽的选项及使用方法，参见 man 帮助文档。

创建的物理卷名称仍然使用磁盘分区原来的名称，如/dev/sdb1、/dev/sdc1 等。物理卷创建成功之后，使用 pvscan 命令查看简要结果。

```
[root@ABCx ~]# pvscan                                     #查看创建的物理卷
  PV /dev/sdb1                    lvm2 [<80.00 GiB]
  PV /dev/sdc1                    lvm2 [<80.00 GiB]
  Total: 2 [<160.00 GiB] / in use: 0 [0   ] / in no VG: 2 [<160.00 GiB]
```

还可以使用 pvdisplay 显示物理卷的详细信息，具体如下。

```
[root@ABCx ~]# pvdisplay                                  #显示所有物理卷的详细信息
  "/dev/sdb1" is a new physical volume of "<80.00 GiB"
  --- NEW Physical volume ---
  PV Name                 /dev/sdb1                        #第一个物理卷名称
  VG Name
  PV Size                 <80.00 GiB
  PV UUID                 y5EBD6-2ASx-wgMM-g3SS-D3k1-9uof-LyLWLF
  "/dev/sdc1" is a new physical volume of "<80.00 GiB"
  --- NEW Physical volume ---
  PV Name                 /dev/sdc1                        #第二个物理卷名称
......                                                     #输出的其他内容省略
```

pvscan 命令能够扫描所有的物理卷，显示简要信息。pvdisplay 命令可以显示物理卷的详细信息，如果没有指定设备名，则显示所有物理卷的信息。按照上例使用即可。

（3）创建卷组

通过执行 vgcreate 命令能够将多个物理卷整合成一个卷组，也就是形成一个大的存储池 pool。将物理卷/dev/sdb1 及/dev/sdc1 整合成一个名称为 myvg 的卷组，具体如下。

```
[root@ABCx ~]# vgcreate myvg  /dev/sdb1  /dev/sdc1
  Volume group "myvg" successfully created                #成功创建了 myvg 卷组
```

vgcreate 命令的基本语法格式如下。

```
vgcreate  [-options]  VG_new  PV ...
```

其中，参数 VG_new 用于指定卷组的名称，是用户自定义的。参数 PV 是已经创建完成的物理卷的名称。

[-options]选项部分包括-s，用于指定 PE 大小。一般使用默认值 4MB。

执行 vgdisplay 以及 vgscan 命令查看创建的卷组的相关信息如下。

```
[root@ABCx ~]# vgdisplay                                  #显示卷组的详细信息
  --- Volume group ---
```

```
   VG Name              myvg                                          #表明卷组的名称
   VG Size              159.99 GiB                                    #两块80GB 磁盘容量之和
   PE Size              4.00 MiB                                      #PE 大小默认是4MB
   VG UUID              Aqj2aq-a7MQ-pzPN-JzfJ-QFIh-5Zqa-MrnyI1
   ......                                                             #输出的其他内容省略
[root@ABCx ~]# vgscan                                                #显示卷组的简要信息
   Reading volume groups from cache.
   Found volume group "myvg" using metadata type lvm2
```

需要注意的是，此时卷组并没有在/dev/目录下创建设备文件。

```
[root@ABCx ~]# ll /dev/my*
ls: cannot access /dev/my*: No such file or directory
[root@ABCx ~]# ll /dev/dm-0                                          #创建逻辑卷之后的设备名
ls: cannot access /dev/dm-0: No such file or directory
```

（4）创建逻辑卷

在已经创建的卷组上执行 lvcreate 命令能够创建指定大小的逻辑卷及名称。例如，创建大小为120GB、命名为 mvftp 的逻辑卷，执行如下命令。

```
[root@ABCx ~]# lvcreate -L 120G -n mvftp myvg                        #在卷组 myvg 上创建名为 mvftp
的、大小为120GB 的逻辑卷
   Logical volume "mvftp" created.                                   #创建成功
[root@ABCx ~]# ll /dev/myvg/mvftp                                    #查看设备名是否存在
lrwxrwxrwx. 1 root root 7 Feb 23 13:36 /dev/myvg/mvftp -> ../dm-0    #此为链接
[root@ABCx ~]# ll /dev/dm-0                                          #查看设备 dm-0，是新的块设备
brw-rw----. 1 root disk 253, 0 Feb 23 13:36 /dev/dm-0
[root@ABCx ~]# ll /dev/mapper/                                       #同时还生成一个链接设备
lrwxrwxrwx. 1 root root      7 Feb 23 20:51 myvg-mvftp -> ../dm-0
```

逻辑卷创建成功之后，设备文件在/dev/目录下才被创建，/dev/myvg/mvftp 设备名是由卷组名和逻辑卷名共同组成的。通过上面的例子还可以看出，系统使用的设备名称默认是/dev/dm-0、/dev/dm-1 等，用户定义的设备名称/dev/myvg/mvftp 链接到系统设备名上。除此之外，还生成了一个映射链接/dev/mapper/myvg-mvftp，也链接到 dm-0 上。

在卷组容量允许的情况下，还可以继续创建其他的逻辑卷，系统同时也会创建出 dm-1、dm-2 等设备与之匹配，也会同时生成链接设备名。

lvcreate 命令的基本语法格式如下。

命令格式：lvcreate [-options] VG

主要功能：按照 options 指定选项的要求，在卷组上执行创建逻辑卷的操作。

常用的[-options]选项如下。

-a，--activate：创建完成后激活此逻辑卷，默认是激活的。

-n，--name String：指定逻辑卷的名称字符串 String。

-L，--size Size：指定逻辑卷的大小，单位是 B、KB、MB、GB 等，默认是 MB。

创建完成逻辑卷之后，执行 lvdisplay 命令查看详细信息，具体如下。

```
[root@ABCx ~]# lvdisplay
  --- Logical volume ---
  LV Path                /dev/myvg/mvftp
  LV Name                mvftp                                       #逻辑卷名称
  VG Name                myvg                                        #卷组名称
  LV UUID                FWih63-wJQZ-Qc4r-RMIS-C84K-IxQQ-IwXSi0
```

```
   LV Write Access          read/write
   LV Size                  120.00 GiB                    #逻辑卷大小
   ......                                                  #输出的其他内容省略
```

进一步查看与容量相关的信息，使用 lvs、vgs、pvs 命令，具体如下。

```
[root@ABCx ~]# lvs                                        #逻辑卷容量
  LV    VG   Attr     LSize Pool Origin Data% Meta% Move Log Cpy%Sync Convert
 mvftp myvg -wi-a----- 120.00g
[root@ABCx ~]# vgs                                        #卷组容量
  VG   #PV #LV #SN Attr    VSize     VFree
 myvg   2   1   0 wz--n-  159.99g    39.99g
[root@ABCx ~]# pvs                                        #物理卷容量
  PV         VG   Fmt  Attr PSize    PFree
  /dev/sdb1  myvg lvm2 a--  <80.00g    0
  /dev/sdc1  myvg lvm2 a--  <80.00g   39.99g
```

（5）使用逻辑卷

逻辑卷创建完成后，有效存储数据之前还要经过创建文件系统、挂载等过程，具体如下。

```
[root@ABCx ~]# mkfs  -t  xfs  /dev/dm-0               #创建 xfs，设备文件名也可以使
用/dev/myvg/mvftp
meta-data=/dev/dm-0          isize=512    agcount=4, agsize=7864320 blks
         =                   sectsz=512   attr=2, projid32bit=1
......                                               #输出的其他内容省略
```

另外，参照 4.2 节内容，还需要将这个已经创建了文件系统的逻辑卷挂载到某个目录下，才
能够进行数据的存取过程，具体如下。

```
[root@ABCx ~]# mkdir  /srv/lvm                        #在/srv 下创建 lvm 子目录
[root@ABCx ~]# mount  /dev/myvg/mvftp  /srv/lvm
```

mount 命令的作用是将已经创建了 xfs 的/dev/myvg/mvftp 逻辑卷，挂载到/srv/lvm 目录下。
之后才能够通过对/srv/lvm 目录的存取操作，完成在逻辑卷/dev/myvg/mvftp 上的数据读写过程。
一定要区分/dev/myvg/mvftp 和/srv/lvm 这两个名称的含义。

```
[root@ABCx ~]# ll  /srv/lvm                           #查看目录中的内容，也就是查看逻辑卷中原来
是否保存有文件等内容
total 0                                               #没有内容，因为是刚刚创建的文件系统
[root@ABCx ~]# df  -Th  /srv/lvm                      #计算逻辑卷的容量
Filesystem             Type  Size Used Avail Use% Mounted on
/dev/mapper/myvg-mvftp xfs   120G  33M  120G   1% /srv/lvm
```

逻辑卷上已经使用的 33MB 容量是被文件系统占用的。接下来就可以复制文件来尝试逻辑卷
是否能够保存数据，具体如下。

```
[root@ABCx ~]# cp  -a  /var  /etc  /srv/lvm/             #将/var 及/etc 下的全部文件及
子目录都复制到/srv/lvm 之下
[root@ABCx ~]# ll  /srv/lvm/
total 16
drwxr-xr-x. 148 root root 8192 Feb 23 22:55 etc
drwxr-xr-x.  22 root root 4096 Dec 14 10:45 var
[root@ABCx ~]# df  -Th  /srv/lvm
Filesystem             Type  Size Used Avail Use% Mounted on
/dev/mapper/myvg-mvftp xfs   120G 1.7G  119G   2% /srv/lvm
```

还可以进一步将逻辑卷挂载到其他目录下，验证数据是否保存在逻辑卷中。

3. 扩展逻辑卷

逻辑卷管理的一个主要特点就是能够有弹性地调整容量，这里主要是指扩展逻辑卷的容量。扩展容量分成如下两种情况分别讨论。

1）在卷组容量能够满足逻辑卷容量扩展需求的情况下，使用 lvextend 或 lvresize 命令增加逻辑卷的容量即可。

2）卷组容量不能满足逻辑卷容量扩展需求的情况下，只能另外增加新磁盘，创建物理卷，之后先扩展卷组容量，然后再扩展逻辑卷容量。

下面的例子展示了将逻辑卷/dev/myvg/mvftp 容量从 120GB 扩展到 200GB 的过程。首先需要添加一块新磁盘/dev/sdd，容量设定为 80GB，然后按照如下步骤执行命令。

```
[root@ABCx ~]# fdisk  /dev/sdd          #在/dev/sdd 划分 sdd1 分区，设置分区类型为 8e
```

首先将磁盘 sdd 的全部容量 80GB 划分给分区 sdd1，并设置分区类型为 8e，即 Linux LVM类型，结果如下。

```
[root@ABCx ~]# fdisk  -l  /dev/sdd                #查看/dev/sdd 的分区结果
  Device Boot      Start        End      Blocks   Id  System
/dev/sdd1           2048    167772159    83885056   8e  Linux LVM
```

接着创建物理卷，具体如下。

```
[root@ABCx ~]# pvcreate  /dev/sdd1               #将/dev/sdd1 初始化成物理卷
  Physical volume "/dev/sdd1" successfully created.
```

然后，将新的物理卷 sdd1 加入到已经存在的卷组 myvg 中，也就是将卷组 myvg 的容量扩展成 240GB，执行 vgextend 命令完成。

```
[root@ABCx ~]# vgs                               #查看卷组的当前容量
  VG   #PV #LV #SN Attr   VSize   VFree
  myvg   2   1   0 wz--n- 159.99g  39.99g         #总计 160GB，空闲 40GB
[root@ABCx ~]# vgextend  myvg  /dev/sdd1          #将/dev/sdd1 扩展到卷组 myvg 中，增
加其容量
  Volume group "myvg" successfully extended       #扩展成功
[root@ABCx ~]# vgs                               #再次查看容量
  VG   #PV #LV #SN Attr   VSize   VFree
  myvg   3   1   0 wz--n- <239.99g <119.99g       #容量已经增加了
```

将卷组的容量增加之后，能够满足扩展逻辑卷容量的需求，就可以使用 lvextend 或者 lvresize 命令扩展逻辑卷了。

```
[root@ABCx ~]# lvextend  -L +80G  -r  /dev/myvg/mvftp        #扩展逻辑卷
Phase 1 - find and verify superblock...
Phase 2 - using internal log
  Size of logical volume myvg/mvftp changed from 120.00 GiB (30720 extents) to
200.00 GiB (51200 extents).                       #从 120GB 扩展到 200GB
  Logical volume myvg/mvftp successfully resized.  #扩展成功
......                                             #输出的其他内容省略
[root@ABCx ~]# lvscan                             #扫描逻辑卷信息列表
  ACTIVE            '/dev/myvg/mvftp' [200.00 GiB] inherit
```

扩展逻辑卷容量 lvextend 命令的基本语法格式如下。

命令格式：lvextend　[-options]　LV_name

主要功能：按照 options 指定选项的要求，在卷组上执行逻辑卷容量扩展操作。

常用的[-options]选项如下。

-r，--resizefs：同时重新调整逻辑卷的容量。

-L，--size　[+]Size[m|UNIT]：指定调整或增加逻辑卷容量的数值。

lvextend　命令的书写方法及执行结果如上。此命令的其他功能在此不进一步展开，详尽资料可以使用 man　lvextend 查看。lvresize 命令与 lvextend 采用同样的方式扩展逻辑卷的容量，且参数一致。

逻辑卷容量扩展成功之后，挂载到目录上，查看原来的文件及目录是否存在。

```
[root@ABCx ~]# mkdir  /mnt/alvm              #创建/mnt/alvm 子目录
[root@ABCx ~]# ll  /mnt/alvm/                #查看子目录
total 0                                      #子目录为空
[root@ABCx ~]# mount  /dev/dm-0  /mnt/alvm   #挂载到新建的子目录
[root@ABCx ~]# ll  /mnt/alvm                 #查看子目录内容
total 16
drwxr-xr-x. 148 root root 8192 Feb 23 22:55 etc    #备份的子目录仍然存在
drwxr-xr-x.  22 root root 4096 Dec 14 10:45 var
[root@ABCx ~]# df  -Th /mnt/alvm             #检查容量使用占比
Filesystem            Type  Size  Used Avail Use% Mounted on
/dev/mapper/myvg-mvftp xfs  200G  1.7G  199G   1% /mnt/alvm
```

关于逻辑卷容量的缩减问题，需要事先备份数据，因为缩减过程可能会造成数据丢失，再有就是 ext4 文件系统能够支持容量缩减，xfs 暂时还不支持。因此，在这里不做进一步讨论。

逻辑卷管理的其他功能（如磁盘快照 snapshot、存储池动态分配等）见参考文献[1]。

4. 删除逻辑卷

由于 LVM 存储管理方式是在磁盘分区的基础上增加了中间的抽象逻辑层次，因此从数据存取的速度方面看，性能并不是很好。

删除已经创建的逻辑卷，可以按照如下步骤进行。

```
[root@ABCx ~]# umount  /mnt/alvm            #卸载逻辑卷的挂载点，成功
[root@ABCx ~]# lvremove  /dev/myvg/mvftp    #删除逻辑卷本身
Do you really want to remove active logical volume myvg/mvftp? [y/n]: y  #按照要
求，输入 y 确认
  Logical volume "mvftp" successfully removed    #删除成功
[root@ABCx ~]# vgchange  -a  n  myvg        #修改卷组的属性
  0 logical volume(s) in volume group "myvg" now active
```

如下命令能够查看逻辑卷是否存在。

```
[root@ABCx ~]# ll  /dev/myvg                #查看设备名
ls: cannot access /dev/myvg: No such file or directory  #已经不存在了
[root@ABCx ~]# vgs                          #查看卷组的信息
  VG  #PV #LV #SN Attr   VSize    VFree
  myvg  3   0   0 wz--n- <239.99g <239.99g  #逻辑卷已经不存在
```

接下来，删除卷组及物理卷，执行如下命令。

```
[root@ABCx ~]# vgremove  myvg               #删除卷组 myvg
  Volume group "myvg" successfully removed
[root@ABCx ~]# pvremove  /dev/sdb1  /dev/sdc1  /dev/sdd1  #删除物理卷
```

最后，执行 fdisk 命令将分区类型由 8e 修改为 83，即 Linux 分区，结果如下。

```
[root@ABCx ~]# fdisk -l /dev/sdb /dev/sdc /dev/sdd
    Device Boot    Start       End    Blocks   Id System
/dev/sdb1          2048  167772159  83885056   83 Linux
    Device Boot    Start       End    Blocks   Id System
/dev/sdc1          2048  167772159  83885056   83 Linux
    Device Boot    Start       End    Blocks   Id System
/dev/sdd1          2048  167772159  83885056   83 Linux
......                                              #输出的其他内容省略
```

5．LVM 命令列表

整个逻辑卷管理过程中需要经过许多步骤，使用到的命令也较多，列表显示见表 4-4。另外这些命令都是非交互方式执行的。

表 4-4　逻辑卷管理命令列表

主要任务	物理卷（PV）	卷组（VG）	逻辑卷（LV）
显示容量 size	pvs	vgs	lvs
显示属性 display	pvdisplay	vgdisplay	lvdisplay
扫描列表 scan	pvscan	vgscan	lvscan
创建 create	pvcreate	vgcreate	lvcreate
修改属性 attribute	pvchange	vgchange	lvchange
扩展 extend	—	vgextend	lvextend/lvresize
删除 remove	pvremove	vgremove	lvremove

事实上，逻辑卷管理也可以执行交互方式的 lvm 命令，具体如下。

```
[root@ABCx ~]# lvm                    #交互方式的 lvm 命令进行逻辑卷管理
lvm> help                             #加粗的 lvm>是此命令的提示符，help 显示命令菜单
  lvcreate     Create a logical volume
  lvdisplay    Display information about a logical volume
  lvextend     Add space to a logical volume
......                                 #输出的其他内容省略
```

命令执行过程中，在提示符状态下，输入 help，显示子命令菜单；需要退出 lvm 命令的执行时，输入 quit 或 exit 均可。其他常用的命令在表 4-4 中已列出。

4.3.3　磁盘阵列管理

独立磁盘冗余阵列（Redundant Arrays of Inexpensive Disks，RAID），简称磁盘阵列，是由多块廉价磁盘组成冗余阵列的存储管理技术。主要目标是有效存储数据，并保证数据的一致性，也就是解决数据的可靠性及安全性问题。要达到较好的存取性能需要磁盘阵列控制器的支持。

磁盘阵列的优势主要表现在如下三个方面。

1）是由多块独立磁盘组合而成，因此容量能够得到较大提升。

2）提高系统的读写性能。由于数据是分散存储在多块磁盘上的，因此多块磁盘同时并行存取数据时，大幅度提高了数据读写的速度性能。

3）解决了数据的可靠性和安全性问题。由于磁盘阵列中的数据采用了冗余备份或奇偶校验方式存储，因此当某块磁盘损坏时，其上存储的数据能够得到有效恢复，从而保证了数据的可靠

性和安全性。

磁盘阵列的主要缺点体现在数据的冗余存储需要额外消耗一定比例的磁盘容量，因此容量的利用率不高。

磁盘阵列存储管理技术，按照基本算法思想的不同，分成不同的级别（Level），满足不同的需求。主要的磁盘阵列级别包括 LINEAR、RAID0、RAID1、RAID4、RAID5、RAID6、RAID1+0 和 MULTIPATH 等。本书仅讨论其中常用的 RAID0、RAID1、RAID1+0、RAID5 这 4 个级别。

在组成磁盘阵列时，一般要求磁盘最好是型号相同、容量相同的，以减少计算复杂性。

1. RAID0 及 RAID1

下面分别讨论 RAID0 等量模式以及 RAID1 镜像模式。

1）RAID0 也被称为等量模式，是存取性能最高的磁盘阵列级别。

实现 RAID0 至少需要两块磁盘，如图 4-4 所示。文件数据存入时，如果此时 RAID0 由两块磁盘组成，则将数据平分成两部分，分别存放在磁盘 A 和磁盘 B 上。如果此时 RAID0 由三块磁盘组成，则将数据分成三部分，分别存放在磁盘 A、磁盘 B 和磁盘 C 上。依此类推。

可以推论出，随着构成 RAID0 的磁盘数量增加，分散存储在各个磁盘上的数据量减少，这样存取数据的性能就会进一步提高。当然不是磁盘数量越多越好。

虽然 RAID0 的存取性能最高，但是其中一块磁盘损坏，就会导致数据丢失，无法恢复，因此数据可靠性和安全性是所有磁盘阵列中最差的。

2）RAID1 也称为镜像 mirror 模式。如图 4-5 所示。如果 RAID1 由两个磁盘组成，则同时在两块磁盘上都保存全部数据，也就是在磁盘 B 上完整保存磁盘 A 的全部数据，所以也称为备份模式。

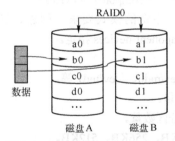

图 4-4　RAID0 数据存储示意图

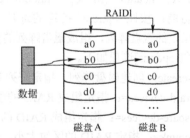

图 4-5　RAID1 数据存储示意图

同时将相同数据保存两份的工作需要硬件支持，才能保证效率不降低。

RAID1 模式最好地保证了数据的可靠性和安全性，因为一块磁盘的损坏对整个系统没有影响，只要及时更换损坏的磁盘并重新备份即可。RAID1 的缺点是容量利用率以及存取性能都只有 50%。

2. RAID1+0

RAID1 与 RAID0 的优缺点是相反的。因此，使用 4 块磁盘构成两组 RAID1，然后这两组 RAID1 再构成一个 RAID0，就可以解决 RAID0 的数据可靠性和安全性问题，同时也可以解决 RAID1 的存取性能下降问题。

先构成至少两组 RAID1，然后再构成 RAID0 的模式，可以称为 RAID1+0，如图 4-6 所示。同样地，也可以先用至少两块磁盘构成 RAID0，然后再用两组 RAID0 构成一个 RAID1，这种模式称为 RAID0+1。CentOS 支持 RAID1+0。

3. RAID5

构成 RAID5 的数据分散存储方式如图 4-7 所示。如果使用 4 块磁盘构成 RAID5 磁盘阵列，则每个文件的数据事先分成三份，然后计算冗余校验数值，并将这 4 部分数据依序存储在 4 块磁盘上，同时以 4 个文件为一组，将冗余校验部分依次递减地分别存放到磁盘 D、C、B、A 上。

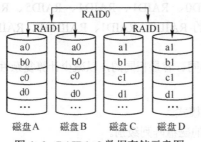

图 4-6　RAID1+0 数据存储示意图

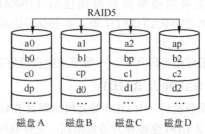

图 4-7　RAID5 数据存储示意图

如果构成 RAID5 的某块磁盘发生故障，使用其他 3 块磁盘上的数据，通过数学计算，就可以恢复丢失的数据。

RAID5 兼顾了性能、数据安全性以及容量利用率方面的要求。在容量利用率方面，如果是 4 块磁盘构成的阵列，则达到 75%的空间存储了数据。在数据安全性方面，能够做到一块磁盘发生故障，而数据能够较快恢复。在性能方法，数据是分成三份同时并行存储的，则约等于提高 3 倍，但由于需要计算复杂的冗余校验数值，事实上是达不到的。

4. 创建磁盘阵列

磁盘阵列的创建、管理、监控均使用 mdadm 命令，其格式及功能如下。

命令格式：mdadm　[mode]　\<raiddevice>　[options]　\<component-devices>

主要功能：按照 options 指定的选项以及 mode 指定的模式要求，创建、管理、监控 raiddevice 指定的磁盘阵列，组成磁盘阵列的分区由 component-devices 指定。

常用的[-options]选项如下。

-C，--create：创建磁盘阵列，指定阵列名称，如/dev/md0、/dev/md1 等。

-n，--raid-devices=：指定组成 RAID 的磁盘分区数量。

-x，--spare-devices=：指定组成 RAID 的冗余磁盘分区数量。

-c，--chunk=：指定 RAID 的区块大小，一般是 64KB、256KB、512KB。

-l，--level=：指定 RAID 的级别，一般是 0、1、5、6、10 等级别。

-a，--auto=：此选项可以取 yes、md、mdp、part、p 等值，默认取值是 yes，含义是使用默认值，指定 md 设备名。

-D，--detail：显示已经创建的 RAID 的详细信息。

-S，--stop：释放指定 RAID 占用的全部资源，停用磁盘阵列。

管理磁盘阵列的 mdadm 命令，按照不同的执行模式，具有较多选项和参数，详细用法可以参见 man 文档，在此仅讨论 mdadm 命令的常用选项。

在执行 mdadm 命令之前，还没有创建磁盘阵列。另外，在 CentOS 中的磁盘阵列设备名称一般使用 md（Multiple Device driver）开头，后面加上数字作为序号方式命名。因此，设备文件 /dev/md0 以及配置文件/etc/mdadm.conf 均不存在。具体如下。

```
[root@ABCx ~]# mdadm --detail /dev/md0          #查看 RAID 的详细信息
mdadm: cannot open /dev/md0: No such file or directory   #设备不存在
```

```
[root@ABCx ~]# ll /etc/mdadm.conf                               #查看文件
ls: cannot access /etc/mdadm.conf: No such file or directory    #配置文件也不存在
```

接下来，查看用于创建磁盘阵列的各个分区及大小等信息，使用 lsblk 命令。

```
[root@ABCx ~]# lsblk                          #列表显示系统中所有块设备信息
NAME    MAJ:MIN RM  SIZE RO TYPE MOUNTPOINT
sdb       8:16   0   80G  0 disk
└─sdb1    8:17   0   80G  0 part               #各磁盘都只划分一个分区，大小 80GB
......                                         #输出的其他内容省略
```

另外，需要修改各个磁盘分区的类型，将其从 Linux 修改为 Linux raid autodetect，也就是执行 fdisk 命令后，使用 t 子命令输入十六进制值 fd。如果使用 gdisk 工具修改类型，应该输入 fd00，结果如下。

```
[root@ABCx ~]# fdisk -l /dev/sdb /dev/sdc /dev/sdd /dev/sde /dev/sdf
   Device Boot     Start        End      Blocks   Id  System
/dev/sdb1          2048   167772159    83885056   fd  Linux raid autodetect
   Device Boot     Start        End      Blocks   Id  System
/dev/sdf1          2048   167772159    83885056   fd  Linux raid autodetect
......                                       #输出的其他内容省略
```

做好准备之后，可以开始执行 mdadm 命令创建磁盘阵列了。由于选项较多，在输入时需要多加注意。

下面的命令可以创建一个名称为/dev/md0 的 RAID 设备，此设备是 RAID5 的，chunk 区块大小是 64KB，构成 RAID 的磁盘分区是 4 个，冗余分区为 1 个，具体为从/dev/sdb1 到/dev/sdf1 的 5 个分区。

```
[root@ABCx ~]# mdadm  --create  /dev/md0  --auto=yes  --level=5  --chunk=64K  --
raid-devices=4    --spare-devices=1    /dev/sdb1    /dev/sdc1    /dev/sdd1    /dev/sde1
/dev/sdf1
mdadm: Defaulting to version 1.2 metadata
mdadm: array /dev/md0 started.                #开始创建 md0 设备，需要一段时间
[root@ABCx ~]# ll  /dev/md?                    #查看 md0 是否存在
brw-rw----. 1 root disk 9, 0 Feb 25 13:36 /dev/md0           #md0 已经存在了
```

创建一个较大的 RAID 设备时，系统需要花费较多的时间和计算资源才能够完成，此时，可能会听到系统风扇转数提高产生的噪声。

```
[root@ABCx ~]# mdadm  -D  /dev/md0            #显示/dev/md0 的详细信息
    Raid Level : raid5
    Raid Devices : 4
    Total Devices : 5
    Number   Major   Minor   RaidDevice State
       0       8       17        0      active sync   /dev/sdb1
       1       8       33        1      active sync   /dev/sdc1
       4       8       81        -      spare     /dev/sdf1
......                                        #输出的其他内容省略
```

执行下面的命令，另外创建一个名称为/dev/md1 的 RAID 设备，此设备是 RAID1+0 的，其他的参数与上例相同。

```
[root@ABCx ~]# mdadm  --create  /dev/md1  --level=10  --chunk=64K  --raid-devices
=4 --spare-devices=1  /dev/sdb1  /dev/sdc1  /dev/sdd1  /dev/sde1  /dev/sdf1
```

```
Continue creating array? y              #上述几个分区是已经创建过/dev/md0 的，需要确认
mdadm: Defaulting to version 1.2 metadata
mdadm: array /dev/md1 started.          #开始创建 md1 设备，需要一段时间
……                                      #输出的其他内容省略
```

执行一段时间，磁盘阵列创建完成之后，查看相关信息如下。

```
[root@ABCx ~]# ll  /dev/md?
brw-rw----. 1 root disk 9, 1 Feb 25 20:50 /dev/md1
[root@ABCx ~]# mdadm  -D  /dev/md1
        Raid Level : raid10
      Raid Devices : 4
     Total Devices : 5
Number   Major   Minor   RaidDevice State
     0       8      17         0       active sync set-A   /dev/sdb1
     1       8      33         1       active sync set-B   /dev/sdc1
     2       8      49         2       active sync set-A   /dev/sdd1
     3       8      65         3       active sync set-B   /dev/sde1
     4       8      81         -       spare   /dev/sdf1
……                                                        #输出的其他内容省略
```

5. 使用磁盘阵列

磁盘阵列创建好之后，主要是用于存储大量数据的。因此，对于磁盘阵列也必须遵守先创建文件系统，之后再使用的原则。按照如下步骤进行。

```
[root@ABCx ~]# mdadm  --detail  /dev/md0  |  grep  UUID
        UUID : 44639365:8bbb373f:7e94ec40:ec52ebf5
```

这个 UUID 是物理设备/dev/md0 的 UUID。按照如下格式，将其写入到/etc/mdadm.conf 配置文件中。

```
[root@ABCx ~]# vim  /etc/mdadm.conf                      #编辑配置文件，写入 UUID
ARRAY  /dev/md0  UUID=44639365:8bbb373f:7e94ec40:ec52ebf5
```

之后才能够执行 mkfs 命令，可以对设备文件/dev/md0 进行正确的创建文件系统操作，具体如下。

```
[root@ABCx ~]# mkfs  -t  ext4  /dev/md0                  #创建文件系统，之后才能使用，
文件系统的类型格式可以是 ext4 或 xfs
mke2fs 1.42.9 (28-Dec-2013)
done
……                                                       #输出的其他内容省略
```

如果另外创建一个磁盘阵列/dev/md1 设备，也应该在配置文件中单独增加一行，写入此设备的 UUID，之后，mkfs 命令才能正确执行。

在/dev/md0 这个 RAID 设备上创建 ext4 文件系统，完成后，CentOS 为这个已经具备文件系统的 md0 设备重新分配了另外一个 UUID，具体如下。

```
[root@ABCx ~]# blkid  /dev/md0                           #输出块设备属性，UUID
/dev/md0: UUID="94b7fc46-75a2-4b5d-a840-91a92665d4af" TYPE="ext4"
```

将此 UUID 按照 fstab 文件的格式要求写入其中，就能够实现自动挂载的目的。当然也可以直接使用 mount 命令挂载，具体如下。

```
[root@ABCx ~]# mkdir  /srv/raid5
```

```
[root@ABCx ~]# mount   /dev/md0 /srv/raid5
[root@ABCx ~]# df  -Th  /srv/raid5
Filesystem     Type  Size  Used Avail Use% Mounted on
/dev/md0       ext4  236G  61M  224G  1% /srv/raid5
```

完成挂载之后，在/srv/raid5 目录下存放的所有数据最后都将记录在/dev/md0 这个 RAID 设备上。使用 fstab 文件实现自动挂载的操作过程如下。

```
[root@ABCx ~]# vim  /etc/fstab                           #编辑修改 fstab 文件
```

在 fstab 文件的最后插入新行，输入如下内容。

UUID=94b7fc46-75a2-4b5d-a840-91a92665d4af /srv/raid5 ext4 defaults 0 0

或者输入如下内容，其含义、作用是一致的。

```
/dev/md0                   /srv/raid5       ext4     defaults      0 0
```

写入上面两行的任何一行即可，之后保存退出，执行如下命令。

```
[root@ABCx ~]# umount  /dev/md0             #卸载/dev/md0，保证重新挂载正确完成
[root@ABCx ~]# mount  -a                    #重新挂载 fstab 文件中的设备
```

可以完成/dev/md0 这个 RAID 设备的自动挂载，下面的命令可以检查。

```
[root@ABCx ~]# mount
/dev/md0 on /srv/raid5 type ext4 (rw,relatime,seclabel,stripe=48,data=ordered)
......                                       #输出的其他内容省略
```

此时，设备/dev/md0 已经能够用于大量数据存放的任务了。

6．停用磁盘阵列

磁盘阵列的有效利用需要硬件控制器的支持。下面执行 mdadm 命令将创建的磁盘阵列/dev/md1 设备停用。查看/dev/md1 的容量及状态情况的命令如下。

```
[root@ABCx ~]# mount  /dev/md1  /srv/raid5       #挂载
[root@ABCx ~]# df  -Th  /srv/raid5               #统计/dev/md1 的容量及使用占比
Filesystem     Type  Size  Used Avail Use% Mounted on
/dev/md1       xfs   160G  33M  160G  1% /srv/raid5
[root@ABCx ~]# cat  /proc/mdstat                 #查看/dev/md1 设备的状态
Personalities : [raid6] [raid5] [raid4] [raid10]
md1 : active raid10 sdf1[4](S) sde1[3] sdd1[2] sdc1[1] sdb1[0]    #表明 md1 是活动的
      167636992 blocks super 1.2 64K chunks 2 near-copies [4/4] [UUUU]
```

将已经挂载的/dev/md1 卸载，保证设备不处于使用状态，命令如下。

```
[root@ABCx ~]# umount  /dev/md1             #卸载/dev/md1 设备
```

之后就可以使用 mdadm 命令的-S 或--stop 选项停用/dev/md1 设备了，命令如下。

```
[root@ABCx ~]# mdadm  -S  /dev/md1          #停止磁盘阵列/dev/md1 运行
mdadm: stopped /dev/md1
```

再次查看/dev/md1 设备的状态，命令如下。

```
[root@ABCx ~]# cat  /proc/mdstat
Personalities : [raid6] [raid5] [raid4] [raid10]   #已经没有/dev/md1 这个设备了
unused devices: <none>
```

4.4 习题

一、选择题

1. 创建磁盘阵列时需要指定的选项及参数包括（　　）。
   A. RAID 磁盘数量　　　　B. 阵列名称　　　　C. 备用磁盘数量　　　　D. 磁盘分区
2. 创建管理逻辑卷的过程中，需要完成的步骤包括（　　）。
   A. 创建物理卷　　　　B. 创建卷组　　　　C. 创建逻辑卷　　　　D. 使用逻辑卷
3. 磁盘定额管理中，需要设定的定额包括（　　）。
   A. 容量软定额　　　　B. 容量硬定额　　　　C. 文件数软定额　　　　D. 文件数硬定额
4. 对于磁盘管理，按照保存数据数量的多少使用了多种划分方法，包括划分（　　）。
   A. 扇区　　　　B. 区块　　　　C. 分区　　　　D. RAID
5. 划分磁盘分区使用的命令包括（　　）。
   A. mkfs　　　　B. mount　　　　C. fdisk
   D. gdisk　　　　E. parted
6. xfs_quota 是功能强大的 xfs 定额管理命令，其子命令包括（　　）。
   A. limit　　　　B. timer　　　　C. edquota
   D. report　　　　E. disable
7. ext4 文件系统的定额管理命令较多，包括（　　）。
   A. quotacheck　　　　B. limit　　　　C. edquota
   D. setquota　　　　E. quotaoff
8. 常用的文件系统类型包括（　　）。
   A. ext4　　　　B. xfs　　　　C. nfs
   D. vfat　　　　E. proc
9. 创建/usr/bin 子目录的软链接文件是 softusrbin，则可以执行（　　）softusrbin 命令。
   A. cd　　　　B. ls　-l　　　　C. cat
   D. vim　　　　E. man
10. mount 命令需要的主要选项及参数包括（　　）。
   A. 文件系统类型　　　　B. 设备名　　　　C. 挂载点　　　　D. umount

二、简答题

1. 列举已经学习过的编号。为什么说编号是系统的重要资源？
2. 如何设置系统的搜索查询路径？有哪些方法？
3. 讨论软链接及硬链接的命令及含义。
4. 讨论划分磁盘分区的作用及命令。
5. 探讨/etc/fatab 文件各字段的含义。
6. 如何理解文件系统的逻辑和物理结构。
7. 探讨如何完成磁盘定额管理。

第5章
软件包管理

掌握软件的安装、升级、卸载与查询等功能，是深入学习 Linux 系统的必由之路。软件是以压缩包的形式存在并提供分发给用户使用的，Linux 系统有源码包和安装包两种基本的软件包类型。软件安装一般都直接使用已经编译完成的机器指令程序进行，这些机器指令程序经过打包压缩过程，可以形成便于下载的安装包。源码包与安装包的区别在于，源码包在使用时要求用户在本地系统上先进行源代码的编译链接等操作，得到可执行文件后，才能进行安装过程。

本章知识单元：

压缩技术；压缩与打包命令；RPM 软件包管理工具；YUM 软件包管理工具；Ubuntu 系统的软件包管理命令；源码包的编译与安装。

5.1 文件的压缩与打包

为了节约传输数据时的带宽、减少流量、方便传输，对于一定数量及规模的软件及文件，都要经过打包以及压缩之后，再进行上传、复制和备份等操作，其中，压缩是核心技术。

打包就是将若干个文件及目录，按序重新组合成一个整体，并赋予一个文件名标识，一般也要增加扩展名加以区分。

压缩就是将文件中的 0-1 字符串，按照一定的算法，重新统计计数，最终达到减少占用存储空间的目的。经过压缩的文件，一般也需要使用扩展名加以区分。

压缩的逆过程，一般称为解压缩。

5.1.1 压缩技术

在计算机中，所有数据都是以文件的形式进行存储的。并且，不管文件中包含什么样的数据类型、数据格式，任何文件的内容最终都是由 0-1 字符串组成的。因此从数学的角度，找到一种或多种方法，对 0-1 字符串重新进行合理统计计数，达到减少占用存储空间的目的是完全可能的。压缩技术因此产生，反映到 Linux 系统中，就是各种常用的压缩命令，主要包括 gzip、bzip2、xz 等。

如果文件数量比较多，即使单独完成了每个文件的压缩，容量减少了很多，但在利用网络分别传输很多文件时，仍然是一件很麻烦的事。打包操作就成为必不可少的过程，tar 是将多个文件组合成一个文件的打包命令，此命令还能够与压缩命令结合在一起使用，同时完成打包及压缩操作。

因此，为了便于区别压缩文件所使用的压缩方法，同时也为了在解压缩（压缩的逆过程）时，能够使用正确的命令，选择正确的算法完成解压缩过程，各类计算机系统都使用不同的文件扩展名进行标识，具体如下。

*.zip	zip 算法命令对应的压缩文件。
*.gz	gzip 算法的压缩文件。
*.bz2	bzip2 算法的压缩文件。
*.xz	xz 算法的压缩文件。
*.tar	tar 命令对应的打包文件，没有压缩。
*.tar.gz	使用 gzip 算法的打包压缩文件。
*.tar.bz2	使用 bzip2 算法的打包压缩文件。
*.tar.xz	使用 xz 算法的打包压缩文件。
*.rpm	CentOS、RHEL 等系统中的 rmp 格式的软件包文件。
*.deb	Ubuntu 等系统的 deb 格式的软件包文件。

5.1.2 压缩及打包命令

支持压缩及打包的命令较多，包括 gzip、bzip2、xz 和 tar 等，下面分别介绍。

1. gzip 命令

将文件及目录压缩成*.gz 格式存储，使用的压缩命令就是 gzip。gzip 命令还能够对自身的压缩文件进行逆操作——解压缩。

命令格式：gzip　[-options]　file | dir

主要功能：按照 options 指定的选项要求，对 file 或 dir 指定的文件及目录进行压缩/解压缩操作。不使用-d 选项就表示进行压缩，压缩后自动添加文件扩展名为*.gz。

注意：此命令执行后默认是将源文件删除。这一点与 Windows 系统的习惯不同。

常用的[-options]选项如下。

-c，--stdout，--to-stdout：压缩结果输出到标准输出设备上。

-d，--decompress：对压缩包进行解压缩。

-r，--recursive：按照递归的方式对目录下的所有文件进行压缩。

-l，--list：显示压缩文件的相关信息。

-v，--verbose：显示文件的压缩比。

-#，--fast，--best：符号#需要用一个具体数字替换。-1 压缩速度最快，压缩比最小；-9 速度最慢，压缩比最大；默认是-6。

```
[learn@ABCx ~]$ ll  sys*                          #查看当前目录下 sys 开头的所有文件
-rwxrwxr-x. 1 learn learn 373 Dec  5 14:48 sysinfo.sh
-rwx--x--x. 1 learn learn 769 Nov 24 10:30 sysvar.sh
[learn@ABCx ~]$ gzip  sys*                         #将 sys 开头的所有文件分别压缩
[learn@ABCx ~]$ ll                                 #检查，源文件被删除了
-rwxrwxr-x. 1 learn learn 304 Dec  5 14:48 sysinfo.sh.gz
-rwx--x--x. 1 learn learn 421 Nov 24 10:30 sysvar.sh.gz
[learn@ABCx ~]$ gzip -l sys*                       #显示压缩文件的压缩比
        compressed        uncompressed  ratio uncompressed_name
             304                 373 26.3% sysinfo.sh
             421                 769 48.9% sysvar.sh
             725                1142 39.0% (totals)
[learn@ABCx ~]$ gzip -d sys*                       #解压缩，gunzip 命令也是解压缩
[learn@ABCx ~]$ ll  sys*                           #压缩文件被删除，得到了解压缩的源文件
```

```
-rwxrwxr-x. 1 learn learn 373 Dec  5 14:48 sysinfo.sh
-rwx--x--x. 1 learn learn 769 Nov 24 10:30 sysvar.sh
```

执行 gzip 命令进行压缩，又不删除原来文件的方法如下。

```
[learn@ABCx ~]$ gzip -c sysvar.sh > sysvar.sh.gz          #使用输出重定向功能
[learn@ABCx ~]$ ll  sysv*
-rwx--x--x. 1 learn learn 769 Nov 24 10:30 sysvar.sh
-rw-rw-r--. 1 learn learn 421 Dec 13 12:07 sysvar.sh.gz
```

另外，对于*.zip 格式的文件可以使用 unzip 命令进行解压缩；zip 命令能够将文件及目录压缩成*.zip 格式存储。

2．bzip2 命令

命令格式：bzip2　[-options]　file｜dir

主要功能：按照 options 指定的选项要求，对 file 或 dir 指定的文件及目录进行压缩/解压缩操作。不使用-d 选项就表示进行压缩，压缩后自动添加文件扩展名为*.bz2。

常用的[-options]选项如下。

-c，--stdout，--to-stdout：压缩结果输出到标准输出设备上。

-d，--decompress：对压缩包进行解压缩。

-k，--keep：压缩时，保留源文件，不删除。

-v，--verbose：显示文件的压缩比。

-1 (or --fast) to -9 (or --best)：含义与前述一致。

bzip2 命令的压缩比大于 gzip。因此对于大文件的压缩时间也大于 gzip。

```
[root@ABCx ~]# bzip2 -c /etc/services > services.bz2          #不删除源文件的压
缩，请注意压缩结果是存放在当前目录中的
```

3．xz 命令

命令格式：xz　[-options]　file｜dir

主要功能：按照 options 指定的选项要求，对 file 或 dir 指定的文件及目录进行压缩/解压缩操作。不使用-d 选项就表示进行压缩，压缩后自动添加文件扩展名为*.xz。

常用的[-options]选项如下。

-c，--stdout，--to-stdout：压缩结果输出到标准输出设备上。

-d，--decompress：对压缩包进行解压缩。

-k，--keep：压缩时，保留原文件，不删除。

-l，--list：显示压缩文件的相关信息。

-#，--fast，--best：参见 gzip。

用法与 gzip 命令一致。

```
[root@ABCx ~]# xz -c /etc/services > services.xz          #与前面例子相同
[root@ABCx ~]# ll  services.*
-rw-r--r--. 1 root root 123932 Dec 13 20:28 services.bz2
-rw-r--r--. 1 root root 136088 Dec 13 20:28 services.gz
-rw-r--r--. 1 root root  99608 Dec 13 20:28 services.xz
```

4．tar 命令

tar 命令能够完成打包/解包、查询、压缩/解压缩等操作过程，因此选项比较多。想要了解更多选项，可以通过 man　tar 或 tar　--help 获得。

命令格式：tar　[-options]　[package_name]　source_name | source_directory

主要功能：按照 options 指定的选项要求，对源文件或目录进行打包/解包、查询、压缩/解压缩等操作。

常用的[-options]选项如下。

-c，--create：将源文件或目录打包成一个整体。

-x，--extract，--get：与-c 相反，将打包文件扩展成原来的文件或目录，即解包。

-C，--directory=DIR：指定解压路径。

-f，--file=ARCHIVE：指定包文件名，是 tar 命令必写的选项。

-t，--list：列表显示包中的文件。

-v，--verbose：显示命令的执行过程。

-z，--gzip：采用 gzip 进行压缩及解压缩。

-j，--bzip2：小写字母 j 表示采用 bzip2 进行压缩及解压缩。使用--bzip2 写法更直观。

-J，--xz：大写字母 J 表示采用 xz 进行压缩及解压缩。

使用 tar 打包及查看打包结果的操作命令如下。

```
[root@ABCx ~]# tar  -cf  etc.d.tar  /etc/*.d              #将/etc/下所有*.d 子目录打包
```

请注意：tar 命令先书写打包结果的包名称，然后才写源数据的位置，执行结果如下。

```
tar: Removing leading '/' from member names              #提示移除了前导的/。这样解包
时可以在工作目录下创建 etc 子目录
[root@ABCx ~]# ll  etc.d.tar                              #查看 tar 命令是否正确执行
-rw-r--r--. 1 root root 522240 Dec 13 19:18 etc.d.tar
[root@ABCx ~]# tar  -tf  etc.d.tar            #列表显示 etc.d.tar 包中的子目录及文件
......
etc/yum.repos.d/                                #将子目录及之下的文件都打包了
etc/yum.repos.d/myBase.repo
[root@ABCx ~]# tar  -tf  etc.d.tar  |  wc  -l            #查看打包子目录及文件的数量
337                                                      #与下条命令的结果不一致
[root@ABCx ~]# ll  /etc/*.d  |  wc  -l                   #检查 ll 命令的行数结果
388                                                      #不一致的原因如下
[root@ABCx ~]# ll  /etc/*.d
/etc/auto.master.d:
total 0                                                  #ll 命令中多了这样一些行
```

使用 tar 进行打包之后压缩操作的命令如下。

```
[root@ABCx ~]# tar  -czf  etc.d.tar.gz  /etc/*.d          #打包并按照 gzip 进行压缩
tar: Removing leading '/' from member names
[root@ABCx ~]# ll  etc*                                   #对照文件大小
-rw-r--r--. 1 root root 522240 Dec 13 19:43 etc.d.tar
-rw-r--r--. 1 root root  74563 Dec 13 19:53 etc.d.tar.gz
```

解压缩及解包的相关操作命令如下。

```
[root@ABCx ~]# tar  -xf  etc.d.tar   etc/yum.repos.d/myBase.repo  #仅从包中扩展出一
个 myBase.repo 文件
[root@ABCx ~]# ll  etc/                              #查看当前目录下的 etc 子目录内容
total 0
drwxr-xr-x. 2 root root 25 Dec 13 20:06 yum.repos.d
[root@ABCx ~]# ll  etc/yum.repos.d/                      #查看 yum.repos.d 文件
total 4
```

```
-rw-r--r--. 1 root root 632 May 23  2020 myBase.repo  #验证了仅扩展出此文件
[root@ABCx ~]# tar  -xzf  etc.d.tar.gz      #解压缩并解包，默认在当前目录下创建子目录
[root@ABCx ~]# ll  etc
total 24
drwxr-xr-x. 2 root root     6 Apr  1 2020 auto.master.d
......                                     #输出的其他部分省略
drwxr-xr-x. 2 root root    25 May 23 2020 yum.repos.d
```

将解压缩后的文件存放到其他路径，可以使用两种方法，第一种方法如下。

```
[root@ABCx opt]# cd  /opt/                 #如果需要解压缩到其他目录，可以先切换目录
[root@ABCx opt]# tar  -xzf  /root/etc.d.tar.gz     #然后使用绝对路径解压缩
```

第二种方法是使用-C 选项指定解压缩之后的存放路径，命令如下。

```
[root@ABCx ~]# tar  -Jxvf  linux--4.19.165.tar.xz  -C  /usr/src/kernels/
```

5.2　RPM 安装包管理工具

仅对文件或目录进行打包压缩，还不能满足系统管理的需要。因此，不同的发行版本按照各自系统的实际情况进行软件包的管理，形成了不同的包管理工具。在安装 CentOS 系统时，已经安装了若干个大小不同的软件包，才最终形成可以方便使用的操作系统。

5.2.1　安装包基础知识

由于 Linux 系统的发行版本众多，安装包的格式也是多种多样的，因此产生出不同的软件包管理工具，如 RPM、YUM、APT、Aptitude 等。这些包管理工具的功能是大同小异的，软件的安装、升级、查询以及卸载等基本功能是必不可少的。

1. 安装包的格式

各种安装包主要都是将可执行文件、配置文件、使用说明以及帮助文件等以压缩方式进行打包形成的，Linux 系统的安装包有以下几种格式。

1）DEB 格式：包的扩展名是*.deb 而得名。是 Debian 及 Ubuntu 等系统支持的标准格式。apt-get、APT、Aptitude 等管理工具均按照这种格式管理软件包。软件包名称形如apt-utils_1.0.1ubuntu2_amd64.deb、aptitude_0.8.10-6ubuntu1_amd64.deb。

2）RPM 格式：包的扩展名是*.rpm 而得名。是 Red Hat、CentOS、Fedora 及 SUSE 等系统支持的标准格式。RPM、YUM 等管理工具均采用这种格式。RPM 格式安装包的文件名称如python3-3.6.8-13.el7.x86_64.rpm，各部分含义如下。

python3：可以称为包名，是软件安装后的命令名或服务名。

3.6.8：软件当前的版本号。

13：当前版本的发布次数。

el7：与 RHEL7 版本保持兼容性，均可安装。

x86_64：这部分包括 i386、x86_64、noarch 等几种写法，含义分别是 Intel 386 以上 CPU、x86 系列的 64 位 CPU、与体系结构无关。

rpm：文件的扩展名部分，表明此文件是 RPM 格式的安装包。

在使用安装包进行各种命令操作时，安装及升级子命令经常使用的是带有全部信息的安装包全名，而在查询、卸载及校验等子命令中仅使用包名即可。

3）Tarball 格式：包的扩展名是*.tar.gz 或*.tar.bz2 而得名。源码包大部分是采用此种格式发

行的。在本机上使用源码包，需要配置、编译及安装等步骤。

2．软件的默认安装路径

软件的安装位置问题，是初学者经常感到非常困惑的，也是比较陌生的。实际上，Linux 系统下软件的安装路径，一般都直接使用系统的默认路径，具体如下。

1）配置文件：安装路径是在/etc/下，或在其下创建的子目录。

2）可执行文件：安装路径包括/bin/、/sbin/、/usr/bin/和/usr/sbin/，也包括在这些路径下创建的子目录。

3）系统服务文件：安装路径是/usr/lib/systemd/system/。CentOS 6 及之前的版本，系统服务的存放路径是/etc/rc.d/init.d，命令如下。

```
[root@XYZw ~]# ll  /etc/rc.d/init.d/                    #CentOS 6 系统的情况
-rwxr-xr-x. 1 root root 1287 Jun 19 2018 abrt-ccpp
......                                                  #输出的其他部分省略
-rwxr-xr-x. 1 root root 5071 May 11 2016 ypbind
```

4）链接库文件：一般是存放在/lib/、/slib/、/usr/lib/及/usr/lib64/之下及其子目录中。

5）使用手册及帮助文件：默认的路径是/usr/share/doc/及/usr/share/man/。

对于 Linux 系统比较熟悉之后，用户可以根据需要自己指定软件的安装路径。一般是先在/usr/local/目录下创建一个与软件名称（包括版本号）一致的子目录，然后将软件安装到此子目录中，安装过程中也会分别创建 etc/、bin/、lib/、doc/及 man/这些子目录，存放对应的文件。

3．RPM 包的依赖关系

使用 RPM 工具进行安装包的安装及删除操作时，需要注意安装包之间的依赖关系问题。

所谓的依赖关系就是，为了安装 A 软件，需要先安装 B 软件，而 B 软件的安装还需要先安装 C 软件等。有时依赖的是某个软件的静态或动态链接库文件。这样就使得安装命令字符串变得很长、很复杂。

其实一般的情况下，可以先把 A 软件的安装命令写好执行，然后根据错误提示，在刚才的命令基础上再增加安装 B、C 甚至是 D、E 软件的安装包名称，当然要包括路径。

5.2.2　RPM 工具的子命令

事实上，RPM 工具包括扩展名为*.rpm 的软件包和 rpm 命令。软件包的来源主要是下载的镜像光盘，其中 Packages 目录包含全部的 RPM 格式软件包，使用如下命令完成复制。

```
[root@ABCxg ~]# mkdir  /packages/                       #用于存储光盘上的 RPM 包
[root@ABCxg ~]# cp  /run/media/root/CentOS\ 7\ x86_64/Packages/*.rpm  /packages/
#将光盘上全部的 RPM 包复制到本机，并作为 YUM 本地仓库中的软件资源
```

rpm 命令功能较多，主要包括安装 install、升级安装 upgrade、查询 query、校验 verify 及卸载 erase 等子命令。

1．安装子命令 i（install）

命令格式：rpm -i[install-options] [path]<package_file> ......

主要功能：按照 install-options 指定的选项要求，将一个或多个<package_file>指定的安装包，按照默认位置安装到系统中。一般包名即命令名或服务名。

常用的[install-options]选项如下。

-i，--install：安装指定的软件包。

-v，--verbose：显示安装过程的详细信息。

-h，--hash：以#号显示安装进度。

--force：强制安装软件，将已经安装的软件替换。

--prefix　<path>：用户自行指定新的安装路径，不使用默认路径。

```
[root@ABCx ~]# rpm  -ivh  --force  /packages/httpd-2.4.6-90.el7.centos.x86_64.rpm
error: Failed dependencies:
httpd-tools = 2.4.6-90.el7.centos is needed by httpd-2.4.6-90.el7.centos.x86_64
```

上面的 error 表明需要依赖软件 httpd-tools，版本是 2.4.6-90。将依赖安装包写在上一条命令的后面，安装过程可以正常完成。如果没有安装过，则不需要--force 选项。

```
[root@ABCx ~]# rpm  -ivh  --force  /packages/httpd-2.4.6-90.el7.centos.x86_64.rpm
/packages/httpd-tools-2.4.6-90.el7.centos.x86_64.rpm
Preparing...                          ################################[100%]
Updating / installing...
1:httpd-tools-2.4.6-90.el7.centos     ################################[ 50%]
2:httpd-2.4.6-90.el7.centos           ################################[100%]
```

软件安装完成后，在上述的各个目录下创建子目录或复制相关文件，命令如下。

```
[root@ABCx ~]# ll   /usr/sbin/httpd                          #httpd 的可执行文件
-rwxr-xr-x. 1 root root 523640 Nov 17 00:19 /usr/sbin/httpd
[root@ABCx ~]# ll /etc/httpd/                    #在/etc/下创建 httpd 子目录保存配置文件
total 0
drwxr-xr-x. 2 root root  63 Dec 14 08:48 conf
drwxr-xr-x. 2 root root  82 Dec 14 08:48 conf.d          #其他的输出部分省略
[root@ABCx ~]# ll  /usr/lib/systemd/system/httpd.service  #系统服务文件
-rw-r--r--. 1 root root 752 Nov 27 2019 /usr/lib/systemd/system/httpd.service
[root@ABCx ~]# ll  /usr/share/doc/httpd-2.4.6/          #使用手册和说明文件
[root@ABCx ~]# ll  /usr/share/man/man8/httpd.8.gz       #帮助文件的位置
-rw-r--r--. 1 root root 1941 Apr  2 2020 /usr/share/man/man8/httpd.8.gz
```

对于已经安装的软件，上述几个目录都需要关注。特别是可执行文件、配置文件、系统服务文件的位置。

2．升级安装子命令 U（upgrade）

命令格式：rpm   -U [path]<package_file>   ......

主要功能：将一个或多个<package_file>指定的安装包，升级安装到系统中。

-U，--upgrade：升级已经安装的软件到新版本。如果没有安装过，则直接安装新版本。其他选项参照安装子命令。

```
[root@ABCx ~]# rpm  -Uvh  /packages/httpd-2.4.6-93.el7.centos.x86_64.rpm
 #已经安装过的软件包，卸载之后再次安装或升级安装都不再需要安装那些依赖软件（当前软件正常
使用及运行时，需要调用到的相关软件）了
Preparing...                          ################################ [100%]
Updating / installing...
  1:httpd-2.4.6-93.el7.centos          ################################ [100%]
```

3．查询子命令 q（query）

命令格式：rpm   {-q|--query}[query-options]   [<PACKAGE_NAME>]

主要功能：按照 query-options 指定的选项要求，查询<PACKAGE_NAME>指定的安装包是否安装及其他相关信息。

常用的[query-options]选项如下。

-q, --query：查询安装包是否安装到系统。

-a, --all：与 q 结合，表示查找已经安装的全部安装包。

-f, --file FILE：查询 FILE 所属的安装包。

-i, --info：查询已经安装的安装包详细信息。

-l, --list：查询后列出安装包中所有文件以及安装的路径。

-R, --requires：查询已经安装的包的依赖关系，或包是否安装。

-p, --package PACKAGE_FILE：查询未安装软件包的相关信息。

（1）-q 及-qa 的用法

```
[root@ABCx ~]# rpm -q httpd                        #单独使用-q，即查询包是否安装，卸载后显示
包没有安装
package httpd is not installed
[root@ABCx ~]# rpm -q httpd                        #没有卸载之前，输出安装包名称
httpd-2.4.6-93.el7.centos.x86_64
httpd-2.4.6-90.el7.centos.x86_64                   #显示当前系统安装了两个版本
[root@ABCx ~]# rpm -qa | more                      #查询已经安装的全部安装包
numad-0.5-18.20150602git.el7.x86_64
e2fsprogs-1.42.9-17.el7.x86_64                      #其他显示信息省略
[root@ABCx ~]# rpm -qa | grep vim                  #查询已经安装的包中是否有包含 vim 字符串的文件
vim-common-7.4.629-6.el7.x86_64
vim-filesystem-7.4.629-6.el7.x86_64
vim-minimal-7.4.629-6.el7.x86_64
vim-enhanced-7.4.629-6.el7.x86_64
```

（2）-qi 及-ql 的用法

```
[root@ABCx ~]# rpm -qi vim-common                  #查询 vim-common 包的详细信息
Name        : vim-common
Epoch       : 2
Version     : 7.4.629
Release     : 6.el7
Architecture: x86_64
Install Date: Fri 11 Dec 2020 07:18:48 PM CST      #输出信息较多，其他信息省略
[root@ABCx ~]# rpm -ql vim-common | grep example   #查询已安装的软件包 vim-
common，是否有包含 example 字符串的文件
/usr/share/vim/vim74/gvimrc_example.vim
/usr/share/vim/vim74/macros/urm/examples
/usr/share/vim/vim74/vimrc_example.vim             #查看此文件后可知，vim 配置文
件的注释使用"，而不是#。注意此为个例，大部分配置文件都使用#作为注释
```

（3）-qf 的用法

```
[root@ABCx ~]# rpm -qf /usr/bin/cp                 #查询 cp 命令所在的包
coreutils-8.22-24.el7.x86_64
[root@ABCx ~]# rpm -qf /usr/sbin/ifconfig          #查询 ifconfig 所在的包
net-tools-2.0-0.25.20131004git.el7.x86_64
```

（4）-qR 的用法

```
[root@ABCx ~]# rpm -qR gcc                          #查询已经安装的包的依赖关系
......
cpp = 4.8.5-39.el7
```

```
glibc-devel >= 2.2.90-12
ld-linux-x86-64.so.2()(64bit)
ld-linux-x86-64.so.2(GLIBC_2.3)(64bit)                    #省略了后面的输出部分
[root@ABCx ~]# rpm  -qR /packages/httpd-2.4.6-90.el7.centos.x86_64.rpm
 #查询 httpd 包是否安装，未安装包需要写绝对路径，
package /packages/httpd-2.4.6-90.el7.centos.x86_64.rpm is not installed
[root@ABCx ~]# rpm  -qRp /packages/httpd-2.4.6-90.el7.centos.x86_64.rpm
 #查询未安装的 httpd 包的依赖关系及相关信息
/etc/mime.types
system-logos >= 7.92.1-1
httpd-tools = 2.4.6-90.el7.centos                         #省略后面的输出部分
```

4．校验安装包子命令 V（verify）

命令格式：rpm　{-V|--verify}　PACKAGE_NAME

主要功能：对已经安装到系统的软件包进行多方面的校验。

校验安装包的内容较多，包括数字证书等问题，请参见文献[6]。这里仅给出一个简单的例子，命令如下。

```
[learn@ABCx ~]$ rpm --verify httpd                       #校验 httpd 软件包
missing     /run/httpd/htcacheclean (Permission denied)
..?......   /usr/sbin/suexec
missing     /var/cache/httpd/proxy (Permission denied)
[learn@ABCx ~]$ su -                                      #切换到 root
[root@ABCx ~]# rpm  -V httpd              #没有输出表示 httpd 服务没有被修改过
```

5．卸载安装包子命令 e（erase）

命令格式：rpm　{-e|--erase}　PACKAGE_NAME

主要功能：卸载已经安装到系统中的软件包。

-e 子命令仅能够卸载软件包本身，已经安装的依赖软件则不会一起卸载。

```
[learn@ABCx ~]$ rpm -e httpd             #普通用户没有删除、安装软件的权限
error: can't create transaction lock on /var/lib/rpm/.rpm.lock (Permission denied)
[root@ABCx ~]# rpm --erase httpd                         #root 有权限卸载软件包
[root@ABCx ~]# ll /etc/httpd/                    #此目录下的其他文件及子目录都删除了
total 0
drwxr-xr-x. 2 root root 32 Dec 14 10:37 conf
[root@ABCx ~]# ll /usr/lib/systemd/system/htt*           #系统服务已经不存在了
ls: cannot access /usr/lib/systemd/system/htt*: No such file or directory
```

5.2.3　安装 GCC 编译器

GCC 编译器的安装，与最初安装 CentOS 系统时选择的软件包有关。如果选择了开发工具（Development Tools）软件包，则安装 GCC 时不需要其他依赖文件。如果没有选择，则需要多个依赖软件包。选择情况如图 5-1 和图 5-2 所示。具体执行的命令如下。

```
[root@ABCx ~]# rpm -q gcc                 #查询 GCC 是否安装，输出包名表示已经安装了
gcc-4.8.5-39.el7.x86_64                               #表明已经安装了
[root@ABCx ~]# rpm -e gcc                             #先卸载已经安装的包
[root@ABCx ~]# rpm -Uvh /packages/gcc-<tab><tab>           #按两次〈Tab〉键
gcc-4.8.5-39.el7.x86_64.rpm          gcc-gnat-4.8.5-39.el7.x86_64.rpm
gcc-c++-4.8.5-39.el7.x86_64.rpm      gcc-objc-4.8.5-39.el7.x86_64.rpm
gcc-gfortran-4.8.5-39.el7.x86_64.rpm gcc-objc++-4.8.5-39.el7.x86_64.rpm
```

113

```
[root@ABCx ~]# rpm  -Uvh  /packages/gcc-4<tab>.8.5-39.el7.x86_64.rpm
Preparing...                   ############################## [100%]
Updating / installing...
1:gcc-4.8.5-39.el7              ############################## [100%]
```

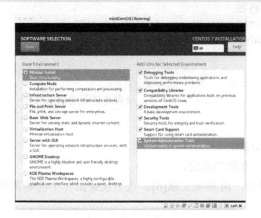

图 5-1　选择了开发工具包

图 5-2　没有选择开发工具包

如果安装时选择最小化安装模式，但是选择了开发工具包，则情形与上面例子一致。下面是没有选择开发工具包的情况，命令执行如下。

```
[root@ABCxg Packages]# rpm  -ivh  gcc-4.8.5-39.el7.x86_64.rpm  \
glibc-devel-2.17-292.el7.x86_64.rpm cpp-4.8.5-39.el7.x86_64.rpm  \
glibc-headers-2.17-292.el7.x86_64.rpm                      #需要三个依赖文件
warning: gcc-4.8.5-39.el7.x86_64.rpm: Header V3 RSA/SHA256 Signature, key ID
f4a80eb5: NOKEY
Preparing...                   ############################## [100%]
Updating / installing...
1:glibc-headers-2.17-292.el7    ############################## [ 25%]
2:glibc-devel-2.17-292.el7      ############################## [ 50%]
3:cpp-4.8.5-39.el7              ############################## [ 75%]
4:gcc-4.8.5-39.el7              ############################## [100%]
```

下面是 CentOS 6.5 安装 GCC 的情况。需要如下四个软件包，分别是 cloog-ppl、cpp、ppl、mpfr。

在输入安装命令时，可以先输入 GCC 包，执行后，按照错误提示，继续输入其他软件包，即可一步步完成安装过程。另外需要说明的是，这些依赖关系的确定与安装 Linux 系统时选择默认的桌面环境有关联。

```
[root@ABCx30 ~]# rpm  -ivh  /packages/gcc-4.4.7-4.el6.i686.rpm  \
/packages/cloog-ppl-0.15.7-1.2.el6.i686.rpm /packages/cpp-4.4.7-4.el6.i686.rpm  \
/packages/ppl-0.10.2-11.el6.i686.rpm  /packages/mpfr-2.4.1-6.el6.i686.rpm
warning: /packages/gcc-4.4.7-4.el6.i686.rpm: Header V3 RSA/SHA1 Signature, key ID
c105b9de: NOKEY
Preparing...                   ############################################ [100%]
1:mpfr                          ############################################ [ 20%]
2:cpp                           ############################################ [ 40%]
3:ppl                           ############################################ [ 60%]
4:cloog-ppl                     ############################################ [ 80%]
5:gcc                           ############################################ [100%]
```

5.3 YUM 安装包管理工具

使用 RPM 工具安装软件包，比较麻烦的是要不断解决软件之间的依赖关系，甚至安装依赖软件完成后，还会出现版本不一致的问题。

为此，开源社区经过多年的开发和积累，推出了 YUM（Yellow dog Updater，Modified）以及 APT（Advanced Packaging Tool）等软件包管理工具，以解决安装软件时的依赖性问题。其中，APT 是 Debian 和 Ubuntu 系列发行版使用的安装包管理工具；YUM 是 RedHat 和 CentOS 系列发行版使用的安装包管理工具。YUM 的更多信息可以访问 http://yum.baseurl.org。

设计 YUM 工具的宗旨是，自动化地完成 RPM 安装包的升级、安装、移除、校验、查询等工作。为此，需要事先分析 RPM 包的相关信息，检查依赖性，然后创建数据库，并建立索引。

YUM 安装包管理工具包括 YUM 软件包仓库、yum 命令、第三方插件及 YUM 缓存等部件。

5.3.1 YUM 的软件仓库

CentOS 在多个镜像网站存储了用于在线安装、升级的软件仓库。yum 命令运行时会根据本机的仓库配置文件的设定，按照网络状况选择这些网站中的某一个来完成安装过程。

镜像网站列表可以通过访问 https://www.centos.org/download/mirrors 获得。国内常用的镜像网站如下。

```
https://mirrors.tuna.tsinghua.edu.cn/centos/          清华大学开源镜像
https://mirrors.bit.edu.cn/centos/                    北京理工大学开源镜像
https://mirrors.aliyun.com/centos                     阿里云开源镜像
```

其他的镜像网站这里不再罗列。各个网站提供的软件仓库通常包括 CentOS 的多个发行版本，用户可以根据自己的实际情况选择，写在配置文件的 baseurl 行，即可按照指定的网站地址进行软件安装及升级。

在使用网络软件仓库时，要查找本机的仓库配置文件，共有 7 个，具体如下。

```
[root@ABCxg ~]# ls  /etc/yum.repos.d/              #仓库配置文件在本机的具体位置
CentOS-Base.repo CentOS-Debuginfo.repo  CentOS-Media.repo  CentOS-Vault.repo
CentOS-CR.repo    CentOS-fasttrack.repo  CentOS-Sources.repo
```

仓库配置文件的扩展名必须是*.repo。下面以 CentOS-Base.repo 配置文件为例，讨论仓库设定的基本内容，命令如下。

```
[root@ABCxg ~]# vim  /etc/yum.repos.d/CentOS-Base.repo
......                                               #注释说明部分，省略
[base]              #方括号[]中是仓库的名称，base 表示此版本的所有软件包
name=CentOS-$releasever - Base                     #是名称说明信息
mirrorlist=http://mirrorlist.centos.org/?release=$releasever&arch=$basearch&repo=
os&infra=$infra       #通过 CentOS 镜像网站列表搜索可用的网站地址，使用此地址进行安装
#baseurl=http://mirror.centos.org/centos/$releasever/os/$basearch/      #直接使用
CentOS 的镜像网站进行安装
gpgcheck=1                          #RPM 数字证书是否生效，1 表示生效，0 表示不生效
gpgkey=file:///etc/pki/rpm-gpg/RPM-GPG-KEY-CentOS-7   #数字证书公钥文件
enabled=1                    #此仓库是否启用，没有此行或为 1 表示启用，为 0 则不启用
......                                               #其他仓库与此类似，省略
```

CentOS-Base.repo 配置文件不加修改，则执行 yum 命令时，将根据 mirrorlist 行搜索到的网

站地址进行安装升级等操作。使用 baseurl 行指定固定网站地址的示例如下。

```
[root@ABCx ~]# vim  /etc/yum.repos.d/CentOS-Base.repo
[baseMy]
name=CentOS-$releasever - myBase
#mirrorlist=http://mirrorlist.centos.org/?release=$releasever&arch=$basearch&repo
=os&infra=$infra                                         #此行注释掉, 不需要搜索
    baseurl=http://mirror.bit.edu.cn/centos/$releasever/os/$basearch/
    #去掉此行行首符号#, 指定使用速度性能较好的北京理工大学开源软件镜像。下面的其他部分都不
需要修改
    gpgcheck=1
    gpgkey=file:///etc/pki/rpm-gpg/RPM-GPG-KEY-CentOS-7
```

下面的例子都是在此配置文件基础上完成的。在网络受限的情况下, 也可以配置本地的 YUM 仓库, 具体过程在 5.3.3 节介绍。

5.3.2 yum 的常用子命令

yum 命令能够完成软件包、软件组群的安装、升级、卸载及查询等主要功能。

命令格式: yum [options] [command] [package ...]

常用的[options]选项如下。

-h, --help: 显示帮助信息并结束 yum 的执行。

-v, --verbose: 显示命令执行过程。

-y, --assumeyes: 对于 yum 的所有提问, 全部回答 yes。

--installroot=[path]: 指定安装软件的根目录。

yum 命令的选项部分还有许多, 可以参见帮助显示的信息。其子命令[command]部分经常使用, 其功能强大, 具体如下。

1. 帮助功能

```
[root@ABCxg ~]# man  yum                              #yum 命令详尽解释
[root@ABCxg ~]# yum  --help                           #直观简洁的说明
[root@ABCxg ~]# yum                                   #与--help 一致
```

2. 查询软件包

可以使用 list、search、info 及 provides 等子命令进行相关查询及关键字检索, 其格式及含义如下。

1) yum list 软件包名   查询所有可用的软件包。

2) yum info 软件包名   查询指定软件包的详细信息。

3) yum search 关键字   搜索包含关键字的软件包。

4) yum provides 关键字   搜索包含关键字的软件包的更多信息。

下面以 list 和 info 为例展示具体使用方法。

```
[root@ABCx ~]# yum  list  python3*        #查询网站上所有可用的 python3 开头的包, 可
以使用通配符
    ......Available Packages
    python3.i686            3.6.8-18.el7              updates
    python3.x86_64          3.6.8-18.el7              updates
    ......                                                          #中间部分省略
    python3-wheel.noarch    0.31.1-5.el7_7            baseMy
```

```
[root@ABCx ~]# yum  info  python3              #给出明确的包名称，如果使用通配符则
将所有的以 python3 开头的包信息都输出
Loaded plugins: fastestmirror, langpacks
......Available Packages                        #表明是可用的未安装的安装包
Name         : python3......
```

3. 安装、卸载、升级软件包

命令格式及含义：yum install 软件包名   安装软件包。
命令格式及含义：yum remove 软件包名   卸载软件包。
命令格式及含义：yum update [软件包名]   升级软件包或已经安装的包。

```
[root@ABCx ~]# yum  -y  install  kernel  kernel-headers  kernel-devel   #可以同时
安装多个软件包，重新安装使用 reinstall 子命令即可
[root@ABCx ~]# yum  -y  install  python3*    #使用通配符也可以，在编者的机器上共
安装了 13 个 python3 的包以及 8 个依赖包，功能很强大
[root@ABCx ~]# yum  remove  python3*         #仅卸载了以 python3 开头的包，已经安
装的 8 个依赖包并没有移除
[root@ABCx ~]# yum  list  dwz                #检查其中的 dwz 包的信息
......Installed Packages                      #表明是已经安装的包
dwz.x86_64                      0.11-3.el7                  @baseMy
[root@ABCx ~]# yum  list  python3*           #再次查询，表明都是可用的，没有不可
用的安装包，输出内容省略
```

同样，可以使用 yum install 命令安装 Qt5。Qt5 是 Linux 下 C++的集成开发环境，能够完成 C++图形界面的可视化编程，其源程序在 Linux 及 Windows 系统下只要分别重新编译即可运行，不需要修改源代码。

```
[root@ABCx ~]# yum  install  qt5-*           #安装 qt5-开头的所有软件包。安装之前
可以先使用查询命令了解 qt5-*包的基本情况
```

update 子命令能够完成当前系统的升级安装。

```
[root@ABCx ~]# yum  update                    #命令中没有写具体的包名称，则对当前
系统进行升级安装，也可以对具体的某个包进行升级安装
......Install   1 Package
Upgrade  397 Packages......
```

4. 软件组群管理

yum 命令不仅能够对软件包进行操作，还可以对由多个软件包组成的软件组群进行一次性处理，相关子命令如下。

```
yum  group  list  [PACKAGE]                   #查询可用的软件组群有哪些
yum  group  summary                           #统计已经安装的及可用的软件组群信息
yum      group      info   [PACKAGE|all|available|installed|updates|distro-
extras|extras|obsoletes| recent]              #查询软件组群或其他选项规定的信息
yum  group  install  PACKAGE                  #安装软件组群，list 子命令能够查询到名称
yum  group  update  [PACKAGE]                 #升级软件组群或已经安装的组群
yum  group  remove  PACKAGE                   #移除软件组群
```

软件组群管理子命令的具体用法参见如下示例。

```
[root@ABCx ~]# yum  group  list               #查询可用的软件组群及环境组群，也能够查询
具体的软件组群名称，其他的不显示。可以通过此命令了解有哪些是可用的软件组群
......Available Environment Groups:
  Minimal Install    ......
```

117

```
Available Groups:
......   Development Tools    ......
Done
[root@ABCx ~]# yum group summary                        #显示可用软件组群的数量
......Available Environment Groups: 10
Available Groups: 10
Done
[root@ABCx ~]# yum group install "Development Tools"    #使用组群安装命令，安装开发工
具软件组群，名称可以list子命令的结果中查询到，通过粗体部分进行对照
......Install 23 Packages (+17 Dependent packages)      #此次安装软件包及依赖包的数
量，下面是升级的数量，其他输出部分省略
Upgrade          ( 10 Dependent packages)    ......
```

5.3.3 创建本地仓库

CentOS 系统光盘上已经包含了当前版本的数千个软件包，可以作为建立本地 YUM 仓库的 RPM 包资源。创建本地 YUM 仓库时，需要使用 createrepo 命令建立 RPM 包的索引。主要步骤如下，更进一步的内容参见实验 6。

1）将光盘上 Packages 子目录下的所有 RPM 包文件复制到本地目录/packages 下。

```
[root@ABCx ~]# mkdir /packages                          #创建子目录保存 RPM 包文件
[root@ABCx ~]# ll /run/media/root/CentOS\ 7\ x86_64/    #查看 CentOS 7 目录
[root@ABCx ~]# cp /run/media/root/CentOS\ 7\ x86_64/Packages/*.rpm /packages
```

上述 cp 命令能够将所有*.rpm 包文件复制到/packages 目录下，构成本地仓库主体，方便随时使用。CentOS 7 提供的软件包有 4000 多个；CentOS 6.9 提供的软件包有 3200 多个。

2）安装 createrepo 软件及依赖文件。CentOS 7 系统的 createrepo 命令已经安装，之前版本的系统中需要使用 rpm 命令进行安装。

提示：多数情况下，安装的软件包名即安装后系统中的命令名或服务名。5.3.4 节安装的 python3-pip 仅是个例。

```
[root@ABCx30 ~]# rpm -ivh /packages/createrepo-0.9.9-18.el6.noarch.rpm  \
/packages/python-deltarpm-3.5-0.5.20090913git.el6.i686.rpm    \
/packages/deltarpm-3.5-0.5.20090913git.el6.i686.rpm           #安装 createrepo 需要两
个依赖文件，在命令的后面接续写下去，Bash 会自动换行，这是 CentOS 6.5 下的情况
warning: /packages/createrepo-0.9.9-18.el6.noarch.rpm: Header V3 RSA/SHA1
Signature,
 key ID c105b9de: NOKEY
Preparing...              ################################# [100%]
1:deltarpm                ################################# [ 33%]
2:python-deltarpm         ################################# [ 67%]
3:createrepo              ################################# [100%]
```

3）执行 createrepo 命令，分析 RPM 包的相关信息，检查依赖性，然后创建基于 XML 的元数据仓库，并建立便于快速检索的索引。

```
[root@ABCx ~]# createrepo -v /packages/              #此命令的执行结果都保存在新创建的
/packages/repodata/子目录下。-v 选项用于显示运行的过程。需要运行一段时间
```

4）编写使用此本地仓库的配置文件，具体命令如下。

```
[root@ABCx ~]# mkdir /etc/yumbak                     #创建此目录，保存原来的仓库配置文件
```

```
[root@ABCx ~]# mv  /etc/yum.repo.d/*  /etc/yumbak      #将*.repo 文件剪切到 yumbak
[root@ABCx ~]# cp  /etc/yumbak/CentOS-Base.repo  /etc/yum.repos.d/myBase.repo
```

这个 cp 命令仅复制一个配置文件到 yum.repo.d/子目录下，并且改名。

```
[root@ABCx ~]# vim  /etc/yum.repos.d/myBase.repo      #编辑本地仓库
......                                #前面的均为注释，省略无关内容，也可以删除
[baseLocal]
name=CentOS-$releasever - Base
#mirrorlist=http://mirrorlist.centos.org/?release=$releasever&arch=$basearch&repo=os&infra=$infra
#此行注释掉，不需要搜索
baseurl=file:///packages/                #去掉此行行首的注释符号#，指定使用本地仓库
gpgcheck=1
gpgkey=file:///etc/pki/rpm-gpg/RPM-GPG-KEY-CentOS-7
enabled=1                          #添加此行明确表示启用此仓库，其他行均可以删除
```

至此，本地仓库及其配套的配置文件创建编辑完成，现在可以根据需要安装软件了。当然还需要不断地积累才能够掌握更多要安装的软件包的名称。

5.3.4　Ubuntu 安装包管理

一般来说，软件包管理工具都具有查询、安装、升级以及删除软件包等基本功能。Ubuntu 的包管理工具同样具有这些功能，经常使用的是 APT、Aptitude 及 Synaptic 三个工具。其中 APT 是一个通用的综合软件包管理工具，apt 是具体的管理命令。apt 的子命令能够完成软件包的安装升级等管理操作，见表 5-1。

表 5-1　apt 的子命令及功能含义

子命令	功能及含义
update	在所有已经配置的软件仓库资源中查找并更新本地的软件包索引
upgrade	更新升级软件包，删除原来的软件包
full-upgrade	更新升级全部软件包，删除原来的软件包
list	查询软件包相关信息
search	安装关键字搜索查找
show	显示软件包的详细信息
install/reinstall	安装或重新安装软件包
remove/autoremove	卸载或自动卸载软件包

apt 命令的使用方法如下。

```
learn@learn0:~$ sudo  apt  update         #不需要其他参数，在所有已经配置的软件仓库
资源中查找并更新本地的软件包索引，必须以 sudo 方式执行
[sudo] password for learn:               #sudo 方式需要验证密码
Hit:1 http://cn.archive.ubuntu.com/ubuntu focal InRelease
......           #
26 packages can be upgraded. Run 'apt list --upgradable' to see them.
learn@learn0:~$ sudo  apt  full-upgrade          #现在可以更新全部软件包

learn@learn0:~$ apt  list  python3-pip*          #查询 python3-pip 开头的软件包
learn@learn0:~$ apt  search  python3-pip          #按照关键字搜索查找
learn@learn0:~$ apt  show  python3-pip          #显示软件包的详细信息
learn@learn0:~$ sudo  apt  reinstall  python3          #重新安装 Python 3 软件
```

```
Reading package lists... Done
learn@learn0:~$ sudo apt install python3-pip        #安装 python3-pip 软件
learn@learn0:~$ pip3 install opencv                 #安装后的命令是 pip3
learn@learn0:~$ apt search python3-pip
```

与 apt 命令相关的目录及文件如下。

/etc/apt 目录：是 APT 工具的配置文件相关目录。

/etc/apt/source.list 文件：保存了系统的软件仓库的相关信息。

/var/lib/apt/目录：软件包索引信息。

/var/cache/apt/archives/目录：本地缓存目录，包含最近下载的软件包。

apt 命令能够完成之前版本 apt-get、apt-cache 和 apt-config 三条命令的绝大部分功能。因此，在文献或者资料中，使用 apt-get 等命令时基本上都可以用 apt 替换。

关于 Ubuntu 下的 apt 命令，更详细的内容请参见参考文献[4]。

5.4 源码包的编译与安装

在操作系统层面上的系统软件、应用软件大部分都是用 C 语言编写完成的。对于 C 语言的源码包，其编译安装过程主要使用的是 GCC、Make 工具。内核源码包可以直接从网上下载。编译安装内核源码包是嵌入式开发的一个基本步骤。

5.4.1 GCC 编译器

GCC 是 GNU 计划中 C 及 C++语言的编译器，也就是将高级语言程序转化为对应的机器指令代码的一种软件。GCC 功能完善且强大，可以使用的选项达上千项。下面仅举例说明，将 C 语言源代码编译成机器指令的主要步骤，详细的预处理、编译、汇编及链接等过程的解释说明，参见 man gcc 及其他参考资料。

1. 安装 GCC

除了使用 rpm 命令之外，使用 yum 命令进行 GCC 安装更加方便。

```
[root@ABCx ~]# yum reinstall gcc             #已经安装过，reinstall 重新安装
[root@ABCx ~]# yum info gcc                   #查看软件包信息
......
Installed Packages                            #显示已经安装，其他部分均省略
```

2. 编写 C 语言程序

使用 vim 进行源程序的编辑修改，命令如下。

```
[root@ABCx ~]# vim cproject/tri.c            #编辑 tri.c 文件
1 #include "stdio.h"
2 void main( )
3 {
4     int i, j, LineNum = 9;
5     printf( "\nHello! output Triangle!\n");
6     for ( i = 0; i < LineNum; i++ )
7     {
8         for ( j = 0; j < LineNum - i; j++ )
9             printf( " " );
10        for ( j;    j < LineNum + 1; j++ )
11            printf( "* " );
```

```
12        printf( "\n" );
13    }
14    printf( "\n" );
15 }
```

这段程序最左侧的行号，是在 vim 工具中使用:set　nu 命令产生的，不需要输入。

3．对源代码进行编译

命令格式：gcc　[options]　源程序

主要功能：按照 options 指定的选项要求，将源程序代码按照预处理、编译、汇编、链接的步骤转化成机器指令，每一步都可以保存相应的文件。

常用的[options]选项如下。

--help：显示 GCC 的简要帮助信息并结束执行。

-E：仅完成预处理过程，没有执行汇编等后续步骤。

-S：将源程序转化成汇编指令代码，一般使用扩展名*.S 或*.s。

-c：产生目标文件指令代码，扩展名为*.o。

-o：上述三种类型的且可执行的文件均可以用-o 选项指定输出文件名。不指定输出文件名时，生成的可执行文件默认是 a.out；其他中间文件是文件名加规定的扩展名。

-I：指定包含文件的额外搜索路径。

-L：指定链接库文件的额外搜索路径。

```
[root@ABCx ~]# gcc  cproject/tri.c  -o  cproject/tri   #不使用其他选项，表示对源程序
tri.c 执行整个编译过程。-o 选项指定了编译结果，也就是可执行文件的名称
[root@ABCx ~]# cproject/tri                           #执行编译后的可执行程序
[root@ABCx ~]# gcc    cproject/tri.c        #不使用-o 选项，则在当前目录生成 a.out 可执
行文件
[root@ABCx ~]# gcc  -c  cproject/tri.c      #在当前目录生成 tri.o 目标文件
```

5.4.2　Make 工具及 Makefile 文件

GCC 能够完成每一个源程序文件的编译过程，得到可执行文件。实际上具有一定规模的工程可能具有上万个源程序，手工输入命令完成编译过程或使用简单的批处理过程进行都是不现实的，Make 工具因此产生。

Make 工具使用 Makefile 文件，并按照其指定的相关规则完成整个工程的编译过程。这里的工程是包含大量源程序文件的一个集合。Makefile 文件名称可以是 GNUmakefile、makefile 和 Makefile 三个文件名中的任何一个，Make 工具工作时，按照顺序搜索到第一个，并读取其内容，然后执行编译过程。

Makefile 文件的基本构成比较容易掌握和理解，具体如下。

```
1  #注释
2  变量定义
3  目标:依赖文件1  依赖文件2  ......
4  <tab>命令  选项  参数
......                                          #上述内容是可以重复的
```

下面分别说明 Makefile 中各行的含义及作用。第 1 行是用#号开头的注释行，Linux 系统中提供了丰富的注释对文件内容做出尽量详尽的解释。

接下来是变量定义部分，可以有多行，并且定义的变量尽量使用大写字母以示区别，命名变量尽量含义清楚，如 CC、CFLAGS、OBJS 等。另外，Make 工具同时还支持许多预定义的内

部变量。

上面的第 3、4 行称为生成目标文件的规则，也是 Makefile 文件的主要部分。这种规则也可以多次应用，生成不同的目标。表明的含义是对依赖文件执行命令，按照选项及参数的指定生成目标文件。

事实上，Makefile 文件还包含许多其他的辅助性语句。

下面，动手写一个简单的 Makefile 文件，以说明其主要工作过程。假设工程中包括 main.c、hello.c、tri.c 三个源程序文件以及对应的头文件。最终需要编译出 trihard 可执行文件。当然也需要假设文件中不包含语法错误，否则执行过程会报告错误而停止。完成这一功能的 Makefile 文件内容如下。

```
#makefile: trihard                              #注释部分
trihard:main.o  hello.o  tri.o                  #最终目标
    gcc  -o  trihard  main.o  hello.o  tri.o    #得到最终目标需要执行的命令
main.o:main.c  main.h                           #最终目标的依赖目标
    gcc  -o  main.o  -c  main.c                  #需要执行的命令
hello.o:hello.c  hello.h                         #第二个依赖目标
    gcc  -o  hello.o  -c  hello.c
tri.o:tri.c  tri.h                               #第三个依赖目标
    gcc  -o  tri.o  -c  tri.c
```

以上是 Makefile 文件的主要规则部分。在执行 Make 命令时，需要找到 Makefile，读取其中的规则。此文件一般都与源文件放在相同的子目录下。如果工程文件比较多，就在工程目录下创建子目录，分门别类地存放源文件，工程目录的最上层一定包含 Makefile 文件，甚至二级、三级子目录下也会包含各自的 Makefile 文件。其名字一样，但内容和作用完全不同。

读取规则后，就要生成 trihard 目标；由于依赖文件还不存在，目标暂时无法生成。所以需要先生成各个依赖文件对应的子目标：main.o、hello.o、tri.o；生成这些子目标时都使用 GCC 编译器，并按照-c 选项的指定生成目标文件，即对应的*.o 文件。这些子目标都生成完毕之后，重新执行 trihard 目标的生成，同样使用了 GCC。

对于大型的工程，上述写法还是非常麻烦的，所以就可以使用变量进行替换。另外还可以增加 Makefile 文件中包含的不同目标。可以将上面的例子修改成如下形式。

```
#makefile: trihard
CC=gcc
CFLAGS=-o
OBJS=hello.o  tri.o
trihard:$(OBJS)
    $(CC)  $(CFLAGS)  trihard  $(OBJS)
main.o:main.c  main.h
    $(CC)  $(CFLAGS)  main.o  -c  main.c
hello.o:hello.c  hello.h
    $(CC)  $(CFLAGS)  hello.o  -c  hello.c
tri.o:tri.c  tri.h
    $(CC)  $(CFLAGS)  tri.o  -c  tri.c
install:
    cp  trhard  /usr/bin
clean:
    rm  -fR  *.o
```

这个 Makefile 文件多了 install 和 clean 两个目标。但与其他目标又有区别，即没有依赖文件，不妨称其为伪目标。因此在执行 make 命令时，需要明确说明执行的伪目标：make　install 或 make　clean。如果仅执行 make 命令，则不执行伪目标，其他目标都要执行。

上述例子，使用变量替换之后似乎更加麻烦了。实际上，使用字符串的添加、删除操作能够更加灵活地适应文件名、选项及其他的复杂多变的情况。

内核的 Makefile 文件比较复杂，节选一些内容如下。

```
[root@ABCx ~]# vim  /usr/src/kernels/linux-4.19.165/Makefile      #共计 1768 行
1050 vmlinux: scripts/link-vmlinux.sh autoksyms_recursive $(vmlinux-deps) FORCE
1051 ifdef CONFIG_HEADERS_CHECK
1052        $(Q)$(MAKE) -f $(srctree)/Makefile headers_check
1053 endif
1054 ifdef CONFIG_GDB_SCRIPTS
1055        $(Q)ln -fsn $(abspath $(srctree)/scripts/gdb/vmlinux-gdb.py)
1056 endif
1057        +$(call if_changed,link-vmlinux)
......                                                          #其他内容省略
```

事实上，复杂工程的 Makefile 文件可能会有多个，分散在不同的子目录中，完成各自的目标规则。由于书写 Makefile 文件是比较复杂的，因此可以使用辅助工具自动生成，如 Autoconf、Automake 等。

5.4.3　内核源代码下载及编译

默认情况下，Linux 内核不支持 Windows 的 NTFS 格式，这里提供内核升级的方法及过程，并同时加入对 NTFS 类型格式的支持选项。

升级前的启动菜单选项如图 5-3 所示。升级后的启动菜单选项如图 5-4 所示。可以明确看出多了一个 4.19.165 内核的选项。此时按上下方向键可以选择用不同的内核来启动 Linux 系统。

　　图 5-3　升级前的启动菜单选项　　　　　　　图 5-4　新内核启动菜单

（1）系统内核源码包下载

访问 www.kernel.org，下载长期支持的内核版本，这里选择的是 4.19.165 版本。也可以访问国内网站，如 mirrors.tuna.tsinghua.edu.cn/kernel/v4.x/，下载速度较快，也有较多的选择。本次下载的软件包名称是 linux-4.19.165.tar.xz。

如果在 Windows 系统中完成下载，可以通过共享文件目录方式，复制到 Linux 系统。方法可以参见实验 2，命令如下。

```
[root@ABCx ~]# cp  /mnt/jshare/linux-4.19.165.tar.xz    #复制到当前目录中
```

（2）解压源代码

```
[root@ABCx ~]# tar  -Jxf  linux-4.19.165.tar.xz   -C  /usr/src/kernels/ #将内核源
```

码包解压缩到/usr/src/kernels/linux-4.19.165。子目录 linux-4.19.165 是自动创建的。-C 指定解压缩的目标路径。-J 对应*.xz 格式。内核源代码一般存放在/usr/src/kernels/目录下

```
[root@ABCx ~]# ll  /usr/src/kernels/linux-4.19.165/Makefile
-rw-rw-r--.  1  root   root   60795  Jan   6  21:45  /usr/src/kernels/linux-
4.19.165/Makefile
```

（3）安装必要的辅助软件

Ncurses、ncurses-devel、Bison、Flex、openssl-devel、elfutils-libelf-devel 等软件都是编者机器上提示需要的。安装过程中，可能还会遇到需要安装其他软件的提示，请使用 yum 命令分别安装即可。

```
[root@ABCx ~]# yum install ncurses ncurses-devel bison flex
[root@ABCx ~]# yum install openssl-devel elfutils-libelf-devel
```

如果有一些软件包已经安装了，也不会影响命令的执行过程，显示提示后继续其他软件包的安装过程；有一些软件包还需要安装依赖的包。另外，为了方便，yum 命令中可以加上-y 选项，对所有的提问都回答 yes。

（4）创建确认选项的配置文件

Linux 内核的文件数量比较庞大，具体如下。

```
[root@ABCx ~]# find /usr/src/kernels/linux-4.19.165/ -type f | wc -l
107624                     #文件数
[root@ABCx ~]# find /usr/src/kernels/linux-4.19.165/ -type d | wc -l
6172                       #目录数
```

这些文件内容并不需要全部编译进内核的镜像文件中。因此需要对编译选项加以选择，确认选项是编译过程中工作量最大的部分，而且需要较多的相关知识，如针对某一型号 CPU、某些类型外部设备等，这也是进行嵌入式开发时必须完成的。

下面是可以使用的具体命令，一般选择 menuconfig 形式的。

make	menuconfig	//基于 ncurses 库编制的字符菜单界面。
make	config	//基于字符命令行的工具，比较麻烦。
make	xconfig	//基于 X11 图形工具界面，如图 5-5 所示。
make	gconfig	//基于 GTK+的图形工具界面，需要单独配置。

```
[root@ABCx ~]# cd /usr/src/kernels/linux-4.19.165/     #必须切换目录，否则无法执行
[root@ABCx linux-4.19.165]# make config                #直接交互，提问回答方式，顺序
向下执行，大约有 7000 多个选项
......                                                  #输出的其他内容省略
64-bit kernel (64BIT) [Y/n/?]    #这是第一个选项，大写字母是默认值。按〈Ctrl+C〉结束
```

下面以 make menuconfig 命令为例进行说明，系统已经确认了许多默认的选项，基本不需要修改，本次仅增加选择与 NTFS 有关的选项。

```
[root@ABCx linux-4.19.165]# make menuconfig             #字符菜单方式选择选项
```

如果上述命令不能正确执行，请按照提示，使用 yum 命令安装相关的软件包。命令正确执行后，显示出字符菜单窗口。按上下方向键移动光标条，此内核包含 20 个一级选项。本次主要修改文件系统支持类型格式选项。

找到 File System 选项，并按〈Enter〉键，此选项下的二级选项达到 64 个。找到 DOS/FAT/NT Filesystems 选项并按〈Enter〉键，然后在 NTFS file system support 选项上按〈Space〉键选中。如图 5-6 所示。

这样选中之后，重新编译的内核就能够支持 NTFS 格式了。

图 5-5　make xconfig 窗口

图 5-6　make　menuconfig 窗口

之后，按右方向键选择 Save 保存按钮，按〈Enter〉键；按提示确认保存文件的名称，按〈Enter〉键，再次按〈Enter〉键。文件名应该是.config。返回后，选择 Exit 退出。

make　menuconfig 命令可以多次执行，确认正确无误。有时也会因为窗口太小而无法运行，需要注意放大窗口。

上述命令正确执行完成后，默认生成.config 隐藏的配置文件，保存确认选择的结果。

```
[root@ABCx linux-4.19.165]# vim  .config          #此文件最后的行号是 7180
```

接下来，就可以按照 Makefile 文件指定的规则，根据用户确认的选项进行源代码编译工作了。

（5）编译内核及模块

在开始正式的编译工作之前，执行下述命令，能够熟悉 make 命令的基本格式及选项部分。

```
make  --help                             #选项部分的简要说明
make  help                               #显示 make 的参数部分
```

make 命令可以分开执行，如下。

```
make  clean                              #清除缓存文件
make  -j  4  bzImage                     #编译生成压缩的内核文件，-j 表示支持多个进程
make  -j  4  modules                     #编译生成各模块文件
```

也可以同时执行，命令如下。

```
make  -j  4  bzImage  modules  #同时执行内核及模块的编译生成，效率较高
```

编译过程可能需要多次重复进行，一般第一次编译之前执行 make　mrproper 命令，能够删除之前编译过程的中间文件，同时删除功能选项的配置文件.config。后续再次执行编译之前，一般执行 make　clean 命令，仅删除编译的中间结果文件。

下面的例子分开执行编译过程。

```
[root@ABCx linux-4.19.165]# make   bzImage              #编译内核部分
......                                                   #输出的其他内容省略
[root@ABCx linux-4.19.165]# ll  arch/x86/boot/bzImage   #生成内核压缩文件
```

```
-rw-r--r--. 1 root root 7964544 Jan 9 21:08 arch/x86/boot/bzImage
```

在额外选择对 NTFS 支持选项，其他均使用默认选项的情况下，第一次编译内核过程大约十几分钟，当然与机器性能直接相关。最后的结果是生成 arch/x86/boot/bzImage 文件。

```
[root@ABCx linux-4.19.165]# make  modules          #编译其他模块，用时较长
CC [M]  fs/ntfs/aops.o                              #显示编译 NTFS 相关源程序
......                                              #输出的其他内容省略
  CC [M]  fs/ntfs/attrib.o
Building modules, stage 2.                          #进行编译模块的第 2 阶段
MODPOST 2479 modules                                #模块数为 2479
```

再次出现提示符后，表明其他模块编译完成。另外，内核及其他模块均可多次编译，后面再次编译时仅编译那些选项发生变化的程序，因此编译过程较快。

（6）安装内核及其他模块

```
[root@ABCx linux-4.19.165]# make  modules_install      #安装其他模块
......                                                  #输出的其他内容省略
INSTALL /lib/firmware/keyspan_pda/keyspan_pda.fw
INSTALL /lib/firmware/keyspan_pda/xircom_pgs.fw
DEPMOD 4.19.165                            #这一行是结束的标志，后面出现提示符
[root@ABCx linux-4.19.165]# make  install              #安装内核到/boot
sh ./arch/x86/boot/install.sh 4.19.165 arch/x86/boot/bzImage \
  System.map "/boot"
VirtualBox Guest Additions: Building the modules for kernel 4.19.165.  #完成
```

安装完成后，可以通过检查下面的目录进行确认。

```
[root@ABCx linux-4.19.165]# ll  /lib/modules             #查看模块的安装路径
total 16
drwxr-xr-x. 7 root root 4096 Dec 21 19:39 3.10.0-1062.el7.x86_64
drwxr-xr-x. 8 root root 4096 Dec 21 19:39 3.10.0-1127.19.1.el7.x86_64
drwxr-xr-x. 8 root root 4096 Dec 21 19:43 3.10.0-1160.6.1.el7.x86_64
drwxr-xr-x. 3 root root   19 Dec 21 19:35 3.10.0-1160.el7.x86_64
drwxr-xr-x. 3 root root 4096 Jan  9 20:53 4.19.165          #创建了版本对应的目录
[root@ABCx linux-4.19.165]# ll  /boot/vmlinuz-4.19.165  #查看启动文件的/boot/目录
-rw-r--r--. 1 root root 7964544 Jan  9 22:16 /boot/vmlinuz-4.19.165
```

在重新启动系统之前，使用 uname -r 命令检查验证。

```
[root@ABCx linux-4.19.165]# uname  -r                    #没有升级内核的版本
3.10.0-1160.6.1.el7.x86_64
[root@ABCx linux-4.19.165]# shutdown  -r 0               #重新启动
```

升级成功后，重新启动可能需要一段时间，请耐心等待。并且需要选择使用新编译的内核版本启动，登录后验证。

```
[root@ABCx ~]# uname  -r
4.19.165
[root@ABCx ~]# uname  -a
Linux ABCx 4.19.165 #1 SMP Sat Jan 9 20:53:07 CST 2021 x86_64 x86_64 x86_64
GNU/Linux
```

至此整个内核源代码的编译安装过程完成。内核已经能够支持 NTFS 格式。还需要进一步完成 mkfs.ntfs 的安装，这需要第三方软件的支持，这里不再展开讨论。

5.5　习题

一、选择题

1. 编译内核应该执行的命令是 make（　　　）。
   A．bzImage　　　B．modules_install　　　C．modules　　　D．install
2. 命令 make　menuconfig 的作用是（　　　）。
   A．确认参数　　　B．确认选项　　　C．编译菜单　　　D．菜单配置
3. makefile 文件的作用是指定工程的（　　　）。
   A．编译规则　　　B．相关参数　　　C．源地址　　　D．源目录
4. gcc 命令-o 选项的作用是指定（　　　）。
   A．输出文件名　　B．输入目录名　　　C．输入设备名　　D．输出目录名
5. yum 命令能够完成*.rpm 软件包的（　　　）过程。
   A．编译　　　　B．验证　　　　C．查询　　　　D．删除
   E．安装
6. rpm 命令安装*.rpm 软件包时，还需要指定相关的（　　　）软件包信息。
   A．依赖　　　　B．帮助　　　　C．目标　　　　D．功能
7. 一般情况下软件包的默认安装路径是（　　　）。
   A．/usr/bin/　　B．/usr/sbin/　　　C．/bin/　　　D．/sbin/
   E．/usr/
8. rpm　-ivh 命令的作用是（　　　）指定软件包。
   A．验证　　　　B．查询　　　　C．删除　　　　D．安装
9. 对于*.tar.xz 压缩包，执行 tar 命令解压缩时，应该使用的选项是（　　　）。
   A．-czf　　　　B．-xjf　　　　C．-xJf　　　　D．-xzf
10. tar 命令-C 选项的作用是指定（　　　）。
    A．源文件路径　B．目标路径　　　C．输入路径　　D．扩展路径

二、简答题

1. yum 命令使用的配置文件主要包括哪些内容？
2. 总结使用 RPM 安装软件包时应该解决什么问题？怎么解决？
3. 在安装 Linux 时，如果选择 Minimal 最小化安装，是否可以升级到桌面系统？
4. 编译内核源代码主要包括哪些工作？

第 6 章

进程管理与系统服务

Linux 是一个能够完善支持多任务、多用户的操作系统。对于多任务的支持，采用以进程（Process）为单位的资源分配回收及相应的管理机制。守护进程 daemon 是一种常驻内存而在后台运行的进程，通过监听的方式，获得用户的请求，并做出应答、提供服务，具有一套特别的管理方式。用户使用的各种系统服务（Service）都由对应的守护进程提供。各种网络服务都是这种管理机制的延伸和扩展，网络服务多数采用了客户端/服务器模式。

本章知识单元：

进程及其层次结构；系统服务及守护进程；进程状态及控制信号；进程管理命令；任务管理；at、cron 任务管理；计划任务管理；init 脚本及 service 命令；服务单元；systemctl 命令；配置系统服务；日志管理等。

6.1 进程管理

简单理解，进程就是正在执行的程序，或者说是处于运行过程中的由操作系统统一调度管理的程序。在成熟稳定的操作系统中，处于运行或暂停状态的进程数量很多，一般情况下能够达到几百个，甚至上千个之多。因此，为了调度管理的需要，系统给每个进程都分配了一个内部编号（PID），标志着进程的存在，进程撤销结束，PID 同时回收。当然操作系统对进程的调度管理也包括其他资源的分配回收。

事实上，在命令行状态下输入一个字符串并按〈Enter〉键，Shell 就在各个搜索路径中查找匹配的名称，若能够查找到匹配的命令，Shell 会创建一个新的子进程，并执行；若查找不到，则报告错误"命令没有找到"，输出类似于"bash: cron: command not found..."。

6.1.1 进程及相关概念

各种 Shell（包括 Bash）都可以同时执行若干个进程，而许多进程又是以系统服务的形式长时间存在于系统内存中，处于后台运行的状态。下面首先介绍进程的相关概念。

1. 进程 Process

从概念的角度看 Linux 系统中的进程，与操作系统原理课程讲的是一致的，通过下面的例子可以进一步深入理解。进程是特定功能的程序段关于某个数据集合的一次执行过程，是资源分配和调度执行的基本单位。

```
[learn@ABCx ~]$ bash                          #再一次执行 bash
```

```
[learn@ABCx ~]$ ps  -l                                    #查看当前运行的进程
F S  UID    PID     PPID  C  PRI  NI ADDR SZ WCHAN        TTY       TIME        CMD
4 S  1001   2931    2930  0  80   0 - 29190  do_wai       pts/0     00:00:00    bash
0 S  1001   3060    2931  0  80   0 - 29212  do_wai       pts/0     00:00:00    bash
0 R  1001   3099    3060  0  80   0 - 38332  -            pts/0     00:00:00    ps
```

可以看到 learn 用户在当前窗口 pts/0 中执行了两次 bash，分别都有自己的 PID。通过 PID 与 PPID（父进程 parent 的 PID）对比，还可以发现，后面一次执行的 bash，其父进程正是前一次的 bash。说明/usr/bin/目录下 bash 程序的每次执行都产生了对应的进程。

如果再打开一个 pts/1 伪终端窗口，使用 root 身份查看当前的进程，结果如下。

```
[root@ABCx ~]# bash                                       #在 pts/1 窗口中再次执行 bash
[root@ABCx ~]# ps  -l                                     #查看当前终端的进程信息
F S  UID    PID     PPID  C  PRI  NI  ADDR SZ WCHAN  TTY    TIME        CMD
4 S  0      2983    2718  0  80   0  -  29212  do_wai  pts/1  00:00:00    bash
4 S  0      3317    2983  0  80   0  -  29216  do_wai  pts/1  00:00:00    bash
0 R  0      3468    3317  0  80   0  -  38332  -       pts/1  00:00:00    ps
```

观察上述例子能够确认，多次执行 bash 程序产生的是不同的进程，因为其 PID 是不同的。另外，将上述两次运行/usr/bin/ps 程序与创建的对应进程进行比较，也是如此。关于 ps 命令，在本节稍后会进一步介绍其格式及作用。

2．父进程及子进程

从上述例子中，也可以看到子进程是由父进程执行命令时创建的。例如，3468 号子进程是由 3317 号进程创建的；3317 号子进程是由 2983 号进程创建的；2983 号子进程是由 2718 号进程创建的，也就是第一次执行的 bash 进程。

请注意，这里的进程编号与其他机器上的进程编号不是完全一致的，甚至同一台机器不同时间运行，其进程编号也不完全相同。仔细观察还会注意到，其中编号较小的进程基本相同，1 号进程都是 systemd。

下面继续查看 2718 号进程的父进程和祖先进程。

```
[root@ABCx ~]# ps  -l 2718                                #查看 2718 号进程信息
F S UID PID PPID C PRI  NI ADDR SZ  WCHAN TTY  TIME  CMD
0 S 0 2718 1 0 80 0 - 167458 poll_s ? 0:00  /usr/libexec/gnome-terminal-server
[root@ABCx ~]# ps  -l 1                      #查看 2718 号的父进程
F S  UID  PID  PPID C PRI  NI ADDR SZ  WCHAN TTY TIME  CMD
4 S  0    1    0    0 80   0 -  32072 ep_pol ?   0:00  /usr/lib/systemd/systemd
```

按照上面例子的顺序倒推回去，能够得到进程树，也就是进程的层次结构。例如，1 号进程创建了 2718 号子进程，2718 号进程创建了 2983 号子进程……一个父进程可以创建多个子进程，详细情况可以执行 pstree 命令，进一步观察进程树，如下。

```
[root@ABCx ~]# pstree  -p                    #CentOS 7 的进程树，-p 要求显示 PID
systemd(1)─┬─ModemManager(706)─┬─{ModemManager}(739)
           │                    └─{ModemManager}(767)
           ├─NetworkManager(939)─┬─{NetworkManager}(944)
           │                      └─{NetworkManager}(948)
           ├─VGAuthService(689)
           ├─abrt-watch-log(701)
           ├─atd(8596)
           ......                            #输出的其他部分省略
```

```
         ├─vmtoolsd(690)─┬─{vmtoolsd}(758)
         │               └─{vmtoolsd}(770)
         ├─wpa_supplicant(9153)
         └─xdg-permission-(13217)─┬─{xdg-permission-}(13218)
                                  └─{xdg-permission-}(13220)
```

这棵进程树的根是 1 号系统服务进程 systemd。1 号进程运行过程中，又派生出若干个子进程，有一些子进程又派生出下一级子进程……CentOS 7 之前的版本，其进程树与此有所不同。1 号进程的名称是 init，不仅名称不同，管理方法也不尽相同，会在 6.3 节进一步介绍。进程树如下。

```
[root@XYZ000 ~]# pstree  -p                      #CentOS 6.9 系统进程树
init(1)─┬─ManagementAgent(1685)─┬─{ManagementAgen}(1697)
        │                       ├─{ManagementAgen}(1698)
        ├─NetworkManager(2198)─┬─dhclient(2239)
        │                      └─{NetworkManager}(2241)
        ├─VGAuthService(1596)
        ├─abrtd(2665)
        ├─acpid(2297)
        ├─atd(2707)
        ├─auditd(2079)───{auditd}(2080)
        ├─automount(2385)─┬─{automount}(2386)
......                                            #输出的其他部分省略
        ├─udevd(506)─┬─udevd(2778)
        │            └─udevd(2780)
        ├─udisks-daemon(3105)─┬─udisks-daemon(3127)
        │                     └─{udisks-daemon}(3360)
        ├─vmtoolsd(1541)───{vmtoolsd}(1660)
        ├─vmtoolsd(3111)
        ├─vmware-vmblock-(1505)─┬─{vmware-vmblock}(1508)
        │                       └─{vmware-vmblock}(1510)
        ├─wnck-applet(3098)
        └─wpa_supplicant(2250)
```

实际上，可以说命令的执行过程就是创建子进程、分配资源，使其占有 CPU 运行的过程。运行结束后撤销其编号，回收资源。当然，1 号进程是在系统引导启动过程中首先创建的，它没有父进程。

请注意，进程编号本身就是一种重要资源。其他资源（如内存的分配回收过程）与本节的主题关联不大，不再深入讨论。

另外，Linux 系统中的命令可以分为两类，一类是 Bash 内建的，称为内部命令；另一种则是以一个独立的可执行文件形式存在的，包括 Shell 脚本文件，称为外部命令。

外部命令的执行，需要创建子进程才能完成其运行过程。而内部命令则不需要创建子进程，可以理解为是 Bash 内部的一个执行序列。

直接执行 help 命令能够获得内部命令的简单列表。有效的外部命令通过 man、info 命令或--help 选项都可以获得帮助，使用 whereis 命令能够查找到可执行文件及相关信息。具体参见如下的例子。

```
[learn@ABCx ~]$ help                      #列出 bash 内部命令的列表
GNU bash, version 4.2.46(2)-release (x86_64-redhat-linux-gnu)
These shell commands are defined internally.  Type 'help' to see this list.
```

```
Type 'help name' to find out more about the function 'name'.
Use 'info bash' to find out more about the shell in general.
Use 'man -k' or 'info' to find out more about commands not in this list.
......                                    #后面的命令列表部分省略
[learn@ABCx ~]$ man  cd                   #cd 是内部命令。执行这样的 man 命令，在帮助
页面上能够看到大部分内部命令的名称
[learn@ABCx ~]$ whereis  ls               #ls 是外部命令，查找 ls 可执行文件位置
ls: /usr/bin/ls /usr/share/man/man1/ls.1.gz /usr/share/man/man1p/ls.1p.gz
[learn@ABCx ~]$ whereis  sysvar.sh        #sysvar.sh 是自定义的脚本文件，无法查找
sysvar:[learn@ABCx ~]$                    #没有查找到需要的结果
```

3．守护进程及系统服务

从上面的例子可以看出，许多进程的执行过程比较简单，完成规定任务的同时自身也结束，其 PID 也被撤销，表现形式是又一次出现命令提示符。在此之前讲述的命令大都如此，如 ls、cd、touch、cp/mv、mkdir、rm、ln、useradd、chmod 等。这也是进程执行的一种基本形态。

需要注意的是，bash 进程是可以使用 exit 或按〈Ctrl+D〉结束运行的；需要明确的是 Bash 结束后，Linux 系统本身并没有结束。

然而，另外一些程序的执行过程却不是这样的，与此有较大的区别，如系统的任务调度服务、日志服务、网络服务等，它们一直驻留于内存之中，保持后台运行状态，一旦用户提出请求，则立即做出应答，也就是提供服务；服务结束后，继续回到后台运行，并监听用户的请求。例如，提供图形界面服务的进程就是一直处于后台运行的，用户一旦单击鼠标，提供服务的进程就要立即做出响应，然后再继续监听用户的下一次请求。

这样一类进程，都称为守护进程 daemon。正因为如此，系统中的许多守护进程的名称后面都增加一个 d 字母，或直接标识 daemon 字样，表示此进程是守护进程或是提供系统服务的进程，以此与前述很快执行完毕的命令相区别，如 crond、httpd、sshd 等都是长时间处于后台运行，并监听用户请求的守护进程。

各种守护进程给用户提供不同的系统服务 Service。在许多文献中，经常使用系统服务指代守护进程。在不产生误解的情况下，本书也是如此。

实际上，也经常提及与系统服务相关的服务器 server。从软件角度看，server 就是专门提供某一类系统服务的进程，在许多情况下，也包括相应的硬件资源。特别地，需要专门的客户端 Client 软件，对服务器发出访问申请，如各种浏览器就是专门访问网络上的某个 Web 服务器的客户端软件。一些服务器的客户端比较简洁，甚至不需要独立存在的软件，如 Samba 服务的客户端，在 Windows 系统下，直接使用资源管理器即可实现访问。

执行 pstree 命令看到的大部分都是提供系统服务的守护进程，一些系统服务如下。

基础守护进程：systemd、crond、atd、rsyslogd、cupsd、ibus-daemon、gdm 等。

网络守护进程：NetworkManager、sshd、vsftpd、httpd、named、dhcpd、mysqld 等。

6.1.2　进程状态及信号

在进程从创建到最后结束的整个生命周期里，至少要经历创建、运行、终结这三个基本过程，也可以称为三种状态。其中，运行过程又可以进一步划分成就绪、执行、阻塞、挂起等基本状态。Linux 操作系统将进程的状态进一步划分成如下状态。

1）R：正在运行的状态，或是处于运行队列的可运行状态，与执行队列对应。

2）D：不可中断的睡眠状态，通常是 I/O 操作，与就绪队列对应。

3）S：正在等待事件发生的可以中断的睡眠状态，与就绪队列对应。

4）T：被任务控制信号停止的状态，与阻塞队列对应。

5）Z：僵死状态，已经终止但没有被父进程撤销的状态，是终结状态的一种。

对运行状态的进一步描述，还使用了如下字符。

<：高优先级的进程。

N：低优先级的进程。

L：页面锁定在内存的进程。

s：会话首进程。

l：具有多线程的进程。

+：处于前台进程组中的进程。

Linux 内核支持的进程状态，可以使用 man　ps 命令查看，也可以执行 ps　-u 命令进一步查看 STAT 字段。参见后面的例子。

另外，Linux 系统支持进程之间使用 kill 命令发送信号 signal，完成相应的管理操作，如终止、强制中断、重新启动、暂停进程等，信号总数达 64 个。man　7　signal 命令可以查询所有信号的具体含义。常用的信号见表 6-1。

表 6-1　常用信号列表

编号	名　称	含　义
1	SIGHUP	挂起进程的信号，如果是系统服务进程，后续会自动重新执行
2	SIGINT	中断进程的信号，相当于按〈Ctrl+C〉键中断进程的执行过程
9	SIGKILL	强制结束进程执行的信号。发送此信号会产生一些问题，如 vim 进程被强制结束后，隐藏的交换文件不能被自动删除等
15	SIGTERM	以正常方式结束进程执行的信号
19	SIGSTOP	暂停进程执行的信号，相当于按〈Ctrl+Z〉键暂停进程

6.1.3　进程管理命令

下面主要介绍 ps、pstree、top 和 kill 命令的基本使用方法，其他有关守护进程的管理命令，参见 6.3 节。

1．ps 命令

命令格式：ps　[-options]　[pid]

主要功能：按照 options 指定的选项要求，显示进程的相关信息。执行命令而没有输入选项及进程 PID 时，显示的是当前终端上的当前用户启动的进程信息。

常用的[-options]选项如下。

-a：显示当前终端上所有活动进程的简洁信息。

-A：显示系统中所有进程的简洁信息，包括其他用户的进程。与-e 选项含义一致。

-l：显示进程的详细信息，包括父进程编号。即按照长格式显示信息，与简洁格式对照。

-p：显示指定 PID 的进程信息。

-u：显示包括所有者在内的进程信息，也可以指定需要显示的用户列表。

-x：显示后台运行的进程信息。

-t：显示指定终端的进程信息。

ps 命令选项比较多，而且支持 UNIX、BSD、GNU 三种类型的选项格式。UNIX 传统的选项格式是使用一个减号-；BSD（加州大学伯克利分校开发）的格式是不使用减号；GNU 格式是双减号--的长格式。下面仅就一些常用的方法展示如下。

```
[root@ABCx ~]# ps                          #显示当前终端上当前用户启动的进程信息
  PID TTY          TIME CMD                 #包括 PID、TTY、TIME、CMD 字段
 2923 pts/1     00:00:00 bash
 3828 pts/1     00:00:00 ps
[learn@ABCx ~]$ ps -a                       #显示当前终端上活动进程的信息
  PID TTY          TIME CMD
 3901 pts/0     00:00:00 su                 #显示执行了用户切换的命令
 3902 pts/0     00:00:00 bash
 3948 pts/0     00:00:00 ps
```

可以看到，ps 命令显示的进程信息包括进程编号 PID、终端名称 TTY、运行时间 TIME、执行的命令 CMD 这四项。-a 选项不显示处于后台运行进程的信息。

```
[root@ABCx ~]# ps -A                        #显示系统中所有进程信息
  PID TTY          TIME CMD
    1 ?         00:00:01 systemd            #系统 1 号进程
    2 ?         00:00:00 kthreadd
    4 ?         00:00:00 kworker/0:0H
    6 ?         00:00:00 ksoftirqd/0
    7 ?         00:00:00 migration/0
    8 ?         00:00:00 rcu_bh
    9 ?         00:00:00 rcu_sched          #rcu 进程调度系统服务
......                                      #以下输出的进程都省略
```

选项-a 与-A 的输出内容有较大差别。-l 选项能够显示进程的更多详细信息。

```
[root@ABCx ~]# ps -l                        #显示进程的详细信息
F S UIDPID  PPID  C PRI  NI   ADDR SZ    WCHAN     TTY     TIME      CMD
4 S  0 2923 2801  0  80   0   -    29213 do_wai    pts/1   00:00:00  bash
0 R  0 4204 2923  0  80   0   -    38332 -         pts/1   00:00:00  ps
```

这些字段的含义说明如下。

F 是进程标识，4 表示需要 root 特权的，1 表示创建而没有执行的。

S 或 STAT 表示进程的状态。STAT 比 S 内容更详细，参见 4.1.2 节。

UID、PID、PPID 分别表示用户 ID、进程 ID、父进程 ID。

C 表示 CPU 使用率（%）。

PRI、NI 分别是优先级及可调整的值。PRI 值越大，优先级越低。

ADDR、SZ 与内存相关，ADDR 表示占用的地址，SZ 表示大小。

```
[root@ABCx ~]# ps -la
[root@ABCx ~]# ps -lA                                 #选项组合使用，显示的内容省略
[root@ABCx ~]# ps -l 2801                             #显示 PID 指定的进程详细信息，可以显
示单个或多个进程的信息，这是本次执行时的 PID，下同
[root@ABCx ~]# ps  -l 1059 1083                       #两个服务进程的信息
F S UID   PID  PPID C PRI NI ADDR SZ WCHAN TTY       TIME CMD
4 S  0   1059    1  0  80  0 - 55152 poll_s ?         0:00 /usr/sbin/rsyslogd -n
4 S  0   1083    1  0  80  0 - 31598 hrtime ?         0:00 /usr/sbin/crond -n
```

-u 选项的使用方法如下。

```
[root@ABCx ~]# ps -u                                  #显示包括进程的所有者在内的信息
```

```
USER PID %CPU %MEM  VSZ   RSS  TTY   STAT START   TIME COMMAND
root 1781  0.1  2.2 363280 41608 tty1  Rsl+ 08:22 0:15 /usr/bin/X:0 -background
root 2808  0.0  0.1 116848 3376  pts/0  Ss  08:25  0:00 bash
......                                             #后续的显示输出省略
[root@ABCx ~]# ps -u learn                         #显示指定用户的进程
  PID TTY           TIME CMD
 3902 pts/0      00:00:00 bash
```

ps 命令还有许多较为复杂的语法，举例如下。

```
[root@ABCx ~]# ps -aux                          #查看系统中所有进程的信息，包括用户名
[root@ABCx ~]# ps -aux | grep -E 'crond|rsyslogd'      #查找 crond 及 rsyslogd
两个系统进程的信息
  root 1059  0.0  0.3 220608 6096  ?      Ssl  08:22  0:00 /usr/sbin/rsyslogd -n
  root 1083  0.0  0.0 126392 1688  ?      Ss   08:22  0:00 /usr/sbin/crond -n
  root 5153  0.0  0.0 112812  984  pts/1  R+   11:14  0:00 grep -E --color=auto
crond|rsyslogd
[root@ABCx ~]# ps -q 2808 -o comm=       #查找显示 2808 号进程的命令名称
bash
```

2. pstree 命令

如果在安装 Linux 系统时，选择了 minimal 安装，则 pstree 命令不可用，说明相应的软件包没有安装。此时执行 yum install psmisc 命令完成安装之后，pstree 可用。

命令格式：pstree [-options] [pid] | [user]

主要功能：按照 options 指定的选项要求，显示系统中的所有进程，以及它们组成的树结构。指定 user 时，显示此用户的进程树；指定 pid 时，显示此 pid 为根的进程树。

常用的[-options]选项如下。

-p：显示进程树，同时显示每个进程的 PID，以及派生出的编号不同的子进程。

-s：同时显示指定进程的父进程。

-l：按照长格式显示信息。

pstree 命令的执行结果在前面已经展示了，下面提供其他的用法。

```
[root@ABCx ~]# pstree learn                        #显示用户 learn 的进程树
bash
[root@ABCx ~]# pstree -p 2152                       #显示 2152 号进程的进程树
gvfsd(2152)─┬─gvfsd-burn(2769)─┬─{gvfsd-burn}(2770)
            │                  └─{gvfsd-burn}(2771)
            ├─gvfsd-trash(2577)─┬─{gvfsd-trash}(2583)
            │                   └─{gvfsd-trash}(2584)
            ├─{gvfsd}(2153)
            └─{gvfsd}(2154)
[root@ABCx ~]# pstree -sp 2152                      #同时显示 2152 号进程的父进程
systemd(1)───gvfsd(2152)─┬─gvfsd-burn(2769)─┬─{gvfsd-burn}(2770)
                         │                  └─{gvfsd-burn}(2771)
                         ├─gvfsd-trash(2577)─┬─{gvfsd-trash}(2583)
                         │                   └─{gvfsd-trash}(2584)
                         ├─{gvfsd}(2153)
                         └─{gvfsd}(2154)
```

用 pstree 命令查看某个进程的 PID 比较方便。下面是 CentOS 6.9 与 7.7 版本系统启动后进程数量的对比。

```
[root@XYZw ~]# pstree | wc -l          #CentOS 6.9 的进程数量统计
86
[root@XYZw ~]# pstree -p | wc -l        #包含了派生子进程的进程数量
170
[root@ABCx ~]# pstree | wc -l          #CentOS 7.7 的进程数量统计
119
[root@ABCx ~]# pstree -p | wc -l        #包含了派生子进程的进程数量
315
```

从上面的结果可以看出，CentOS 7.7 系统启动运行了更多的进程及系统服务，因此需要更多的系统资源，需要的内存容量也会增加。

3．top 命令

命令格式：top　[-options]　[pid]

主要功能：按照 options 指定的选项要求，动态显示或检测进程的相关信息。默认间隔 5s 刷新一次。默认情况下，命令执行后一直占据整个屏幕，处于运行状态，直到按〈Q〉键退出。

常用的[-options]选项如下。

-d：重新指定刷新的间隔时间。

-b：批量输出模式，与-n 参数结合使用。

-n：指定输出的次数。

-p：仅显示或检测指定进程的信息。

```
[root@ABCx ~]# top -d 8                 #指定刷新间隔时间 8s
top - 11:57:59 up 3:35,  4 users,  load average: 0.00, 0.01, 0.05
Tasks: 217 total,   1 running, 216 sleeping,   0 stopped,   0 zombie
%Cpu(s):  0.0 us,  6.7 sy,  0.0 ni, 93.3 id,  0.0 wa,  0.0 hi,  0.0 si,  0.0 st
KiB Mem :  1882080 total,    74276 free,   810268 used,   997536 buff/cache
KiB Swap: 16777212 total, 16777212 free,        0 used.   875180 avail Mem
PID USER      PR  NI    VIRT    RES   SHR  S  %CPU %MEM   TIME+ COMMAND
  1 root      20   0  128300   6972  4184  S   0.0  0.4  0:01.20 systemd
  2 root      20   0       0      0     0  S   0.0  0.0  0:00.00 kthreadd
  4 root       0 -20       0      0     0  S   0.0  0.0  0:00.00 kworker/0:0H
  6 root      20   0       0      0     0  S   0.0  0.0  0:00.10 ksoftirqd/0
......                                                  #省略了其他输出部分
```

top 命令执行后，以交互方式一直显示上述信息。此时按〈?〉键表示帮助列表；按〈Q〉键表示退出 top 的执行；按〈N〉键表示以 PID 排序显示；按〈K〉键表示给 PID 进程发信号；按〈R〉键表示调整 PID 进程的 nice 值等。

```
[root@ABCx ~]# top -b -n 2 -p 2329              #将 2329 号进程信息输出两次
[root@ABCx ~]# top -b -n 2 -p 2329 >> /tmp/top1.log.txt
[root@ABCx ~]# ll /tmp/top1.log.txt            #查看文件是否存在
-rw-r--r--. 1 root root 1047 Jan 11 14:35 /tmp/top1.log.txt
[root@ABCx ~]# cat /tmp/top1.log.txt           #检查文件内容，输出省略
```

top 命令输出的信息可以保存到文件中，使用重定向符号即可指定输出文件。

需要注意的是，top 命令与此前的其他命令在执行方式上已经有所区别了。那么，是否可以认为 top、vim 以及 Bash 是守护进程？实际上，它们都不是守护进程。

4．kill 命令

命令格式：kill　[-options]　pid

主要功能：按照 options 指定的选项要求，发送指定的信号给进程。pid 是接收信号的进程编号；另外在 pid 数字前面加上%，则是指定任务号。

常用的[-options]选项如下。

-l，--list：显示 kill 命令可以发送的全部信号的列表，选项之后不需要任何字符。

-s，--signal：发送指定的信号。

```
[root@ABCx ~]# kill  --list                      #查看系统支持的 signal 信号名称
1) SIGHUP        2) SIGINT        3) SIGQUIT        4) SIGILL        5) SIGTRAP
6) SIGABRT       7) SIGBUS        8) SIGFPE         9) SIGKILL      10) SIGUSR1
11) SIGSEGV     12) SIGUSR2      13) SIGPIPE       14) SIGALRM 15) SIGTERM
......
63) SIGRTMAX-1           64) SIGRTMAX              #共计 64 种信号
[root@ABCx ~]# kill  -l 19                        #查看编号 19 的 signal 名称
STOP
```

Linux 系统支持的信号较多，可以熟悉常用的几个后，再逐渐掌握其他的。

```
[root@ABCx ~]# vim  cproject/tri.c
[1]+ Stopped                 vim cproject/tri.c
[root@ABCx ~]# kill  -9  %1     #%1 表示任务 1。发送编号为 9 的 signal（即 SIGKILL）给任
务 1，强制结束 vim 进程
[1]+ Killed                  vim cproject/tri.c
```

需要注意的是，在启动 vim 编辑一个文件时，系统默认已经创建了对应的交换文件，用于保存中间的编辑结果。交换文件的名称是在原来文件名的基础上，加.swp 作为后缀，加上小数点.作为前缀，从而形成的一个隐藏文件，形式如.tri.c.swp。

强制结束 vim 进程之后，被编辑的交换文件并没有自动删除，因此再次执行 vim 编辑此文件时，会出现提示。按照 2.3.5 节处理即可。

```
[root@ABCx ~]# ./downclock.sh              #在 pts/0 窗口中执行脚本文件，创建进程
[root@ABCx ~]# ps  -a                      #在 pts/1 窗口中执行 ps 命令
  PID TTY          TIME CMD
 3267 pts/1    00:00:00 man
 3281 pts/1    00:00:00 less
 5075 pts/2    00:00:00 vim
 9842 pts/2    00:00:00 downclock.sh        #也能够查看进程编号 PID
[root@ABCx ~]# kill  -19  9842              #给 9842 进程发送 STOP 信号
[2]+ Stopped            ./downclock.sh      #窗口 pts/0 中显示的结果
```

发送的信号也可以使用-s 选项指定，命令如下。

```
[root@ABCx ~]# kill  -s  2  6057           #发送 INT 信号给 6057 进程，中断进程。直接返
回出现提示符的状态，没有其他输出
[root@ABCx ~]# kill  -s  1  19521          #发送 HUP 信号给 19521 进程，挂起进程
Hangup                                     #pts/0 窗口显示的结果
```

运行 gimp 软件，kill 命令发送 KILL 信号，查看信号与结果的对应关系。

```
[root@ABCx ~]# gimp                        #在 pts/0 窗口运行图像软件 gimp
[root@ABCx ~]# ps  -a                      #在 pts/1 窗口查看进程
  PID TTY          TIME CMD
24483 pts/2    00:00:01 gimp
24675 pts/2    00:00:00 script-fu
[root@ABCx ~]# kill  -s  9  24483          #在 pts/1 窗口发送 KILL 信号。如果先行结束
```

24675 号进程，不会显示下面的 error 信息

```
   (script-fu:24675): LibGimpBase-WARNING **: 12:43:12.907: script-fu: gimp_wire_
read(): error
   Killed              #这两行是 kill 命令的结果，在 pts/0 窗口中显示
```

下面是发送 TERM 信号的结果。

```
[root@ABCx ~]# ps  -a                              #先查看当前进程
  PID TTY          TIME CMD
24910 pts/2    00:00:00 gimp
24914 pts/2    00:00:00 script-fu
[root@ABCx ~]# kill  -s 15  24914                  #发送 15 号 term 信号
/usr/lib64/gimp/2.0/plug-ins/script-fu terminated: Terminated
[root@ABCx ~]# kill  -s 15  24910
gimp: terminated: Terminated
```

其他一些命令（如 free）可以查看内存使用状况；uptime 可以了解使用时间状况；who 命令不仅能够看到登录的用户，也能够查看使用时间。这些内容不做展开讨论。

6.2　计划任务管理

事实上，任务管理（Jobs Control）就是对系统中的一个或多个子进程的调度分派过程。子进程可以在前台运行，也可以在后台运行或暂停。前台运行就是在提示符可见的情况下，能够与用户进行交互操作，在用户的直接控制下，直至命令执行完成；后台运行就是不直接与用户进行交互操作，有的需要使用重定向等辅助，才能够完成命令的执行过程；其他后台运行的系统服务则一直处于监听状态。

另外，系统中的各种任务还可以分成重复性及偶发性的任务。重复性的任务可以使用 crond 服务进行分派管理；偶发性的任务则使用 atd 服务进行管理。

6.2.1　前台及后台任务

通过执行如下的命令，能够进一步理解前台及后台任务。

1. 后台运行或暂停任务

在前台运行一个任务或进程，直接输入命令名即可，就如之前执行一个命令一样。如果需要让一个任务或进程在后台运行，则应该在命令的最后输入符号&，命令如下。

```
[root@ABCx ~]# yum -y group install "Compatibility Libraries" > log.txt 2>&1 &
[3] 3699                     #方括号中的数字是任务号，后面的数字是进程号 PID
```

这条命令的含义是：使用 yum 的组安装子命令，安装 "Compatibility Libraries" 兼容库组中的软件包，-y 的含义是在命令执行中提出的问题都回答 yes；后面的重定向表示将所有输出都保存在 log.txt 文件中，其中，2>&1 表示错误也输出到 log.txt 中；最后的&符号表示这条命令在后台运行，因为使用了&符号，才有任务号及 PID 一行信息的输出。

因为输出指定了重定向文件，输入使用了-y 选项，所以这条命令在后台才能够正常运行完成，而不需要用户的直接控制。另外，依据网络连接及服务器的状况，这条命令的执行时间可能比较长，所以放在后台运行也是有意义的。

除了在后台运行一个进程之外，对于需要用户直接参与的交互任务，使用〈Ctrl+Z〉组合键能够暂停正在执行的命令。

```
[root@ABCx ~]# man  8  httpd              #如果 httpd 没有安装，请执行 YUM 安装
#在使用 man 命令的过程中，没有按〈Q〉字母退出，而是使用〈Ctrl+Z〉暂停当前进程
[1]+  Stopped                   man 8 httpd
[root@ABCx ~]# vim  .bashrc
#编辑过程中，按下〈Ctrl+Z〉组合键，则暂停了 vim 进程的执行
[2]+  Stopped                   vim .bashrc
```

2. jobs 命令

命令格式：jobs [-options]

主要功能：按照 options 指定的选项要求，显示当前 Bash 下的各个任务。

常用的[-option]选项如下。

-l：在显示命令字符串的同时显示任务号及进程号。

-p：仅显示进程号。

-r：仅显示处于后台运行状态的任务。

-s：仅显示处于暂停状态的任务。

```
[root@ABCx ~]# jobs                       #查看当前 Bash 下的所有任务状态及命令字符串
[1]-  Stopped          man 8 httpd         #队列中有三个任务。用 1、2、3 标识
[2]+  Stopped          vim .bashrc
[3]   Running          yum -y group install "Compatibility Libraries" > log.txt 2>&1 &
[root@ABCx ~]# jobs  -l                    #查看任务状态的同时显示进程号
[1]-  3564 Stopped              man 8 httpd
[2]+  3632 Stopped              vim .bashrc
```

3. fg 命令

命令格式：fg [任务号]

主要功能：将后台任务切换到前台继续运行。如果不指定任务号，则执行任务队列中标识+号的进程。

```
[learn@ABCx ~]$ jobs                      #查看当前任务及状态
[1]   Stopped          man 8 httpd
[2]-  Stopped          vim .bashrc
[3]+  Stopped          top                #是队列中的第一个
[learn@ABCx ~]$ fg  1                     #将 1 号任务切换到前台执行
man 8 httpd                               #man 命令切换到前台执行，与用户交互
[1]+  Stopped          man 8 httpd        #按〈Ctrl+Z〉键
[learn@ABCx ~]$ jobs                      #再次查看当前任务及状态
[1]+  Stopped          man 8 httpd        #成为队列中的第一个
[2]   Stopped          vim .bashrc
[3]-  Stopped          top
[learn@ABCx ~]$ fg  2                     #将 2 号任务切换到前台执行
vim .bashrc
[2]+  Stopped          vim .bashrc        #又一次按〈Ctrl+Z〉键
[learn@ABCx ~]$ jobs                      #验证查看状态
[1]-  Stopped          man 8 httpd
[2]+  Stopped          vim .bashrc        #成为队列中的第一个
[3]   Stopped          top
[learn@ABCx ~]$ fg
vim .bashrc
[2]+  Stopped          vim .bashrc              #又一次按〈Ctrl+Z〉键
```

```
[learn@ABCx ~]$ jobs
[1]-  Stopped                     man 8 httpd
[2]+  Stopped                     vim .bashrc                #还是队列中的第一个
[3]   Stopped                     top
```

4．bg 命令

命令格式：bg　[任务号]

主要功能：将暂停的任务切换到后台继续运行。如果不指定任务号，则执行任务队列中标识+号的进程。在上面例子的基础上继续执行下面的命令。

```
[root@ABCx ~]# bg  1                                 #将暂停任务切换到后台运行
[1]- man 8 httpd &                                   #添加了&符号表示后台运行
[1]+  Stopped             man 8 httpd                #由于需要与用户进行交互操作，所以在后台无
法继续运行，只能暂停
[learn@ABCx ~]$ jobs
[1]+  Stopped             man 8 httpd                #成为队列中的第一个
[2]-  Stopped             vim .bashrc
[3]   Stopped             top
```

6.2.2　at 任务管理

用户分派的偶发性任务可以使用 at 任务管理完成，也就是不需要重复性执行的、仅在规定的时间执行一次的任务。例如：有朋自远方来；打开计算机执行 at 命令一次等。

CentOS 系统默认已经安装了 at 软件包，并且随系统自动启动。

命令格式：at　[-options]　[time]

主要功能：按照 options 指定的选项要求，在 time 指定的时间执行指定的命令。at 命令执行后，会显示提示符 at>，等待用户输入任务的具体命令。

常用的[-options]选项如下。

-l：显示系统中所有使用者的 at 任务。

-d：删除指定的任务。

-c：列出任务执行的命令内容。

-b：执行 batch 管理。

at 命令指定了多种标记 time（时间）的格式，具体如下。

1）hh:mm：指定具体的小时、分钟。默认情况是 24 小时制；如果使用 12 小时制，则可以在时间后面加上 AM（上午）或 PM（下午）。

2）hh:mm MMDDYY、hh:mm YYYY-MM-DD：在规定的时间执行任务。

3）now+间隔时间：间隔时间的单位可以是 minutes、hours、days、weeks 等。

```
[root@ABCx ~]# at  now+15minutes               #分派一个任务，在 15min 后执行
at: /bin/mail  -s  "test at job"  root  <  /root/.bashrc   #字符串 at>是提示符，任务的具体内容
加粗显示。含义是给 root 发送一封邮件，标题是"test  at  job"，信件由.bashrc 文件的内容构成
at> <EOT>                                       #使用<Ctrl+D>结束输入过程
job 1 at Tue Jan 12 17:37:00 2021              #自动显示任务的执行时间
[root@ABCx ~]# at  19:20 2021-01-12            #另外设置一个 19:20 执行的任务
at> wall  Hello!                               #向所有用户发送信息 hello!
at> <EOT>
job 2 at Tue Jan 12 19:20:00 2021
```

使用其他格式设定任务的执行时间，方法如下。

```
[root@ABCx ~]# at  21:50                              #再设置一个 21:50 执行的任务
at> /bin/sync                                         #可以输入多条命令
at> /sbin/shutdown  -h  0                             #同步之后关闭系统
at> <EOT>
job 3 at Tue Jan 12 21:50:00 2021
```

上述写法是将多条命令分别写在多行，也可以在一行写多条命令，各个命令之间用分号;隔开，at 命令其他参数的使用方法如下。

```
[root@ABCx ~]# at -l                                  #显示当前系统中的任务
1 Tue Jan 12 17:37:00 2021 a root
2 Tue Jan 12 19:20:00 2021 a root
3 Tue Jan 12 21:50:00 2021 a root
[root@ABCx ~]# at -d 2                                #删除 2 号任务
```

与 at 命令相关的两个文件是/etc/at.allow 文件和/etc/at.deny 文件。/etc/at.allow 文件中指定了具有使用 at 命令权限的用户名称，每个用户名占用一行；/etc/at.deny 文件指定了不能执行 at 命令的用户。这两个文件一般不会同时存在，其使用顺序如下。

如果 at.allow 文件存在，则查看用户名是否存在其中，存在则允许执行 at 命令；不存在，则不允许执行 at 命令。如果 at.allow 文件不存在，则查看 at.deny 文件中是否存在用户名，若存在其中，则不允许使用 at 命令；若不存在，则允许。两个文件都不存在时，则只有 root 能够执行 at 命令。

使用 at 命令分派的任务，以文本文件形式保存在/var/spool/at 目录中，方法如下。

```
[root@ABCx ~]# ll  /var/spool/at/a0000601998fb2  /var/spool/at/a0000701998fa8
-rwx------. 1 root root 4528 Jan 12 20:12 /var/spool/at/a0000601998fb2
-rwx------. 1 root root 4518 Jan 12 20:15 /var/spool/at/a0000701998fa8
```

at 命令对应的系统服务是 atd。下面的例子展示了通过服务名称找到进程 PID 并查询其他信息的方法。

```
[root@ABCx ~]# ps  -x  |  grep  atd                   #查找包含 atd 字符的进程
 1082?        Ss     0:00 /usr/sbin/atd -f            #atd 服务进程的 PID 是 1082
 3445 pts/0   S+     0:00 grep --color=auto atd
[root@ABCx ~]# ps -l 1082                             #进一步查看 1082 号进程
F S   UID   PID  PPID C PRI  NI ADDR SZ WCHAN  TTY       TIME CMD
4 S     0  1082     1 0  80   0 -  6477 hrtime ?         0:00 /usr/sbin/atd -f
```

6.2.3 cron 计划任务管理

许多系统中的重复性任务都可以由各种系统服务完成，例如，crond 能够按照配置文件的规定，完成系统已经制定的小时计划任务以及每天的计划任务。同时，普通用户执行重复性任务的通用方法也是执行 crontab 命令进行设置。

与 at 相类似的是，cron 计划任务管理是由 crontab 命令、crond 系统服务及配置文件三个部分共同配合完成的。

1. crond 进程及配置文件

下面的命令展示了系统服务 crond 进程的基本情况。

```
[root@ABCx ~]# ps x  |  grep  'crond'                 #查询 crond 进程的 PID
 1083 ?       Ss     0:00 /usr/sbin/crond -n
 5042 pts/2   R+     0:00 grep --color=auto crond
```

```
[root@ABCx ~]# ps  -l  1083  1082                        #显示 1082、1083 进程的详细信息
F S   UID   PID  PPID  C PRI  NI ADDR SZ WCHAN  TTY       TIME CMD
4 S     0  1082     1  0  80   0 -  6477 hrtime ?        0:00 /usr/sbin/atd -f
4 S     0  1083     1  0  80   0 - 31598 hrtime ?        0:00 /usr/sbin/crond -n
```

在系统引导启动的过程中，1 号 systemd 进程创建了许多子进程，默认包括 crond 服务进程。crond 自从启动后一直在后台运行，并且每分钟检查一次配置文件，若相关的配置文件存在，则按照文件内容执行分派的任务。

每位用户使用 crontab 命令都可以管理各自独立的任务文件，crontab 命令分派的任务就保存在/var/spool/cron/目录下，以用户名作为任务文件名。

crond 的配置文件包括/etc/crontab 以及/etc/cron.d/文件。

```
[root@ABCx ~]# ll /etc/crontab  /etc/cron.d/  /var/spool/cron
-rw-r--r--. 1 root root 451 Jun 10  2014 /etc/crontab          #crontab 配置文件
/etc/cron.d/:                                                  #cron.d 目录下有三个配置文件
total 12
-rw-r--r--. 1 root root 128 Aug  9  2019 0hourly             #小时计划任务文件
-rw-r--r--. 1 root root 108 Sep 30 21:21 raid-check
-rw-------. 1 root root 235 Apr  1  2020 sysstat
/var/spool/cron:                                              #当前没有用户分派的任务
total 0
```

/etc/crontab 文件的内容展示了分派任务时指定时间的方法及格式。

```
[root@ABCx ~]# cat  /etc/crontab                        #查看文件内容
SHELL=/bin/bash
PATH=/sbin:/bin:/usr/sbin:/usr/bin
MAILTO=root                                        #任务执行发生错误时，发送信件给 root
# For details see man 4 crontabs
# Example of job definition:
# .---------------- minute (0 - 59)
# |  . ------------- hour (0 - 23)
# |  |  .---------- day of month (1 - 31)
# |  |  |  .------- month (1 - 12) OR jan,feb,mar,apr ...
# |  |  |  |  .---- day of week (0 - 6) (Sunday=0 or 7) OR
sun,mon,tue,wed,thu,fri,sat
# |  |  |  |  |
# * * * * *     user-name    command to be executed
```

指定任务的执行时间时，按照分钟、小时、日期、月份、星期的顺序输入，之间用空格分开即可。各字段使用的符号除了数值之外，还包括以下符号。

*：表示此字段是任意值。

-：减号-表示一段时间，如星期字段输入1-5，表示星期一至星期五。

,：逗号,表示特定的时间，如星期字段输入1,3,5，表示星期一、星期三、星期五。

/：斜杠/表示时间间隔，如小时字段输入*/3，表示每隔 3 小时。

指定任务的执行时间时，需要注意，一般日期月份与星期同时使用时是或者的关系。另外不要将大量任务集中在同一时间段，要充分保证系统的负载基本均衡。时间字段取值的一般情况及含义，列举如下。

```
*    *    *    *    *        五个字段都用*，则表示每一分钟
03   */12 *    *    *        间隔 12 小时后的第 3 分钟执行一次
```

| 21 | 2-5 | * | * | * | 每天 2 点至 5 点的 21 分钟 |
| 37 | 3 | 2,16 | * | 0 | 每个星期日以及每月 2、16 日的 3:37 |

2. 计划任务

/etc/crontab 文件指定任务执行时间的同时，也存储了用户名以及计划执行的命令，如下所示，/etc/cron.d/0hourly 的内容与 crontab 文件相似。

```
[root@ABCx ~]# cat /etc/cron.d/0hourly          #查看 0hourly 文件内容
# Run the hourly jobs
SHELL=/bin/bash
PATH=/sbin:/bin:/usr/sbin:/usr/bin
MAILTO=root
01 * * * * root run-parts /etc/cron.hourly      #指定了 root 执行的命令及时间。表明是
每小时的第 1 分钟执行一次
```

上述内容的最后一行，已经明确指定了 root 用户需要执行的小时计划任务的命令及时间。run-parts 命令的功能是执行参数指定目录中的脚本。

另外，crond 服务除了能够执行小时计划任务之外，还能够执行每天、每周、每月的计划任务，命令如下。

```
[root@ABCx ~]# ll -d /etc/cron.*
drwxr-xr-x. 2 root root 54 Dec 19 09:39 /etc/cron.d
drwxr-xr-x. 2 root root 74 Jan 28 21:23 /etc/cron.daily     #每天计划任务目录
-rw-------. 1 root root 0 Aug 9 2019 /etc/cron.deny
drwxr-xr-x. 2 root root 22 Jun 10 2014 /etc/cron.hourly     #每小时计划任务目录
drwxr-xr-x. 2 root root 6 Jun 10 2014 /etc/cron.monthly     #每月计划任务目录
drwxr-xr-x. 2 root root 6 Jun 10 2014 /etc/cron.weekly      #每周计划任务目录
[root@ABCx ~]# ll /etc/cron.hourly/
-rwxr-xr-x. 1 root root 392 Aug 9 2019 0anacron            #每小时的具体任务
[root@ABCx ~]# ll /etc/cron.daily/
-rwxr-xr-x. 1 root root 434 Aug 16 2018 0logwatch          #每天的具体任务 1
-rwx------. 1 root root 219 Apr 1 2020 logrotate           #每天的具体任务 2
-rwxr-xr-x. 1 root root 618 Oct 30 2018 man-db.cron        #每天的具体任务 3
-rwx------. 1 root root 208 Apr 11 2018 mlocate            #每天的具体任务 4
```

3. crontab 命令

不建议用户使用 vim 等命令直接编辑修改上述文件，而应该使用 crontab 命令创建、编辑、删除、查看自己的计划任务。其格式及具体使用方法如下。

命令格式：crontab [-options]

主要功能：按照 options 指定的选项要求，管理 cron 调度中的任务。

常用的[-options]选项如下。

-u：指定用户名。root 使用此选项为指定用户建立或删除 cron 任务文件。

-e：建立并编辑 cron 任务文件。

-l：显示 cron 任务文件的内容。

-r：删除指定的任务。

执行 crontab -e 命令后，系统会自动启用 vi 编辑器，等待用户输入任务的执行时间及具体命令。需要按照上述/etc/crontab 文件规定的格式完成输入。

```
[learn@ABCx ~]$ crontab -e              #命令执行后进入 vi，输入下列内容后，保存退出
18 22 * * * tar -czf etc.conf.tar.gz /etc/*.conf   #每天 22:18 都会执行 tar 命令
```

```
30 09 15 * *  date >> log.txt;/home/learn/sysinfo.sh >> log.txt;date  >>  log.txt
        #第一次编辑任务，保存退出后，会提示创建任务文件
[learn@ABCx ~]$ ll  /var/spool/cron/              #普通用户没有查看目录的权限
ls: cannot open directory /var/spool/cron: Permission denied
[learn@ABCx ~]$ ll  -d  /var/spool/cron           #验证其他用户没有 rwx 权限
drwx------. 2 root root 31 Jan 13 22:07 /var/spool/cron
```

普通用户可以设定计划任务，计划任务也可以包括多项内容，如上。另外，learn 用户的任务文件，系统默认存储在/var/spool/cron/learn 文件中。

```
[root@ABCx ~]# crontab  -e                        #root 编辑自己任务文件的内容
10 22 13 01 * mail  learn  <  sysinfo.sh
[root@ABCx ~]# ll  /var/spool/cron/               #上述两条 crontab  -e 命令分别建立各
自的任务文件，命令如下
-rw-------. 1 learn learn 134 Jan 13 22:07 learn
-rw-------. 1 root  root   89 Jan 13 21:53 root
```

-l 及-r 选项的用法如下。

```
[learn@ABCx ~]$ crontab  -l                       #显示用户的计划任务
20 08 * * 6 tar  -czf etcconf.tar.gz  /etc/*.conf
30 09 15 * * date >> log.txt;/home/learn/sysinfo.sh >> log.txt;date  >>  log.txt
[learn@ABCx ~]$ crontab  -r                       #删除任务
[learn@ABCx ~]$ crontab  -l                       #全部删除，没有计划任务了
no crontab for learn
```

cron 计划任务管理同样设置了/etc/cron.allow 或/etc/cron.deny 文件，管理允许或不允许执行 cron 任务的用户名，具体检查方法与 at 调度的一致。

进一步的内容请参考 man 帮助文档，命令如下。

```
[root@ABCx ~]# man  crontab                        #crontab 命令的 man 文档
[root@ABCx ~]# man  crontabs                       #run-parts 命令的 man 文档
[root@ABCx ~]# man  4  crontabs                    #与上一条命令作用一致
```

6.3　systemd 服务管理

内核 3.0 之后的 Linux，均采用了 systemd 守护进程作为系统引导和服务管理的主要工具，并且已经取代了一直沿用的 SystemV 的 init 引导方式及 service 服务管理模式。其中的一个基本原因是，systemd 以分组并发的方式启动其他的系统服务，加快了启动速度，能够适应整个系统规模不断扩张的额外需求。

然而，为了保持兼容性，systemd 服务进程仍然支持 init 方式及 service 命令的执行。

6.3.1　init 引导方式

自 UNIX 系统的 SystemV 版本发行之后的数十年里，许多类 UNIX 的系统，包括 Linux，一直沿用了按照 init 脚本文件管理启动流程及系统服务的方式。

这种管理方式的主要内容包括系统的运行级别、运行级别切换、系统服务分类、系统服务命令等几个方面。

系统启动运行过程的基本步骤如下。系统硬件自检之后，加载操作系统的引导启动代码，然后创建系统中的第一个进程，即 init。在此之后的 init 进程执行过程中，依据/etc/inittab 文件规定的运行级别，在/etc/rc.d/目录下找到对应级别的子目录，按照其中的链接执行相应的脚本文件，

启动所需的各种服务。

另外，系统引导启动完成后，为用户提供了 service 命令来管理其他系统服务，包括这些系统服务的启动、停止、重新启动、加载配置文件、查看状态等操作。还提供了 init N 命令进行运行级别的切换。

1. 运行级别

/etc/inittab 文件规定了不同运行级别，即运行的系统服务种类和数量的区别，命令如下。

```
[root@XYZw ~]# cat  /etc/inittab              #查看 inittab 文件的内容
# Default runlevel. The runlevels used are:
#   0 - halt (Do NOT set initdefault to this)
#   1 - Single user mode
#   2 - Multiuser, without NFS (The same as 3, if you do not have networking)
#   3 - Full multiuser mode
#   4 - unused
#   5 - X11
#   6 - reboot (Do NOT set initdefault to this)
id:5:initdefault:                             #只有最后一句起作用
```

文件的注释部分已经列出了系统规定的运行级别，分别是 0、1、2、3、4、5、6 共计 7 级。经常使用的级别包括：1 级对应单用户的维护模式；3 级对应命令行的多用户字符界面；5 级对应 X11 支持的多用户图形界面。其他的运行级别包括：0 级对应系统停机；2 级对应没有启动 NFS 服务的纯字符多用户模式；4 级没有使用，保留；6 级对应系统的重新启动。

此文件的最后一个语句能够被执行，表明本次系统的运行级别是 5 级，即启动 X11 支持的多用户图形界面。也就是在启动支持多用户模式的相关系统服务之后，还要再启动那些对图形界面提供支持的多个系统服务。

如果用户手工将文件最后语句中的 5 改成 3，那么下一次系统启动运行后，进入的就是多用户的纯字符界面。

不同的运行级别，启动的系统服务是有所区别的；这些系统服务又是通过脚本文件被 init 进程执行的。

通过查看存放在/etc/rc.d/rc?.d 目录下的不同链接可知，各个级别的启动过程都是通过链接执行/etc/rc.d/init.d/目录下的对应系统服务的启动脚本文件，从而最后完成，具体如下。

```
[root@XYZw ~]# ll -d /etc/rc.d/rc?.d
drwxr-xr-x. 2 root root 4096 Oct 14 20:57 /etc/rc.d/rc0.d
drwxr-xr-x. 2 root root 4096 Oct 14 20:57 /etc/rc.d/rc1.d
drwxr-xr-x. 2 root root 4096 Oct 14 20:57 /etc/rc.d/rc2.d
drwxr-xr-x. 2 root root 4096 Oct 14 20:57 /etc/rc.d/rc3.d
drwxr-xr-x. 2 root root 4096 Oct 14 20:57 /etc/rc.d/rc4.d
drwxr-xr-x. 2 root root 4096 Oct 14 20:57 /etc/rc.d/rc5.d
drwxr-xr-x. 2 root root 4096 Oct 14 20:57 /etc/rc.d/rc6.d
```

每个运行级别的子目录中，都保存了若干个用于启动服务的链接，形如 SXXdaemon 或 KXXdaemon。其中，XX 是在系统启动过程中，此服务的默认启动顺序编号；S 表示启动后一直运行的服务；K 表示启动运行后将要停止的服务；daemon 代表进程的具体名称。

例如，查看运行级别 3 级下的 atd 和 crond 服务的情况，命令如下。

```
[root@XYZw ~]# ll /etc/rc.d/rc3.d/*atd /etc/rc.d/rc3.d/*crond
lrwxrwxrwx. 1 root root 15 Oct  4 06:37 /etc/rc.d/rc3.d/S90crond -> ..
```

```
/init.d/crond
   lrwxrwxrwx. 1 root root 13 Oct  4 06:37 /etc/rc.d/rc3.d/S95atd -> ../init.d/atd
```

从上面可以看出 S90crond 是指向/etc/rc.d/init.d/crond 脚本文件的链接,在启动运行级别 3 级时,crond 系统服务的运行顺序是 90,并且启动后一直在后台运行。运行级别 5 级下的 atd 和 crond 服务链接情况如下。

```
[root@XYZw ~]# ll /etc/rc.d/rc5.d/*atd  /etc/rc.d/rc5.d/*crond
lrwxrwxrwx. 1 root  root 15  Oct   4 06:37 /etc/rc.d/rc5.d/S90crond  -> ..
/init.d/crond
lrwxrwxrwx. 1 root root 13 Oct  4 06:37 /etc/rc.d/rc5.d/S95atd -> ../init.d/atd
```

两种链接都是指向同一个服务脚本文件的不同链接。查看提供 httpd 服务及 nfs 服务的链接如下。

```
[root@XYZw ~]# ll /etc/rc.d/rc3.d/*httpd  /etc/rc.d/rc3.d/*nfs
lrwxrwxrwx. 1 root  root 15  Oct   4 06:37 /etc/rc.d/rc3.d/K15httpd  -> ..
/init.d/httpd
lrwxrwxrwx. 1 root root 13 Oct  4 06:36 /etc/rc.d/rc3.d/K60nfs -> ../init.d/nfs
```

都可以得出相同的结论。另外,上述讨论还表明,各种服务脚本文件的最终存放位置都是 /etc/rc.d/init.d 目录,包括使用 rpm、yum 等命令安装的各种服务,在此目录下都要保存相应的脚本文件。

事实上,每个服务的脚本文件中,都包含了此服务的启动、停止、重新启动、加载配置文件、查看状态等操作对应的具体函数。进一步的内容请参见下面的内容以及 Shell 脚本编程方面的资料,这里不展开介绍。

2.service 命令

命令格式:service script command

主要功能:将 command 指定的子命令传递给 script 脚本文件执行。

其中,script 就是/etc/rc.d/init.d/目录下的各种系统服务的脚本文件。command 是指表达具体动作的子命令,主要包括以下选项。

start:启动此服务的子命令。

restart:重新启动此服务的子命令。

stop:停止此服务的子命令

reload:重新加载此服务的配置文件的子命令。

status:查看此服务当前状态的子命令。

service 命令的主要使用方法如下。

```
[root@XYZw ~]# service  atd  restart            #重新启动守护进程的运行
Stopping atd:                                   [  OK  ]
Starting atd:                                   [  OK  ]
[root@XYZw ~]# service  atd  stop               #停止守护进程的运行
Stopping atd:                                   [  OK  ]
[root@XYZw ~]# service  atd  start              #启动守护进程的运行
Starting atd:                                   [  OK  ]
[root@XYZw ~]# service  atd  status             #查看守护进程的状态
atd (pid 4360) is running...
[root@XYZw ~]# service  atd  reload             #重新加载守护进程的配置文件
Stopping atd:                                   [  OK  ]
```

```
Starting atd:                                                    [  OK  ]
```

如果停止 atd 守护进程的运行，at 命令是否还可以分派指定任务？如何验证？通过输入 at 命令，然后查看是否能够执行即可验证。

另外，与 service 命令等价的是直接执行脚本文件，命令如下。

```
[root@XYZw ~]# /etc/rc.d/init.d/atd  restart       #service命令的另外一种写法
Stopping atd:                                                    [  OK  ]
Starting atd:                                                    [  OK  ]
```

其他子命令 start、stop、reload、status 等均可以按上述方式执行。另外，setup 以命令行菜单方式管理各种系统服务，使用也比较方便。

service 命令的其他用法如下。

```
[root@XYZw ~]# service  -h
[root@XYZw ~]# service  --help
[root@XYZw ~]# service                             #上述三条命令结果一致，显示如下
Usage: service < option > | --status-all | [ service_name [ command | --full-
restart ] ]
```

也可以查看所有系统服务的状态，命令如下。

```
[root@XYZw ~]# service  --status-all               #查看所有服务的状态
abrt-ccpp hook is installed
abrtd (pid  2663) is running...
abrt-dump-oops is stopped
acpid (pid  2295) is running...
atd (pid  2705) is running...
......                                             #后面的输出省略
```

事实上，init 引导启动方式下的系统服务，可以使用 service 命令、执行脚本文件、setup 命令三种方式分别进行管理。

3．系统服务的脚本文件

init 方式中，系统服务的脚本文件（简称服务脚本）位于/etc/rc.d/init.d/目录下，是符合 Shell 语法规则的可执行脚本文件，并且每个系统服务都有对应的脚本文件存在，命令如下。

```
[root@XYZ000 ~]# ll   /etc/rc.d/init.d/                   #查看目录下的脚本文件
total 436
-rwxr-xr-x. 1 root root  1287 Mar 23  2017 abrt-ccpp     #各类用户都具有执行权限
-rwxr-xr-x. 1 root root  1628 Mar 23  2017 abrtd
-rwxr-xr-x. 1 root root  1641 Mar 23  2017 abrt-oops
-rwxr-xr-x. 1 root root  1818 Feb 17  2016 acpid
-rwxr-xr-x. 1 root root  2062 Mar 22  2017 atd           #at 调度的系统服务
-rwxr-xr-x. 1 root root  3580 Mar 22  2017 auditd
-rwxr-xr-x. 1 root root  4040 Mar 23  2017 autofs
-r-xr-xr-x. 1 root root  1362 Mar 23  2017 blk-availability
-rwxr-xr-x. 1 root root   710 Nov 11  2010 bluetooth     #蓝牙系统服务
......                                                   #后面的输出省略
```

脚本文件内容具有相似的格式，一般格式主要包括指定 Shell、变量定义、函数定义、case 语句、语法提示等部分。下面节选了 crond 服务脚本文件的部分内容。

```
[root@XYZ000 ~]# cat  /etc/rc.d/init.d/crond
#!/bin/sh
```

```
# Provides: crond crontab
prog="crond"                                      #变量定义部分
exec=/usr/sbin/crond
lockfile=/var/lock/subsys/crond
config=/etc/sysconfig/crond
# Source function library.
. /etc/rc.d/init.d/functions                       #加载函数库
start() {              ......                        #函数定义部分
}
stop() {              ......
}
reload() {            ......
}
rh_status() {......
}
case "$1" in                                        #case 语句定义部分
    start)                                          #对应 start 子命令
        rh_status_q && exit 0
        $1
        ;;
    status)                                         #对应 status 子命令
        rh_status
        ;;
    echo $"Usage: $0 {start|stop|status|restart|condrestart|try-restart|reload|
force-reload}"
        exit 2
    esac
    exit $?                                         #返回退出状态，脚本文件结束
```

有些系统服务的功能较为复杂，还同时具有配置文件存在，如 crond 服务的配置文件包括/etc/crontab 和/etc/cron.d/*等。另外，大部分网络系统服务都是同时具有脚本文件和配置文件的。

4．chkconfig 命令

Linux 系统正常运行后，可以将某些需要的系统服务设置成下次的默认启动状态。

命令格式 1：chkconfig　[--level　levels]　name　<on|off>

主要功能：在 levels 指定的运行级别，将 name 指定的服务设定或关闭默认启动状态。

命令格式 2：chkconfig　[--list]　[name]

主要功能：查看 name 指定的服务在不同运行级别下的默认启动状态。

```
[root@XYZw ~]# chkconfig  --list  atd
atd              0:off 1:off 2:off 3:on  4:on  5:on  6:off
```

表明 atd 服务在运行级别 3、4、5 下，均是默认启动的状态。对于其他大部分系统服务，root 用户都能够指定其默认启动的状态，命令如下。

```
[root@XYZw ~]# chkconfig  --level  5  atd  off        #关闭 atd 的默认启动
[root@XYZw ~]# chkconfig  --level  5  atd  on         #设置 atd 默认启动
```

这两条命令没有输出都表示执行成功。chkconfig 命令在执行时不加任何选项及参数，表示查看全部系统服务的默认启动状态。

```
[root@XYZw ~]# chkconfig
```

```
NetworkManager      0:off 1:off 2:on  3:on  4:on  5:on  6:off
abrt-ccpp           0:off 1:off 2:off 3:on  4:off 5:on  6:off
abrtd               0:off 1:off 2:off 3:on  4:off 5:on  6:off
acpid               0:off 1:off 2:on  3:on  4:on  5:on  6:off
atd                 0:off 1:off 2:off 3:on  4:on  5:on  6:off
......                                            #后面的输出省略
```

5．切换不同的运行级别

常用的运行级别就是 1、3、5 级。如果没有安装图形界面的相关软件包，如在安装 Linux 系统时选择的是最小化 minimal 安装，则应该使用如下命令安装软件包。

```
[root@XYZw ~]yum group install "GNOME Desktop"
```

否则，不能切换到图形界面。只有安装了支持图形界面的软件包，相关的服务才能够成功启动。此时从纯字符界面切换到图形界面的命令如下。

```
[root@XYZw ~]# init 5                            #从纯字符界面切换到图形界面
```

也可以直接执行 startx 命令切换到图形界面，与 init 5 基本等效，主要的区别是使用 startx 命令进行切换时，进入到图形界面不需要重新登录。从运行级别 5 级的图形界面切换到纯字符界面的命令如下。

```
[root@XYZw ~]# init 3                            #执行后切换到纯字符界面
```

从图形界面切换到纯字符界面同样需要输出用户名及密码重新登录。实际上，运行级别的切换就是重新启动运行不同数量及种类的系统服务。

init 方式的系统服务大部分是独立启动的。为了管理的需要，还另外开发了 inetd 及 xinetd 这种类型的超级守护进程。

关于 Linux 系统引导启动的详尽过程以及超级守护进程等相关内容，可以参阅嵌入式开发方面的资料。

6.3.2　systemd 的服务单元

与 init 方式相同的是，系统服务 systemd 同样是 Linux 系统引导启动过程中创建的第一个进程，并替代 init 进程，负责管理其他的守护进程。与 init 方式的运行级别不同的是，systemd 使用的是单元（Unit）的概念，以适应各种守护进程的不同性质及需求。

也就是说，单元是 systemd 管理系统服务的基本单位，因此也称为服务单元、功能单元。例如，以 GNOME 桌面安装 Linux 系统后，启动的单元数量达到 158 个；而以 minimal 最小化安装，启动的是 95 个单元。

默认情况下，系统服务的可执行文件都位于/usr/sbin/目录之下，而其配置文件一般存放在/usr/lib/systemd/system/、/etc/systemd/system/目录中，大部分都存放在前一个目录下。就如同 init 方式中，系统服务同样有可执行文件及对应的脚本文件一样。配置文件描述了执行系统服务的具体参数。

另外，有些情况下也把/usr/lib/systemd/system/目录下的文件称为单元的脚本文件，而把/etc/及/etc/systemd/system/目录下的文件称为单元配置文件。在 Linux 的 man 帮助文档中使用单元配置文件这样的称谓。

为了管理的需要，进一步将服务单元划分成多种类型，加以分别处理对待。特别地，*.target 类型的服务单元中，描述了管理多个系统服务的内容。

1．服务单元的基本类型

服务单元的基本类型如下。

1）*.service：服务类的单元，也是最常见的服务单元类型，大部分本地的及网络的服务都属于这种类型。以.service 结尾的单元配置文件中，包含受系统控制、监管的进程的编码信息。其中划分 Unit、Service、Install 三个段落（Session）进行具体描述。在安装基本图形界面的 CentOS 7 系统中，包含 284 个服务单元的单元配置文件，如 atd、crond、cups、rsyslog、sshd 等。

2）*.socket：套接字类的单元，是进行数据传输及交换的守护进程使用的单元类型。对应的脚本文件包含 Unit、Socket、Install 三个段落。

3）*.target：环境目标类的单元，用于组织其他的服务单元，构成系统服务的功能组合，从而完成与环境目标相关的任务。对应的脚本文件主要包含 Unit 段落。

4）*.mount 及*.automount：挂载及自动挂载类的单元。

5）*.path：路径类的单元，包含 Unit、Path、Install 三个段落。

6）*.timer：定时类的单元，包含 Unit、Timer、Install 三个段落。

其他的单元类型还包括.swap、.device、.snapshot 等，都有不同的适用范围。如下展示了不同类型的服务单元的基本数量情况。

```
[root@ABCx ~]# ll /usr/lib/systemd/system/*.service | wc -l
291                      #编者机器上统计的结果。仅执行 minimal 安装时，是 138
[root@ABCx ~]# ll /usr/lib/systemd/system/*.target | wc -l
64                       #仅执行 minimal 安装时，是 59
[root@ABCx ~]# ll /usr/lib/systemd/system/*.socket | wc -l
33                       #仅执行 minimal 安装时，是 8
[root@ABCx ~]# ll /usr/lib/systemd/system/*.mount | wc -l
10                       #仅执行 minimal 安装时，是 7
[root@ABCx ~]# ll /usr/lib/systemd/system/*.automount | wc -l
1                        #仅执行 minimal 安装时，与安装最小桌面系统时一致，是 1
[root@ABCx ~]# ll /usr/lib/systemd/system/*.timer | wc -l
9                        #仅执行 minimal 安装时，是 3
[root@ABCx ~]# ll /usr/lib/systemd/system/*.path | wc -l
5                        #仅执行 minimal 安装时，是 4
```

另外需要注意的是，有一些系统服务对应多种服务单元类型。这与具体系统服务的性质直接关联。

```
[root@ABCx ~]# ll /usr/lib/systemd/system/cups*        #打印服务的服务单元类型
-rw-r--r--. 1 root root 234 Feb 25  2019 /usr/lib/systemd/system/cups-browsed.service
-r--r--r--. 1 root root 126 Sep 30 23:53 /usr/lib/systemd/system/cups.path
-r--r--r--. 1 root root 213 Sep 30 23:53 /usr/lib/systemd/system/cups.service
-r--r--r--. 1 root root 131 Sep 30 23:53 /usr/lib/systemd/system/cups.socket
```

其他的系统服务（如 bluetooth 等）都具有多种类型的服务单元。

```
[root@XYZw ~]# ll /usr/lib/systemd/system/bluetooth.*        #与蓝牙有关的服务单元
-rw-r--r--. 1 root root 424 Aug  9  2019 /usr/lib/systemd/system/bluetooth.service
-rw-r--r--. 1 root root 379 Aug  8  2019 /usr/lib/systemd/system/bluetooth.target
```

在命令中使用服务单元名称时，如果没有指定服务单元的类型（即扩展名），默认情况下按照 service 类型处理。

2. 服务单元的内容

事实上，各种类型服务单元的脚本文件的基本结构，都是由注释及若干个不同的段落组成的，具体的段落分成如下三种情况。

1）[Unit]：包括服务单元的类型描述、参考文档位置、依赖的其他守护进程设置等项；具体使用 Description、Documentation、After、Before、Requires、Wants、Conflicts 等项目进行参数值的赋予。

2）[Service]、[Socket]、[Mount]、[Automount]、[Path]、[Timer]：依据服务单元类型选择使用其中一个。具体包括启动方式 Type、环境文件 EnvironmentFile、ExecStart、ExecStop、ExecReload、Restart、TimeoutSec、killMode、RestartSec 等项目设置参数。其中，ExecStart 指定了启动服务的执行文件及参数；ExecStop、ExecReload、Restart 三项指定了服务的停止、重新加载、重新启动的功能参数。

3）[Install]：指明需要此守护进程的服务单元。包括 WantedBy、Also、Alias 等项目。

行首以字符#或者分号;开始的都是注释部分。

下面的命令展示了日志服务的脚本文件内容，属于服务类的单元。

```
[root@XYZw ~]# ll  /usr/lib/systemd/system/rsyslog.*
-rw-r--r--. 1 root root 465 Aug  9  2019 /usr/lib/systemd/system/rsyslog.service
[root@XYZw ~]# vim  /usr/lib/systemd/system/rsyslog.service
[Unit]                                          #标记 Unit 段落开始
Description=System Logging Service
;Requires=syslog.socket
Wants=network.target network-online.target
After=network.target network-online.target       #在这两个单元启动后才能执行
Documentation=man:rsyslogd(8)                     #参考文档
Documentation=http://www.rsyslog.com/doc/
[Service]                                         #标记 Service 段落开始
Type=notify
EnvironmentFile=-/etc/sysconfig/rsyslog           #指明配置文件
ExecStart=/usr/sbin/rsyslogd -n $SYSLOGD_OPTIONS  #指明可执行文件及参数
Restart=on-failure                                #不允许自动重新启动
UMask=0066
StandardOutput=null
Restart=on-failure
[Install]                                         #标记 Install 段落开始
WantedBy=multi-user.target                        #指明 multi-user.target 需要此守护进程
;Alias=syslog.service                             #这是最后一行
```

目标类服务单元的脚本文件如下。

```
[root@XYZw ~]# ll  /usr/lib/systemd/system/basic.target
-rw-r--r--. 1 root root 517 Aug  8  2019 /usr/lib/systemd/system/basic.target
[root@XYZw ~]# vim  /usr/lib/systemd/system/basic.target
#  This file is part of systemd.
#  systemd is free software; you can redistribute it and/or modify it
#  under the terms of the GNU Lesser General Public License as published by
#  the Free Software Foundation; either version 2.1 of the License, or
#  (at your option) any later version.
[Unit]                                            #标记 Unit 段落开始
Description=Basic System
Documentation=man:systemd.special(7)
```

```
Requires=sysinit.target
After=sysinit.target
Wants=sockets.target timers.target paths.target slices.target
After=sockets.target paths.target slices.target          #这是最后一行
```

自动挂载类单元的脚本文件如下。

```
[root@ABCx ~]# ll  /usr/lib/systemd/system/*.mount
-rw-r--r--. 1 root root 670 Nov 17 00:46 /usr/lib/systemd/system/dev-hugepages.
mount
 -rw-r--r--. 1 root root 590 Nov 17 00:46 /usr/lib/systemd/system/dev-mqueue.mount
 -rw-r--r--. 1 root root  98 Oct  1 01:10 /usr/lib/systemd/system/proc-fs-nfsd.
mount
......                                                   #后面的输出省略
[root@ABCx ~]# cat  /usr/lib/systemd/system/proc-fs-nfsd.mount   #查看内容
[Unit]                                                   #标记 Unit 段落开始
Description=NFSD configuration filesystem
[Mount]                                                  #标记 Mount 段落开始
What=nfsd
Where=/proc/fs/nfsd
Type=nfsd                                                #这是最后一行
```

3．服务单元的兼容性

systemd 的服务单元能够在一定程度上兼容 init 的服务脚本，init 方式的不同运行级别都有与之对应的*.target 类型，具体如下。

```
[root@ABCx ~]# ll  /usr/lib/systemd/system/runlevel?.target          #与不同运行级别相
对应的*.target 类型，共计 7 个
   lrwxrwxrwx. 1 root root 15 Dec 19 09:39 /usr/lib/systemd/system/runlevel0.target
-> poweroff.target
   lrwxrwxrwx. 1 root root 13 Dec 19 09:39 /usr/lib/systemd/system/runlevel1.target
-> rescue.target
   lrwxrwxrwx. 1 root root 17 Dec 19 09:39 /usr/lib/systemd/system/runlevel2.target
-> multi-user.target
   lrwxrwxrwx. 1 root root 17 Dec 19 09:39 /usr/lib/systemd/system/runlevel3.target
-> multi-user.target
   lrwxrwxrwx. 1 root root 17 Dec 19 09:39 /usr/lib/systemd/system/runlevel4.target
-> multi-user.target
   lrwxrwxrwx. 1 root root 16 Dec 19 09:39 /usr/lib/systemd/system/runlevel5.target
-> graphical.target
   lrwxrwxrwx. 1 root root 13 Dec 19 09:39 /usr/lib/systemd/system/runlevel6.target
-> reboot.target
```

而原来/etc/rc.d/init.d/下的系统服务，则分别属于不同类型的服务单元，仅保留 network 及 netconsole。

6.3.3　systemctl 命令

systemd 提供了一个功能强大的命令 systemctl，可以完成对其他系统服务的日常管理操作，通过其子命令体现具体功能。

命令格式：systemctl [-options] command [name]
主要功能：系统服务的管理控制命令，能够按照 options 规定的要求，将 command 指定的子

命令传递给 name 指定的服务脚本文件执行。

常用的[-options]选项如下。

-a, --all：显示所有已经加载的服务单元，包括处于不活动状态的。

-t, --type：显示指定的服务单元类型对应的系统服务，如 service、socket、target、mount、path、timer 等类型。

命令格式中的 name，指定的就是/usr/lib/systemd/system/目录下的各种系统服务的脚本文件，这里的脚本文件都有扩展名。这一点与 init 方式的脚本文件不同。

systemctl 命令中的 command 部分包括许多子命令，具体如下。

1. 与 init 方式保持一致的子命令

start：启动运行此服务的子命令，处于停止状态的服务单元启动到运行状态。

restart：重新启动运行此服务的子命令，处于不活跃状态的服务单元启动为活跃状态。

stop：停止此服务运行的子命令，状态转换为不活跃的僵死状态。

reload：重新加载此服务的配置文件的子命令。

status：查看此服务当前状态的子命令，包括加载、活跃等状态。

这些子命令的使用方法与 service 相似。下面以 avahi-daemon 系统服务为例，具体讨论各子命令的使用及含义。

```
[root@XYZw ~]# ll  /usr/lib/systemd/system/avahi-daemon.*          #首先查看与此系统
服务有关的服务单元类型。avahi-daemon 是搜索局域网络中其他设备的守护进程
    -rw-r--r--. 1 root root 1044 Apr 11  2018 /usr/lib/systemd/system/avahi-daemon.
service
    -rw-r--r--. 1 root root  874 Apr 11  2018 /usr/lib/systemd/system/avahi-daemon.
socket
    [root@XYZw ~]# systemctl  status  avahi-daemon.service
    ● avahi-daemon.service - Avahi mDNS/DNS-SD Stack
    Loaded:loaded(/usr/lib/systemd/system/avahi-daemon.service;enabled;vendorpreset:
enabled)
      Active: active (running) since Fri 2021-01-22 15:58:36 CST; 54min ago
    Main PID: 677 (avahi-daemon)
    ......                                                     #后面的输出省略
```

通过上述内容可以看到，avahi-daemon 系统服务引导加载之后一直处于活跃的运行状态。下面使用上述子命令操控此服务。

```
[root@XYZw ~]# systemctl  restart  avahi-daemon            #重新启动此服务
[root@XYZw ~]# systemctl  status  avahi-daemon.service
● avahi-daemon.service - Avahi mDNS/DNS-SD Stack
Loaded:loaded(/usr/lib/systemd/system/avahi-daemon.service;enabled;vendorpreset:
enabled)
    Active: active (running) since Fri 2021-01-22 17:08:10 CST; 15s ago
  Main PID: 4043 (avahi-daemon)
[root@XYZw ~]# ps -l  677                    #重新启动后原来的进程结束，产生新进程
F S  UID  PID PPID C PRI NI ADDR SZ WCHAN TTY        TIME CMD
[root@XYZw ~]# ps -l  4043
F S  UID  PID PPID C PRI NI ADDR SZ WCHAN TTY        TIME CMD
4 S 70 4043 1 0 80   0 - 15572 poll_s ? 0:00 avahi-daemon: running[XYZw.local]
```

搜索网络中其他设备的系统服务进程会占用较多的资源，因此在不需要时完全可以停止

其运行。

```
[root@XYZw ~]# systemctl  stop  avahi-daemon.service          #停止.service 服务单元
的同时还要停止.socket
   Warning: Stopping avahi-daemon.service, but it can still be activated by:
     avahi-daemon.socket
[root@XYZw ~]# systemctl  stop  avahi-daemon.socket            #同时停止.socket
[root@XYZw ~]# systemctl  status  avahi-daemon                #已经是不活跃状态
 ● avahi-daemon.service - Avahi mDNS/DNS-SD Stack
    Loaded: loaded (/usr/lib/systemd/system/avahi-daemon.service; enabled; vendor
preset: enabled)
     Active: inactive (dead) since Fri 2021-01-22 17:18:10 CST; 2min 40s ago
[root@XYZw ~]# systemctl  status  avahi-daemon.socket #输出省略，不活跃
```

如果需要启动 avahi-daemon 服务，则执行以下命令。

```
[root@XYZw ~]# systemctl  start  avahi-daemon.socket           #服务单元都需要启动
[root@XYZw ~]# systemctl  start  avahi-daemon.service
[root@XYZw ~]# systemctl  status  avahi-daemon                 #默认仅查看.service 加
上扩展名.socket 则查看接口类型服务的状态
 ● avahi-daemon.service - Avahi mDNS/DNS-SD Stack
    Loaded: loaded (/usr/lib/systemd/system/avahi-daemon.service; enabled; vendor
preset: enabled)
     Active: active (running) since Fri 2021-01-22 17:29:59 CST; 14s ago
  Main PID: 4388 (avahi-daemon)
```

通过执行下面的命令，可以看出重新加载配置文件与重新启动服务的区别。

```
[root@XYZw ~]# systemctl  reload  avahi-daemon                 #重新加载配置文件
[root@XYZw ~]# systemctl  status  avahi-daemon
 ● avahi-daemon.service - Avahi mDNS/DNS-SD Stack
    Loaded: loaded (/usr/lib/systemd/system/avahi-daemon.service; enabled; vendor
preset: enabled)
     Active: active (running) since Fri 2021-01-22 17:29:59 CST; 6min ago
   Process: 4489 ExecReload=/usr/sbin/avahi-daemon -r (code=exited, status=0/SUCCESS)
  Main PID: 4388 (avahi-daemon)          #主进程 PID 仍然是 4388，临时创建了 4489 号进程，
完成重新加载配置文件的任务后，自动结束
   ……                                                      #后面的输出省略
```

查看状态之后，执行 ps -l 4489 命令，此进程已经不存在了。

2．查看单元信息的子命令

list-units：显示系统中已经启动的服务单元信息，包括名称、加载、活动、描述等。

list-unit-files：显示/usr/lib/systemd/system/目录下的服务单元文件。

list-dependencies：列表显示服务单元的依赖关系。

show：显示服务单元的默认设置值。

1）systemctl 的 list-units 子命令的使用方法如下：

```
[root@XYZw ~]# systemctl  --type=socket  list-units     #查看 socket 类型的服务单元
UNIT                      LOAD    ACTIVE  SUB        DESCRIPTION
avahi-daemon.socket       loaded  active  running    Avahi mDNS/DNS-SD Stack Acti
cups.socket               loaded  active  running    CUPS Printing Service Socket
dbus.socket               loaded  active  running    D-Bus System Message Bus Soc
dm-event.socket           loaded  active  listening  Device-mapper event daemon F
```

```
......                                              #中间部分的输出省略
LOAD   = Reflects whether the unit definition was properly loaded.
ACTIVE = The high-level unit activation state, i.e. generalization of SUB.
SUB    = The low-level unit activation state, values depend on unit type.
16 loaded units listed. Pass --all to see loaded but inactive units, too.
To show all installed unit files use 'systemctl list-unit-files'.
```

使用--type=socket 选项的 list-units 子命令显示了 socket 类型服务单元的多种信息，包括带有扩展名的单元名称、是否加载到内存、当前的活动状态及功能的描述信息等。

命令输出内容的最后两行进一步表明：当前加载的 socket 服务单元数量是 16 个。--all 选项能够查看加载的全部单元，包括不活动的。显示已经安装的服务单元文件使用 systemctl list-unit-files 命令。

如果服务单元数量超过一屏，则分屏显示，按〈Space〉键显示下一屏；按〈Q〉键退出。

其他类型的服务单元，使用 list-units 子命令同样可以查看到相关信息，在--type 选项处指定类型名称即可，需要注意的是，等号前后都不允许有空格。

systemctl list-units 命令的其他用法如下。

```
[root@XYZw ~]# systemctl list-units          #不加选项及服务，显示所有的服务单元
UNIT                     LOAD   ACTIVE SUB       DESCRIPTION
......                        #中间部分的输出省略。按〈Space〉键显示下一屏；按〈Q〉键退出
159 loaded units listed. Pass --all to see loaded but inactive units, too.
To show all installed unit files use 'systemctl list-unit-files'.
```

systemctl list-units 命令还可以查看某一个服务单元的信息。

```
[root@XYZw ~]# systemctl list-units cups.path       #仅写 cups 不能识别
UNIT          LOAD     ACTIVE     SUB        DESCRIPTION
cups.path     loaded   active     waiting    CUPS Printer Service Spool
......                                             #其他部分的输出省略
```

查询时能够识别通配符。

```
[root@XYZw ~]# systemctl list-units cups.*          #可以使用通配符
UNIT          LOAD     ACTIVE     SUB        DESCRIPTION
cups.path     loaded   active     waiting    CUPS Printer Service Spool
cups.service  loaded   active     running    CUPS Printing Service
cups.socket   loaded   active     running    CUPS Printing Service Sockets
......                                             #其他部分的输出省略
```

2）list-unit-files 子命令同样可以与--type 选项配合使用。

```
[root@XYZw ~]# systemctl list-unit-files --type=mount    #查看 mount 类型的服务单
元文件及安装的情况
UNIT FILE                   STATE
dev-hugepages.mount         static
......                                             #中间部分的输出省略
tmp.mount                   disabled
var-lib-nfs-rpc_pipefs.mount static
9 unit files listed.
```

其他的使用方法可以参考 list-units 子命令。

3）list-dependencies 子命令的用法如下。

```
[root@XYZw ~]# systemctl list-dependencies cupsd          #显示 cupsd 的依赖服务
```

```
cupsd.service
[root@XYZw ~]# systemctl  list-dependencies  crond          #显示 crond 的依赖性
crond.service
● ├─system.slice
● └─basic.target
●   ├─microcode.service
......                                                       #其他部分的输出省略
```

4）show 子命令能够显示服务单元详细的默认设置值。

```
[root@XYZw ~]# systemctl  show  cups.path                   #显示详细的默认设置值
Unit=cups.service
PathExistsGlob=/var/spool/cups/d*
MakeDirectory=no
DirectoryMode=0755
Result=success
Id=cups.path
Names=cups.path                                             #此单元的文件名
Requires=-.mount sysinit.target
WantedBy=multi-user.target
Conflicts=shutdown.target
Before=paths.target shutdown.target multi-user.target cups.service
After=-.mount sysinit.target
......                                                       #其他部分的输出省略
```

执行 cat　/usr/lib/systemd/system/cups.path 命令的结果与 show 子命令差别较大。

```
[root@XYZw ~]# cat  /usr/lib/systemd/system/cups.path       #显示 cups.path 内容
[Unit]                                                       #三个段落清晰明了
Description=CUPS Printer Service Spool
[Path]
PathExistsGlob=/var/spool/cups/d*
[Install]
WantedBy=multi-user.target                                   #文件到此结束
```

3. 其他子命令

enable：设置服务单元能够在下次系统引导启动后，自动运行。

disable：设置不允许服务单元在下次系统引导启动后，自动运行。

get-default：获得系统当前的界面模式。

set-default：设置系统下一次启动的默认界面模式。

isolate：切换到其他的界面模式。

enable/disable 子命令的用法如下。

```
[root@XYZw ~]# systemctl  disable  crond                    #不允许 crond 开机启动
Removed symlink /etc/systemd/system/multi-user.target.wants/crond.service.
```

设置不允许 crond 开机启动之后，配置目录下的链接文件 crond.service 被删除。

```
[root@XYZw ~]# systemctl  enable  crond                     #允许 crond 开机启动
Created symlink from /etc/systemd/system/multi-user.target.wants/crond.service to
/usr/lib/systemd/system/crond.service.                       #创建脚本文件的链接
[root@XYZw ~]# cat  /etc/systemd/system/multi-user.target.wants/crond.service
```

允许 crond 下次开机自动运行后，在配置目录下创建的链接文件 crond.service 指向到

/usr/lib/systemd/system/crond.service 文件。对于前述的 avahi-daemon.service 服务单元，同样可以设置不允许开机启动。

get-default/set-default 子命令的用法如下。

```
[root@XYZw ~]# systemctl  get-default
graphical.target                                              #图形界面的运行模式
[root@XYZw ~]# systemctl  set-default  multi-user.target      #设置下次启动字符界面
Removed symlink /etc/systemd/system/default.target.           #撤销原来的链接
Created symlink from /etc/systemd/system/default.target to /usr/lib/systemd/system/
multi-user.target.                                            #创建新的链接
[root@XYZw ~]# systemctl  set-default  graphical.target
Removed symlink /etc/systemd/system/default.target.           #撤销原来的链接
Created symlink from /etc/systemd/system/default.target to /usr/lib/systemd/system/
graphical.target.                                             #创建新的链接
```

isolate 子命令的用法如下。

```
[root@XYZw ~]# systemctl  isolate  multi-user        #切换到多用户模式，非图形
```

切换到新的界面模式后，都需要重新输入用户名及密码。

```
[root@XYZw ~]# systemctl  isolate  graphical.target  #切换到图形界面
```

6.3.4 tty 窗口与 getty 单元

第 2 章已经介绍过，Linux 系统启动之后，默认情况下，给用户提供了 6 个终端窗口，分别是 tty1~tty6；使用组合键〈Ctrl+Alt+F1〉～〈Ctrl+Alt+F6〉，能够在各终端窗口之间切换，之后以不同的用户名登录到系统，进行各自的操作。实验 3 对此内容进行了专项训练。

实际上，终端窗口的数量是可以增减的，主要是由 getty.target 和 getty@.service 两个单元配合实现的。其中，getty.target 提供目标环境，getty@.service 能够给指定的终端窗口提供服务。因此在 CentOS 7 之前的版本，调整终端窗口的数量不能使用如下的方法。下面的例子展示了增加 tty9 终端窗口进行登录的方法步骤。

```
[root@ABCx ~]# ll  /usr/lib/systemd/system/getty*        #查看与 getty 有关的服务单元
-rw-r--r--. 1 root root    466 Nov 17 00:46 /usr/lib/systemd/system/getty-
pre.target
-rw-r--r--. 1 root root 1553 Nov 17 00:46 /usr/lib/systemd/system/getty@.service
-rw-r--r--. 1 root root  460 Nov 17 00:46 /usr/lib/systemd/system/getty.target
[root@ABCx ~]# systemctl  status  getty.target           #查看 getty.target 的状态
● getty.target - Login Prompts
   Loaded: loaded (/usr/lib/systemd/system/getty.target; static; vendor preset:
disabled)
   Active: active since Mon 2021-01-25 21:32:51 CST; 5min ago
......                                                    #其他部分的输出省略
```

接下来要在 tty9 这个终端上登录，因此需要先启动 getty@tty9.service 服务单元。可以先查看以下的状态作为对照。

```
[root@ABCx ~]# systemctl  status  getty@tty9.service        #查看状态
● getty@tty9.service - Getty on tty9
   Loaded: loaded(/usr/lib/systemd/system/getty@.service; enabled; vendor preset:
enabled)
   Active: inactive (dead)
```

```
......                                                    #其他部分的输出省略
[root@ABCx ~]# systemctl  start  getty@tty9.service       #启动服务单元
```

在 getty@tty9.service 服务单元启动之前，使用组合键〈Ctrl+Alt+F1〉～〈Ctrl+Alt+F6〉
能够正常切换，而使用组合键〈Ctrl+Alt+F7〉～〈Ctrl+Alt+F12〉是不能正常切换的。服务单
元启动之后，组合键〈Ctrl+Alt+F9〉能够切换到 tty9 终端窗口。以 learn 用户登录，可以进一
步检验。

[☞]提示：macOS 系统中，组合键应该加上〈Fn〉功能键，即使用〈Ctrl+Command+
Fn+ F9〉。

```
[root@ABCx ~]# systemctl  status  getty@tty9.service       #再次查看状态
● getty@tty9.service - Getty on tty9
   Loaded: loaded (/usr/lib/systemd/system/getty@.service; enabled; vendor preset:
enabled)
   Active: active (running) since Mon 2021-01-25 21:43:06 CST; 10min ago
 Main PID: 3105 (login)                                    #login 进程的 PID
......                                                     #其他部分的输出省略
```

使用 who 命令可以验证 learn 用户在 tty9 终端窗口已经登录，登录进程 login 的 PID 与上面
看到的一致。

```
[root@ABCx ~]# who  -a
          system boot  2021-01-25 21:32
          tty1          1970-01-01 08:00         1032 id=tty1  term=1 exit=0
          run-level 5  2021-01-25 21:33              last=3
root      ? :0          2021-01-25 21:33   ?      2164 (:0)
root      + pts/0       2021-01-25 21:34   .      2862 (:0)
learn     + tty9        2021-01-25 21:43 00:14    3105     #与上面对照
root      + pts/1       2021-01-25 21:46 00:08    2862 (:0)
```

通过查看 getty.target 和 getty@.service 两个单元文件的内容，可以了解具体的实现过程。下
面仅显示文件的相关部分。

```
[root@XYZw ~]# systemctl  show  getty.target      #显示 getty.target 的详细内容
Id=getty.target
Names=getty.target
Wants=getty@tty1.service
WantedBy=multi-user.target
Conflicts=shutdown.target
Before=multi-user.target
After=getty@tty2.service getty@tty6.service getty@tty5.service getty@tty4.service
getty@tty1.service  getty@tty3.service
......                                             #其他部分的输出省略
```

After=语句表明当前登录了 6 个 tty。也就是说，如果仅登录了 tty1，则此处也只显示
getty@tty1.service。下面仅节选了 getty@.service 文件的部分内容。

```
[root@XYZw ~]# cat  /usr/lib/systemd/system/getty@.service
[Unit]
Description=Getty on %I
After=systemd-user-sessions.service plymouth-quit-wait.service getty-pre.target
After=rc-local.service
Before=getty.target
[Service]
```

```
ExecStart=-/sbin/agetty --noclear %I $TERM        #执行 agetty 启动%I 指定的终端
Type=idle
[Install]
WantedBy=getty.target
DefaultInstance=tty1
```

上述内容表明，启动一个终端时会在 getty@.service 文件的基础上，产生一个新的配置文件，其文件名的命名规则是在@字符后面加上终端名，形成 getty@终端名.service 格式，在 systemctl start 命令中使用此文件名就可以启动相应的终端。

实际上，终端窗口的数量是在/etc/systemd/login.conf 文件指定的。因此，如果要减少支持的终端窗口数量，则需要重新指定，命令如下。

```
[root@XYZw ~]# cat  /etc/systemd/logind.conf
[Login]
#NAutoVTs=6                          #将数值改为 5，并去掉注释符号#
#ReserveVT=6                         #改为 0，去掉注释符号#
```

执行 man 5 logind.conf 可以获得 NAutoVTs、ReserveVT 的详细信息。login.conf 文件修改之后，需要将支持 tty6 的服务停止，并重启登录服务，命令如下。

```
[root@XYZw ~]# systemctl  stop  getty@tty6.service          #停止支持 tty6
[root@XYZw ~]# systemctl  restart  systemd-logind.service   #重启登录服务
```

重启登录服务后，需要输入 root 的用户名和密码。此时使用〈Ctrl+Alt+F6〉组合键已经不能正常登录。

上述内容表明单元配置文件能够控制守护进程提供服务的具体参数。

6.4 日志管理

日志（Log）就是按照时间顺序存储记录系统运行状态信息的文件，这些信息是各种进程（主要是各种系统服务进程）在运行过程中产生的，并传输给日志管理进程进行记录的。具体由默认启动的守护进程 rsyslogd 提供服务，完成日志的分类记录与管理功能。

通过修改 rsyslogd 的配置文件，root 可以控制记录日志的一些重要参数，包括需要记录的信息是哪种服务产生的、何种级别的、存储的路径以及文件名等。

经常查看阅读日志文件，是 root 用户的重要工作之一。通过阅读能够及时发现系统中的多种问题，再经过耐心细致的分析、研判，才有可能解决一些疑难问题。

使用一些简单的命令就可以查看浏览日志。但是由于日志文件数量较多，信息量庞杂巨大，因此系统提供了 LogWatch 等分析工具，此外还提供了 Logrotate 工具管理日志文件。

6.4.1 日志文件及存放目录

数量众多的日志文件被存放在不同的子目录中，与日志的内容有关。

1. 日志的内容及格式

日志文件中保存的信息一般都要包括 4 个部分：发生事件的日期时间，主机名，对应的服务、命令或函数名称。信息的具体内容如下：

```
[root@ABCx ~]# tail  -5  /var/log/messages
Jan 26 13:19:29 ABCx systemd-logind: Removed session c1.
Jan 26 13:19:29 ABCx systemd: Removed slice User Slice of gdm.
```

```
    Jan 26 13:19:36 ABCx dbus[607]: [system] Failed to activate service 'org.bluez':
timed out
    Jan 26 13:19:36 ABCx pulseaudio: GetManagedObjects() failed: org.freedesktop.
DBus.Error. NoReply: Did not receive a reply. Possible causes include: the remote
application did not send a reply, the message bus security policy blocked the reply,
the reply timeout expired, or the network connection was broken.
    Jan 26 13:20:01 ABCx systemd: Started Session 3 of user root.
```

2. 存储日志的目录及文件名

日志文件主要存放在/var/log 及其子目录下，并根据各种信息的不同种类及性质，分别存放在多个文件中。常见的日志文件如下。

1) /var/log/boot.log：记录本次计算机引导启动的流程信息。此次启动之前的信息保存在以日期为后缀的文件中，系统对这些文件进行轮替更新。

```
[root@ABCx ~]# cat -bn /var/log/boot.log          #加行号显示 boot.log 内容
498            Starting GNOME Display Manager...
499    [ OK ] Started GNOME Display Manager.
500    [ OK ] Started vboxadd-service.service.
501    [ OK ] Reached target Multi-User System
......                                             #其他部分的输出省略
```

2) /var/log/dmesg：按照时间顺序存储了系统引导启动过程中的与设备检测信息相关的记录。执行 dmesg 命令可以查看此文件的内容，执行 more 命令查看更方便一些。

3) /var/log/messages：按照时间顺序记录系统中各种进程运行过程输出的信息，包括引导启动过程中及之后正常运行过程中的信息。记录信息的等级按照配置文件的规定执行。同时此文件也会按照轮替规则进行更新。

```
[root@ABCx ~]# cat /var/log/messages | grep "Jan 26" | more
Jan 26 13:17:39 ABCx kernel: Initializing cgroup subsys cpuset
Jan 26 13:17:39 ABCx kernel: Initializing cgroup subsys cpu
Jan 26 13:17:39 ABCx kernel: Initializing cgroup subsys cpuacct
Jan 26 13:17:39 ABCx kernel: Linux version 3.10.0-1160.11.1.el7.x86_64
......                                #其他部分的输出省略
[root@ABCx ~]# ll /var/log/messages* #查看文件。之前的文件以日期为后缀，进行轮替更新
-rw-------. 1 root root  936374 Jan 29 13:40 /var/log/messages
-rw-------. 1 root root  627292 Jan  3 15:29 /var/log/messages-20210103
-rw-------. 1 root root 2162059 Jan 10 10:28 /var/log/messages-20210110
-rw-------. 1 root root 2039430 Jan 18 12:19 /var/log/messages-20210118
-rw-------. 1 root root  681384 Jan 24 09:10 /var/log/messages-20210124
```

4) /var/log/secure：记录与用户登录系统有关的信息，涉及输入账号、时间等，不记录密码。包括 login、gdm、su、sudo、sshd、telnet 等进程的登录信息都记录在此文件中。

5) /var/log/mailog：记录接收、发送的各种邮件信息的日志文件。

6) /var/log/yum.log：记录软件包安装、更新、卸载信息的日志文件。

其他的许多系统服务单独创建自己的子目录保存日志，如/var/log/httpd/、/var/log/samba/等，就是 httpd 及 smbd 系统服务创建的、用于保存各自日志文件的目录。

6.4.2　配置 rsyslogd 服务

rsyslogd 是一个重要的系统服务进程，默认是随系统同时启动的，负责系统中多种类型日志

的记录与管理。此进程的启动执行涉及/usr/lib/systemd/system/rsyslog.service 脚本文件，以及/etc/rsyslog.conf 配置文件，命令如下。

```
[root@XYZw ~]# ll /etc/rsyslog.conf  /usr/lib/systemd/system/rsyslog.service
-rw-r--r--. 1 root root 3232 Aug  6  2019 /etc/rsyslog.conf
-rw-r--r--. 1 root root  465 Aug  9  2019 /usr/lib/systemd/system/rsyslog.service
[root@XYZw ~]# ps -x | grep rsyslogd              #守护进程名称是 rsyslogd
 1077 ?        Ssl    0:00 /usr/sbin/rsyslogd -n
[root@XYZw ~]# systemctl status rsyslog.service    #查看服务单元的状态
● rsyslog.service - System Logging Service
   Loaded:  loaded  (/usr/lib/systemd/system/rsyslog.service;  enabled;  vendor
preset: enabled)
   Active: active (running) since Tue 2021-01-26 10:26:45 CST; 2h 27min ago
     Docs: man:rsyslogd(8)
           http://www.rsyslog.com/doc/
 Main PID: 1077 (rsyslogd)                         #进程号 PID 是一致的
......                                              #输出的其他部分省略
```

依据 rsyslog.service 脚本文件，systemctl 命令能够完成 rsyslogd 守护进程的启动、停止、查看状态、查找依赖、查找单元文件等一系列操作，具体执行方法在 6.3.3 节已经介绍过。

修改 rsyslog.conf 配置文件中的规则部分，可以重新设定 rsyslogd 系统服务的参数，重新启动此服务之后设定的参数才能够起作用。

1．配置文件中的规则

配置文件/etc/rsyslog.conf 包含的内容较多，在此仅介绍与记录日志相关的规则部分，下面截取了文件中的有关部分，命令如下。

```
[root@ABCx ~]# cat -n /etc/rsyslog.conf          #加行号显示文件的内容。左侧的数字是
行号。无关的注释及空行部分删除了，所以行号不是连续的
    1# rsyslog configuration file
   50    #kern.*                                    /dev/console
   54    *.info;mail.none;authpriv.none;cron.none
/var/log/messages
   57    authpriv.*                                       /var/log/secure
   60    mail.*                                          -/var/log/maillog
   64    cron.*                                           /var/log/cron
   67    *.emerg                                         :omusrmsg:*
   70    uucp,news.crit                                  /var/log/spooler
   73    local7.*                                        /var/log/boot.log
......                                              #输出的其他部分省略
```

上述规则中用到的符号，在 syslog.h 头文件中进行了定义，命令如下。

```
[root@ABCx ~]# cat -n /usr/include/sys/syslog.h | more   #添加行号方便阅读
   49      * priorities (these are ordered)  */
   51    #define    LOG_EMERG   0     /* system is unusable */
   52    #define    LOG_ALERT       1     /* action must be taken immediately */
//# 数 组 定 义 CODE prioritynames[] ={ { "alert", LOG_ALERT },{ "crit", LOG_
CRIT },...}
   92    /* facility codes */                     #除常量定义之外，定义数组方便程序访问
   93    #define    LOG_KERN    (0<<3)     /* kernel messages */
//#数组定义 CODE facilitynames[] ={ { "auth", LOG_AUTH },...,{ NULL, -1 } };
```

配置文件/etc/rsyslog.conf 中的规则部分，每一行是一条规则，符合如下格式：

```
facility.priorities                    action         #一条规则分成三个部分
```

1）facility 部分是指系统中的进程或部件设施，在 syslog.h 文件的第 93～114 行定义了其取值范围，共计 20 个，按照数值增大的顺序，分别是 kern、user、mail、daemon、auth、syslog、lpr、news、uucp、cron、authpriv、ftp、local0～local7。用星号*表示全部的进程及设施。

2）priorities 部分是指信息重要程度的等级，在 syslog.h 文件的第 51～58 行定义了其取值范围，按照重要程度依次降低的顺序，分别是 emerg、alert、crit、err、warning、notice、info、debug。全部等级用星号*表示，none 表示不需要任何等级的信息。

3）facility 与 priorities 之间用小数点.连接，表示 facility 进程或设施的等级高于或等于 priorities 等级；如果用小数点等号.=形式连接，表示等于 priorities 的等级；用小数点叹号.!连接，表示不等于。

4）action 部分是指使用文件或主机进行信息记录或发送的动作，用空格或〈Tab〉与前面部分隔开。action 部分的取值包括 path-filename、:omusrmsg:users、device、@hostname 等项目。使用时需要用实际存在的名称替换，如/var/log/cron、/dev/lp0、@XYZa.org 等。

2. 配置 rsyslogd 服务的例子

下面简要介绍配置文件 rsyslog.conf 中规则的具体含义及作用，同时介绍可能修改规则的方法。

```
64    cron.*                                           /var/log/cron
```

第 64 行，其中 cron.*表示 cron 服务中输出的所有等级的信息。action 部分，表示将信息记录到/var/log/cron 中。如果写成 cron.warning，则表示重要程度在 warning 之上的信息才能够被记录。星号*是通配符的含义。

```
60    mail.*                                           -/var/log/maillog
```

第 60 行的含义与第 64 行的解释相似，区别是文件名之前的减号-，它表达的是数据暂时缓冲在内存之中，达到一定数量之后一次性写入磁盘文件。如此操作的风险是系统崩溃时，数据可能会丢失。

```
54    *.info;mail.none;authpriv.none;cron.none
/var/log/messages
```

第 54 行，表示所有进程或设施的 info 等级之上的信息（但不包括 mail、authpriv、cron 三个进程的信息）都将记录到/var/log/messages 文件中。如下写法表达相同含义。

```
*.info;mail,authpriv,cron.none                        /var/log/messages
```

注意使用分号;与逗号,隔开多个进程等级的区别，使用分号;隔开多个进程及等级时，需要将进程与等级都写全。等级相同时，使用逗号,隔开，在最后一个进程或设施加上等级，等级不同时还是使用分号隔开。

```
67    *.emerg                                          :omusrmsg:*
```

第 67 行，表示任何进程或设施产生了最严重的 emerg 等级信息，则将此信息发送给当前所有登录到系统的用户，包括 root，立即处理。这里的 action 部分比较特殊，表示输出信息给所有用户。

按照 syslog.h 头文件的说明，alert 等级的信息应该立即处理，所以，第 67 行的内容可以修改成如下样式。

```
    *.alert                                                      :omusrmsg:*
```

将第 54、73 行修改成如下，重新启动 rsyslogd 服务之后，就安装新规则记录日志。这样能够减少写入日志文件的信息容量。

```
    54      *.warning;mail.none;authpriv.none;cron.none
/var/log/messages
    73      local7.err                                    /var/log/boot.log
```

除了上述规则之外，rsyslog.conf 配置文件中，还包括全局参数、模板、输出通道等其他内容，这里不做更多讨论，读者可以执行 man 5 rsyslog.conf 命令查看。

6.4.3 日志管理工具

下面介绍与日志管理相关的 logger、logwatch 及 logrotate 工具的使用方法。

1. logger 记录日志的命令

命令格式：logger [-options] [message]

主要功能：将 message 指定的信息，按照 options 规定的要求记录到系统日志中。默认情况下，是指从键盘输入的信息。记录日志同时要符合配置文件设定的规则。

常用的[-options]选项如下。

-p，--priority：指定记录日志的进程和等级，如 local3.info、user.notice。

-t，--tag：记录日志的每一行都要使用指定的标志，默认的标志是用户名。

-s，--stderr：将信息记录到日志，同时输出到标准错误设备。

[☞]需要注意的是，绝大多数情况下，不需要用户（特别是普通用户）主动记录日志。因为 rsyslogd 服务进程能够按照配置文件的规则，自动完成日志的记录及分类管理功能，在必要时才使用 logger 命令主动记录日志。

logger 命令的基本用法如下。

```
[root@ABCx ~]# logger  System  rebooted          #默认情况下，命令之后的字符串直接写
入到系统日志中
    [root@ABCx ~]# cat  /var/log/messages  |  grep  "System rebooted"
    Jan 30 15:00:13 ABCx root: System rebooted
```

需要注意的是，logger 命令记录的信息仅符合配置文件第 54 行的规则，所以这些信息记录到/var/log/messages 文件中，其他配置文件中并不会记录这样的日志内容。

```
    [root@ABCx ~]# logger                    #直接执行 logger 命令，进入到等待键盘输入的状态
    Now logging *.info                       #输入记录到日志的信息
    Ctrl+d                                   #用〈Ctrl+D〉键表示结束输入
    [root@ABCx ~]# cat  /var/log/messages  |  grep  "Now logging *.info"
    Jan 30 15:07:20 ABCx root: Now logging *.info
    [root@ABCx ~]# logger  -s  System rebooted again      #将信息记录到日志中，同时输出
到标准错误设备（屏幕）上
    root: System rebooted again
```

如果将配置文件中第 54 行的*.info 改成*.warning，并重新启动 rsyslogd 服务，执行上面几条命令，是不能记录日志的。下面的例子进一步强调了规则的作用。

```
    [root@ABCx ~]# vim  /etc/rsyslog.conf              #将第 54 行的*.info 改成*.warning，
第 73 行的 local7.*改成 local7.err，其他保持部分不变，如前述
```

```
[root@ABCx ~]# systemctl restart rsyslog.service          #重新启动服务
[root@ABCx ~]# logger -p user.warning "This is logger tag"      #指定的等级及进程
设施符合规则，因此能够记录日志
[root@ABCx ~]# cat /var/log/messages | grep "This is logger tag"   #有输出
Jan 30 14:43:10 ABCx root: This is logger tag          #找到了字符串，验证正确
[root@ABCx ~]# logger -p user.info "info--This is logger tag--info"  #指定的等
级低于 warning，因此信息不能记录到日志中
[root@ABCx ~]# cat /var/log/messages | grep "info--This is "      #验证，没
有输出，表明确实没有记录到日志中
```

普通用户具有记录日志的权限，但不能阅读查看日志，命令如下。

```
[learn@ABCx ~]$ logger -p user.warning "learn-- logged "
[learn@ABCx ~]$ cat /var/log/messages
cat: /var/log/messages: Permission denied
```

切换到 root 用户可以检查，命令如下。

```
[root@ABCx ~]# cat -n /var/log/messages | grep "learn-- logged"
 15928 Jan 30 15:59:06 ABCx root: learn-- logged
```

2．logwatch 分析日志

查看 YUM 的日志文件，可以获知 LogWatch 软件包是否安装，命令如下。

```
[root@ABCx ~]# ll /var/log/yum.log*                    #查看 yum.log 文件是否存在
-rw-------. 1 root root  2682 Jan 29 12:05 /var/log/yum.log
-rw-------. 1 root root 40903 Dec 23 09:05 /var/log/yum.log-20201223
-rw-------. 1 root root    52 Jan  3 15:28 /var/log/yum.log-20210103
[root@ABCx ~]# cat -bn /var/log/yum.log | grep logwatch        #查找 yum.log 文
件中是否包含 logwatch 字符串的行
36     Jan 28 21:23:14 Installed: logwatch-7.4.0-35.20130522svn140.el7_5.noarch
```

上述内容表明，LogWatch 软件包已经于 1 月 28 日 21:23:14 安装到系统中了。如果确实没有安装软件包，执行上述命令就没有输出。

也可以使用常规方法检查软件包是否安装，命令如下。

```
[root@ABCx ~]# yum info logwatch                  #查看 LogWatch 的安装情况
Installed Packages                                #表明是已经安装过的
Name        : logwatch
......                                             #输出的其他部分省略
```

默认情况下，LogWatch 软件包没有安装到系统中，执行 yum 的 install/reinstall 子命令进行软件包的安装过程。

```
[root@ABCx ~]# yum reinstall logwatch              #reinstall 重新安装软件包
```

完成 LogWatch 软件包的安装之后，为用户提供了每天自动执行一次的计划任务、自动分析脚本、logwatch 命令以及帮助文档等内容。

```
[root@ABCx ~]# ll /etc/cron.daily/0logwatch       #表明 logwatch 需要每天执行一次
-rwxr-xr-x. 1 root root 434 Aug 16  2018 /etc/cron.daily/0logwatch
[root@ABCx ~]# cat -bn /etc/cron.daily/0logwatch     #脚本的主要功能就是执行
logwatch 命令，结果以邮件发送
 1 #!/bin/sh
 2 #Set logwatch location
 3 LOGWATCH_SCRIPT="/usr/sbin/logwatch"
```

```
   4 #Add options to this line. Most options should be defined in /etc/logwatch/
conf/ logwatch.conf,
   5 #but some are only for the nightly cronrun such as --output mail and should be
set here.
   6 #Other options to consider might be "--format html" or "--encode base64", man
logwatch for more details.
   7 OPTIONS="--output mail"
   8 #Call logwatch
   9 $LOGWATCH_SCRIPT $OPTIONS                              #执行 logwatch
  10      exit 0                                           #执行完成后，返回 0，退出
```

关于 cron 计划任务的内容在 6.2.3 节已经介绍，不再扩展。下面仅讨论 logwatch 命令的执行情况。

命令格式：logwatch   [-option]

主要功能：按照 option 规定的选项执行日志的自动分析。默认情况下自动分析昨天系统的各种日志，输出简要报告。

常用的[-option]选项如下。

--service   service-name：指定需要单独分析的服务名称。

--range   range：指定分析的时间范围，包括 today、all、yesterday、'Jan 25, 2021'等。

--detail   level：指定分析的级别，包括 high、med、low 或 10、5、0 等取值。

--output   output-type：指定输出信息的类型，如 stdout（默认的）、mail、file 等。

```
[root@ABCx ~]# logwatch                 #执行默认的分析，输出简要报告
```

软件包安装之后，在/usr/share/logwatch/default.conf/services/目录下存储了多种服务的自动分析配置文件。

```
[root@ABCx ~]# ll  /usr/share/logwatch/default.conf/services/    #查看文件
total 444
-rw-r--r--. 1 root root   731 Aug 16  2018 afpd.conf
-rw-r--r--. 1 root root  7530 Aug 16  2018 amavis.conf
-rw-r--r--. 1 root root   744 Aug 16  2018 arpwatch.conf
-rw-r--r--. 1 root root  1203 Aug 16  2018 audit.conf
-rw-r--r--. 1 root root  1026 Aug 16  2018 automount.conf
......                                                  #输出的其他部分省略
```

下面的命令能够主动分析今天 cron 服务的日志，并输出简要报告。

```
[root@ABCx ~]# logwatch  --range  today  --service  cron    #分析 cron 服务
......                                                  #输出部分省略
```

3．logrotate 命令

可执行文件位于/usr/bin/目录中的 logrotate 命令，能够完成日志文件的轮替更新任务，一般情况下，不需要用户手动执行。默认是以每天的计划任务方式由 crond 服务进程调度执行的。通过查看/etc/cron.dayly/logrotate 文件内容可知，具体如下。

```
[root@ABCx ~]# ll  /etc/cron.daily/logrotate
-rwx------. 1 root root 219 Apr  1  2020 /etc/cron.daily/logrotate
[root@ABCx ~]# cat  -bn  /etc/cron.daily/logrotate        #添加行号查看文件内容
1 #!/bin/sh
2 /usr/sbin/logrotate -s /var/lib/logrotate/logrotate.status /etc/logrotate.conf
3 EXITVALUE=$?
```

```
4 if [ $EXITVALUE != 0 ]; then
5    /usr/bin/logger -t logrotate "ALERT exited abnormally with [$EXITVALUE]"
6 fi
7 exit 0                                                    #这是文件的最后一行
```

文件的第 2 行表明，需要按照状态文件 logrotate.status 和配置文件 logrotate.conf 的规定执行 logrotate 命令。

[✍]需要注意的是，系统中经常有许多同名的文件存在，但是它们的含义和作用却是不同的。例如，logrotate 命令的可执行二进制代码文件保存在/usr/bin/目录中；而每天计划任务中的 logrotate 是/etc/cron.daily/目录下的 ASCII 编码的脚本文件。

logrotate 配置文件的内容如下。

```
[root@ABCx ~]# ll  /etc/logrotate.conf            #查看配置文件
-rw-r--r--. 1 root root 662 Jul 31  2013 /etc/logrotate.conf
[root@ABCx ~]# cat  -bn  /etc/logrotate.conf       #加行号显示配置文件内容，节选
1# see "man logrotate" for details
3 weekly                                           #每周清理日志文件
5 rotate 4                                         #保存四周之内的日志文件
7 create                                           #轮替更新旧的日志文件后，创建新的
9 dateext                                          #轮替更新时，使用日期作为日志文件的后缀
13     include /etc/logrotate.d                    #/etc/logrotate.d 目录下的配置文件
15     /var/log/wtmp {                             #/var/log/wtmp 日志的轮替更新规则
16         monthly                                 #/var/log/wtmp 日志以月份为周期进行轮替更新
17         create 0664 root utmp                   #创建文件时使用的权限、用户、组群
18           minsize 1M                            #指定文件最小容量是 1MB
19         rotate 1                                #轮替更新是一个周期进行一次
20     }                                           #/var/log/wtmp 的轮替更新规则结束
```

可以看出，logrotate.conf 配置文件包含了一般情况下默认的轮替更新规则，同时特别指定 wtmp 和 btmp 两个日志文件的更新规则。更进一步的详细规则参数设定及含义说明，请参考 man 帮助文档，执行 man logrotate 命令。

需要注意的是，所有轮替更新规则的参数，只有 root 拥有修改的权限。

另外，在/etc/logrotate.d/syslog 配置文件中指定了其他日志的轮替更新规则。

```
[root@ABCx ~]# ll  /etc/logrotate.d/syslog               #查看文件及权限
-rw-r--r--. 1 root root 224 Sep 30 21:19 /etc/logrotate.d/syslog
[root@ABCx ~]# cat  -b  /etc/logrotate.d/syslog           #加行号显示文件内容
1 /var/log/cron
2 /var/log/maillog
3 /var/log/messages
4 /var/log/secure
5 /var/log/spooler                                        #上述文件都使用如下轮替更新规则，下述未涉
及的，使用/etc/logrotate.conf 设定的默认规则
6 {                                                       #规则开始
7     missingok
8     sharedscripts
9     postrotate
10            /bin/kill -HUP 'cat /var/run/syslogd.pid 2> /dev/null'2> /dev/null ||true
11         endscript
12     }                                  #上述文件的轮替更新规则结束，文件结束
```

6.5 习题

一、选择题

1. 暂停一个任务的执行过程，使用的是（   ）组合键。

A.〈Ctrl+D〉　　B.〈Ctrl+Z〉　　　C.〈Ctrl+S〉　　　　　D.〈Ctrl+X〉

2. 在完整输入一条命令之后，加上&符号的含义是（   ）。

A. 立即执行　　　B. 空闲时执行　　C. 后台执行　　　　D. 前台执行

3. kill 命令使用的信号中，编号 19 的信号的含义是（   ）。

A. KILL　　　　B. INT　　　　　C. HUP　　　　　　D. STOP

4. 守护进程常驻内存，并能提供某种确定的系统服务，不属于守护进程的是（   ）。

A. top　　　　　B. cups　　　　C. vim　　　　　　D. crond

5. rsyslogd 是重要的系统服务，主要功能是（   ）。

A. 记录日志　　B. 日志管理　　C. 执行登录　　　　D. 引导启动

6. systemctl 命令的主要功能是管理（   ）。

A. 系统服务　　B. 守护进程　　C. 软件包　　　　　D. 进程

7. 执行 ps -l 1 命令，其结果是显示（   ）详细信息。

A. 最后进程　　B. 1 号进程　　C. 一个进程　　　　D. 所有进程

8. 守护进程 crond 提供的系统服务，能够完成（   ）任务的分派执行。

A. 偶发性　　　B. 重复性　　　C. 周期性　　　　　D. A&B&C

9. 希望在 tty7 正常登录，需要先执行 systemctl　start　getty@tty7.（   ）命令。

A. path　　　　B. target　　　C. socket　　　　　D. service

10. pstree 命令能够查看守护进程的 PID，应该使用的选项是（   ）。

A. --h　　　　　B. -a　　　　　C. -l　　　　　　　D. -p

11. /var/log/messages 是重要的日志文件，记录的信息包括（   ）。

A. 日期时间　　B. 主机名　　　C. 进程或函数名

D. 事件　　　　E. 地点

二、简答题

1. 举例说明系统中的内部及外部命令，哪些是比较熟悉的？

2. 总结进程、任务、守护进程、服务单元之间的联系及区别。

3. 验证守护进程 crond 的启动、停止操作是否影响 crontab 命令的执行？

4. 总结本章中涉及的守护进程，包括服务名称、对应命令、脚本文件、单元配置文件等诸方面内容，如 atd、avahi-daemon、cups、crond、httpd、rsyslogd 等。

5. 是否可以认为 top、vim、bash 三个命令属于守护进程？

6. 查看 crond 系统服务的状态及服务单元的类型，并设置在下次引导启动时，不允许自动运行。

7. systemctl show network 命令能够显示 network 服务单元的详细设置，请探讨 network、network.target、/usr/lib/systemd/system/network.target 三种不同写法，执行结果的异同。

第三篇　网络管理

第 7 章　网络基础

第 8 章　网络服务

第7章
网络基础

Linux 继承并扩展了 UNIX 系统 TCP/IP 协议栈的层次结构模型，因此，Linux 内核也直接支持多种网络协议，从而成为互联网的坚实基础。建立在 TCP/IP 协议栈基础上的网络管理，能够实现不同类型网络的连接、配置、监控、远程登录等各种类型的数据传输及资源共享功能，保证网络的畅通。网络连通的基础除了线路畅通之外，还需要正确设置多种网络参数。

本章知识单元：

网络基础知识：TCP/IP 参考模型；名称及编号；地址参数；配置文件。

设置网络参数：网络管理工具；网络设置及诊断等管理命令。

连通网络：连接网络的模式；桥接模式连接；NAT 模式连接。

SSH 远程登录：sshd 系统服务；管理 sshd 服务；配置 sshd 服务；远程登录 sshd。

7.1 网络知识

Linux 网络功能是内核直接支持的，是建立在 TCP/IP 协议栈基础之上、简洁清晰的 4 层结构模型，按照从高到低的顺序，包括应用层、传输层、网络层和网络接口层。相关的配置参数主要包括主机名、设备名、端口号、IP 地址、DNS 域名等。

7.1.1 TCP/IP 参考模型

传输控制协议/网际协议（TCP/IP）是 Internet 的网络协议标准，也是世界范围内使用最为广泛的网络通信协议。目前，无论是类 UNIX 系统还是 Windows 系统都全面支持 TCP/IP，因此 Linux 也将 TCP/IP 作为网络的基础，并基于 TCP/IP 与网络中的其他计算机进行信息交换。OSI 参考模型是一种理论模型，表 7-1 中列出两种模型的对照关系及相关知识点。

表 7-1 OSI 与 TCP/IP 参考模型基础知识

OSI	TCP/IP	相关网络协议与标准	互联设备	地址类型	数据单位
应用层	应用层	HTTP、Telnet、FTP、SNMP、SMTP、POP3、NFS、SSH、DNS	主机及进程	主机名 守护进程	数据 Data
表示层					
会话层					
传输层	传输层	TCP、UDP		端口号	段 Segment
网络层	网际互联层 网络层	IP、ICMP、RIP、OSPF、ARP、RARP	网关、路由器	IP 地址 域名	包 Packet
数据链路层	网络接口层	Ethernet、WLAN、PPP、Token Ring、ATM、FDDI	交换机	物理地址	帧 Frame
物理层			中继器、集线器 调制解调器、网线		位 bit 比特流

OSI 以及 TCP/IP 参考模型都采用了层次结构的概念，并且都能够提供面向连接和无连接两种通信服务机制。

OSI 参考模型引入了服务、端口、协议、分层的概念，TCP/IP 参考模型则是借鉴了 OSI 的这些概念建立的。OSI 先有模型，后有协议，先有标准，后进行实践；而 TCP/IP 则相反，先有协议和应用之后，进行总结提炼得出模型。OSI 是一种理论模型，而 TCP/IP 则已被广泛使用，成为网络互联的事实标准。这些网络协议是 Linux 内核提供支持的，具体的支持情况由内核编译参数决定。

对于每一台计算机，都需要进行网络参数的有效设置之后，才能够保证其顺畅地与其他计算机连接，以形成畅通的网络系统。这些网络参数主要包括主机名、设备名、端口号、IP 地址、子网掩码、网关地址、DNS 域名等。

7.1.2　名称及编号

计算机中的各种设备，包括主机、网络连接设备、I/O 设备等，都可以使用三种类型的字符串进行命名，分别是英文字符串、多位的数字编号以及字符和数字混合的字符串。这里仅讨论与网络相关的名称及编号，包括主机名、网络接口名、服务端口号等。其中，网络接口名是指网络适配器，也就是常说的网卡设备名。

1. 主机名

主机名能够标识出网络中的不同计算机，确保其在网络中是唯一的。安装 Linux 系统时，默认情况下的主机名是 localhost，如果作为服务器运行，则必须重新定义主机名，一般可以按照主机的功能进行命名。

执行下面的命令，查看并修改主机名。

```
[root@ABCx ~]# hostname                              #查看当前主机名
ABCx                                                 #这是当前的主机名
[root@ABCx ~]# hostnamectl                            #查看主机的详细信息
    Static hostname: ABCx                             #当前的主机名
......                                                #输出的其他部分省略
[root@ABCx ~]# hostname  XYZ0-0                        #临时修改主机名
[root@ABCx ~]# hostname                              #查看当前主机名
XYZ0-0                                               #已经修改成新的主机名。
提示符中的主机名部分，并没有发生改变，仅是临时修改了主机名
[root@ABCx ~]# systemctl  restart  network            #重新启动网络服务
[root@ABCx ~]# hostname                              #再次查看主机名
ABCx                                                 #保持原来的主机名
```

执行 hostname 命令能够临时修改主机名。之后，如果重启网络服务，将仍然保持文件 /etc/hostname 中规定的主机名不变。因此，需要启用新的主机名时，应该修改/etc/hostname 文件中主机名字符串，命令如下。

```
[root@ABCx ~]# vim  /etc/hostname                     #编辑修改文件内容
XYZ0                    #文件中只有这一行有效字符串，直接修改成新的主机名称即可
```

修改完成后，按〈Esc〉键，输入:wq 保存文件内容并退出 vim，再执行如下命令。

```
[root@ABCx ~]# systemctl  restart  systemd-hostnamed   #按照上面修改的主机名，
重新设置系统识别的主机名
[root@ABCx ~]# hostname                              #再次查看
XYZ0                                                 #已经修改成新的主机名
```

使用 network 或 systemd-hostnamed 作为参数，执行 systemctl restart 命令时，都能够重新设置主机名。

修改/etc/hostname 文件中主机名之后，直到下一次重新启动计算机，提示符中的主机名部分才能够显示新的名称。

2．网络接口名

主机名是应用层使用的指代计算机的名称，网络接口名以及服务端口号是传输层使用的。网络接口名，也就是网络适配器的设备名。

Linux 内核设定了网络接口的命名规则。常用的命名格式有 ethN、lo、ppp 等，其中，eth 表示网络接口类型是以太网 Ethernet，后面的 N 是从 0 开始的数字，表示网络设备的顺序编号。第一个网络设备的名称就是 eth0，第二个是 eth1，以此类推。lo 是本地的环回接口，主要用于进程间环回通信，默认的 IP 地址是 127.0.0.1。

从 CentOS 7 开始，网络接口命名方式发生了变化，名称形式如 ens33、enp0s3 等，其中，en 表示 Ethernet 以太网，p 表示 PCI 接口，s 表示插槽，数字表示序号。这种命名规则是基于固件和网络适配器位置信息的，与传统的 ethN 相比有一定的优势。当然用户也可以通过修改配置文件，使得网络接口的命名规则转变为传统的 ethN 规则。

执行 ifconfig 或 ip 命令时，能够查看到多种网络相关信息，包括网络接口名称，详细介绍参见 7.2 节。

形如 ens33 的网络接口名，是 VMware Workstation 虚拟机使用的；形如 enp0s3 的网络接口名，是 VirtualBox 虚拟机使用的。另外，macOS 中使用的接口名，形如 en0 等。

3．服务端口号

服务端口号是传输层向应用层提供服务时使用的内部编号，因此也简称为端口，其取值范围是 0~65535。端口是直接与各种网络服务联系在一起的，因此某些特定的网络服务一直使用固定的端口编号，称之为熟知端口号或默认端口号。

在/etc/services 文件中保存了所有的网络服务与对应的端口号，命令如下。

```
[root@ABCx ~]# cat  -b  /etc/services  |  more        #加行号分屏显示文件内容
     2  # $Id: services,v 1.55 2013/04/14 ovasik Exp $
    22  tcpmux         1/tcp              # TCP port service multiplexer
    26  echo           7/tcp
    40  ftp-data       20/tcp
    43  ftp            21/tcp
    45  ssh            22/tcp             # The Secure Shell (SSH) Protocol
    89  http           80/tcp     www  www-http   # WorldWideWeb HTTP
   196  https          443/tcp            # http protocol over TLS/SSL
   541  webcache       8080/tcp    http-alt  # WWW caching service
......                                           #输出的其他部分省略
 11159  matahari       49000/tcp          # Matahari Broker   #文件的最后一行
```

7.1.3 地址参数

与网络设备相关的其他编号还包括 IP 编号、DNS 域名等，也就是常见的各种地址或地址参数。

1．IP 地址

IP 地址，就是互联网协议地址的简称，是网络上主机或子网的位置标识符，工作在网络层，因此也可以说 IP 地址是一种逻辑地址，用来标识网络中一台主机。主机与网络中的其他计算机进行通信时，必须至少拥有一个 IP 地址，否则在数据的传送过程中无法识别接收方或发送方。

IP 地址使用一个 32 位二进制数表示，因此总共有 2^{32} 个有效地址。为了方便识别如此众多的数字，首先可以将其分成两部分，即网络地址和主机地址，也可以称为网络字段和主机字段。网络地址是其在互联网中的位置编号；而主机地址则表示其在该网络中的位置编号。即

$$IP 地址 = 网络地址（NetID）+主机地址（HostID）$$

另外，由于连接到网络中的各种计算机及设备不断增加，32 位二进制数标识的 IP 地址已经无法满足分配的需要，因此又设计了使用 128 位二进制数标识的 IP 地址，被称为 IPv6 地址。目前，常用的还是 IPv4 地址。

其次，可以将 IPv4 地址的 32 位二进制数，每 8 位分成一组，也就是 1Byte，共分成四组，各组之间以小数点.分隔，用 a.b.c.d 这种形式表示，其中 a、b、c、d 都是以十进制数表示的，是 8 位二进制数对应转换而成的，因此取值范围都是 0～255，如 72.53.60.14、204.187.39.56、12.34.56.78 等，这种格式通常称为点分十进制表示法。另外，这四组数还按照下面介绍的方式分成网络字段及主机字段两部分。

一般为了管理和分配的方便，可以将 IP 地址分为 A、B、C、D、E 五类，其中 A、B、C 三类用于设置主机的 IP 地址，D 类用于组播，E 类用于研究，见表 7-2。

表 7-2　IP 地址分类

网络类别	最大网络数	IP 地址范围	最大主机数	私有 IP 地址范围
A 类	126 $=2^7-2$	1.0.0.0～126.255.255.255	16777214 $=2^{24}-2$	10.0.0.0～10.255.255.255
B 类	16384 $=2^{14}-2$	128.0.0.0～191.255.255.255	65534 $=2^{16}-2$	172.16.0.0～172.31.255.255
C 类	2097152 $=2^{21}-2$	192.0.0.0～223.255.255.255	254 $=2^8-2$	192.168.0.0～192.168.255.255
D 类	等于主机数	224.0.0.0～239.255.255.255	等于网络数	无
E 类	等于主机数	240.0.0.0～247.255.255.255	等于网络数	无

（1）A 类地址

所谓 A 类地址，就是按照第一个字节计算的编号范围是 0～127 的 IP 地址，其中 0 以及 127 均是保留的，因此，能够使用的 A 类地址范围是 1～126，共计 126 个 A 类网络地址。

例如，20.3.4.1 是一个 A 类地址，其中，第一个字节表示其网络地址编号是 20，也可以写成 20.0.0.0 的形式；其余三个字节为主机地址，编号是 3.4.1，也可以写成四个字节的形式 0.3.4.1。也就是说，一个 A 类 IP 地址由 1 字节的网络地址和 3 字节的主机地址组成。

另外，A 类地址的二进制数最高位一定是 0，因此，地址范围为 1.0.0.0～126.0.0.0，每个网络容纳 16777214=2^{24}-2 台主机。

（2）B 类地址

所谓 B 类地址，就是按照第一个字节计算的编号范围是 128～191 的 IP 地址，如 172.168.34.1，第一个字节及第二个字节构成网络地址，剩下的 2 字节表示主机地址，也就是说一个 B 类 IP 地址，其网络地址和主机地址各占 2 字节。还可以看出，B 类地址的最高位是二进制的 10 开头的，因此，地址范围为 128.0.0.0～191.255.0.0。可用的 B 类网络有 16384=2^{14} 个，每个网络能容纳 65534=2^{16}-2 台主机。

需要注意的是，169.254.0.0～169.254.255.255 之间的地址是保留的。如果设置了自动获取 IP 地址方式，而网络上没有找到可用 DHCP 服务，则系统会临时获得此范围内的 IP 地址分配给主

机使用。

（3）C 类地址

所谓 C 类地址，就是按照第一个字节计算的编号范围是 192~223 的 IP 地址，如 209.168.5.6，第一个、第二个、第三个字节是网络地址，最后一个字节是主机地址。也就是说 C 类 IP 地址由 3 字节的网络地址和 1 字节的主机地址组成，网络地址的最高位是二进制 110 开头，地址范围为 192.0.0.0~223.255.255.0。可用的 C 类网络有 2097152＝2^{21} 个，每个网络能容纳 254=2^8-2 台主机。

另外，在上述 A、B、C 三类地址中分别设置了一定范围的私有地址，用以解决局域网内部各台主机的地址分配需求问题，具体如下。

A 类：10.0.0.0~10.255.255.255

B 类：172.16.0.0~172.31.255.255

C 类：192.168.0.0~192.168.255.255

上述三段私有地址，也可以称为专用地址或局域网内的公用地址，因为在每个局域网范围内部，都可以使用这三段地址；也就是说在局域网之外，这三段地址是无法识别和使用的。在某台主机需要访问 Internet 资源时，所处网络的路由器按照 NAT（网络地址转换）协议完成地址转换，通常是在内部私有地址之前增加有效的 Internet 地址，实现外网访问。

2．子网掩码

子网掩码（Subnet Mask）也是一个 32 位二进制数，通过与 IP 地址进行与运算，就可以将 IP 地址分成网络地址以及主机地址。因此，子网掩码不能单独存在，必须结合 IP 地址一起使用。如 A 类地址的子网掩码是 255.0.0.0，与任何一个 A 类的 IP 地址进行与运算时，等于后面三个字节全部清零，仅保留第一个字节的有效位，于是就得到了网络地址；同样地，IP 地址与子网掩码的非（即 0.255.255.255）进行与运算就得到了主机地址。

对于 B 类网络，使用 255.255.0.0 作为子网掩码，分别获得网络和主机的地址。

对于 C 类网络，使用 255.255.255.0 作为子网掩码，分别获得网络和主机的地址。

在配置网络时，经常使用 192.168.1.10/24 这种形式，表示 IP 地址及子网掩码，其含义是前面的 24 位表示网络地址，后面的 8 位是主机地址，所以子网掩码是 255.255.255.0。

对于 B 类地址的子网掩码，可以写成 172.24.24.123/16，表示子网掩码是 255.255.0.0。当然根据实际需要，也会有 172.24.134.145/24 这种写法。

对于 A 类地址的子网掩码，可以写成 10.0.100.123/8，表示子网掩码是 255.0.0.0。当然根据实际需要，也会有 10.100.10.145/16 及 10.100.10.145/24 这种写法。

关于子网掩码的更进一步的详细资料，可以参考网络书籍中的 CIDR（无类别域间路由）表示法。

3．物理地址

物理地址又称为 MAC 地址或网卡硬件地址，在网络中唯一标识一个网卡，是全球唯一的地址，由网络设备制造商生产时写在网卡内部，即为每一个网络设备设置一个固定的硬件地址。MAC 地址的长度为 6 个字节，共计 48 位二进制，通常使用 12 个十六进制数表示，每两个十六进制数之间用冒号隔开，比如 00:E0:4C:93:B6:45 就是一个 MAC 地址。其中，前 6 位十六进制数 00:E0:4C 代表网络硬件制造商的编号，它由 IEEE（电气与电子工程师协会）分配，而后 6 位十六进制数 93:B6:45 代表该制造商所制造的某个网络产品，如网卡的系列号。MAC 地址工作在数据链路层。

上述网络适配器的 IP 地址、子网掩码及物理地址等相关信息，均可通过执行 ifconfig 或 ip 命令查看到。

7.1.4　网络配置文件

在 CentOS 系统中，与网络参数相关的配置文件有多个，都保存在/etc/及其子目录之中，主要包括如下几个：

1）/etc/hosts：主机名的静态查找表配置文件。

2）/etc/hostname：保存本地主机名的配置文件，其作用参见 7.1.2 节。

3）/etc/networks：定义网络名称及其对应网络地址之间映射关系的配置文件。

4）/etc/sysconfig/network-scripts/ifcfg-ens33：网络参数的主要配置文件，包括网络类型、网络接口名、IP 地址、DNS 地址等相关参数。

5）/etc/resolv.conf：域名服务 DNS 的配置文件，包含 DNS 服务器的 IP 地址等信息。

6）/etc/services：网络服务与端口号对照表。

其他与网络参数设置相关的配置文件还包括/etc/子目录下的 host.conf、netconfig、protocols 等。

1．网络接口配置文件

在 CentOS 系统的/etc/sysconfig/network-scripts/目录下，保存了网络参数的主要配置文件，也可以称为网络接口配置文件，默认情况下，Workstation 虚拟机软件中的第一块以太网卡，其配置文件是 ifcfg-ens33，如果使用 VirtualBox 虚拟机，则文件是 ifcfg-enp0s3，在 CentOS 6 系统中的文件名是 ifcfg-eth0。

网络接口配置文件中各参数的含义以及编辑修改过程如下。

```
[root@ABCx ~]# vim  /etc/sysconfig/network-scripts/ifcfg-enp0s3  #编辑配置文件
TYPE=Ethernet                                    #指定网络类型是以太网（Ethernet）
BOOTPROTO=none                                   #指定获取 IP 地址的方式。包括 none、
dhcp 及 static 等取值。none 的含义是引导启动过程中不加载 DHCP 支持
DEFROUTE=yes                                     #指定是否设置默认路由
IPV4_FAILURE_FATAL=no                            #IPv4 失败，是否禁用此设备
IPV6INIT=yes                                      #指定是否初始化 IPv6 地址
IPV6_AUTOCONF=yes                                #指定是否自动配置 IPv6 地址
NAME=enp0s3                                       #指定接口设备名是 enp0s3
DEVICE=enp0s3                                     #指定设备是 enp0s3
ONBOOT=yes                                        #是否在系统启动时启动此设备
UUID=c96bc909-188e-ec64-3a96-6a90982b08ad        #指定设备的 UUID
IPADDR=10.0.2.21                                  #指定静态的固定 IP 地址。此 IP 地址的
设置应该综合考虑宿主机 IP 地址的网段、网络连接模式等因素
PREFIX=24                                         #指定子网掩码中 1 的个数。数值 24 表示
子网掩码的前 3 个字节所有位都是 1，所以子网掩码就是 255.255.255.0
GATEWAY=10.0.2.1                                  #指定网关地址
DNS1=192.168.0.1                                 #指定首选 DNS 地址
......                                            #输出的其他部分省略
```

为了方便起见，编辑修改此配置文件中的参数，在 CentOS 7 下执行 nmtui 命令，在 CentOS 6 中执行 setup 命令都可以辅助修改部分参数。具体方法请参见 7.2.1 节的内容。

2．/etc/resolv.conf

/etc/resolv.conf 保存了 DNS 域名服务器的 IP 地址等相关信息，是远程域名解析软件的配置文件由 NetworkManager 网络管理工具依据接口配置文件 ifcfg-enp0s3 中的 DNS 参数生成的，命令如下。

```
[root@ABCx ~]# cat  -b  /etc/resolv.conf        #加行号查看 resolv.conf 文件内容
    1  # Generated by NetworkManager            #说明是 NetworkManager 生成的
```

```
    2  nameserver 10.0.2.1                        #首选 DNS 服务器的 IP 地址
    3  nameserver 8.8.8.8                         #备选 DNS 的 IP 地址
```

如果修改了 ifcfg-enp0s3 配置文件中的 DNS 参数，并重新启动网络服务之后，可以发现
nameserver 参数项的取值也随之发生变化。

```
[root@ABCx ~]# nmtui                             #修改 ifcfg-enp0s3 文件中各参数的辅
助工具，参见 7.2.1 节。修改备用 DNS 的地址为 114.114.114.114
[root@ABCx ~]# systemctl restart  network        #重新启动网络服务
[root@ABCx ~]# cat -b /etc/resolv.conf           #再次查看 resolv.conf 文件内容
    1  # Generated by NetworkManager
    2  nameserver 10.0.2.1                        #首选 DNS 没有修改，保持不变
    3  nameserver 114.114.114.114                 #备选 DNS 的地址发生同步修改
```

resolv.conf 文件中还包括 domain 及 search 等参数。详细情况参见 man resolv.conf 命令的执
行结果。

3．/etc/hosts

/etc/hosts 是本地主机名解析的配置文件，也称为静态查找表，内容如下。

```
[root@ABCx ~]# cat /etc/hosts                    #查看 hosts 文件内容
127.0.0.1   localhost localhost.localdomain localhost4 localhost4.localdomain4
::1         localhost localhost.localdomain localhost6 localhost6.localdomain6
192.168.3.123ABCx0                               #添加第一条主机名解析记录
10.0.2.123  mydns.abcx.info                      #添加第二条主机名解析记录
```

在此配置文件中也可以根据需要，手工添加本地的主机名解析内容。每一行对应一个主机名
的 IP 地址。

4．/etc/networks

/etc/networks 配置文件是定义网络名称及其对应网络地址之间映射关系的，命令如下。

```
[root@ABCx ~]# cat -b /etc/networks              #查看 networks 文件内容
    1  default 0.0.0.0                           #默认网络
    2  loopback 127.0.0.0                        #环回网络
    3  link-local 169.254.0.0                    #局部连接网络
```

另外，route 及 netstat 命令执行时，需要读取/etc/networks 中的数据。
/etc/hostname 及/etc/services 文件的作用在前面已经介绍过，在此不再赘述。

7.2 网络管理命令

与网络连通及正常运行相关的参数均保存在各种配置文件中，修改这些参数可以直接编辑配置文
件，也可以使用管理工具或执行相关命令完成。一般建议尽量使用管理工具或相关命令检查修改参数，
对配置文件及关联关系较为熟悉的管理员，在直接编辑修改配置文件时也需要仔细思考。

7.2.1 网络管理工具

网络管理工具 NetworkManager 软件，已经替代原来的 network 为 CentOS 7 系统提供全面的
网络管理服务功能。通过查看系统服务的运行状态，可以发现 network 是活动退出状态，而
NetworkManager 是活动运行状态。

```
[root@ABCx ~]# systemctl --type=service list-units | grep NetworkManager
  NetworkManager.service           loaded active running Network Manager
```

```
[root@ABCx ~]# systemctl --type=service list-units | grep network
network.service         loaded active exited LSB: Bring up/down networking
```

上述结果，执行 status 子命令也可以得到并证实，执行 pstree 命令结果如下。

```
[root@ABCx ~]# pstree -p | grep NetworkManager              #执行 pstree 命令查看
NetworkManager 的进程树及 PID
          |-NetworkManager(793)-+-dhclient(935)
          |                     |-{NetworkManager}(797)
          |                     '-{NetworkManager}(800)
[root@ABCx ~]# pstree -p | grep network                     #查看 network 的进程树
及 PID。没有输出表明没有此进程树
```

另外，NetworkManager 工具能够支持常用的以太网（Ethernet）、WiFi、VPN、虚拟局域网
（VLAN）、网桥（Bridge）及 PPP 等网络的连接过程。NetworkManager 已经部分替代了原来
CentOS 6 中的 setup 命令，完成编辑网络连接、激活连接及设置主机名等部分功能，CentOS 7 中
setup 命令的功能仅包括身份认证配置和系统服务设置两项。NetworkManager 不但能够在命令行
下直接运行，如图 7-1～图 7-4 所示；还能够以图形界面方式运行，如图 7-5～图 7-8 所示。按
照以上图片给定的顺序进行操作即可完成网络参数的设置。

图 7-1　nmtui 命令主界面

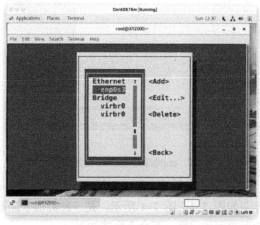

图 7-2　选择 enp0s3 接口

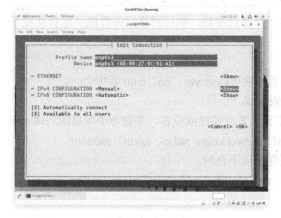

图 7-3　编辑连接界面

图 7-4　设置 IPv4 地址

图 7-5　图形界面网络连接选项

图 7-6　网络 enp0s3 连接设置

图 7-7　enp0s3 连接详细设置窗口

图 7-8　enp0s3 连接 IPv4 设置窗口

在命令行下，NetworkManager 工具提供 nmtui 及 nmcli 两条命令。其中，nmtui 命令的执行结果如图 7-1～图 7-4 所示，是一种类似于图形界面的菜单加键盘的操作方式。而 nmcli 是纯命令行界面的风格，其命令格式如下。

```
nmcli [-options...] { connection | device... } [子命令] [参数...]
```

主要功能：按照 options 指定的要求，依据子命令及参数，执行网络设备管理及配置连接等功能。

常用的[-options]选项如下。

-c，--colors：指定命令是否使用彩色输出，其取值可以是 yes、no、auto 其中之一。

-p，--pretty：指定命令执行结果添加表头及表格线。

命令格式中的 connection 或 device 是必写部分，表示连接或设备，在命令中可以简写成 con 或 dev。其他可能出现的单词还包括 help、general、networking、radio、agent、monitor。

子命令部分依据连接或设备等的不同，主要包括以下几种。

1）用于 connection 的子命令：show | up | down | modify | add | edit | clone | delete | monitor | reload | load | import | export 等。

2）用于 device 的子命令：status | show | set | connect | reapply | modify | disconnect | delete | monitor | wifi | lldp 等。

3）用于 general、networking、monitor 等的子命令，请参见 man 命令，具体如下。

```
[root@ABCx ~]# man  nmcli
[root@ABCx ~]# man  7  nmcli-examples
```

另外，在 https://wiki.gnome.org/Projects/NetworkManager 主页上，可以获得更多的关于 NetworkManager 以及 nmcli 和 nmtui 的相关信息。

下面列举 nmcli 命令的一些常规用法。

（1）查看网络设备状态及连接状态

```
[root@ABCx ~]# nmcli  device  status          #查看网络设备的当前状态
DEVICE        TYPE        STATE       CONNECTION
enp0s3        ethernet    connected   enp0s3        #已经连接的第一个设备
enp0s8        ethernet    connected   enp0s8        #第二个设备
virbr0        bridge      connected   virbr0        #网桥连接设备
......                                              #输出的其他部分省略
```

上述执行结果表明，enp0s3 及 enp0s8 两个设备，已经使用 ethernet 方式连接到了网络，连接名与设备名相同。virbr0 设备是虚拟的网桥连接设备。

```
[root@ABCx ~]# nmcli  connect  show
NAME      UUID                                      TYPE        DEVICE
enp0s3    362cc081-6022-4ce4-84ab-d3452a5eec5a      ethernet    enp0s3
enp0s8    d31b209b-ba07-3a2b-b973-0b01a882d749      ethernet    enp0s8
virbr0    d7056f33-8e64-403f-85d4-d4c51c84bd22      bridge      virbr0
......                                              #输出的其他部分省略
```

这个结果表明是设备状态的反向查询，以连接名为主键，查询到连接类型及设备名，并且输出了设备的 UUID。

（2）查询设备及连接的详细信息

nmcli 命令可以分别查看某个设备的详细信息，具体如下。

```
[root@ABCx ~]# nmcli  dev  show  enp0s3
GENERAL.DEVICE:                    enp0s3
GENERAL.TYPE:                      ethernet
GENERAL.CONNECTION:                enp0s3
IP4.ADDRESS[1]:                    192.168.1.120/24
IP4.GATEWAY:                       192.168.1.1
IP4.ROUTE[1]:                      dst = 192.168.1.0/24, nh = 0.0.0.0, mt =
......                                         #输出的其他部分省略
```

nmcli 命令也可以查看某个连接的详细信息，具体如下。

```
[root@ABCx ~]# nmcli  con  show  enp0s8
connection.id:                     enp0s8
802-3-ethernet.mac-address:        08:00:27:D6:66:FD
ipv4.method:                       manual
ipv4.dns:                          192.168.0.1
ipv4.addresses:                    192.168.0.130/24
ipv4.gateway:                      192.168.0.1
......                                         #输出的其他部分省略，共计 100 多行
```

（3）设置接口的 IP 地址

```
[root@ABCx ~]# nmcli  dev  modify  enp0s9  ipv4.method  manual  ipv4.addr \
```

```
 10.0.2.120/24 ipv4.gateway 10.0.2.2 ipv4.dns "192.168.1.1 114.114.114.114"
Connection successfully reapplied to device 'enp0s9'.
```

上述结果表明，修改 enp0s3 接口设备的 IPv4、网关及 DNS 地址操作已经成功完成。如果需要修改接口设备的连接参数，则将上述命令中的 dev 替换成 con 即可。可以分别执行 nmcli、ifconfig 命令及配置文件内容进行验证，命令如下。

```
[root@ABCx ~]# nmcli dev show enp0s9 | grep IP4    #nmcli 查看地址
IP4.ADDRESS[1]:                    10.0.2.120/24
IP4.GATEWAY:                       10.0.2.2
IP4.ROUTE[1]:                      dst = 0.0.0.0/0, nh = 10.0.2.2, mt = 102
IP4.ROUTE[2]:                      dst = 10.0.2.0/24, nh = 0.0.0.0, mt = 102
IP4.DNS[1]:                        192.168.1.1
IP4.DNS[2]:                        114.114.114.114
```

nmcli 命令的结果中同时显示了路由信息；ifconfig 命令显示地址信息，具体如下。

```
[root@ABCx ~]# ifconfig enp0s9                              #ifconfig 命令查看地址
enp0s9: flags=4163<UP,BROADCAST,RUNNING,MULTICAST>  mtu 1500
        inet 10.0.2.120  netmask 255.255.255.0  broadcast 10.0.2.255
```

进一步查看配置文件中的地址参数部分，其他已经修改，命令如下。

```
[root@ABCx ~]# cat -b /etc/sysconfig/network-scripts/ifcfg-enp0s9
    5  BOOTPROTO=none                                     #不使用 DHCP
   17  IPADDR=10.0.2.120                                  #修改后的地址
   18  PREFIX=24
   19  GATEWAY=10.0.2.2
   20  DNS1=192.168.1.1
   21  DNS2=114.114.114.114
```

7.2.2 网络设置命令

网络管理命令，一方面可以设置不同的网络参数，另一方面出现网络故障时，可以进行故障诊断，然后重新设置参数，解除故障。由于网络管理命令较多，因此分成设置及诊断两种情况讨论。nmcli 命令主要是网络设置的功能，如 7.2.1 节所述。

1. ifconfig 命令

系统中默认已经安装了 net-tools 软件包，因此 ifconfig、netstat、route 等命令均可以直接执行。

命令格式：ifconfig [interface] [-options] [address IP 地址] [netmask 子网掩码]

主要功能：按照 options 指定的要求，查看或设置接口名指定的设备 IP 地址及子网掩码等参数。也可以激活或停用接口设备。

常用的[-options]选项如下。

-a：显示当前所有可用接口设备的信息。

-s：以简单列表形式显示所有接口设备信息。

-v：在进行某些错误诊断时，可以显示更多的信息。

up：激活指定的网络接口设备。

down：停用指定的网络接口设备。

1）执行 ifconfig 命令可以直接查看接口设备的地址及数据传输相关信息，具体如下。

```
[root@ABCx ~]# ifconfig enp0s3                             #查看 enp0s3 接口设备的信息。
```
包含此接口的标志、MTU、IPv4 地址、IPv6 地址、MAC 硬件地址等数据

```
enp0s3: flags=4163<UP,BROADCAST,RUNNING,MULTICAST>  mtu 1500
        inet 10.0.2.15  netmask 255.255.255.0  broadcast 10.0.2.255
 #IPv4 地址
        inet6 fe80::c4c:5d7:c957:e527  prefixlen 64  scopeid 0x20<link>
        ether 08:00:27:25:fb:5a  txqueuelen 1000  (Ethernet)
......                                                    #输出的其他部分省略
```

在本节的例子中，均使用 enp0s3 指代接口设备，如果使用 Workstation 虚拟机，则需要使用 enp33 替换。

2）使用-s 选项执行 ifconfig 命令的结果如下。

```
[root@ABCx ~]# ifconfig  -s                        #-s 查看接口设备的简要信息
Iface MTU RX-OK RX-ERR RX-DRP RX-OVR  TX-OK TX-ERR TX-DRP TX-OVR Flg
enp0s3 1500  23      0      0      0     63      0      0      0 BMRU
lo    65536  48      0      0      0     48      0      0      0 LRU
virbr0 1500   0      0      0      0      0      0      0      0 BMU
```

3）使用-a 选项执行 ifconfig 命令的结果如下。

```
[root@ABCx ~]# ifconfig  -a                       #-a 查看所有接口设备的详细信息
enp0s3: flags=4163<UP,BROADCAST,RUNNING,MULTICAST>  mtu 1500
        inet 192.168.1.120  netmask 255.255.255.0  broadcast 192.168.1.255
lo: flags=73<UP,LOOPBACK,RUNNING>  mtu 65536
        inet 127.0.0.1  netmask 255.0.0.0
virbr0: flags=4099<UP,BROADCAST,MULTICAST>  mtu 1500
        inet 192.168.122.1  netmask 255.255.255.0  broadcast 192.168.122.255
......                                                    #输出的其他部分省略
```

上述结果中的加粗部分是不同的接口设备名，这里仅列出了常见的几个。实际上，作为服务器的计算机系统中可能会插接多个不同的接口设备，因此-a 选项列出的内容也会比较多。另外，也可以针对接口设备使用-s、-a 及-v 选项，结果如下。

```
[root@ABCx ~]# ifconfig  -v enp0s3                    #-v 查看 enp0s3 接口的信息
enp0s3: flags=4163<UP,BROADCAST,RUNNING,MULTICAST>  mtu 1500
        inet 192.168.1.120  netmask 255.255.255.0  broadcast 192.168.1.255
......                                                    #输出的其他部分省略
```

4）ifconfig 命令还可以用于暂时修改接口设备的 IP 地址，具体如下。

```
[root@ABCx ~]# ifconfig  enp0s3  addr  192.168.31.234 netmask  255.255.255.0
[root@ABCx ~]# ifconfig  -v enp0s3                    #-v 查看 enp0s3 接口的信息
enp0s3: flags=4163<UP,BROADCAST,RUNNING,MULTICAST>  mtu 1500
        inet 192.168.31.234  netmask 255.255.255.0  broadcast 192.168.31.255
......                                                    #输出的其他部分省略
```

上述结果中的加粗部分，表明修改 enp0s3 接口设备的 IPv4 地址成功。此时将 IPv4 恢复成原来的取值，可以再次执行此 ifconfig 命令，或重启 network 服务。

需要注意的是，ifconfig 命令修改 IPv4 地址仅是暂时性的。重启网络服务或重启操作系统之后，IPv4 地址仍然保持使用接口配置文件 ifcfg-enp0s3 中规定的取值。

5）ifconfig 命令也可以用于完成暂时停用以及激活接口设备的操作，具体如下。

```
[root@ABCx ~]# ifconfig  enp0s3  down               #停用接口 enp0s3 的驱动
[root@ABCx ~]# ifconfig  enp0s3                      #查看接口信息
enp0s3: flags=4098<BROADCAST,MULTICAST>  mtu 1500    #接口 enp0s3 停用之后，UP 及
```

RUNNING 标记不显示，IPv4 及 IPv6 地址部分也不存在

```
......                                                          #输出的其他部分省略
```

停用接口 enp0s3 之后，其他主机 ping 此接口的 IP，显示超时；路由规则也被清除了，命令如下。

```
[root@ABCx ~]# route   |   grep   enp0s3              #查看 enp0s3 的路由信息。没有
输出，表明没有路由规则
```

启用接口设备的操作命令如下。

```
[root@ABCx ~]# ifconfig  enp0s3  up                   #启用接口 enp0s3
[root@ABCx ~]# route   |   grep   enp0s3              #查看 enp0s3 的路由信息
default       bogon       0.0.0.0           UG    103    0        0 enp0s3
192.168.1.0   0.0.0.0     255.255.255.0     U     103    0        0 enp0s3
bogon         0.0.0.0     255.255.255.255   UH    103    0        0 enp0s3
```

ifdown 及 ifup 与上述两条命令的功能是等价的。

另外，在 Windows 系统中查看接口设备信息的命令是 ipconfig。

2. ip 命令

系统中默认已经安装了 iproute 软件包，因此 ip 命令也是默认提供的。ip 命令能够完成与地址、路由相关的操作。

命令格式：ip [-options] object { command | help }

主要功能：按照 options 指定的要求，分别对不同的网络接口设备，进行 IP 地址、路由、策略、隧道地址的添加、删除、查看等多种操作。

常用的[-options]选项如下。

-4：查看 inet 即 IPv4 地址。

-6：查看 inet6 即 IPv6 地址。

-d, -details：查看详细信息。

-B：查看网桥地址。

object 部分是命令的操作对象，主要包括 link、address、route、rule、tunnel、maddress 及 monitor 等。

command 是子命令部分，包括 add、delete、show/list 等。

1）查看接口设备的地址或路由信息，执行如下命令完成。

```
[root@ABCx ~]# ip -4 address show enp0s3             #查看 enp0s3 的 IPv4 地址
2: enp0s3: <BROADCAST,MULTICAST,UP,LOWER_UP> mtu 1500 qdisc pfifo_fast state UP
group default qlen 1000
    inet 192.168.1.120/24 brd 192.168.1.255 scope global noprefixroute enp0s3
      valid_lft forever preferred_lft forever
[root@ABCx ~]# ip -4 -d addr show enp0s3             #-d 选项显示详细信息
    link/ether 08:00:27:9c:51:a1 brd ff:ff:ff:ff:ff:ff promiscuity 0 numtxqueues
1 numrxqueues 1 gso_max_size 65536 gso_max_segs 65535    #与上述结果对比，多此行
```

ip 命令中的 address、route 以及 show 等，在对应位置都可以简写，如 addr、a、r、ro、s 等。查看接口的路由信息如下。

```
[root@ABCx ~]# ip route  list  dev  enp0s3           #查看 enp0s3 的路由信息
default via 192.168.1.1 proto static metric 100
192.168.1.0/24 proto kernel scope link src 192.168.1.120 metric 100
```

查看全部路由信息如下。

```
[root@ABCx ~]# ip  route  show                           #查看 main 路由表全部信息
default via 192.168.1.1 dev enp0s3 proto static metric 100
default via 192.168.0.1 dev enp0s8 proto static metric 101
192.168.0.0/24 dev enp0s8 proto kernel scope link src 192.168.0.130 metric 101
192.168.1.0/24 dev enp0s3 proto kernel scope link src 192.168.1.120 metric 100
192.168.122.0/24 dev virbr0 proto kernel scope link src 192.168.122.1
```

上述结果表明，当前系统中包含 enp0s3、enp0s8、enp0s9 三个接口设备。提供的默认路由包括前三条。list 与 show 的含义是一致的。

2）添加或删除接口设备的 IP 地址，执行如下命令完成。

```
[root@ABCx ~]# ip  addr  add  192.168.51.123/24  dev  enp0s3 #给接口设备 enp0s3 添
加一个新的 IPv4 地址
[root@ABCx ~]# ip  addr  show  enp0s3                      #查看接口的地址信息
2: enp0s3: <BROADCAST,MULTICAST,UP,LOWER_UP> mtu 1500 qdisc pfifo_fast state UP
group default qlen 1000
    inet 192.168.1.120/24 brd 192.168.1.255 scope global noprefixroute enp0s3
    inet 192.168.51.123/24 scope global enp0s3              #新添加的 IPv4 地址
......                                                      #输出的其他部分省略
```

这样就可以实现在一个设备上绑定多个 IPv4 地址的目的。删除不需要的 IPv4 地址时，执行如下命令完成。

```
[root@ABCx ~]# ip  addr  del  192.168.51.123/24  dev  enp0s3
```

命令执行完成后，没有输出，表明命令被正确执行了没有错误。进一步可以执行 show 子命令查看验证。

使用 ip 命令完成添加或删除接口设备上的路由记录的操作，可以参见 route 命令及 man 帮助文档。

3．route 命令

命令格式：route [-options]

主要功能：按照 options 的要求，执行查看、添加、删除系统的 IP 路由表操作。没有任何选项及参数时，直接执行 route 命令可以查看系统当前的各个路由记录。

常用的[-options]选项如下。

-A | -4 | -6：指定使用的协议族，inet 即 IPv4 地址，inet6 即 IPv6 地址。

-n：显示数字形式的地址，替代 default 及 bogon 字样。

-e：表示使用 netstat 格式显示路由表。

add：添加路由记录。

del：删除路由记录。

gw：指定网关。

netmask：指定子网掩码。

dev：指定路由记录对应的接口设备名。

-net：指定目标是一个网络。

-host：指定目标是一台主机。

（1）查看本机路由表信息

```
[root@ABCx ~]# route                              #查看系统当前的路由表信息
```

```
Kernel IP routing table
Destination     Gateway      Genmask         Flags Metric Ref    Use Iface
default         bogon        0.0.0.0         UG    100    0        0 enp0s3
192.168.1.0     0.0.0.0      255.255.255.0   U     100    0        0 enp0s3
192.168.122.0   0.0.0.0      255.255.255.0   U     0      0        0 virbr0
```

首先，上述路由表的各字段含义如下。

1）Destination：是目标子网或主机的地址，default 表示默认地址，即 0.0.0.0。

2）Gateway：是到达目标子网的网关地址，也就是子网所连接的路由器 IP 地址，出现 bogon 或星号*表示本网段的网关地址。VirtualBox 及 Workstation 虚拟机的网关地址都是 192.168.x.2；如果使用的是 A 类私有地址，则是 10.x.x.2。而在宿主机一侧则是 192.168.x.1。

3）Genmask：是子网掩码。默认路由记录的子网掩码是 0.0.0.0；目标是一个具体子网时，一般是 255.255.255.0；目标是主机时，则是 255.255.255.255。

4）Flags：路由标志。其中，U 表示此路由记录是活跃的，H 表示目标是一个主机，G 表示此条记录包含有效网关地址。

5）Metric：到目标的距离，用条数表示。

6）Ref：依赖于本路由的其他路由条目。

7）Use：该路由项被使用的次数。

8）Iface：表示本条路由记录发送数据包时所使用的网络接口设备名称。

（2）添加或删除路由记录

如果添加到达目标网络 192.168.21.0/24 的路由记录，需要经由 enp0s3 接口设备，并设置 192.168.1.1 网关进行转发，执行命令如下。

```
[root@ABCx ~]# route  add  -net  192.168.21.0  netmask  255.255.255.0  \
 gw  192.168.1.1  dev  enp0s3
```

添加到达目标主机 192.168.31.10 的路由记录，经由 ensp0s3 接口，并设置 192.168.1.1 网关进行转发，执行命令如下。

```
[root@ABCx ~]# route  add  -host  192.168.31.10  gw  192.168.1.1  \
 dev  enp0s3
```

删除到达目标网络 192.168.21.0/24 的路由记录，执行命令如下。

```
[root@ABCx ~]# route  del  -net  192.168.21.0  netmask  255.255.255.0
```

删除到达目标主机 192.168.31.10 的路由记录，执行命令如下。

```
[root@ABCx ~]# route  del  -host  192.168.31.10
```

（3）设置默认网关

系统中如果没有默认路由记录，将无法连接其他网络。例如，在添加一个桥接网络的接口设备，并将网络连通之后，又将此接口设备关闭不用时，就有可能产生没有默认路由的情况，具体如下。

```
[root@ABCx ~]# ping  -c 4  192.168.3.1                #测试宿主机网关
connect: Network is unreachable                       #网络不可到达
[root@ABCx ~]# route  -n                              #查看当前路由信息
Kernel IP routing table
Destination     Gateway      Genmask         Flags Metric Ref    Use Iface
10.0.2.0        0.0.0.0      255.255.255.0   U     100    0        0 enp0s3
192.168.122.0   0.0.0.0      255.255.255.0   U     0      0        0 virbr0
```

在当前路由表中缺少默认的路由记录，因此需要添加一条新记录，执行如下命令，添加网关地址作为接口设备 enp0s3 的默认路由。

```
[root@ABCx ~]# route  add  default  gw  10.0.2.2  dev  enp0s3          #添加默认路由记
录，也就是网关
[root@ABCx ~]# route  -n                                              #再次查看路由表
Destination     Gateway        Genmask         Flags Metric Ref    Use Iface
0.0.0.0         10.0.2.2       0.0.0.0         UG    0      0        0 enp0s3
10.0.2.0        0.0.0.0        255.255.255.0   U     100    0        0 enp0s3
```

执行 ping 命令测试，具体如下。

```
[root@ABCx ~]# ping  -c  4  192.168.3.1                               #测试宿主机网关
PING 192.168.3.1 (192.168.3.1) 56(84) bytes of data.
rtt min/avg/max/mdev = 1.958/1.975/2.008/0.058 ms                     #表明已经连通
```

上述各个命令修改的地址及路由记录等都是临时性的，即在本次系统运行过程中，下一次修改之前的这一段时间内有效。在系统重新启动之后，仍然保持原值不变。需要启用新值时，应该修改相应配置文件或脚本文件。

7.2.3 网络诊断命令

下面介绍网络诊断的两个常用命令，ping 和 netstat。其他与网络诊断测试相关的命令还包括 nslookup、traceroute、nmap 等，可以执行 man 命令获得帮助。

1. ping 命令

包括 Windows、Linux、macOS 这些主流的商业级操作系统都提供 ping 命令，以实现网络连通性的测试功能。

命令格式：ping [-options] IP 地址 | 域名

主要功能：按照 options 指定的要求，发送 ICMP 报文给目标主机，并接收应答，测试网络是否连通。

常用的[-options]选项如下。

-4 | -6：指定使用的协议族，inet 即 IPv4 地址，inet6 即 IPv6 地址，默认是 inet。

-c 次数：指定发送数据包的次数。

-i：指定发送数据包的时间间隔，默认是秒。

ping 命令中的 IP 地址可以分为环回地址、本机地址、本网段网关、其他网络的网关及主机地址等几种情况，分别考虑。环回地址用于测试网络接口设备是否正常工作；本机地址以及本网段网关用于测试 IP 地址配置是否正确；其他网络的网关及主机地址用于测试不同网络是否连通。

ping 命令中的参数是域名时，需要获取 DNS 服务器的 IP 地址，因此这一命令也常用于测试 DNS 地址及服务器是否正常运行，具体如下。

```
[root@ABCx ~]# ping  -c  4  www.baidu.com                             #测试验证域名是否连通
PING www.a.shifen.com (220.181.38.149) 56(84) bytes of data.
64 bytes from 220.181.38.149 (220.181.38.149): icmp_seq=1 ttl=53 time=26.6 ms
64 bytes from 220.181.38.149 (220.181.38.149): icmp_seq=2 ttl=53 time=34.5 ms
64 bytes from 220.181.38.149 (220.181.38.149): icmp_seq=3 ttl=53 time=34.6 ms
64 bytes from 220.181.38.149 (220.181.38.149): icmp_seq=4 ttl=53 time=31.5 ms
--- www.a.shifen.com ping statistics ---
4 packets transmitted, 4 received, 0% packet loss, time 3007ms
rtt min/avg/max/mdev = 26.660/31.863/34.680/3.265 ms  #是连通的
```

ping 命令的各种执行情况在其他命令的举例中经常出现，这里不再扩展。详细信息可以参考 man 的帮助文档。

执行 ping 命令测试验证网络不能连通时，应该从连接模式、本机地址、网关地址、宿主机地址、路由、防火墙等多个方面，分别查找问题的原因，并加以解决。如 route 命令中提到的缺少默认路由记录导致网络不可到达的错误。

2．netstat 网络状态命令

netstat 命令是 Windows、Linux、macOS 系统都支持的常用诊断命令，主要用于检测本机的网络配置及状态。

命令格式：netstat　[-options]

主要功能：按照 options 指定的要求，查看显示网络连接状态、系统路由表信息、网络接口状态及端口号等内容。

常用的[-options]选项如下。

-r：显示路由表。

-a：显示所有活动连接信息。

-n：使用数字形式显示地址和端口号。

-t：显示 TCP 的连接状态。

-u：显示 UDP 的连接状态。

-p：显示进程 PID 及进程名。

（1）查看路由表

执行如下命令，查看系统当前的路由表信息。

```
[root@ABCx ~]# netstat  -r                                    #查看路由表
Kernel IP routing table
Destination     Gateway     Genmask         Flags MSS  Window    irtt  Iface
default         bogon 0.0.0.0               UG        0    0         0     enp0s3
default         bogon 0.0.0.0               UG        0    0         0     enp0s8
192.168.0.0     0.0.0.0     255.255.255.0   U         0    0         0     enp0s8
192.168.1.0     0.0.0.0     255.255.255.0   U         0    0         0     enp0s3
192.168.122.0   0.0.0.0     255.255.255.0   U         0    0         0     virbr0
```

几个常用的字段与 route 命令中的含义一致。

（2）查看 TCP 的地址及端口信息

```
[root@ABCx ~]# netstat  -atn
Active Internet connections (servers and established)
Proto Recv-Q Send-Q Local Address           Foreign Address         State
tcp       0      0 192.168.122.1:53        0.0.0.0:*               LISTEN
tcp       0      0 0.0.0.0:22              0.0.0.0:*               LISTEN
tcp       0      0 127.0.0.1:631           0.0.0.0:*               LISTEN
tcp       0      0 127.0.0.1:25            0.0.0.0:*               LISTEN
tcp6      0      0 :::21                   :::*                    LISTEN
tcp6      0      0 :::22                   :::*                    LISTEN
tcp6      0      0 ::1:25                  :::*                    LISTEN
```

各字段的含义如下。

1）Local Address：本地地址，默认显示主机名和服务名称，使用选项-n 后显示主机的 IP 地址及端口号。

2）Foreign Address：远程地址，与本机连接的主机，默认显示主机名和服务名称，使用选项

-n 后显示主机的 IP 地址及端口号。

3）State：连接状态，常见的几种有 LISTEN、BSTABLISHED、TIME_WAIT。LISTEN 表示监听状态，等待接收入站的请求。ESTABLISHED 表示本机已经与其他主机建立好连接。TIME_WAIT 表示等待足够的时间以确保远程 TCP 接收到连接中断请求。

（3）查看网络接口状态

监控网络接口的统计信息，显示数据包发送和接收情况，命令如下。

```
[root@ABCx ~]# netstat  -i
Kernel Interface table
Iface  MTU  RX-OK RX-ERR RX-DRP RX-OVR TX-OK TX-ERR TX-DRP TX-OVR Flg
ens33 1500 16768   0    0 0    6547     0      0             0 BMRU
lo    65536 2202   0    0 0    2202     0      0             0 LRU
```

各字段的含义如下。

1）MTU 字段：表示最大传输单元，即网络接口传输数据包的最大值。

2）MET 字段：表示度量值，值越小优先级越高。

3）RX-OK/TX-OK：分别表示接收、发送的数据包数量。

4）RX-ERR/TX-ERR：表示接收、发送的错误数据包数量。

5）RX-DRP/TX-DRP：表示丢弃的数量。

6）RX-OVR/ TX-OVR：表示丢失数据包数量。

7.2.4　网络服务管理

网络服务一般需要按照如下步骤进行管理，如安装服务软件、修改配置文件、启动及重启服务、查看服务状态和停止服务等。修改配置文件的相关内容在介绍各种服务时，进行详细讨论。

1．安装服务软件

支持各种网络协议的服务软件，大部分都可以直接执行 yum 的 install 或 reinstall 子命令进行完整安装，具体如下。

```
[root@ABCx ~]# yum  install  bind            #安装 bind 软件包, 提供 DNS 服务
```

安装服务软件时，应该保证已经能够正常连接到外部网络，或者使用本地软件仓库。

执行 rpm 命令，使用-i 或-U 选项也能够完成服务软件的安装过程。此时需要依据提示输入依赖的其他软件包，同时安装多个软件。

服务软件的默认安装路径分别如下。

1）可执行文件存放在/usr/bin/、/usr/sbin/或/bin/、/sbin/目录之下。

2）系统服务文件存放在/usr/lib/systemd/system/目录之下。CentOS 6 及之前的版本，系统服务存放路径是/etc/rc.d/init.d/。

3）配置文件的安装路径是在/etc/下，或在其下创建一个子目录。

4）链接库文件：一般是存放在/lib/、/slib/、/usr/lib/及/usr/lib64/之下的子目录中。

5）使用手册及帮助文件：默认的路径是/usr/share/man/及/usr/share/doc/。

2．启动及重启服务

服务的管理命令是 systemctl，其中，start、restart 是启动、重新启动服务的子命令，具体如下。

```
[root@ABCx ~]# systemctl  start  named    #启动 named 服务, 是 bind 的服务名称
```

在某些服务出现故障等特殊情况下，也可以重新启动此项服务，具体如下。

```
[root@ABCx ~]# systemctl restart named          #重新启动 named 服务
```

对于那些需要与系统同时启动的服务，可以使用 enable 子命令，具体如下。

```
[root@ABCx ~]# systemctl enable named           #系统启动后自动运行
```

3．查看服务状态

```
[root@ABCx ~]# systemctl status named           #查看 named 的运行状态
```

一般情况下，执行 status 子命令可以查看服务的运行状态。如果需要查看服务端口等相关信息，可以执行 netstat、lsof 命令。

4．停止服务

停止服务的功能由 stop 子命令完成，如下。

```
[root@ABCx ~]# systemctl stop named             #停止 named 服务的运行
```

7.3 连通网络

连通虚拟机、宿主机以及外部网络设备是后续所有网络服务的基础。确保网络的连通性，首先需要确定进行网络连接过程中所使用的连接方法，称为网络连接模式，主要包括桥接、NAT、仅主机、自定义以及 LAN 区段等模式。其次需要修改网络配置文件的必要参数选项以及防火墙的设置。最后经过必要的测试和验证保证网络的畅通。

另外，VMware 的 Workstation Pro 以及 Oracle 的 VM VirtualBox 软件都提供了多种网络连接模式，在使用时需要注意选择。上面提到的宿主机在许多情况下也称为物理主机。

7.3.1 虚拟机网络连接模式

打开 Workstation 虚拟机的设置窗口，选中左侧的网络适配器，可以看到虚拟机的网络连接模式，每种连接模式都对应一个虚拟网络。默认情况下选择的是 NAT 连接模式，需要在设备状态中勾选启动时连接选项，否则相当于虚拟机没有插接网线，如图 7-9 所示。

打开 VirtualBox 的设置窗口，单击网络选项菜单，选择连接方式下拉列表框，能够使用网络地址转换（NAT）、桥接网卡、内部网络、仅主机（Host-Only）网络等连接模式。默认情况选择的是网络地址 NAT 模式，此时，也需要选定启用网络连接及接入网线两个选项，网络连接设置如图 7-10 所示。

图 7-9　Workstation 网络连接模式

图 7-10　VirtualBox 网络连接模式

另外，在图 7-9 中，单击"添加"按钮，选择硬件类型为网络适配器，就可以为 Workstation 虚拟机设置多个网络适配器。启动虚拟机后可以看到系统中添加了新的网卡。在图 7-10 中，单击"网卡 2"标签，并选择启动网络连接选项，然后再选择不同的连接方式，这样就可以将 VirtualBox 虚拟机的参数设置成能够同时支持多个网络接口设备的状态。

7.3.2 Bridge 桥接模式

所谓桥接模式，是指虚拟机的网络接口设备与宿主机的物理网络接口设备直接进行网桥方式连接，同时需要设置一个与物理网络接口设备的网络地址相同而主机地址不同的 IP 地址加以区分。

采用桥接模式连接网络的虚拟机，与宿主机一样，都是网络中具有同等地位的节点，能够使用自身的主机名及 IP 地址，与网络中的其他主机进行通信。

在 Workstation 的桥接模式中，对应的虚拟网络接口设备名称是 VMnet0。如果宿主机中插接了多个网络接口设备，比如一块有线网卡和一块无线网卡，那么在操作时必须将 VMnet0 桥接到实际连接外部网络的具体设备上。

在 Workstation 软件的编辑菜单中单击"虚拟网络编辑器"选项，可以对 VMnet0 桥接的具体网络接口设备进行设置，如图 7-11 所示。

VirtualBox 软件设置桥接模式时，并没有明确显示使用如 VMnet0 这样的中间设备。设置方式如图 7-12 所示。

图 7-11 设置桥接的具体网卡　　　　　图 7-12 VirtualBox 设置桥接网卡

选择桥接模式之后，启动 CentOS 虚拟机，需要对网络接口设备的主配置文件 ifcfg-ens33 或 ifcfg-enp0s3 进行修改，保证 IPv4 地址与宿主机处于同一网段，而主机地址需要选择一个同一网段内没有使用过的编号。

关于使用固定 IP 地址配置桥接网络的具体操作步骤，请参见实验 7。网络接口设备使用多个 IP 地址的方法，也在实验 7 中介绍。

7.3.3 NAT 模式

所谓 NAT 模式，也就是网络地址转换模式，是指虚拟机软件提供了地址转换功能，能够将 CentOS 虚拟机内部的 IP 地址，按照网络地址转换协议的规则转换成宿主机的 IP 地址，从而与外部网络进行连接。

采用 NAT 模式连接网络的虚拟机，与宿主机处于不同的网络中，也就是网络地址不同。因此在虚拟机中，需要访问外部其他网络时，必须使用一个具有 NAT 功能的接口设备，这个设备在 Workstation 软件中称为 VMnet8。虚拟机访问外部网络必须经过 VMnet8，并在原数据报的头部添加宿主机的 IP 地址，通过物理接口设备连接到 Internet 进行访问。有数据报返回时，经过 VMnet8，将宿主机的 IP 地址剥离，再转发给虚拟机。

在 Workstation 软件中，可以设置 VMnet8 所使用网络地址，具体过程如下。

1）在软件的编辑菜单中单击"虚拟网络编辑器"选项，选择 VMnet8 设备，如图 7-13 所示。

2）此时，在窗口下方的子网 IP 编辑框中，可以将原来的子网地址 192.168.13.0，修改新的子网地址，如 192.168.88.0，并单击"应用"按钮重置子网。

3）单击"NAT 设置"按钮，还可以进行其他设置，并可以查看到网关地址是 192.168.88.2，这是为虚拟机内部设置的网关地址。如图 7-14 所示。

图 7-13　选择 VMnet8 接口设备　　　　　　　　图 7-14　VMnet8 的子网网关

VirtualBox 软件中，需要单击"工具"选项，再单击"全局设定"按钮，弹出设置全局参数的窗口"VirtualBox-全局设定"，然后再选择其中的网络标签，在这里也可以添加 NAT 设备，并编辑 NAT 设备使用的 IP 地址等相关参数。

将网络连接模式从桥接修改为 NAT 模式，重新启动虚拟机之后，需要对接口配置文件中的 IP 地址参数进行修改，才能恢复网络连通状态。下面以 Workstation 软件支持的 CentOS 7 虚拟机为例，介绍使用 NAT 模式连接网络，并保证网络连通的步骤。

1）首先查看宿主机的 IPv4 地址，当前是 192.168.3.110。并暂时将系统防火墙关闭。

2）启动虚拟机之后，执行 ifconfig 命令检查接口设备的 IP 地址。

```
[root@ABCx ~]# ifconfig  ens33                        #查看 ens33 接口的信息
ens33: flags=4163<UP,BROADCAST,RUNNING,MULTICAST>  mtu 1500
       inet 192.168.3.123  netmask 255.255.255.0  broadcast 192.168.3.255
```

上面的结果表明，当前使用的是与宿主机相同网段的 IP 地址，说明之前使用了桥接模式。再查看配置文件的 BOOTPROTO 参数如下。

```
[root@ABCx ~]# cat  -b  /etc/sysconfig/network-scripts/ifcfg-ens33
    4  BOOTPROTO=none                                #没有使用 DHCP 分配 IP 地址
```

3）执行 ping 命令检查网络是否连通，具体如下。

```
[root@ABCx ~]# ping  -c  4  192.168.3.123            #验证自身 IP 地址
PING 192.168.3.123 (192.168.3.123) 56(84) bytes of data.
4 packets transmitted, 4 received, 0% packet loss, time 2999ms
[root@ABCx ~]# ping  -c  4  127.0.0.1                #验证环回地址
```

```
4 packets transmitted, 4 received, 0% packet loss, time 2998ms
......                                                #输出的其他部分省略
```

表明驱动模块及网络设备均能够正常工作。然后再验证其他地址，命令如下。

```
[root@ABCx ~]# ping  -c  4  192.168.3.1            #验证宿主机网关
PING 192.168.3.1 (192.168.3.1) 56(84) bytes of data.
From 192.168.3.123 icmp_seq=1 Destination Host Unreachable
4 packets transmitted, 0 received, +4 errors, 100% packet loss, time 3001ms
[root@ABCx ~]# ping  -c  4  192.168.3.110          #验证宿主机地址
PING 192.168.3.110 (192.168.3.110) 56(84) bytes of data.
From 192.168.3.123 icmp_seq=1 Destination Host Unreachable
4 packets transmitted, 0 received, +4 errors, 100% packet loss, time 3000ms
......                                                #输出的其他部分省略
```

表明在 NAT 模式下，虚拟机即使与宿主机使用相同网段的 IP 地址，也无法连通。此时应该将虚拟机接口设备 ens33 的地址，修改为与 VMnet8 规定的子网相同的网段。

4）执行 vim 或 nmtui 命令修改 ens33 的 IP、网关、DNS 地址。

```
[root@ABCx ~]# vim  /etc/sysconfig/network-scripts/ifcfg-ens33   #修改以下参数
IPADDR=192.168.88.123       #使用 VMnet8 的子网地址，主机地址是本网段中没有使用的即可
GATEWAY=192.168.88.2                              #虚拟编辑器中查看到的
DNS1=192.168.88.2                                 #DNS 地址可以与网关相同
```

其他参数均保持不变，退出 vim。nmtui 命令修改参数的过程如图 7-1～图 7-4 所示。

5）重新启动网络服务，命令如下。

```
[root@ABCx ~]# systemctl  stop  NetworkManager       #需要先停止网络服务
[root@ABCx ~]# systemctl  stop  network              #network 也同时停止
[root@ABCx ~]# ifconfig  ens33                       #检查 ens33 的信息
ens33: flags=4098<BROADCAST,MULTICAST>  mtu 1500
        ether 00:0c:29:b5:f2:6c  txqueuelen 1000  (Ethernet) #没有 IPv4 地址
```

上述结果表明接口设备已经停止工作，IPv4 地址不存在。之后，执行 start 子命令启动网络服务，命令如下。

```
[root@ABCx ~]# systemctl  start  NetworkManager       #启动网络服务
[root@ABCx ~]# systemctl  start  network              #启动 network 服务
[root@ABCx ~]# ifconfig  ens33                        #检查 ens33 的信息
ens33: flags=4163<UP,BROADCAST,RUNNING,MULTICAST>  mtu 1500
        inet 192.168.88.123  netmask 255.255.255.0  broadcast 192.168.88.255
```

上述结果表明，ens33 的地址修改完成。

6）再次执行 ping 命令，查看网络是否连通，命令如下。

```
[root@ABCx ~]# ping  -c  4  192.168.88.123                     #验证自身
4 packets transmitted, 4 received, 0% packet loss, time 3001ms
[root@ABCx ~]# ping  -c  4  192.168.88.2                       #验证本网段网关
4 packets transmitted, 4 received, 0% packet loss, time 3007ms
[root@ABCx ~]# ping  -c  4  192.168.3.1                        #验证宿主机网关
4 packets transmitted, 4 received, 0% packet loss, time 3006ms
[root@ABCx ~]# ping  -c  4  192.168.3.110                      #验证宿主机
4 packets transmitted, 4 received, 0% packet loss, time 3006ms  #都能够连通
[root@ABCx ~]# ping  -c  4  www.baidu.com                      #验证域名
PING www.a.shifen.com (220.181.38.150) 56(84) bytes of data.
64 bytes from 220.181.38.150 (220.181.38.150): icmp_seq=1 ttl=128 time=26.5 ms
rtt min/avg/max/mdev = 26.328/26.434/26.578/0.221 ms
```

由于 DNS 设置正确，因此测试域名连接也是连通的。

另外，在宿主机一侧，执行 ping 命令可以进一步验证网络的连通性。Workstation 软件在宿主机一侧的网关地址是 192.168.x.1，查看 VMnet8 的属性可知。

对于桥接以及 NAT 模式的网络接口设备，根据实际需要都可以设置 IP 别名，也就是同一个设备上设置多个 IP 地址，具体方法参见实验 7。

7.4 SSH 远程登录

SSH 是安全的命令接口软件 Secure Shell 的缩写，能够为用户远程连接及登录到 Linux 系统的主机，并提供安全加密的数据传输服务。因此需要建立在传输层基础上的安全认证协议，也称为 SSH 协议，其主要由连接协议、用户认证协议及传输层协议等组成。SSH 协议支持账户密码及密钥两种登录认证方式，提供采用非对称加密技术传输报文的服务，保证用户远程连接及登录 Linux 系统的安全性，因此也称为 SSH 服务。

7.4.1 sshd 系统服务

OpenSSH 是支持 SSH 协议的免费开源软件包，用加密的网络连接保证通信的安全性，软件安装后提供的系统服务名称是 sshd，默认支持 SSH2 协议，能够利用 RSA、DSA、ECDSA 及 Ed25519 加密算法的密钥完成认证。

1．sshd 工作过程

sshd 的工作过程如下。

1）sshd 服务正确顺利启动之后，一般使用默认的 22 号端口监听客户端的访问请求。

2）客户端远程登录服务器时，首先需要与服务器对于使用的协议版本、加密算法等事项进行协商，达成一致。

3）客户端对输入的账号及密码进行加密，并发送给服务器端。

4）服务器对客户端发送的登录请求报文进行认证，认证通过后，发送同意接受客户端登录访问的应答报文。

5）双方开始交互会话过程，也就是客户端发送请求报文，内容是远程操控服务器的命令，服务器将命令的执行结果以应答报文形式发送给客户端。

在整个工作过程中，客户端和服务器之间的认证过程可以采用账户密码以及密钥两种方式进行确认。

2．账户密码认证

sshd 支持的账户密码认证方式，需要 root 事先在服务器主机上执行命令创建用户的账户信息。此后，用户需要利用客户端连接到远程服务器时，只要能够提供有效的账户名及密码即可通过服务器的安全认证，并完成登录进行访问。由于所有传输的数据都要经过加密处理，保证了远程连接具有一定的安全性。

账户密码认证的脆弱性表现在容易受到中间代理人模式的攻击，即用户当前连接到的服务器并非想要连接的，而是一个冒充的（即中间代理人）服务器。

3．密钥认证

在采用密钥认证的工作过程中，客户端和服务器都有自己的一对公钥及私钥，并将公钥发送给对方；双方在发送报文时，都以对方的公钥进行加密；而在收到报文之后，必须使用自己的私钥进行解密操作。

生成密钥可以采用的加密算法主要是 ECDSA、Ed25519 和 RSA 三种。

4．密钥管理

sshd 服务的密钥管理包括主机或用户的密钥、公钥及私钥，并存储在相应文件中。

（1）主机密钥文件

主机的密钥包含在 3 对不同加密算法的私钥及公钥文件中，分别与 ECDSA、Ed25519 和 RSA 这 3 种加密算法对应，位于/etc/ssh/子目录下，具体如下。

```
[root@ABCx ~]# ll  /etc/ssh/ssh_host*
-rw-r-----. 1 root ssh_keys  227 Mar  7 16:33 /etc/ssh/ssh_host_ecdsa_key
-rw-r--r--. 1 root root      162 Mar  7 16:33 /etc/ssh/ssh_host_ecdsa_key.pub
-rw-r-----. 1 root ssh_keys  387 Mar  7 16:33 /etc/ssh/ssh_host_ed25519_key
-rw-r--r--. 1 root root       82 Mar  7 16:33 /etc/ssh/ssh_host_ed25519_key.pub
-rw-r-----. 1 root ssh_keys 1679 Mar  7 16:33 /etc/ssh/ssh_host_rsa_key
-rw-r--r--. 1 root root      382 Mar  7 16:33 /etc/ssh/ssh_host_rsa_key.pub
```

上面 6 个文件中，具有*.pub 扩展名的是公钥文件，没有扩展名的是私钥文件。某些特殊情况下，如果需要重新生成这 3 对密钥文件，可以执行 systemctl 的 restart 子命令完成，具体如下。

```
[root@ABCx ~]# rm  -f  /etc/ssh/ssh_host_*        #强制删除主机密钥文件
[root@ABCx ~]# systemctl  restart  sshd  #重新启动 sshd 服务，能够重新生成主机的密钥文件
```

（2）用户密钥及文件

用户第一次远程连接登录 sshd 服务时，密钥文件都不存在。为了下一次使用密钥认证方式登录，可以在使用账户密码方式登录之后，执行 ssh-keygen 命令生成密钥对。生成的密钥文件如下。

```
[root@ABCx ~]# ll   .ssh/*
-rw-------. 1 root root  314 Apr 18 13:34 .ssh/id_ecdsa
-rw-r--r--. 1 root root  183 Apr 18 13:34 .ssh/id_ecdsa.pub
-rw-------. 1 root root  464 Apr 18 13:37 .ssh/id_ed25519
-rw-r--r--. 1 root root  103 Apr 18 13:37 .ssh/id_ed25519.pub
```

如果使用主机名登录 sshd 服务，则在此目录下创建 known_hosts 文件，保存受信任的主机名及密钥。密钥的生成及上传将在 7.4.4 节介绍。

7.4.2　管理 sshd 服务

在 CentOS 7 的默认安装过程中，已经包含了支持 sshd 服务所需要的软件包 OpenSSL 和 OpenSSH，目前 OpenSSH 的版本是 7.4。

（1）验证及安装

如下 3 条查询命令，都能够验证是否已经安装了软件包。

```
[root@ABCx /]# rpm  -qa  openssh  openssl          #直接查询已经安装的所有
软件包中，是否包含 openssh 及 openssl 字符串开头的软件包
    openssl-1.0.2k-21.el7_9.x86_64                 #包含 OpenSSL 软件包
    openssh-7.4p1-21.el7.x86_64                    #包含 OpenSSH 软件包
```

也可以使用字符串过滤查询，命令如下。

```
[root@ABCx ~]# rpm  -qa  |  grep  "openss"         #查询已经安装的所有软件
包中，是否包含 openss 字符串的软件包。输出结果包含上述软件包
```

还可以执行 yum 的 list 子命令查询，具体如下。

```
[root@ABCx ~]# yum  list  installed  |  grep  "openss"    #查询已经安装的软件包
```

从输出结果看，都包含了上述软件包，表明系统已经能够支持服务的启动，安装到系统的服

务名称是 sshd。

如果查询后发现系统中没有安装相关软件包，或需要重新安装此软件，则执行 yum 的 install 子命令即可完成安装过程，命令如下。

```
[root@ABCx ~]# yum  reinstall  openssh              #重新安装 OpenSSH 软件
[root@ABCx ~]# yum  reinstall  openssh-server       #同时安装服务器软件
```

sshd 服务软件安装完成后，其可执行文件位于/usr/sbin/目录下，配置文件位于/etc/ssh/下，单元文件位于/usr/lib/systemd/system/下。服务单元文件如下。

```
[root@ABCx ~]# ll  /usr/lib/systemd/system/sshd*
-rw-r--r--. 1 root root 313 Aug  9  2019 /usr/lib/systemd/system/sshd-keygen.
service
-rw-r--r--. 1 root root 373 Aug  9  2019 /usr/lib/systemd/system/sshd.service
-rw-r--r--. 1 root root 260 Aug  9  2019 /usr/lib/systemd/system/sshd@.service
-rw-r--r--. 1 root root 181 Aug  9  2019 /usr/lib/systemd/system/sshd.socket
```

（2）查看状态及启动服务

执行 systemctl 的 status 或 is-active 子命令，可以查看服务的当前状态，具体如下。

```
[root@ABCx ~]# systemctl  status  sshd                #查看服务的状态
Active: active (running) since Mon 2021-04-05 11:54:12 CST; 1h 12min ago
[root@ABCx ~]# systemctl  is-active  sshd             #查看服务是否活跃
active                                                #处于活跃状态
```

上述结果表明 sshd 服务已经启动，并处于活跃状态。如果需要启动或重新启动此服务，执行 systemctl 的 start 或 restart 子命令即可，具体如下。

```
[root@ABCx ~]# systemctl  start  sshd                #启动服务
[root@ABCx ~]# systemctl  restart  sshd              #重新读取配置文件启动
```

这两条命令没有输出，表示服务顺利启动了，没有发生错误。之后执行 netstat 命令可以查看 sshd 服务使用的端口号。

```
[root@ABCx ~]# netstat  -lnpt  |  grep sshd
tcp     0      0 0.0.0.0:22        0.0.0.0:*      LISTEN      926/sshd
tcp6    0      0 :::22             :::*           LISTEN      926/sshd
```

7.4.3 配置 sshd 服务

系统服务进程 sshd 的配置文件是/etc/ssh/sshd_config，依据其中的各种参数，完成 sshd 服务的启动过程。执行命令查看其中的参数设置，具体如下。

```
[root@ABCx ~]#cat  -n  /etc/ssh/sshd_config  |  grep  -Ev  '#|^$'
    22  HostKey /etc/ssh/ssh_host_rsa_key          #指定 RSA 算法的私钥文件
    24  HostKey /etc/ssh/ssh_host_ecdsa_key        #指定 ECDSA 算法的私钥文件
    25  HostKey /etc/ssh/ssh_host_ed25519_key      #Ed25519 算法的私钥文件。各种
算法认证使用的公钥文件，都是在私钥文件的基础上加扩展名.pub 表示
    32  SyslogFacility AUTHPRIV                     #指定系统日志进程属性
    47  AuthorizedKeysFile        .ssh/authorized_keys   #所有有效用户的公钥文件及所在
位置，是自己家目录下的.ssh/子目录中的 authorized_keys 文件
    65  PasswordAuthentication yes                  #指定是否允许使用账户密码进行
认证并登录
    69  ChallengeResponseAuthentication no          #指定是否允许质询响应认证
    79  GSSAPIAuthentication yes                    #指定是否使用 GSSAPI 认证
```

```
   80  GSSAPICleanupCredentials no                    #指定是否清除 GSSAPI 凭证
   96  UsePAM yes                                     #指定是否使用 PAM 用户认证
  101  X11Forwarding yes                              #指定 X11 客户存取权限
  126  AcceptEnv  LANG  LC_CTYPE  LC_NUMERIC  LC_TIME  LC_COLLATE  LC_MONETARY
LC_MESSAGES
  127  AcceptEnv LC_PAPER LC_NAME LC_ADDRESS LC_TELEPHONE LC_MEASUREMENT
  128  AcceptEnv LC_IDENTIFICATION LC_ALL LANGUAGE
  129  AcceptEnv XMODIFIERS                           #指定服务能够接受的环境变量
  132  Subsystem    sftp  /usr/libexec/openssh/sftp-server  #指定 sftp 子系统命令及
sftp-server 服务
```

除了上述说明的参数之外，sshd_config 文件中还包含一些重要的使用默认值的参数，在文件中以注释的形式存在，命令如下。

```
[root@ABCx ~]# cat  -n  /etc/ssh/sshd_config    #加行号查看配置文件内容
   17  #Port 22                       #默认使用 22 号端口进行监听并提供服务
   19  #ListenAddress 0.0.0.0         #监听并提供服务的网络地址是 0.0.0.0
   20  #ListenAddress ::              #指定 sshd 服务监听的默认 IPv6 地址
   38  #PermitRootLogin yes           #指定是否允许以 root 身份远程登录
   55  #HostbasedAuthentication no    #指定是否使用基于主机密钥的认证
   64  #PermitEmptyPasswords no       #指定是否允许密码为空的用户登录
  115  #UseDNS yes                    #指定是否对远程主机名进行反向解析，以检查
此主机名是否与其 IP 地址真实对应，默认值为 yes
```

例如，如果将 38 行的#号删除，并把 yes 修改为 no，则禁止 root 远程登录服务器。

另外，还可以添加 DenyUsers 参数指定不允许访问服务器的用户列表，用户名之间用空格分隔即可；添加 AllowUsers 参数指定允许访问服务器的用户列表，命令如下。

```
[root@ABCx ~]# cat  >>  /etc/ssh/sshd_config  <<  "eof"
> DenyUsers    user1  user2
> AllowUsers   root  learn0  hadoop0
> eof
```

[☞]提示：修改默认参数值后，应该重新启动 sshd 服务，参数才能够发挥作用。

7.4.4 远程登录 sshd

远程登录到 sshd 服务器，必须保证：网络畅通、sshd 服务已经正确启动、用户名是在服务器上存在并且允许登录的。

1．Linux 客户端登录及验证

（1）客户端登录 sshd 服务

Linux 客户端登录 sshd 服务，执行 ssh 命令即可，具体如下。

```
[root@ABCx ~]# ssh   hadoop0@192.168.3.123           #首次远程登录 sshd 服务
The authenticity of host '192.168.3.123 (192.168.3.123)' can't be established.
ECDSA key fingerprint is SHA256:JS3iXU4cYaGTiOPHBpxqUgneGipanGASW5ITmRns5 As.
ECDSA key fingerprint is MD5:9a:80:33:74:89:21:0e:c5:84:5a:d8:0f:00:ba:23:9d.
Are you sure you want to continue connecting (yes/no)? yes      #输入 yes 确认
Warning: Permanently added '192.168.3.123' (ECDSA) to the list of known hosts.
hadoop0@192.168.3.123's password:                    #正确输入密码
Last failed login: Sun Apr 18 15:13:02 CST 2021 from abcx0 on ssh:notty
There were 5 failed login attempts since the last successful login.
Last login: Sun Apr 18 15:01:49 2021
```

如果在此之前，包含连接登录不成功的记录，本次成功登录时，都会提示给用户，判断是自己的密码丢失，还是输入错误导致的。登录 sshd 服务还可以使用的格式如下。

```
[root@ABCx ~]# ssh   hadoop0@ABCx0                                    #使用主机名登录
```

使用主机名登录时，需要启动 DNS 服务或在/etc/hosts 文件中添加主机记录。同时创建.ssh/known_hosts 文件保存受信任的主机列表及密钥。另外，也可以使用当前用户名直接登录主机，并且使用 IP 地址，命令如下。

```
[root@ABCx ~]# ssh   192.168.3.123                                    #使用主机 IP 地址登录
```

hadoop0 用户使用账户名及密码成功登录到 sshd 服务器之后，与使用本机一样，能够完成具有权限的各种操作，不会受到任何影响。

（2）生成密钥文件及上传

用户还可以主动生成密钥，方便下一次远程或是实现免密登录，执行 ssh-keygen 命令生成 ECDSA 算法的密钥，具体如下。

```
[hadoop0@ABCx ~]$ ssh-keygen  -t ecdsa  -C "hadoop0@ABCx0-$(date '+%F')"
Generating public/private ecdsa key pair.
Enter file in which to save the key (/home/hadoop0/.ssh/id_ecdsa):  #需要按〈Enter〉
键确认
Enter passphrase (empty for no passphrase):                          #输入保护短语
Enter same passphrase again:                                         #再次输入
Your identification has been saved in /home/hadoop0/.ssh/id_ecdsa.
Your public key has been saved in /home/hadoop0/.ssh/id_ecdsa.pub.
The key fingerprint is:
SHA256:qc6a0IijpQMivBjlWlUDzXuC3UZnXm0OrHaPziobKhYhadoop0@ABCx0-2021-04-18
The key's randomart image is:
+---[ECDSA 256]---+
|  .+    . .      |
|   = . o + o     |
|    + = + o +    |
|   . o + +.+ .   |
|  .o .   +S. . o |
|  =ooE  .   . .  |
|  B+= ... .  o   |
|  == .o+ ... o   |
|  o. .oo+ .o..   |
+----[SHA256]-----+                                                  #生成过程结束
[hadoop0@ABCx ~]$ ll  .ssh/*                                         #查看.ssh 子目录
-rw-------. 1 hadoop0 hadoop0  227 Apr 18 16:34 .ssh/id_ecdsa        #生成的私钥文件
-rw-r--r--. 1 hadoop0 hadoop0  186 Apr 18 16:34 .ssh/id_ecdsa.pub #公钥文件
```

上述命令中-t 选项指定使用的加密算法，如 RSA、ECDSA、Ed25519 等；-C 指定添加到密钥文件中的注释字符串，方便以后确认。

密钥文件生成之后，用户可以自行执行 ssh-copy-id 命令上传公钥文件，命令如下。

```
[hadoop0@ABCx ~]$ ssh-copy-id  -i  hadoop0@ABCx0                     #上传公钥文件
......                                                               #输出的其他部分省略
hadoop0@abcx0's password:                                            #需要输入密码
Number of key(s) added: 1
Now try logging into the machine, with:  "ssh 'hadoop0@ABCx0'"
and check to make sure that only the key(s) you wanted were added.
```

上传成功之后，再次登录时就不需要输入密码了。也可以将公钥文件交给管理员，由管理员将公钥文件追加到~/.ssh/authorized_keys 文件末尾。命令如下。

```
[root@ABCx ~]# cat  /home/hadoop0/.ssh/id_ecdsa.pub  >>  \
/home/hadoop0/.ssh/authorized_keys
```

提示： Linux 用户也可以在本地主机上直接生成密钥，并将公钥上传到将要登录的 sshd 服务器上。当然，这种情况要求在客户端及服务器上，应该都存在同名的用户。

（3）验证远程登录

下面的执行过程验证远程登录到 sshd 服务器后，机器名及用户名发生变化，具体如下。

```
[learn0@XYZ000 ~]$ ssh  hadoop0@192.168.3.123    #远程登录 sshd 服务器
hadoop0@192.168.3.123's password:                #输入密码进行确认
Last login: Sun Apr 18 20:40:16 2021 from mydns.abcx.info
[hadoop0@ABCx ~]$ tty                             #查看当前使用的终端
/dev/pts/1                                        #是服务器上的/dev/pts/1，而非本地的
```

在服务器端执行 who 及 tty 命令如下。

```
[root@ABCx ~]# who                                #查看登录系统的用户
root     :0          2021-04-18 20:06 (:0)
root     pts/0       2021-04-18 20:08 (:0)
hadoop0  pts/1       2021-04-18 20:43 (192.168.3.55)    #远程登录的用户
hadoop0  pts/2       2021-04-18 20:55 (mydns.abcx.info) #另一个远程登录的用户
[root@ABCx ~]# tty                                #查看当前使用的终端
/dev/pts/0                                        #是/dev/pts/0
```

2．Windows 客户端登录

Windows 客户端需要事先安装 XShell 或 PuTTY 软件，也可以使用无须安装的 PieTTY 软件。下面以 XShell 软件为例，执行 ssh 命令，远程登录 Linux 系统的 sshd 服务器，如图 7-15 所示。在 XShell 窗口中执行的命令如下。

```
[C:\~]$ ssh  hadoop0@192.168.3.123               #在 XShell 窗口中执行 ssh 命令
```

执行上述 ssh 客户端命令，表明使用 hadoop0 用户名，远程连接 192.168.3.123 的 sshd 服务器，并登录。如果是用户第一次使用 XShell 进行远程连接，则弹出对话框如图 7-16 所示，生成密钥并要求用户确认。

图 7-15　XShell 远程登录 sshd

图 7-16　生成密钥文件

单击"接受并保存"按钮，也可以选择单击"一次性接受"按钮，弹出"SSH 用户身份验证"对话框，如图 7-17 所示，要求输入 hadoop0 的密码，由于是第一次登录，故无法选择其他选项。单击"确定"按钮，弹出正常会话窗口，如图 7-18 所示。

此时可以执行 ssh-copy-id -i   hadoop0@ABCx0 命令，完成上传公钥文件的工作，如图 7-18 所示。

图 7-17　输入用户密码窗口　　　　　　图 7-18　生成密钥并复制

完成上述工作之后，就可以远程操控 sshd 服务器，如同在本地操作一样。

7.5　习题

一、选择题

1. 某主机的 IP 地址为 202.120.90.13，那么其默认的子网掩码是（　　）。

    A．255.255.0.0　　　　　　B．255.0.0.0　　　　　　C．255.255.255.255　　　　　　D．255.255.255.0

2. 接口名称 ens33 是（　　）外部设备。

    A．显卡　　　　　　　　B．网卡　　　　　　　　C．声卡　　　　　　　　D．视频压缩卡

3. 分配临时端口号时，应该选择范围是（　　）的数值。

    A．1024 以上　　　　　　B．0～1024　　　　　　C．256～1024　　　　　　D．0～128

4. 关于网络服务使用的默认端口号，正确的说法是（　　）。

    A．FTP 使用的是 21 号端口　　　　　　　　B．SSH 使用的是 22 号端口

    C．DNS 使用的是 53 号端口　　　　　　　　D．SMTP 使用的是 26 号端口

5. 与 ifup ens33 功能相同的是（　　）命令。

    A．ifdown ens33　　　　　　　　　　　B．ifconfig up ens33

    C．ifconfig up ens33　　　　　　　　D．ifconfig ens33 up

6. 发送 10 次数据包测试与 abc.edu.cn 主机的连通性，应该使用的命令是（　　）。

    A．ping -a 10 abc.edu.cn　　　　　　B．ping -c 10 abc.edu.cn

    C．ifconfig -c 10 abc.edu.cn　　　　D．hostname -c 10 abc.edu.cn

7. 在 sshd 的配置文件中，用于指定用户可以访问服务器的参数是（　　）。

  A．AllowUsers   B．DenyUsers

  C．PermitRootLogin   D．ListenAddress

8．设置主机名重启后仍然有效，应该修改（ ）文件。

  A．/etc/hostname   B．/etc/resolv.conf

  C．/etc/sysconfig/network   D．/etc/sysconfig/network-scripts/ifcfg-ens33

9．能够实现配置网卡 IP 地址的命令是（ ）。

  A．ping   B．ifconfig   C．ipconfig   D．route

10．在 CentOS 7 系统中启动网络服务的命令是（ ）。

  A．service network start   B．/etc/init.d/network start

  C．systemctl start network   D．/etc/init.d/rc.d/init.d start

11．下面关于 NAT 协议的论述，错误的是（ ）。

  A．NAT 是网络地址转换的缩写，又称为地址翻译

  B．NAT 用来实现私有地址与公用网络地址之间的转换

  C．内部网络的主机访问外部网络时，一定不需要 NAT

  D．NAT 地址转换协议的提出为解决 IP 地址紧张的问题提供了一个有效途径

12．设置网络接口的 IP 地址，需要修改（ ）文件。

  A．/etc/sysconfig/network-scripts/ifcfg-lo

  B．/etc/sysconfig/network

  C．/etc/sysconfig/network-scripts/ifcfg-ens33

  D．/etc/init.d/network

二、简答题

1．讨论 TCP/IP 参考模型中的主要网络参数。

2．讨论私有地址的取值范围及使用范围。

3．在 Linux 中需要配置哪些网络参数？

4．讨论将公钥上传到 sshd 服务器的方法和步骤。

第 8 章
网络服务

Linux 系统能够提供 TCP/IP 协议栈支持的各种服务，包括一些基础性的服务以及多种应用层服务，如 SSH、FTP、NFS、Samba、DNS、Web、DHCP、Mail 等。这些服务所依赖的系统守护进程也被称为服务器 Server，在许多情况下服务器是指由软件及硬件共同组成的有机整体。

本章知识单元：

FTP 服务：数据传输模式、FTP 用户、vsftpd 服务配置、访问实例。

NFS 服务：管理 NFS 服务；设置 NFS 服务参数；挂载共享目录。

DNS 服务：DNS 服务器及解析过程；管理 named 服务；设置参数；验证服务。

Web 服务：HTTP；管理 httpd 服务；设置参数；创建虚拟主机。

8.1 文件传输服务 FTP

文件传输协议（File Transfer Protocol，FTP）是网络发展过程中，最早实现客户机与服务器之间数据传输的应用层协议。支持 FTP 的软件分别在客户机及服务器上以 C/S 方式运行，共同完成为用户提供文件传输服务的功能，因此也称为 FTP 服务。

FTP 服务的主要特点如下。

1）跨平台的特性。由于最早实现并应用于网络服务，因此在多种商业系统平台上都得到了有效的广泛支持，如 Windows、Linux、macOS 以及其他的类 UNIX 系统。

2）传输的可靠性。依赖于 TCP 的面向连接的数据传输模式，同时采用两个端口的连接结构，保证数据的有效可靠传输。即使发生错误，也能够进行数据重传，保证可靠性。

3）双端口连接。FTP 中，规定服务器使用两个熟知的 TCP 端口 20 和 21 号提供服务，其中 21 号端口是实现控制连接的，20 号端口是用作数据传输的。

支持 FTP 的服务器端软件，包括 vsftpd、PureFTPD、ProFTPD 等；客户端软件包括命令行 FTP、CuteFTP、SmartFTP 以及 XShell 等多种。

vsftpd 软件在支持 FTP 的基础上，增强了文件数据传输的安全性、可靠性，因此本节除了讨论 FTP 的数据传输模式及 FTP 的用户之外，主要以 vsftpd 为实例，讨论其安装、设置服务参数、访问服务器进行验证等内容。

8.1.1 FTP 数据传输模式

FTP 支持两种数据传输的工作模式，分别是主动模式及被动模式。

1．主动模式

主动模式又称为 Active FTP 或 PORT 模式。其工作的主要过程是，FTP 客户端首先选择一个
1024 之上的端口号 N，向服务器的 21 号端口发起建立连接的请求，并发送 PORT N+1 指令，然
后在 N+1 号端口进行监听，等待数据传输。服务器端接收到连接请求及 PORT 指令后，使用本机
的 TCP 20 号端口主动连接客户端的 N+1 号端口，然后进行数据传输。

在使用这种服务器主动连接客户端的服务方式时，如果客户端存在防火墙，并禁止了该端口
的入站连接请求，则会导致数据传输连接的建立过程失败。因此在 vsftpd 服务软件中可以根据需
要设置是否使用主动模式。

2．被动模式

被动模式又称为 Passive FTP 或 PASV 模式。其工作的主要过程是，FTP 客户端首先选择一
个 1024 之上的端口号 N，向服务器的 21 号端口发起建立连接的请求，并发送 PASV 指令，然后
在 N+1 号端口进行监听，等待数据传输。

在 FTP 服务器端，接收到连接请求及 PASV 指令后，首先开启本机 TCP 20 号端口或一个大
于 1024 的端口号 P，然后发送 PORT　P 指令通知客户端，数据传输使用 P 号端口。客户端接收
到指令之后，通过 N+1 号端口与服务器的 P 号端口建立连接，然后进行数据传输。

8.1.2　FTP 用户

在设置 FTP 服务的配置参数时，可以根据实际情况，限制用户以不同身份登录到 FTP 服务
器，包括匿名用户、本地用户、虚拟用户。

1．匿名用户

匿名用户，就是指在 FTP 服务器上没有有效账号，而使用 anonymous 或 ftp 作为账号名称的
用户，其以自身邮件地址或任意字符串作为密码进行登录。允许用户以匿名方式访问 FTP 服务，
最初目的主要是方便下载文件。

在 vsftpd.conf 配置文件中，默认允许匿名用户登录 FTP 服务器，并将/var/ftp/作为登录用户
的根目录，因此将提供给用户的数据以文件的形式存放在此处。

一般情况下，FTP 服务只允许用户下载数据，上传数据是受到限制的，也不允许在服务器创
建子目录。如果用户及网络是可信的，则修改配置文件中的相关参数选项，也可以开放匿名用户
上传数据等权限。

2．本地用户

在 FTP 服务器上拥有有效账号及密码，则称其为本地用户。本地用户成功登录到服务器之
后，当前位置是其家目录，即$HOME 变量的值，同时具有此账号的全部权限。默认情况下，本
地用户既拥有下载文件数据的权限，又拥有上传文件的权限。

另外，如果在服务器的配置文件中没有设置限制性参数值，则本地用户还能够切换到服务器
的不同目录位置，这样的情况可能会产生安全性方面的问题。

此时，修改配置文件的相关参数值，就能够起到限制访问 FTP 服务器的本地用户账号及数
量的作用，从而提高安全性。具体方法在 8.1.4 节介绍。

3．虚拟用户

在服务器上，还可以设置一些仅具有访问文件传输服务（即 FTP 服务）的用户，称这一类
型是虚拟用户。需要单独创建此类用户，并设定相应的权限。

8.1.3 管理 vsftpd 服务

vsftpd 是安全 FTP 守护进程（Very Secure FTP Daemon）软件的服务进程，也是软件包的名称。通过在配置文件中设置不同参数的方法，限制不同用户访问服务器时能够拥有的权限，从而达到提供有效服务的同时，保证服务器安全运行的目标。

1．安装 vsftpd 软件

（1）检查 vsftpd 是否安装

如下命令均可检查 vsftpd 是否已经安装。

```
[root@ABCx ~]# vsftpd  -v                          #查看 vsftpd 的版本
vsftpd: version 3.0.2                              #显示版本号，表明已经安装
[root@ABCx ~]# rpm  -q  vsftpd                      #直接查找 vsftpd 软件包
vsftpd-3.0.2-28.el7.x86_64                          #显示了软件包的全名，表明此软
件包已经安装到系统中了
[root@ABCx ~]# rpm  -qa  |  grep  vsftpd            #在已经安装到系统的软件包中，
查找包含 vsftpd 字符的软件包
vsftpd-3.0.2-27.el7.x86_64                          #显示软件包全名，已经安装
```

（2）安装 vsftpd 软件

yum 的 install 子命令可以比较方便地完成 vsftpd 软件安装过程。

```
[root@ABCx ~]# yum  -y  install  vsftpd             #安装 vsftpd 软件包
Loaded plugins: fastestmirror, langpacks
Loading mirror speeds from cached hostfile
baseMy                                  | 2.9 kB  00:00:00
Installing:
 vsftpd       x86_64       3.0.2-27.el7       baseMy       172 k
......                                             #输出的其他部分省略
```

上面的 baseMy 字样表明，此次软件安装过程中，使用的是在本机上自行创建的软件仓库中的安装包。在本机上自行创建软件仓库的方法参见第 5 章及实验 6。

执行 rpm -i 命令也能够安装软件，此时根据系统环境情况不同，可能需要输入提示的依赖软件包，才能顺利完成安装过程。

（3）默认的安装路径

软件包安装完成后，在/usr/lib/systemd/system/目录中包含如下文件。

```
[root@ABCx ~]# ll  /usr/lib/systemd/system/vsftpd*          #查看服务单元文件
-rw-r--r--. 1 root root 171 Apr  1 2020 /usr/lib/systemd/system/vsftpd.service
-rw-r--r--. 1 root root 184 Apr  1 2020 /usr/lib/systemd/system/vsftpd@.service
-rw-r--r--. 1 root root  89 Apr  1 2020 /usr/lib/systemd/system/vsftpd.target
```

在/etc/vsftpd 子目录中，包含了与配置相关的文件，具体如下。

```
[root@ABCx ~]# ll  /etc/vsftpd/*                            #配置相关文件
-rw-------. 1 root root  125 Apr  1 2020 /etc/vsftpd/ftpusers
-rw-------. 1 root root  361 Apr  1 2020 /etc/vsftpd/user_list
-rw-------. 1 root root 5116 Apr  1 2020 /etc/vsftpd/vsftpd.conf
-rwxr--r--. 1 root root  338 Apr  1 2020 /etc/vsftpd/vsftpd_conf_migrate.sh
```

还可以执行 whereis 命令查看 vsftpd 的可执行文件位置，具体如下。

```
[root@ABCx ~]# whereis  vsftpd                      #vsftpd 服务的可执行文件位置
vsftpd: /usr/sbin/vsftpd  /etc/vsftpd  /usr/share/man/man8/vsftpd.8.gz
```

vsftpd 还提供了 doc 文档路径保存一些示例文件，具体如下。

```
[root@XYZ000 ~]# ll  /usr/share/doc/vsftpd-3.0.2/        #其中包含 EXAMPLE 子目录
```

关于软件的默认安装路径问题，请参见第 5 章。

2. 启动及停止 vsftpd 服务

各种系统服务的启动运行，都应该在完成必要的配置文件修改及设置之后进行。而且直接执行守护进程的可执行文件是不能够启动此服务的，应该使用 systemctl 命令配合相关的服务单元文件及配置文件，才能正确地启动运行，命令如下。

```
[root@ABCx ~]# vsftpd                                    #执行此服务的可执行文件，此方法不能
正确启动此服务进程，没有输出表示已经在系统中运行了，但不能提供服务
[root@ABCx ~]# systemctl  status  vsftpd                 #查看当前 vsftpd 服务的状态
● vsftpd.service - Vsftpd ftp daemon
Loaded: loaded (/usr/lib/systemd/system/vsftpd.service; disabled; vendor preset:
disabled)
      Active: inactive (dead)                            #表明此服务处于不活跃的死亡状态
[root@ABCx ~]# systemctl  start  vsftpd.service          #启动 vsftpd 服务进程
Job for vsftpd.service failed because the control process exited with error code.
See "systemctl status vsftpd.service" and "journalctl -xe" for details.
```

此条命令的输出表明，控制进程返回了错误码，因此 vsftpd.sevice 服务启动失败了。仔细分析原因后，发现是由于在命令行输入 vsftpd 直接执行了可执行文件导致的。解决方法就是执行一次 stop 子命令，再次启动 vsftpd 服务，具体如下。

```
[root@ABCx ~]# systemctl  start  vsftpd                  #启动 vsftpd 服务，没有输出表明此服
务已经正常运行了，可以执行 status 子命令等方法验证查看
```

服务启动之后，正常运行过程中，仍然会随机产生一些故障，此时可以使用 restart 子命令重新启动此服务，具体如下。

```
[root@ABCx ~]# systemctl  restart  vsftpd                #重新启动 vsftpd.sevice 服务
```

需要注意的是，如果 systemctl 命令的参数部分没有添加扩展名，默认情况下首先查找 service 服务单元。

如果服务处于正常运行过程中，执行 status 子命令能够查看服务的状态，具体如下。

```
[root@ABCx ~]# systemctl  status  vsftpd                 #查看 vsftpd 的运行状态
  Active: active (running) since Fri 2021-03-26 16:40:51 CST; 11h ago      #正在运行
 Main PID: 2853 (vsftpd)                                 #守护进程的 PID
  CGroup: /system.slice/vsftpd.service
        └─2853 /usr/sbin/vsftpd /etc/vsftpd/vsftpd.conf  #服务进程及配置文件
......                                                   #输出的其他部分省略
```

另外，如果需要将 vsftpd 服务设置为在下一次系统启动后自动运行，可以执行 enable 子命令，具体如下。

```
[root@ABCx ~]# systemctl  enable  vsftpd                 #设置下一次系统启动后自动运行
```

需要结束 vsftpd 服务时执行 stop 子命令，具体如下。

```
[root@ABCx ~]# systemctl  stop  vsftpd                   #停止 vsftpd 服务的运行
[root@ABCx ~]# systemctl  status  vsftpd                 #再次查看其状态
Active: inactive (dead)                                  #表明此服务处于不活跃的死亡状态
......                                                    #输出的其他部分省略
```

3．查看服务状态

除了执行 status 子命令查看 vsftpd 的当前状态之外，下列命令分别从不同角度查看 vsftpd 进程的相关信息以及状态。

```
[root@ABCx ~]# ps  -x  |  grep  vsftpd       #查看 vsftpd 进程的 PID 及运行时间等信息
 7346 ?        Ss    0:00 /usr/sbin/vsftpd /etc/vsftpd/vsftpd.conf
```

执行 lsof 命令查看 vsftpd 服务使用的控制连接及数据传输连接的端口，命令如下。

```
[root@ABCx ~]# lsof  -i :21              #查看打开的 21 号服务端口信息
COMMAND  PID USER   FD   TYPE DEVICE SIZE/OFF NODE NAME
vsftpd  4487 root    4u  IPv6  41588      0t0  TCP *:ftp (LISTEN)
```

执行 netstat 命令也能够查看服务端口信息，具体如下。

```
[root@ABCx ~]# netstat  -anpt            #显示 TCP 的全部服务端口及进程
tcp6       0      0 :::21           :::*             LISTEN      3468/vsftpd
......                                                #输出的其他部分省略
```

从上述运行结果可以看出进程的 PID 是不同的，这表明输出部分是多次启动服务后获得的。

```
[root@ABCx ~]# systemctl  is-active  vsftpd           #查看 vsftpd 是否活跃
active                                                #是活跃的
```

8.1.4 设置 vsftpd 服务参数

vsftpd 服务进程必须依据配置文件提供的参数以及设定的取值，才能够实现为 FTP 客户提供必要服务的目标。每个参数及取值在 vsftpd.conf 配置文件中各占一行。

1．默认的配置文件

执行下面的命令，以添加行号方式显示默认配置文件 vsftpd.conf 的内容，并忽略#字符开头的注释行。

```
[root@ABCx ~]# cat  -b /etc/vsftpd/vsftpd.conf  |  grep  -v "#"
    12 anonymous_enable=YES                        #允许匿名用户登录服务器
    16 local_enable=YES                            #允许本地用户远程登录
    19 write_enable=YES                            #允许本地用户具有写权限
    23 local_umask=022                             #默认文件掩码是 022
    37 dirmessage_enable=YES                       #允许显示.message 文件内容
    40 xferlog_enable=YES                          #启用上传/下载的日志功能
    43 connect_from_port_20=YES                    #启用 20 数据端口连接请求
    57 xferlog_std_format=YES                      #启用标准日志格式
   115 listen=NO                                   #关闭 ftpd 的独立运行模式
   124 listen_ipv6=YES                             #同时监听 IPv6 及 IPv4 端口
   125 pam_service_name=vsftpd                     #设置 pam 验证的配置文件
   126 userlist_enable=YES                         #启用限制功能，也就是 user_list
文件中所列举的用户不能访问服务器，因为默认情况下 userlist_deny 的值是 YES
   127 tcp_wrappers=YES                            #启用 tcp_wrappers
```

vsftpd.conf 配置文件中，还有许多参数的设置被注释了，可以根据需要适当选择。服务器管理者也具有添加其他合法参数的权限。

2．设置匿名用户访问的参数

将配置文件 vsftpd.conf 的参数设置为如下取值，就可以允许匿名用户拥有上传文件、创建子目录的权限。

```
anonymous_enable=YES                          #允许匿名访问 FTP 服务器，是默认值
anon_upload_enable=YES                        #允许匿名用户上传文件
anon_mkdir_write_enable=YES                   #允许匿名用户创建子目录
```

如果再添加参数设置，则同时拥有删除文件、修改文件名等权限，命令如下。

```
anon_other_mkdir_write_enable=YES             #匿名用户具有改名、删除文件的权限
```

设置配置文件的参数取值并保存之后，应该重新启动 vsftpd 服务。验证方法参见 8.1.5 节。

3．设置本地用户访问的参数

配置文件 vsftpd.conf 中，userlist_enable、userlist_deny 以及 userlist_file 参数的取值，默认情况如下。

```
userlist_enable=YES                           #启用 user_list 文件的限制
userlist_deny=YES                             #user_list 中的用户不能访问服务器，而其他
的本地用户具有访问服务器的权限，其他用户是指/etc/passwd 中除了 user_list 之外的用户
userlist_file=/etc/vsftpd/user_list           #指定用户列表文件
```

如果将参数 userlist_deny 的取值改为 NO，则只有 user_list 文件中所列出的用户才拥有访问服务器的权限。

此时，必须修改 user_list 文件中的用户名，否则会适得其反，命令如下。

```
[root@ABCx ~]# vim  /etc/vsftpd/user_list     #编辑修改 user_list
#root                                         #将所列用户名全部注释
abcx                                          #添加具有访问权限的用户名
php                                           #每个用户名占一行
```

如果需要限制本地用户访问其他路径的权限，可以将配置文件中的 chroot_local_user 和 chroot_list_enable 参数的取值均修改成 YES。

此时，如果还希望设置某些本地用户具有访问其他路径的例外权限，则可以通过指定参数 chroot_list_file=/etc/vsftpd/chroot_list 的取值，这样 chroot_list 文件中的用户才能拥有例外权限。

另外，通过修改配置文件还可以实现较为复杂的功能，如使用多个用户的不同配置文件对不同主机的访问设置不同的限制、设置高安全等级的匿名服务器等。vsftpd 的文档目录提供了示例的配置文件，供管理者参考，具体如下。

```
[root@ABCx ~]# ll  /usr/share/doc/vsftpd-3.0.2/EXAMPLE/
drwxr-xr-x. 2 root root  88 Mar 24 09:11 INTERNET_SITE
drwxr-xr-x. 2 root root  67 Mar 24 22:35 INTERNET_SITE_NOINETD
drwxr-xr-x. 2 root root  20 Mar 24 09:11 VIRTUAL_HOSTS
drwxr-xr-x. 2 root root 103 Mar 24 09:11 VIRTUAL_USERS
drwxr-xr-x. 2 root root  20 Mar 24 09:11 VIRTUAL_USERS_2
```

进一步查看下一级子目录，命令如下。

```
[root@ABCx ~]# ll  /usr/share/doc/vsftpd-3.0.2/EXAMPLE/INTERNET_SITE_NOINETD
-rw-r--r--. 1 root root 2057 Oct 31  2018 README
-rw-r--r--. 1 root root 2043 Feb  2  2008 README.configuration
-rw-r--r--. 1 root root  565 Feb  2  2008 vsftpd.conf
```

其中包括配置文件的示例，以及相关的 README 文件。

8.1.5　访问 vsftpd 服务器

通过执行 FTP 客户端软件的相关命令，连接并访问 vsftpd 服务器，能够达到验证其参数配置是否正确、是否达到最初的设定目标的目的。要保证访问 vsftpd 服务器能够顺利进行，需要事先连通客户端与服务器的网络。参照 7.3 节的内容。

1．FTP 客户端命令

以不同的用户身份成功登录到 vsftpd 服务器之后，可以根据自身的权限，执行表 8-1 所列出的 FTP 客户端命令。

表 8-1　常用 FTP 客户端命令及其作用

命　　令	作　　用
?/help	显示客户端内部命令的帮助信息
!	执行客户端主机中命令，如 Windows 的!dir 命令
bye/quit	断开客户端与服务器的连接并退出客户端
cd	在 FTP 服务器中切换目录
cdup	进入 FTP 服务器中的父目录
close/disconnection	断开与服务器的连接，与 open 相反
delete	删除 FTP 服务器中的文件
dir/ls	显示 FTP 服务器中的目录内容
mget	传输多个远程文件
mkdir	在 FTP 服务器创建一个目录
mput	将多个文件传输至 FTP 服务器
open	连接到指定 FTP 服务器
put/send	将本地文件上传到 FTP 服务器
pwd	显示 FTP 服务器当前工作目录的绝对路径
rmdir	删除 FTP 服务器中的目录

2．Windows 客户端访问服务器

Windows 系统提供了 ftp 命令，实现 FTP 客户端登录服务器的功能。下面的例子展示了本地用户远程登录到服务器并下载、上传文件的过程，如图 8-1 和图 8-2 所示。

```
C:\ftp>ftp  192.168.3.123                               #登录 192.168.3.123 服务器
连接到 192.168.3.123。                                   #已经连接到服务器
用户(192.168.3.123:(none)): learn                       #输入服务器的本地用户名登录
密码:                                                    #输入密码
230 Login successful.                                   #表示成功登录到服务器
ftp> cd  /var/ftp                                       #执行命令切换命令 cd
ftp> ls -l                                              #查看结果
drwxrwxrwx    2 0       0              6 Jan 29 03:33 111
-rwxrwxrwx    1 0       0      841748480 Jan 07 10:56 linux-4.19.165.tar
drwxr-xr-x    2 0       0              6 Oct 30  2018 pub
drwxr-xr-x    2 14      50             6 Mar 26 13:03 share
```

本地用户登录到服务器之后可以执行下载文件的命令，具体如下。

```
ftp> get  linux-4.19.165.tar                    #下载文件到 Windows 的当前目录中，c:\ftp
```

```
200 PORT command successful. Consider using PASV.
150 Opening BINARY mode data connection for linux-4.19.165.tar (841748480 bytes).
226 Transfer complete.
ftp: 收到 841748480 字节，用时 20.34 秒 41385.93 千字节/秒
ftp> !dir                                          #执行 Windows 命令查看结果
 C:\ftp 的目录
2021/03/26  21:15        841,748,480 linux-4.19.165.tar
```

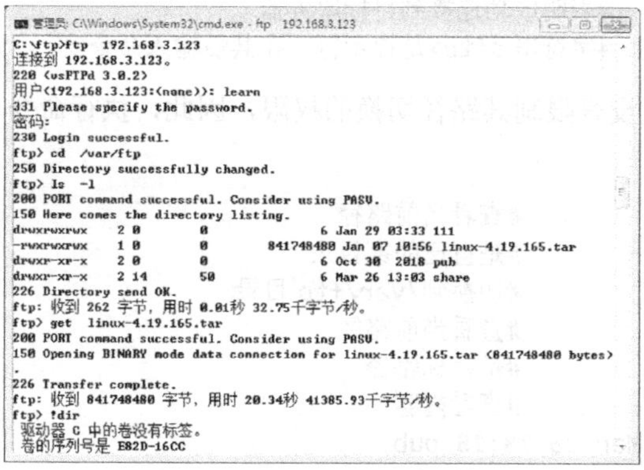

```
C:\ftp>ftp  192.168.3.123
连接到 192.168.3.123。
220 (vsFTPd 3.0.2)
用户(192.168.3.123:(none)): learn
331 Please specify the password.
密码:
230 Login successful.
ftp> cd  /var/ftp
250 Directory successfully changed.
ftp> ls  -l
200 PORT command successful. Consider using PASV.
150 Here comes the directory listing.
drwxrwxrwx    2 0        0                   6 Jan 29 03:33 111
-rwxrwxrwx    1 0        0           841748480 Jan 07 10:56 linux-4.19.165.tar
drwxr-xr-x    2 0        0                   6 Oct 30  2018 pub
drwxr-xr-x    2 14       50                  6 Mar 26 13:03 share
226 Directory send OK.
ftp: 收到 262 字节，用时 0.01秒 32.75千字节/秒。
ftp> get  linux-4.19.165.tar
200 PORT command successful. Consider using PASV.
150 Opening BINARY mode data connection for linux-4.19.165.tar (841748480 bytes)
.
226 Transfer complete.
ftp: 收到 841748480 字节，用时 20.34秒 41385.93千字节/秒。
ftp> !dir
 驱动器 C 中的卷没有标签。
 卷的序列号是 E82D-16CC
```

图 8-1　本地用户访问服务器

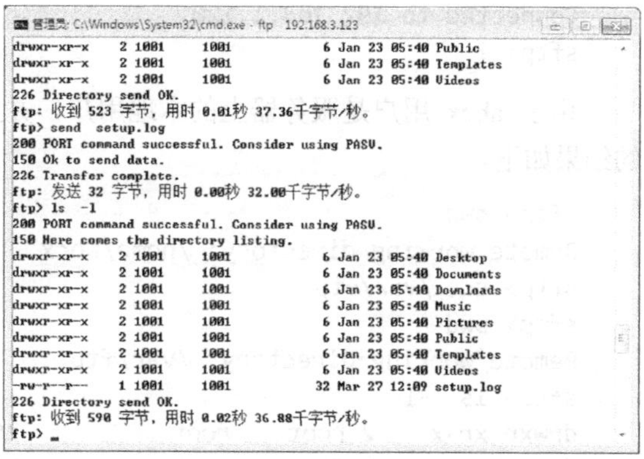

```
drwxr-xr-x    2 1001     1001                6 Jan 23 05:40 Public
drwxr-xr-x    2 1001     1001                6 Jan 23 05:40 Templates
drwxr-xr-x    2 1001     1001                6 Jan 23 05:40 Videos
226 Directory send OK.
ftp: 收到 523 字节，用时 0.01秒 37.36千字节/秒。
ftp> send  setup.log
200 PORT command successful. Consider using PASV.
150 Ok to send data.
226 Transfer complete.
ftp: 发送 32 字节，用时 0.00秒 32.00千字节/秒。
ftp> ls  -l
200 PORT command successful. Consider using PASV.
150 Here comes the directory listing.
drwxr-xr-x    2 1001     1001                6 Jan 23 05:40 Desktop
drwxr-xr-x    2 1001     1001                6 Jan 23 05:40 Documents
drwxr-xr-x    2 1001     1001                6 Jan 23 05:40 Downloads
drwxr-xr-x    2 1001     1001                6 Jan 23 05:40 Music
drwxr-xr-x    2 1001     1001                6 Jan 23 05:40 Pictures
drwxr-xr-x    2 1001     1001                6 Jan 23 05:40 Public
drwxr-xr-x    2 1001     1001                6 Jan 23 05:40 Templates
drwxr-xr-x    2 1001     1001                6 Jan 23 05:40 Videos
-rw-r--r--    1 1001     1001               32 Mar 27 12:09 setup.log
226 Directory send OK.
ftp: 收到 590 字节，用时 0.02秒 36.88千字节/秒。
ftp> _
```

图 8-2　本地用户上传文件数据

在 Windows 客户端访问 Linux 的 FTP 服务器，如果遇到不能连接的情况，请先执行 ping 命令检测网络是否连通。在保证网络连通正常时，可以先将 Windows 防火墙关闭，或放行 FTP 服务。然后在 vsftpd 服务器一侧，配置防火墙，放行 FTP 服务，命令如下

```
[root@ABCx ~]# firewall-cmd  --permanent  --zone=public  --add-service=ftp
[root@ABCx ~]# firewall-cmd  --reload                       #重新配置防火墙
```

也可以执行如下命令。

```
[root@ABCx ~]# iptables  -F                                 #删除所有防火墙规则
[root@ABCx ~]# setenforce  0                                #关闭 SELinux
```

3. Linux 客户端访问服务器

如果 Linux 客户端软件包 FTP 没有安装，则执行 yum 的 install 子命令进行安装即可，具体如下。

```
[root@ABCx ~]# yum  install  ftp                            #安装 FTP 客户端软件包
```

然后执行 ftp 命令，并输入服务器的 IP 地址，即可与 vsftpd 服务器连接，具体如下。

```
[root@ABCx ~]# ftp  192.168.3.123                     #客户端执行 ftp 命令，访问 vsftpd 服务器
192.168.3.123
Connected to 192.168.3.123 (192.168.3.123).           #表明已经连接到服务器
Name (192.168.3.123:root): anonymous                  #输入 anonymous 用户名
Password:                                             #输入邮件地址作为密码
230 Login successful.                                 #登录成功
ftp> ls  -l                                           #执行 ftp 的命令
drwxrwxrwx    2 0        0             6 Jan 29 03:33 111
drwxr-xr-x    2 0        0             6 Oct 30  2018 pub
......                                                #输出的其他部分省略
```

上述结果表明，客户端已经成功连接到服务器。可以执行的其他命令参照表 8-1。

4．macOS 客户端访问服务器

在 macOS 系统中，执行 sftp 命令就可以利用 FTP 客户端软件，授权登录到 vsfptd 服务器，如图 8-3 所示，命令执行过程如下。

```
xyza@bogon ~ % sftp  abcx@192.168.1.120        #登录到 vsftpd 服务器，其 IP 地址是 192.168.
1.120。如果不输入 abcx@字符串，则默认用户名是 xyza
abcx@192.168.1.120's password:                  #输入服务器上 abcx 用户的密码
Connected to 192.168.1.120.                     #表明成功连接到目标服务器
sftp> ?                                         #字符串 sftp>是提示符，在其后输入命令
```

由于 abcx 用户是服务器上的本地用户，并且没有限制其路径切换的权限，因此，执行命令的结果如下。

```
sftp> pwd                                        #查看当前路径
Remote working directory: /home/abcx            #是自己的家目录
sftp> cd  /var/ftp                              #切换到/var/ftp 目录
sftp> pwd                                        #查看当前路径
Remote working directory: /var/ftp              #是目标路径
sftp> ls  -l                                     #查看内容
drwxr-xr-x   2 root     root        26 Mar 26 18:18 pub
drwxr-xr-x   2 ftp      root        21 Mar 26 18:18 share
-rwxrwxrwx   1 ftp      ftp    103523764 Jan  9 20:47 linux-4.19.165.tar.xz
```

执行 get 命令可以从服务器端下载文件，具体如下。

```
sftp> get  linux-4.19.165.tar.xz                      #下载服务器端的文件
Fetching /var/ftp/linux-4.19.165.tar.xz to linux-4.19.165.tar.xz
/var/ftp/linux-4.19.165.tar.xz           100%     99MB    65.4MB/s   00:01
sftp> !ls -l                                          #查看本地路径是否存在此文件
-rwxr-xr-x  1  xyza   staff   103523764   3 26 18:50 linux-4.19.165.tar.xz
```

在 macOS 桌面，输入〈Command⌘+K〉组合键，或者选择任务栏的前往菜单项，单击连接服务器命令，都可以弹出连接服务器的对话框，在其中输入 FTP 服务器的有效地址，形式如 ftp://192.168.1.120，如图 8-4 所示。单击"连接"按钮，弹出如图 8-5 所示的对话框，选中"注册用户"单选按钮，并输入账号名称及密码，单击"连接"按钮完成登录服务器的操作过程，弹出服务器端用户家目录，如图 8-6 所示。

图 8-3　sftp 访问服务器窗口　　　　　　　　　　图 8-4　连接服务器对话框

图 8-5　输入本地用户及密码　　　　　　　　图 8-6　本地用户家目录下的内容

8.2　NFS 服务

网络文件系统（Network File System，NFS）是 Sun 公司于 1984 年研发的互联网标准协议。NFS 采用了 C/S 工作模型，能够实现类 UNIX 系统主机之间文件目录的共享以及远程文件系统的挂载，为实现分布式计算提供了基础服务。

在 CentOS 7 中使用的 NFS，还必须依赖于 RPC（远程过程调用）协议才能提供网络文件系统的共享服务。利用 NFS 服务，用户可以方便地将服务器共享的目录挂载到本地，然后像访问本地文件一样操作远端 NFS 服务器中的内容。

提供完整的 NFS 服务需要分别启动 nfs-server 以及 rpcbind 服务单元，在系统中表示为 rpcbind、nfsd、rpc.mountd、rpc.statd 等守护进程。

NFS 服务在嵌入式 Linux 开发过程中也有广泛的应用。

8.2.1　管理 NFS 服务

管理 NFS 服务，主要包括软件包的安装、启动服务进程、服务相关路径及文件等几个主要步骤。

1. 安装 NFS 服务

在安装 NFS 服务之前，可以先执行以下命令进行检查。

```
[root@ABCx ~]# rpm -qa | grep nfs-utils
nfs-utils-1.3.0-0.68.el7.x86_64
[root@ABCx ~]# rpm -qa | grep rpcbind
rpcbind-0.2.0-49.el7.x86_64
```

上述结果表明，在安装 CentOS 7 系统时，默认已经完成了 NFS 服务的安装。如果执行上述命令没有输出，则表明与 NFS 服务相关的软件包没有安装到系统中，此时，执行 yum 的 install 或 reinstall 命令进行安装或重新安装，具体如下。

```
[root@ABCx ~]# yum reinstall nfs-utils rpcbind    #重新安装 nfs-utils 及 rpcbind 软件包
```

NFS 服务需要两个安装包，分别是 rpcbind 和 nfs-utils。其中，nfs-utils 软件包包含 NFS 服务核心的守护进程及客户端的相关工具；rpcbind 软件包则提供 RPC 的端口映射守护进程及相关工具。可以执行 yum 的 info 子命令查询，具体如下。

```
[root@ABCx ~]# yum info rpcbind                    #查看 rpcbind 的相关信息
[root@ABCx ~]# yum info nfs-utils                  #查看 nfs-utils 的相关信息
```

2．NFS 服务的启动

```
[root@ABCx ~]# systemctl  status  nfs-server        #查看 nfs-server 的状态
[root@ABCx ~]# systemctl  status  rpcbind           #查看 rpcbind 的状态
[root@ABCx ~]# systemctl  start  rpcbind            #启动 rpcbind 服务
[root@ABCx ~]# systemctl  start  nfs-server         #启动 nfs-server 服务
[root@ABCx ~]# #systemctl  enable  nfs-server       #设置 nfs-server 开机启动
[root@ABCx ~]# #systemctl  enable  rpcbind          #设置 rpcbind 开机启动
```

执行 systemctl 的 restart、stop 子命令可以重新启动、停止服务。

3．NFS 相关路径及文件

1）NFS 服务的守护进程位于/usr/sbin/子目录下，名称是 rpc.nfsd，相关的服务进程还包含如下几个。

```
[root@ABCx ~]# ll  /usr/sbin/rpc*                            #查看以 rpc 开头的文件
-rwxr-xr-x. 1 root root  61512 Apr  1  2020 /usr/sbin/rpcbind
-rwxr-xr-x. 1 root root 132000 Oct  1  2020 /usr/sbin/rpc.mountd
-rwxr-xr-x. 1 root root  41168 Oct  1  2020 /usr/sbin/rpc.nfsd  #NFS 服务守护进程
-rwxr-xr-x. 1 root root  99936 Oct  1  2020 /usr/sbin/rpc.statd
......                                                #输出的其他部分省略
```

2）NFS 的服务单元配置文件位于/usr/lib/systemd/system/子目录下，是以 rpc 字符串开头以及以 nfs 字符串开头的几个文件，主要是 rpcbind.service 及 nfs-server.service，具体如下。

```
[root@ABCx ~]# ll  /usr/lib/systemd/system/rpc*
-rw-r--r--. 1 root root 385 Apr  1  2020 /usr/lib/systemd/system/rpcbind.service
-rw-r--r--. 1 root root 132 Apr  1  2020 /usr/lib/systemd/system/rpcbind.socket
-rw-r--r--. 1 root root 500 Nov 17 00:46 /usr/lib/systemd/system/rpcbind.target
[root@ABCx ~]# ll  /usr/lib/systemd/system/nfs*
-rw-r--r--. 1 root  root 1044 Oct   1   2020  /usr/lib/systemd/system/nfs-
server.service
......                                          #输出的其他部分省略
```

查看 nfs-server.service 文件的内容，命令如下。

```
[root@ABCx ~]# cat  -b  /usr/lib/systemd/system/nfs-server.service
    23 ExecStart=/usr/sbin/rpc.nfsd $RPCNFSDARGS
```

上述结果表明启动 NFS 服务时，执行的是/usr/sbin/rpc.nfsd 进程。

3）与 NFS 服务相关的配置文件主要是/etc/sysconfig/nfs、/etc/exports 以及/etc/nfs.conf。其中，/etc/sysconfig/子目录下的 nfs 文件用于设置与 NFS 服务启动相关的守护进程参数；而/etc/exports 文件用于设置提供给客户端的共享目录；/etc/nfs.conf 是通用的配置参数文件。

另外，/etc/nfsmount.conf 文件是与客户端的挂载、服务器及全局参数相关的配置文件。

8.2.2 设置 NFS 服务参数

设置 NFS 服务时，主要是在/etc/exports 文件中添加共享目录，其他的如修改 NFS 服务端口号等内容这里不做介绍。

1．exports 文件

/etc/exports 文件的内容默认是空的，需要将服务器的某些目录共享给客户端时，可以在此文件中添加目录名及读写等参数。

/etc/exports 文件内容的书写格式：

共享目录名　　[主机列表 1(参数项)]　　　　[主机列表 2(参数项)]　　　　……

其中，各项的介绍如下。

1）共享目录名：是指 NFS 服务器提供给客户端的路径名，必须以绝对路径的形式进行书写，如/home/learn、/srv/share、/var/ftp/pub 等。

2）主机列表：可以使用 IP 地址以及主机域名的形式，如 192.168.0.123/24、abcx.com 等；用*星号表示范围内的所有主机如*.abcx.com 等；仅用单个*星号表示的主机列表，代表所有的客户端。

另外，网段地址形如 192.168.0.0/24，不能使用星号*。而且客户端可以是匿名用户。

3）参数项：用于指定共享目录的访问权限以及用户、所属组群映射等。常用的参数包括 ro、rw、sync、async、root_squash、no_root_squash、all_squash、no_all_squash、secure、insecure、anonuid、anongid 等。

① ro 表示以只读方式共享；rw 表示以读写方式共享。

② sync 及 async 表示是否同时将数据写入到内存及磁盘。

③ root_squash 或 all_squash 表示将 root 或所有用户映射成匿名用户及匿名组群。

④ no_root_squash 或 no_all_squash 表示不将 root 或所有用户映射成匿名用户。

⑤ secure 表示只允许客户端使用端口号小于 1024 的端口连接 NFS 服务器；insecure 表示可以使用端口号大于 1024 的端口访问服务器。

⑥ anonuid 及 anongid 用于指定匿名用户使用的本地用户 ID 及本地组群 ID。

详尽的参数列表，请参见 man　exports 提供的说明。

4）共享目录名需要顶格开始，主机列表 1 与主机列表 2 之间用一个或多个空格或〈Tab〉键分隔；如果包含多个参数，则使用逗号,分隔。

需要注意的是，由于/etc/exports 文件中的一行可以设置多个主机列表及其参数项，其间使用空格或〈Tab〉键进行分隔，因此在主机列表与参数项的括号之间包含空格表达的含义不同，例如：

```
/srv/share/  192.168.0.102/24   (rw)            #在地址与左括号(之间包含空格
```

上述写法相当于/srv/share/　192.168.0.102/24(ro)　*(rw)这样书写的含义。

也就是将/srv/share/目录共享给 192.168.0.102 的主机时是只读方式，而以读写的方式共享给其他所有用户，这与要表达的含义不一致。

5）共享目录的所有者及所属组群均可以使用 nfsnobody，也可以使用系统用户 ftp。在安全的局域网范围内，也可以开放 w 写权限。命令如下。

```
[root@ABCx ~]# id nfsnobody                        #查看 nfsnobody 用户的 ID
uid=65534(nfsnobody) gid=65534(nfsnobody) groups=65534(nfsnobody)
[root@ABCx ~]# chmod -R a+rwx /var/ftp/pub
[root@ABCx ~]# chown -R nobody:nobody /var/ftp/pub
[root@ABCx ~]# ll -ld /var/ftp/pub
drwxrwxrwx. 2 nfsnobody nfsnobody 58 Apr 23 09:42 /var/ftp/pub
```

系统用户 ftp，也可以类似设置。

2．设置共享目录

按照上述规则，根据实际情况，可以分别设置不同类型的共享目录，命令如下。

```
[root@ABCx ~]# vim /etc/exports
```

```
/srv/share/  192.168.0.102/24(rw)
```

以上命令是将/srv/share/子目录下的所有文件，以可读可写的方式共享给 IPv4 地址为 192.168.0.102/24 的主机。如果需要将/home/learn/子目录以只读方式共享给 abcx.info 域名下的所有主机，命令如下。

```
/home/learn/  *.abcx.info(ro)
```

如果需要将/var/ftp/pub 子目录以只读的、所有远程用户及组群都映射为匿名用户及匿名组群的、客户端使用端口号大于 1024 的端口连接的方式，共享给所有用户；而网段 192.168.0.0/24 的用户具有读写权限，命令如下。

```
/var/ftp/pub/  *(ro,all_squash,insecure)  192.168.0.0/24(rw)
```

如果需要将/var/temp/share/子目录以可读写的方式共享给所有用户，命令如下。

```
/var/temp/share/  *(rw)
```

这种共享方式，在安全可信的局域网范围内也是可行的。对于 exports 文件内容编辑修改完成后，需要保存并退出 vim 的执行。

上述的共享目录还需要单独创建，确保存在，并且设置相应的权限及所有者、所属组群。这样重新启动 NFS 服务之后，其中的文件资源即可按照指定的方式共享。

3. 设置防火墙放行

设置防火墙放行 NFS 服务的规则及放行端口，命令如下。

```
[root@ABCx ~]# firewall-cmd  --add-service=nfs  --permanent      #添加 NFS 服务
[root@ABCx ~]# firewall-cmd  --add-port=111/tcp  --permanent     #添加端口号
[root@ABCx ~]# firewall-cmd  --add-port=111/udp  --permanent
[root@ABCx ~]# firewall-cmd  --reload                            #重新启动防火墙
```

其他端口号放行的命令类似，可以根据实际情况执行。

8.2.3 挂载共享目录

NFS 服务只能在类 UNIX 系统之间实现目录的共享，根据目录的权限及用户的身份进行文件及目录的创建、复制、删除等管理类操作。因此下面提供了 Linux 及 macOS 的客户端挂载共享目录的示例。

1. showmount 命令

命令格式：showmount [-options] [<Hostname>|<IP>]

主要功能：按照 options 指定的选项要求，显示提供 NFS 服务的指定主机或 IP 地址上的共享目录列表。

常用的[-options]选项如下。

-e，--exports：显示 NFS 服务提供的共享目录列表。

-d，--directories：仅显示客户端已经挂载的共享目录列表。

```
[root@ABCx ~]# showmount  -d  192.168.0.123           #查看客户端挂载的共享目录列表
Directories on 192.168.0.123:
/srv/share
/var/ftp/pub
```

2. mount 命令

mount 命令在前面已经介绍过，这里仅介绍不同之处。

```
mount  -t  nfs  [-o  参数]  NFS 服务器地址:共享目录名称   挂载点名称
```

其中，共享目录名称应该使用绝对路径，与其前面的服务器地址之间用冒号:分隔。

3．exportfs 命令

命令格式：exportfs　[-options]

主要功能：按照 options 指定的选项要求，重新读取/etc/exports 文件内容，实现对共享目录的维护操作。

常用的[-options]选项如下。

-a：导出/etc/exports 文件中设置的全部共享目录。

-r：重新导出共享目录，并且同步更新/var/lib/nfs/xtab 文件。

-s：显示与/etc/exports 内容相适应的导出列表。

-u：取消已导出的共享目录。

-v：显示执行过程。

在启动 nfs-server、rpcbind 服务之后，执行 exportfs 命令能够实现维护 NFS 共享目录的功能，命令如下。

```
[root@WXYZa ~]# exportfs  -av                    #导出 exports 中的全部共享目录
exporting 10.0.2.0/24:/var/temp/share
exporting 192.168.0.0/24:/srv/share
exporting *.abcx.info:/home/learn
exporting *:/var/ftp/pub
[root@WXYZa ~]# exportfs  -u                      #取消已导出的共享目录
[root@WXYZa ~]# exportfs  -rv                     #重新导出共享目录
exporting 10.0.2.0/24:/var/temp/share
exporting 192.168.0.0/24:/var/ftp/pub
exporting 192.168.3.0/24:/srv/share
exporting *.abcx.info:/home/learn
exporting *:/var/ftp/pub
[root@WXYZa ~]# exportfs  -s                      #显示与/etc/exports 内容相适应的导
```
出列表，输出内容较多，省略

4．Linux 客户端挂载

为了成功顺利地实现 Linux 客户端挂载指定 NFS 服务器的共享目录，必须保证服务器端已经正确启动了 rpcbind 及 nfs-server 服务。

（1）挂载共享目录

在本地主机上执行如下命令。

```
[learn@wXYZ0 ~]# showmount  -e  192.168.0.123    #查看 NFS 服务器提供的共享目录
Export list for 192.168.0.123:
/var/ftp/pub  *                                  #所有用户允许访问
/home/learn  *.abcx.info                         #域名用户可以访问
/srv/share   192.168.0.0/24                       #网段主机可以访问
```

接下来，创建子目录作为挂载点，并进行挂载操作，执行如下命令。

```
[learn@wXYZ0 ~]# mkdir  nfsmount                  #创建挂载点子目录
[learn@wXYZ0 ~]# mount  -t  nfs  192.168.0.123:/srv/share/  nfsmount/
```

上述命令没有输出，则表明执行正确，顺利完成挂载。如果挂载不成功，需要详细检查服务器端的 exports 文件，查看共享目录设置是否正确；然后再一次启动 NFS 服务，继续在客户端执行挂载。

另外，此处的 mount 命令中，服务器的共享目录前面需要加上主机名或 IP 地址，并以冒号:
与共享目录名连接。

需要卸载共享目录时，执行 umount 命令。

（2）启动挂载

如果客户端需要将服务器的共享目录设置成在本地主机系统启动时自动进行挂载，则应该修
改本地的/etc/fstab 文件，添加如下挂载项。

```
[learn@wXYZ0 ~]# vim  /etc/fstab                           #修改本地的 fstab 文件
192.168.0.123:/srv/share       /mnt/nfsmnt       nfs    defaults       0 0
```

核对无误后，保存退出，可以执行 mount -a 命令进行验证。

5．macOS 客户端挂载

为了保证 macOS 环境下能够成功挂载 NFS 服务，需要给共享目录增加 insecure 参数，保证客
户端可以使用端口号大于 1024 的端口连接服务器，因此/etc/exports 文件需要修改，命令如下。

```
[root@ABCx ~]# vim  /etc/exports                           #修改 exports 文件
/srv/share/  192.168.0.0/24(rw,insecure)                   #添加 insecure 参数
/var/ftp/pub/  *(ro,insecure)                              #添加 insecure 参数
/home/learn/  *.abcx.info(rw)                              #保持不变
```

保存修改并退出 vim 的执行后，再执行 systemctl 的 restart 子命令重新启动 NFS 服务。在
macOS 的命令行环境下，执行 showmount 命令，具体如下。

```
wxyza@bogon ~ % showmount -e 192.168.0.123               #查看 NFS 的共享目录
Exports list on 192.168.0.123:
/var/ftp/pub                    *                        #所有用户允许访问
/home/learn                     *.abcx.info              #域名用户可以访问
/srv/share                      192.168.0.102            #此主机可以访问
```

上述结果表明，NFS 服务器提供的共享目录包括/var/ftp/pub、/home/learn、/srv/share。接下
来执行 mount 命令挂载/var/ftp/pub 目录，具体如下。

```
wxyza@bogon ~ % mount  -t nfs 192.168.0.123:/var/ftp/pub dnfsmount/
wxyza@bogon ~ % ls  -l  dnfsmount/*
-rwxrwxrwx 1 65534  65534  2139 Mar 26 18:18 downclock.sh
-rw-r--r-- 1 65534  65534  110 Apr 23 09:19 exports
```

如果共享目录设置了 w 写权限，可以执行创建、删除、复制文件等命令，如 touch、vim、
rm、cp 等，具体如下。

```
wxyza@bogon ~ % vim  dnfsmount/macfile11
wxyza@bogon ~ % ls  -l  dnfsmount/*
-rwxrwxrwx 1 65534  65534  2139 Mar 26 18:18 dnfsmount/downclock.sh
-rw-r--r-- 1 65534  65534  110 Apr 23 09:19 dnfsmount/exports
-rw-r--r-- 1 65534  65534   69 Apr 23 09:42 dnfsmount/**macfile11**
```

共享目录使用完毕之后，执行 umount 卸载挂载点即可。

8.3 DNS 服务

DNS 服务能够实现域名与 IP 地址之间的正、反向解析映射功能，依赖于域名空间的层次结

构以及各区域内的域名服务器，包括根域的服务器。

　　DNS 的域名空间采用树状的层次结构进行组织，依次是根域、顶级域、二级域、三级域、四级域等，并向下扩展。其中，顶级域是由国际互联网信息中心 InterNIC 进行管理的，域名包括通用顶级域名和地域顶级域名，如 com、edu、org、net、gov、mil、CN、JP、UK、FR 等，相关的域名及 IP 地址都保存在根域服务器中，目前有 13 台根域服务器。二级域是在各顶级域之下划分的，其域名及地址等信息由对应的顶级域服务器管理。依此类推，三级域需要对应的二级域管理，四级域由三级域管理等。

　　另外，DNS 服务提供的将域名解析为 IP 地址的过程，称为正向解析；将 IP 地址解析为域名的过程，称为反向解析。反向解析过程需要反向域名，反向域名层次结构中的顶级域名是 arpa，其他层级由 IP 地址中的网络字段部分的倒序构成。

8.3.1　DNS 服务器及解析过程

　　由于域名空间采用了层次结构，而且同一层内又划分了不同的子域，因此，提供 DNS 服务的域名服务器主机也是分散地分布在各个子域之内的，不同层次不同子域的域名服务器，拥有其控制范围内所有域名及地址的完整信息，其控制范围称为区域（Zone）。每个区域内可以创建的 DNS 服务器类型有多种。

1．DNS 服务器类型

　　（1）主域名服务器

　　Master Server 称为主域名服务器，是本区域内权威的域名及地址信息源，辅助域名服务器都必须依赖主域名服务器的数据才能有效工作，而且，一个区域内只能创建一台主域名服务器。

　　主域名服务器的正常工作依赖于多个配置文件提供的参数，包括主配置文件 named.conf、正向及反向区域文件、根服务器信息文件等。

　　（2）辅助域名服务器

　　Slave Server 称为辅助域名服务器，使用主域名服务器提供的数据进行域名解析，其具有主域名服务器的大部分功能，通过区域传输方式从主域名服务器复制数据，因此能够提供必需的数据冗余，保证 DNS 服务连续有效地正常运行。一个区域内应该创建多台辅助域名服务器，分担主域名服务器的繁重解析任务。

　　辅助域名服务器应该在正、反向区域文件中添加一条 NS（Name Server）记录进行映射。

　　（3）域名缓存服务器

　　Caching-Only Server 称为缓存服务器，本身不具有域名解析的功能，仅是缓存了收到的 DNS 查询结果，在数据过期之前，如果其他用户提出同样的域名解析请求，则缓存服务器会提供对应的查询结果。

　　配置域名缓存服务器时，不需要起始授权记录。

2．域名解析过程

　　假设本地主机 dlab.abcx.info 需要访问的其他主机域名是 x.wxyza.com，获得其 IP 地址的过程，就是正向的域名解析，在此过程中需要分别访问根域名、dns.com、dns.wxyza.com 等几个域名服务器，才能得到最后的 IP 地址。主要过程如下。

　　1）本地主机向本地域名服务器 dns.abcx.info 查询需要访问的 x.wxyza.com 主机的 IP 地址，此过程一般是递归查询。

　　2）本地域名服务器如果保存有需要查询主机的 IP，则直接发送给本地主机，完成整个查询过程。否则，本地域名服务器向根域名服务器发起迭代查询请求。

3）本地域名服务器从根域名服务器处获得 com 顶级域名服务器 dns.com 的 IP 地址。

4）本地域名服务器使用获得的 IP 地址向 dns.com 发起迭代查询请求，获得二级域名服务器 dns.wxyza.com 的 IP 地址。

5）本地域名服务器向 dns.wxyza.com 发起迭代查询请求，获得 x.wxyza.com 主机的有效 IP 地址。

6）本地域名服务器把查询到的 x.wxyza.com 主机 IP 地址发送给 dlab.abcx.info 本地主机，完成整个查询过程。

本地域名服务器在向上一层级的域名服务器发出查询请求的过程中，一般很少使用递归查询方式。

8.3.2 管理 named 服务

提供 DNS 服务的软件包主要是 BIND，BIND 是加利福尼亚大学伯克利分校开发的域名服务软件，安装到 Linux 系统中之后，守护进程（即系统服务进程）的名称是 named。管理 named 服务主要包括软件包的安装，相关路径位置及文件，启动、停止、查看 named 服务，设置防火墙放行等几个主要步骤。

1. 安装 BIND 软件包

安装 BIND 软件包之前，应该先检查是否已经安装了此软件包，命令如下。

```
[root@ABCx ~]# rpm -qa bind                                    #在已安装的软件中查找 BIND
bind-9.11.4-26.P2.el7_9.4.x86_64                               #找到匹配的
```

上述结果表明，系统中已经安装了 BIND 软件包。如果上述命令执行后没有任何输出结果，则表明系统中没有安装此软件，接下来可以分如下几种情况完成安装过程。

1）如果已经配置完成 YUM 的本地仓库，则 yum 的 install 子命令可以直接完成 BIND 软件包的安装，同时，还会自动安装依赖的其他软件包，命令如下。

```
[root@ABCx ~]# yum install bind                               #安装 BIND 软件包
Installing:
 bind          x86_64 32:9.11.4-26.P2.el7_9.4 updates 2.3 M
Updating for dependencies:                                    #以下是依赖的软件包
 bind-libs     x86_64 32:9.11.4-26.P2.el7_9.4 updates 157 k
 bind-libs-lite               x86_64 32:9.11.4-26.P2.el7_9.4 updates 1.1 M
 bind-license  noarch 32:9.11.4-26.P2.el7_9.4 updates  91 k
 bind-utils    x86_64 32:9.11.4-26.P2.el7_9.4 updates 260 k
```

2）如果没有配置 YUM 的本地仓库，而网络已经连通，并且能够正常访问外部网络，则执行上述命令同样可以完成软件包的安装。这种情况下，要注意如果使用的是无线网络连接，需要消耗一定的流量。

3）执行 rpm 命令进行安装，具体如下。

```
[root@ABCx ~]# rpm -ivh /packages/bind-9.11.4-9.P2.el7.x86_64.rpm
```

此时，要求事先将所有软件包复制到/packages/子目录下，才能保证安装过程的顺利执行。执行 rpm 安装命令，需要多次输入依赖软件包的路径及包名。安装 BIND 软件需要的依赖软件包括 bind-libs、bind-libs-lite、bind-license、bind-utils 四个。

2．相关路径位置及文件

BIND 软件包安装完成后，在系统中添加的是 named 服务，查看其服务单元、配置文件、可执行文件的位置可以执行如下命令。

```
[root@ABCx ~]# ll  /usr/lib/systemd/system/named.service        #服务单元及位置
-rw-r--r--. 1 root root 824 Mar  1 23:14 /usr/lib/systemd/system/named.service
```

named 服务的配置文件及位置如下。

```
[root@ABCx ~]# ll  /etc/named*                                  #配置文件及位置
-rw-r-----. 1 root named 1806 Mar  1 23:14 /etc/named.conf       #主配置文件
-rw-r--r--. 1 root named 3923 Mar  1 23:14 /etc/named.iscdlv.key
-rw-r-----. 1 root named  931 Jun 21  2007 /etc/named.rfc1912.zones
-rw-r--r--. 1 root named 1886 Apr 13  2017 /etc/named.root.key
```

可执行文件及 man 文档的位置如下。

```
[root@ABCx ~]# whereis  named  #查看 named 可执行文件及其他相关文档的位置
named: /usr/sbin/named /etc/named /etc/named.conf /usr/share/man/man8/named.8.gz
```

/usr/share/doc/bind-9.11.4/目录下包含更为详尽的 HTML 文档资源。另外，包括本地的正向及反向区域文件，都保存在 named 服务的工作目录/var/named/中，具体如下。

```
[root@ABCx ~]# ll  /var/named/                        #查看 named 服务的工作目录
drwxrwx---. 2 named named   23 Mar  1 23:13 data       #运行状态等数据文件
drwxrwx---. 2 named named   60 Mar  1 23:13 dynamic    #存放动态区域及密钥
-rw-r-----. 1 root  named 2253 Apr  5  2018 named.ca
-rw-r-----. 1 root  named  152 Dec 15  2009 named.empty
-rw-r-----. 1 root  named  152 Jun 21  2007 named.localhost
-rw-r-----. 1 root  named  168 Dec 15  2009 named.loopback
drwxrwx---. 2 named named    6 Mar  1 23:13 slaves      #辅助服务器的区域数据
```

3．启动、停止、查看 named 服务

执行 systemctl 的 status、start、restart、stop 子命令，分别完成查看状态、启动、重新启动、停止的操作，命令如下。

```
[root@ABCx ~]# systemctl  status  named           #查看 named 服务的状态
[root@ABCx ~]# systemctl  start  named            #启动 named 服务
[root@ABCx ~]# systemctl  restart  named          #重新启动 named 服务
[root@ABCx ~]# systemctl  stop  named             #停止 named 服务
```

4．设置防火墙

```
[root@ABCx ~]# firewall-cmd  --add-service=dns  --permanent #将 DNS 服务添加到防火墙
放行队列中，并永久放行
[root@ABCx ~]# firewall-cmd  --reload             #重新加载防火墙
[root@ABCx ~]# firewall-cmd  --list-services      #查看放行的服务
```

8.3.3　设置 named 参数

在启动 named 服务之前，必须进行主配置文件的必要修改，并创建正、反向区域文件，才能保证服务启动后，进行正确的域名与 IP 地址的解析映射。将域名解析为 IP 地址使用正向区域文件，反之，将 IP 地址映射为域名使用反向区域文件。

1．主配置文件

named 服务的主配置文件是/etc/named.conf，其内容主要包括 options、logging、zone、include 等语句及必要的注释部分。其他一些语句还包括 server、key、acl、controls、view、trusted-keys 等，常用的是 zone、acl、options、view 等语句。

```
[root@ABCx ~]# cat  -b  /etc/named.conf        #添加行号查看主配置文件内容
  11  options {                                 #options 语句及其子语句的设置
  12        listen-on port 53 { 127.0.0.1; };   #指定监听端口及地址
  13        listen-on-v6 port 53 { ::1; };      #监听的 IPv6 地址及端口号
  14        directory   "/var/named";           #此服务的工作目录是/var/named/
  20        allow-query { localhost; };         #指定可以查询服务的主机
  39  };                                        #options 语句结束
  40  logging {                                 #指定日志记录语句
  41        channel default_debug {             #channel 子句及参数设置
  42              file "data/named.run";         #指定文件名
  43              severity dynamic;              #指定动态等级
  44        };                                  #语句结束
  45  };                                        #语句结束
  46  zone "." IN {                             #根区域声明语句
  47        type hint;                          #区域类型是初始化时的域名服务器
  48        file "named.ca";                    #指定根区域文件名
  49  };                                        #
  50  include "/etc/named.rfc1912.zones";       #包含语句
  51  include "/etc/named.root.key";
......                                          #注释及其他语句省略
```

上述的一些语句还可以由多个子句组成，常用的子句有 directory、type、file、recursion、forward、forwarders 等。关于配置文件中语句及子句的详细内容，可以执行 man named.conf 命令查看。

另外，本地的正、反向区域文件也必须使用 zone 语句在 named.conf 配置文件中进行定义，才能够完成 DNS 服务的域名解析任务。zone 语句的使用方法在本节的最后介绍。

2．区域文件

区域文件是完成域名及地址解析映射必需的，需要管理者自行创建，并输入符合规则的内容。DNS 服务规定，每个区域文件都是由多条资源记录及相关命令组成的。常见的资源记录见表 8-2。

表 8-2　常见的资源记录

资源记录类型	含义及作用
起始授权（Start of Authority，SOA）记录	SOA 记录表示一个授权区域开始，其后定义的所有数据的作用域是本区域
域名服务器（Name Server，NS）记录	NS 记录指定本区域中的域名服务器名称，区域文件中至少包含一条此记录
IPv 地址（Address，A）记录	指定域名映射的 IPv4 地址，用于正向区域文件
IPv6 地址（Address IPv6，AAAA）记录	指定域名映射的 IPv6 地址，用于正向区域文件
反向地址指针（PTR）记录	指定 IP 地址映射的域名，用于反向区域文件
邮件（Mail Exchanger，MX）记录	指定邮件服务器与 IPv 地址的映射
别名（Canonical Name，CNAME）记录	指定区域内主机的别名，用于正向区域文件

SOA 记录的基本格式如下。

```
name     [ttl]      IN          SOA          origin              contact(
serial         #序列号字段是一个整数值。更新区域文件时要做加 1 处理，否则不会将区域文件重
新传送到 named 服务器
refresh        #以下均为时间字段，默认单位是 S。其他时间单位 M、H、D、W 表示分钟、小时、
天、星期。refresh 的经验值 1~6H
retry                                        #经验值 20~60M
expire                                       #经验值 1~5W
minimum)                                     #经验值 1~3H
```

各字段的含义如下。

1）name 字段：定义 SOA 记录的域名，一般用@表示默认域名。

2）ttl 字段：定义此资源记录数据保存在高速缓存中的时间，以 S 为单位。此字段省略时，
则以$TTL 指令定义的数值为准。

3）IN：表示这是 DNS 服务中的一条资源记录。

4）origin 字段：定义主域名服务器的主机名，是以小数点.结尾的完整域名。

5）contact 字段：定义 DNS 管理员的邮件地址，用于信息反馈，而且必须用小数点.代替@
字符，也必须以小数点.结尾，形如 root.example.com.。

其他资源记录的基本格式如下。

```
name         [ttl]      IN      type        rdata
```

各字段的含义如下。

1）name 字段：定义其他资源记录的域名，取值包括用@表示默认域名、小数点.表示根域、
其他需要解析的域名、为空表示使用此前记录中的域名。如果是 PTR 记录，此字段是 IP 地址中
的主机字段。

2）type 字段：取值是 NS、A、AAAA、PTR、MX、CNAME 等。

3）rdata 字段：一般是 IP 地址，对于 PTR 记录则是域名。

关于区域文件中的命令，会在下面的正、反向区域文件的例子中说明。

3．正向区域文件

安装 named 服务后，正、反向区域文件都不存在，需要管理员自行创建，可以复制已有的
named.localhost 等区域文件进行修改得到，具体如下。

```
[root@ABCx ~]# cp  /var/named/named.localhost  /var/named/10.0.2.rev
[root@ABCx ~]# cp  /var/named/named.localhost  /var/named/abcx.info.zone
```

执行 vim 命令，将正向区域文件 abcx.info.zone 修改成如下内容。

```
[root@ABCx ~]# vim  /var/named/abcx.info.zone   #创建正向区域文件
$ORIGIN       abcx.info.                         #指定默认域名，结尾是小数点.
$TTL 1D                                          #指定默认 TTL 值，1 天
@    IN    SOA   dns.abcx.info.  root.dns.abcx.info. (        #起始授权记录
                              204111 ; serial
                              1D     ; refresh
                              1H     ; retry
                              1W     ; expire
                              3H  )  ; minimum
     IN    NS    dns.abcx.info.                   #指定默认域名服务器记录
     IN    A     10.0.2.123                       #设置默认域名的地址记录
```

```
dns      IN    A    10.0.2.123              #设置 DNS 的 IPv4 地址记录
centos   IN    A    10.0.2.125              #设置 CentOS 的 IPv4 地址记录
```

输入时，要注意使用〈Tab〉键进行格式对齐，并且注意域名后面的小数点"."。输入完成，检查无误后，保存并退出 vim。然后，执行 named-checkzone 命令测试正向区域文件语法是否正确，具体如下。

```
[root@ABCx ~]# named-checkzone  abcx.info.  /var/named/abcx.info.zone
zone abcx.info/IN: loaded serial 204111          #加载正向区域文件的序列号
OK
```

输出结果表明没有语法错误。

4．反向区域文件

执行 vim 命令，修改反向区域文件，并输入如下内容。

```
[root@ABCx ~]# vim  /var/named/10.0.2.rev          #创建反向区域文件
$ORIGIN  2.0.10.IN-ADDR.ARPA.                      #指定默认反向域，结尾是小数点.
$TTL 1D                                            #指定默认 TTL 值
@    IN    SOA   dns.abcx.info.  root.dns.abcx.info. (
                              204111  ; serial
                              1D      ; refresh
                              1H      ; retry
                              1W      ; expire
                              3H )    ; minimum
     IN    NS    dns.abcx.info.                    #指定默认域名服务器记录
123  IN    PTR   dns.abcx.info.                    #指定反向地址指针记录
125        IN        PTR     centos.abcx.info.     #指定反向地址指针记录
```

测试反向区域文件的语法是否正确，命令如下。

```
[root@ABCx ~]# named-checkzone  2.0.10.in-addr.arpa.  /var/named/10.0.2.rev
zone 2.0.10.in-addr.arpa/IN: loaded serial 204111
OK
```

需要注意的是，正、反向区域文件都是 root 用户创建的，因此必须将其所有者及组群修改成 named，否则启动 named 服务之后会产生不能映射地址及域名的错误，而且不容易发现。执行 chown 命令修改所有者及组群，命令如下。

```
[root@ABCx ~]# chown  named:named  /var/named/abcx.info.zone
[root@ABCx ~]# chown  named:named  /var/named/10.0.2.rev
```

5．修改 named.conf 文件

通过修改配置文件可以指定主域名服务器、辅助域名服务器及缓存服务器等，也可以完成负载均衡等设置，这里仅介绍指定主域名服务器。

创建并输入正、反向区域文件之后，还必须修改主配置文件 named.conf，命令如下。

```
[root@ABCx ~]# vim  /etc/named.conf                #编辑修改 named.conf
 12 options {
 13        listen-on port 53 { any; };             ///127.0.0.1; };
 21        allow-query    { any; };                ///localhost; };
```

上述内容左侧的数字是行号，仅是为了说明方便，是执行:set nu 子命令，在 vim 的编辑窗口上添加的。这里仅修改文件中的第 13、21 行，将原字符串修改成 any;，即加粗部分。每行后

218

面部分是原来的字符串，并且被注释了。然后在文件的最后添加如下内容。

```
63 zone   "abcx.info"  {                    #定义正向区域
64       type    master;                    #指定是主域名服务器类型
65       file    "abcx.info.zone"; };       #指定正向区域文件名
66
67 zone "2.0.10.in-addr.arpa"  {            #定义反向区域
68       type    master;                    #指定是主域名服务器类型
69       file    "10.0.2.rev"; };           #指定反向区域文件名
```

确认无误之后，保存并退出 vim 的执行过程。

8.3.4　验证 named 服务

在网络已经正确连通之后，使用设定的主配置文件、正向及反向区域文件，启动或重新启动 named 服务，就可以完成域名与 IP 地址的正向及反向解析映射了。

1．host 命令验证

```
[root@ABCx ~]# host  dns.abcx.info                #正向查询域名的 IP 地址
dns.abcx.info has address 10.0.2.123              #返回的结果符合预期，正确
[root@ABCx ~]# host  centos.abcx.info             #正向查询域名的 IP 地址
centos.abcx.info has address 10.0.2.123           #返回的结果符合预期，正确
[root@ABCx ~]# host  10.0.2.123                   #反向查询 IP 地址对应的域名
123.2.0.10.in-addr.arpa domain name pointer centos.abcx.info.
123.2.0.10.in-addr.arpa domain name pointer dns.abcx.info.  #结果正确
```

正确启动本地 DNS 服务之后，host 命令可以有效解析上述的域名及 IP 地址；如果没有启动本地的 DNS 服务，host 命令可能会连接外部网络的 DNS 服务进行解析。另外，执行 host 命令还可以验证不同类型的资源记录，具体如下。

```
[root@ABCx ~]# host  -t  NS  abcx.info            #验证 NS 记录
abcx.info name server dns.abcx.info.
[root@ABCx ~]# host  -t  SOA  abcx.info           #验证 SOA 记录
abcx.info has SOA record dns.abcx.info. root.dns.abcx.info. 204113 86400 3600
604800 10800
[root@ABCx ~]# host  -t  A  abcx.info             #验证 A 记录
abcx.info has address 10.0.2.123
```

2．nslookup 命令验证

nslookup 是验证域名服务的命令，可以以命令加选项及参数的方式运行，也可以以交互方式运行，交互方式执行的结果如下。

```
[root@ABCx ~]# nslookup                           #验证域名服务的命令
> wxyza.info                                      #查询域名的服务地址
Server:       10.0.2.120
Address:      10.0.2.120#53
Name:  dlab.wxyza.info
Address: 10.0.2.120                               #正确
> centos.wxyza.info                               #查询 CentOS 域名的地址
Server:       10.0.2.120
Address:      10.0.2.120#53
Name:  centos.wxyza.info
Address: 10.0.2.120                               #正确
```

```
> 10.0.2.120                                    #查询地址对应的域名
120.2.0.10.in-addr.arpa  name = centos.wxyz.info.
120.2.0.10.in-addr.arpa  name = dlab.wxyza.info.
> exit                                          #退出 nslookup 命令的交互状态
```

3．浏览器验证

如果已经启动了 httpd 服务，并且设置了正确的参数，则打开 Firefox 浏览器，在地址栏输入域名 http://dlab.wxyza.info/、http://centos.wxyza.info/或 IP 地址 http://10.0.2.120/都可以看到 Web 服务的主页内容，如图 8-7 及图 8-8 所示。

```
[root@ABCx ~]# firefox  &                       #以后台方式执行 Firefox
[1] 9488                                         #执行此任务的编号。关闭 Firefox 窗口
后，此任务自动结束，编号撤销。在此期间按〈Enter〉键，可以继续执行其他命令
```

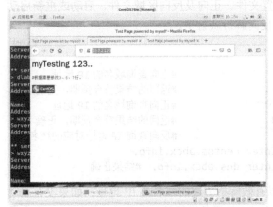

图 8-7　IP 地址访问 httpd 服务窗口　　　　　　图 8-8　域名访问 httpd 服务窗口

8.4　Web 服务

万维网（World Wide Web，Web）能够将分散于世界各地的多种形式的信息以图形界面及超链接的形式提供给用户，使他们可以方便快捷地浏览或查询，实现了最初的设计初衷。因此 Web 也成为使用最为广泛的信息服务方式。

Web 服务采用客户端/服务器（C/S）的请求响应工作模式，遵循 HTTP，默认采用 80 号端口进行通信，负责网站的管理与网页的发布。客户端利用浏览器软件访问服务器端提供的 Web 服务，完成信息浏览及检索的功能。

Apache 的 httpd 软件可运行于 Linux、macOS、Windows 及其他类 UNIX 操作系统平台，其功能也比较完善，技术成熟，而且是自由开源软件，代码完全开放，因此成为架设 Web 服务的首选软件包。

8.4.1　超文本传输协议（HTTP）

HTTP 内容比较丰富，下面主要介绍 HTTP 要素、HTTP 工作过程以及支持此协议的软件等几个方面的内容。

1．HTTP 要素

Web 服务的核心是 HTTP，主要包括统一资源定位符、请求/响应报文字段、请求方法、连接方式及超文本标记语言等多个方面，这里仅介绍如下内容。

（1）统一资源定位符（URL）

URL 规定了互联网上各种资源的位置以及访问方法的表示格式，是现行的网络资源地址的标准格式，形如 https://tools.ietf.org/html/rfc7231#page-33，其中，https 指明了访问过程使用的是安全 HTTP；tools.ietf.org 部分指定了网站的域名；html 指定了文件在服务器上的目录位置；rfc7231 是此目录下的文件名；page-33 指定了文件中具体内容的位置；其他字符是用于分隔不同部分的固定符号，不能改变。

URL 也能够支持访问本地的资源，形如 file:///usr/share/doc/HTML/index.html。访问 FTP 服务时，使用 ftp://10.0.2.120/地址进行访问。

URL 的详细语法及格式以及与 URI、URN 等的关系，在 https://tools.ietf.org/html/rfc3986 文档中有详细描述。

（2）HTTP 连接方式

在客户端及服务器之间，HTTP 通信方式包括 HTTP 1.0 定义的传统方式、HTTP 1.1 定义的持续连接以及管线连接。

1）传统的连接方式是指每一次访问发出请求并获得服务器响应之后，连接关闭。如果下一次需要访问资源，则建立新的连接。重复进行。

2）持续连接方式对传统连接进行了改进，每建立一次连接，可以依次发送请求，获得响应，然后再进行下一次的请求响应过程，直到断开连接。

3）管线连接则在持续连接的基础上，规定可以依次发送多个请求，获得多次响应，不需要等到某次请求响应过程结束后，下一次才能够开始。从而进一步提高连接的使用效率。

（3）超文本标记语言（HTML）

这里的超文本就是指页面内，除了包含正常的文字字符之外，还可以包含图片、超链接、音频、视频以及动画等非文字元素。

HTML 是网页制作的标准化语言，保证任何计算机都能够正确显示服务器提供的页面内容。为此 HTML 定义了许多用于排版的命令，也经常称为标签，并且标签必须是成对出现的，也就是必须匹配，如<html>、</html>是匹配的一对标签。常用标签有<head>、<title>、<body>、<h1>、<p>、<a>、<div>等。后面给出了一个网页文件的示例。

2. HTTP 工作过程

HTTP 的主要工作过程，可以简要描述成如下几个部分。

1）通过在浏览器的地址栏输入 URL 地址或单击页面的超链接，客户端都将产生 Web 请求并向服务器发送。

2）通过 DNS 解析服务，获取 URL 地址或超链接对应的 IP 地址。

3）与服务器建立持久化的 HTTP 或 HTTPS 网络连接。

4）服务器针对客户的请求，获取并处理数据，包括动态脚本页面的处理。

5）服务器将处理后的数据发送给客户端，这些数据构成了对客户请求的响应消息，同时记录访问日志。

6）浏览器将接收到的数据显示到客户的屏幕上。数据传输完毕后断开网络连接。

关于 HTTP 的详细语法，可以参见 https://tools.ietf.org/html/rfc7231 及其他网络资料。

3. 支持协议的软件

在 Apache 软件基金会（ASF）的支持下，Apache Group 同时开发并维护了众多的知名软件，如支持 HTTP 的服务软件 httpd、Traffic 以及 Tomcat、Hadoop、CouchDB 等，可以访问其主页 https://www.apache.org/index.html#projects-list 的项目列表查看。

提供 Web 服务的软件 httpd 是 Apache Hypertext Transfer Protocol Server 的简称，也就是 Apache 支持的提供超文本传输协议服务的软件，在 CentOS 中，软件包及服务的名称均是 httpd，在 Ubuntu 系统中，软件包及服务的名称均是 apache2。

支持 HTTP 的软件还包括 Nginx、IIS、Lighttpd 等。

8.4.2 管理 httpd 服务

管理 httpd 服务主要包括软件包的安装、配置文件的必要修改、启动服务进程、防火墙放行、测试验证客户端对 httpd 服务的有效访问等几个主要步骤。

1．安装软件包

```
[root@ABCx ~]# yum  -y  install  httpd                    #安装 httpd 软件包
```

执行 yum 的 install 子命令完成 httpd 软件的安装过程，也可以执行 reinstall 子命令进行软件包的重新安装。安装完成后的服务名称是 httpd，可执行文件位于/usr/bin 子目录下，服务单元文件是位于/usr/lib/systemd/system/目录下的 httpd.service。

2．修改配置文件

这里仅修改 httpd 服务的配置文件中的 ServerName 参数，命令如下。

```
[root@ABCx ~]# vim  /etc/httpd/conf/httpd.conf        #编辑修改 httpd.conf
ServerName  10.0.2.120                                #修改文件 95 行的 ServerName
参数取值，将原来行首的#字符删除，并将后面的域名替换成当前主机的地址
```

修改完成后，要正确保存并退出 vim。另外，如果此处使用域名，则需要 DNS 服务或者修改/etc/hosts 添加解析记录。

3．启动服务

```
[root@ABCx ~]# systemctl  start  httpd.service        #启动 httpd 服务
```

执行 systemctl 的 start 子命令没有输出，则表明 httpd 服务正常顺利启动。如果 httpd 服务已经处于运行状态，则执行 restart 子命令重新启动。

4．设置防火墙

为了保证测试验证顺利进行，需要设置防火墙放行 HTTP 及 HTTPS，同时将其添加到永久放行队列中，并重新启动防火墙，命令如下。

```
[root@ABCx ~]# firewall-cmd  -permanent  -zone=public  -add-service=http
[root@ABCx ~]# firewall-cmd  -permanent  -zone=public  -add-service=https
[root@ABCx ~]# firewall-cmd  --reload
```

如果需要，执行如下的命令，放行 tcp/udp 使用某个端口的服务。

```
firewall-cmd  --permanent  --add-port=xxx/tcp              //允许数据通过 xxx 号端口
```

5．测试验证

进入到客户端，打开浏览器软件，在地址栏中输入服务器的有效地址，如 10.0.2.120，即可访问 httpd 提供的测试首页，命令如下。

```
[learn@ABCx ~]$ firefox  &                                #在后台运行火狐浏览器
```

当页面上出现 Testing 123 标题字样时，就证明 httpd 服务的安装、启动及参数配置修改过程已经成功。

8.4.3　设置 httpd 参数

httpd 服务的默认配置文件是/etc/httpd/子目录下的 httpd.conf，执行如下命令显示文件中的主要参数及其取值。

```
[root@ABCx ~]# grep  -Ev  '#|^$'  /etc/httpd/conf/httpd.conf  |  cat  -b
     1    ServerRoot "/etc/httpd"              #指定 httpd 服务的根目录是/etc/httpd
     2    Listen 80                            #指定监听的服务端口是 80 号
     3    Include conf.modules.d/*.conf        #指定加载动态模块的配置文件
     4    User apache
     5    Group apache                         #使用 apache 用户及组群执行服务进程
     6    ServerAdmin  root@localhost          #指定管理员的邮件地址
     7    ServerName  10.0.2.120:80            #指定服务器的域名及端口，测试时也可以使用
IP 地址。此语句在默认的配置文件中是被注释的，需要将行首的#字符删除
     8    <Directory />                        #设置/etc/httpd/目录的访问控制
     9        AllowOverride none               #禁止存取此目录的配置文件
    10        Require all denied               #拒绝所有用户访问此服务的根目录
    11    </Directory>
    12    DocumentRoot "/var/www/html"         #指定 Web 网站的文档数据的根目录
    13    <Directory "/var/www">               #设置/var/www/目录的访问控制
    14        AllowOverride None               #禁止存取此目录的配置文件
    15        Require all granted              #准许所有用户访问/var/www/的请求
    16    </Directory>                         #此部分结束
    22    <IfModule dir_module>                #条件包含子目录模块
    23        DirectoryIndex index.html        #网站目录索引，即主页文件是 index.html
    24    </IfModule>                          #此模块结束
    28    ErrorLog "logs/error_log"            #错误日志/etc/httpd/logs/error_log
    29    LogLevel warn                        #高于 warn 级别的错误记录到日志
    53    AddDefaultCharset UTF-8              #指定服务使用的默认字符集 UTF-8
    58    IncludeOptional conf.d/*.conf        #包含 conf.d/下的所有*.conf 文件
    ......                                     #输出的其他部分省略
```

配置文件 httpd.conf 中的参数较多，上面已经解释了部分参数的含义，下面介绍一些全局参数及子目录的作用及含义。

1）ServerName 指定服务器的主机名及端口号。此时应该保证 DNS 服务已经正常启动运行，并能够正确解析本地的各种域名。在实验过程中也可以通过/etc/hosts 文件指定静态解析记录，命令如下。

```
[root@ABCx ~]# vim  /etc/hosts                #编辑修改 hosts 文件
10.0.2.123     enterprise.xyza.info          #添加静态解析记录
```

在 httpd 服务的基本测试时，ServerName 也可以直接使用 IP 地址指定服务器。

2）ServerRoot 指定/etc/httpd/是 httpd 服务的根目录，包含如下的子目录及文件。

```
[root@ABCx ~]# ll  /etc/httpd/
drwxr-xr-x. 2 root root  37 Apr  7 21:05 conf
drwxr-xr-x. 2 root root  82 Apr  7 21:05 conf.d
drwxr-xr-x. 2 root root 146 Apr  7 21:05 conf.modules.d
lrwxrwxrwx. 1 root root  19 Apr  7 21:05 logs -> ../../var/log/httpd
lrwxrwxrwx. 1 root root  29 Apr  7 21:05 modules -> ../../usr/lib64/httpd/modules
lrwxrwxrwx. 1 root root  10 Apr  7 21:05 run -> /run/httpd
```

3）DocumentRoot 指定/var/www/html/是默认的网站根目录。如果设置用户个人网站，也可

以设置成用户的家目录，如/home/learn/等。

4）DirectoryIndex 参数指定主页文件名默认是 index.html。如果此文件不存在，则暂时使用/usr/share/httpd/noindex/index.html 文件替代。主页文件必须保存在网站根目录之中。

下面编辑一个示例性的主页文件 index.html，方便测试使用，命令如下。

```
[root@ABCx ~]# vim  /var/www/html/index.html      #编辑主页文件 index.html
  1 <html>
  2 <head>
  3         <title>Test Page powered by myself</title>
  4 </head>
  5 <body>
  6         <h1>myTesting 123..</h1>                  #根据需要修改第 3、6、7 行
  7         <p><a><img src="images/poweredby.png"></a></p>
  8 </body>
  9 </html>
```

输入上面内容时，左侧的数字是行号，不需要输入。另外，如果将此服务器设置成虚拟主机，部署多个网站，应该在/var/www/子目录下创建其他子目录与网站对应。

5）ErrorLog 及 LogLevel 指定服务运行过程中，产生高于 warn 级别的错误及故障，记录在/etc/httpd/logs/error_log 日志文件中，此文件是指向/var/log/httpd/error_log 的连接。

6）运行 httpd 服务时，除了需要主配置文件 httpd.conf 之外，同时包含/etc/httpd/conf.d/子目录下的所有配置文件，是 IncludeOptional 参数指定的。

配置文件中的参数也可以称为语句或指令，还包括 Listen、User、Group、ServerAdmin、KeepAlive、StartServers、UserDir、TimeOut 等；以及成对出现的参数，如<Directory>、</Directory>、<Files>、</Files>、<VirtualHost>、</VirtualHost>等。

另外，验证 httpd.conf 文件语法是否正确可以执行如下命令。

```
[root@ABCx ~]# httpd  -t                  #验证配置文件的参数设置语言是否正确
Syntax OK                                 #语法正确
```

如果包含错误时，会提示产生错误的行号及必要内容。执行 apachectl configtest 命令同样能够进行语法检查。

8.4.4 创建虚拟主机

httpd 服务的虚拟主机功能能够同时为客户端提供多个 Web 网站的主页，通过对应的域名或 IP 地址进行服务器访问即可。

虚拟主机主要包括三种类型：如果多个 Web 网站的 IP 地址相同，而域名不同则称为基于域名的虚拟主机；如果使用相同 IP 地址的不同端口提供 httpd 服务，则称为基于端口的虚拟主机；如果每个 Web 网站都有自己的 IP 地址，则称为基于 IP 的虚拟主机。

下面主要介绍基于域名的虚拟主机。基于 IP 的虚拟主机参见实验 10。

假设某公司的域名是 wxyza.info，其 Web 服务器上需要支持企业、培训网站同时存在，对应的配置信息见表 8-3。

表 8-3 网站信息对照表

网站名称	域名	IP 地址	网站所在子目录
企业 enterprise	enterprise.wxyza.info	192.168.3.50/24	/var/www/enterprise/
培训 training	training.wxyza.info	192.168.3.50/24	/var/www/training/

1．创建网站子目录并设置权限

```
[root@ABCx ~]# mkdir  /var/www/enterprise
[root@ABCx ~]# mkdir  /var/www/training              #分别创建子目录
[root@ABCx ~]# chmod  -R  755  /var/www              #修改 www 及子目录权限属性
```

2．创建修改主页文件

将前面给出的 index.html 主页文件分别复制到刚创建的两个子目录中，命令如下。

```
[root@ABCx ~]# cp  /var/www/html/index.html  /var/www/enterprise/index.html
[root@ABCx ~]# vim  /var/www/enterprise/index.html    #编辑修改网站主页文件
3        <title>Enterprise</title>
6        <h1>Enterprise</h1>                          #根据需要修改第 3、6、7 行
7        <p><a><img src="images/poweredby.png"></a></p>
```

对于培训网站 training 的子目录做同样处理，并做必要修改。

3．创建虚拟主机的配置文件

在/etc/httpd/conf.d/目录下，创建 enterprise.conf 文件，作为 enterprise.wxyza.info 网站虚拟主机的配置文件，命令如下。

```
[root@ABCx ~]# vim  /etc/httpd/conf.d/enterprise.conf #创建并编辑配置文件
<VirtualHost  *:80>                                   #指定虚拟主机及访问端口
DocumentRoot  "/var/www/enterprise/"                  #指定主页根目录
ServerName  enterprise.wxyza.info                     #指定服务器域名
</VirtualHost>                                         #虚拟主机定义结束
<Directory  "/var/www/enterprise/">                   #指定虚拟主机主页根目录属性
AllowOverride  None                                   #禁止使用此目录下的配置文件
Require  all  granted                                 #允许所有主机访问此目录
</Directory>                                           #定义结束
```

其中的<VirtualHost>语句，包括三种写法，具体如下。

```
<VirtualHost  *:80>                                   #称为基于域名的虚拟主机
<VirtualHost  192.168.3.123:80>                       #称为基于 IP 的虚拟主机
<VirtualHost  10.0.2.23:8888>                         #称为基于端口的虚拟主机
```

同样创建 training.conf 文件，并做必要修改，作为 training.wxyza.info 网站的配置文件。之后执行 httpd 或 apachectl 命令进行语法检查，命令如下。

```
[root@ABCx ~]# apachectl  configtest                  #对所有配置文件进行语法检查
Syntax OK
```

上述结果表明所有的配置文件包括新创建的两个配置文件，语法检查都是正确的。

4．重新启动服务

由于 httpd.conf 配置文件的最后一个语句包含 conf.d 子目录下所有*.conf 文件，因此，在重新启动 httpd 服务时，上述新创建的两个配置文件会被自动引用。

```
[root@ABCx ~]# apchectl  graceful                     #重新启动 httpd 服务
```

执行 apchectl graceful 命令，同样可以完成 systemctl restart httpd 命令的重新启动 httpd 服务的功能。

5．浏览器验证

如果没有正确配置并启动本网段内的 DNS 服务，那么可以临时修改/etc/hosts 文件，添加如

225

下记录。

```
[root@ABCx ~]# vim /etc/hosts                                    #编辑修改 hosts 文件
192.168.3.50     enterprise.wxyza.info                           #添加这两行
192.168.3.50     training.wxyza.info
```

可以在本地主机上打开火狐浏览器，进行测试验证，命令如下。

```
[root@ABCx ~]# firefox &                                         #后台方式运行 Firefox
```

在浏览器的地址栏中输入 enterprise.wxyza.info 或 training.wxyza.info 均可访问对应的网页内容。也可以执行 curl 命令进行验证，具体如下。

```
[root@WXYZa ~]# curl -IL http://192.168.3.123
```

如果需要局域网内的其他主机也同样能够访问对应的网页内容，则应该正确配置并启动本网段内的 DNS 服务。参见 8.3 节部分。

8.5 习题

一、选择题

1. 将 httpd 服务的端口号设置为 1080，需要修改的语句应该是（　　）。

    A．pidfile　80 　　　　　　　　　　　B．timeout　80

    C．listen　80 　　　　　　　　　　　　D．keeplive　80

2. 设置允许匿名 FTP 用户上传文件，应在 vsftpd.conf 文件中添加（　　）参数。

    A．local_enable=YES 　　　　　　　　B．write_enable=YES

    C．anon_upload_enable=YES 　　　　　D．upload_enable=YES

3. FTP 服务使用的端口号是（　　）。

    A．21 　　　　　　B．23 　　　　　　C．25 　　　　　　D．53

4. DNS 域名系统主要负责主机名和（　　）之间的解析。

    A．IP 地址 　　　B．MAC 地址 　　　C．网络地址 　　　D．主机别名

5. DNS 服务的默认端口是（　　）。

    A．80 　　　　　　B．21 　　　　　　C．22 　　　　　　D．53

6. httpd 服务的默认主页文件，是由配置文件中（　　）参数指定的。

    A．DocumentRoot 　　　　　　　　　B．ServerRoot

    C．DirectoryIndex 　　　　　　　　　D．DefaultIndex

7. 将用户名加入到（　　）文件中，能够阻止其访问 vsftpd 服务。

    A．vsftpd.ftpusers 　　　　　　　　　B．vsftpd.user_list

    C．ftpuser 　　　　　　　　　　　　D．ftpd.user_list

8. 在 vsftpd.conf 中设置 userlist_enable=YES 及 userlist_deny=NO，则 userlist_file 中指定的用户（　　）。

    A．可以访问 FTP 服务 　　　　　　　B．不能够访问 FTP 服务

    C．可以读写文件 　　　　　　　　　D．不可以读写文件

9. 挂载 NFS 服务的共享目录时，下列（　　）是服务器端必需的。

    A．portmap 必须启动 　　　　　　　B．NFS 服务必须启动

    C．/etc/exports 中设置共享目录 　　　D．A&B&C

10. 使用默认安装的情况下，httpd 的配置文件位于（　　　）。

　　A．/etc/httpd/　　B．/etc/httpd/conf/　　　　C．/etc/　　　　　　D．/etc/apache/

11. 默认的 Web 站点主页文件应该位于（　　　）。

　　A．/etc/httpd　　B．/var/www/html　　　　C．/etc/home　　　D．/home/httpd

12. 要配置 NFS 服务器，在服务器端主要配置（　　　）文件。

　　A．/etc/rc.d/rc.inet1　　　　　　　　　　B．/etc/rc.d/rc.M

　　C．/etc/exports　　　　　　　　　　　　D．/etc/rc.d/rc.S

13. 配置 httpd 服务器需要修改的配置文件为（　　　）。

　　A．httpd.conf　　B．access.conf　　　　C．smb.conf　　　D．named.conf

14. NFS 服务使用的地址是 192.168.12.1，开放共享目录/var/temp/，如果将其挂载到本地 /mnt/share/，应该执行（　　　）命令。

　　A．mount　192.168.12.1/var/tmp/　/mnt/share/

　　B．mount　-t　nfs　192.168.12.1/var/tmp/　/mnt/share/

　　C．mount　-t　nfs　192.168.12.1:/var/tmp/　/mnt/share/

　　D．mount　-t　nfs　//192.168.12.1/var/tmp/　/mnt/share/

15. 在使用匿名登录 vsftpd 时，用户名为（　　　）

　　A．users　　　B．anonymous　　　　C．root　　　　D．guest

二、简答题

1. 允许本地用户访问 vsftpd 服务，应该如何修改配置文件？

2. 简述 httpd 服务的主配置文件中的几个常用参数及含义。

3. 简述配置本地 DNS 服务的方法及步骤。

4. 如何实现 NFS 文件共享？

第四篇　系统实验

实验 0
创建虚拟机并安装 CentOS 系统

开始本实验前需要下载 CentOS 系统的映像（镜像）文件，映像文件是将启动光盘上所有内容整体打包压缩后形成的，扩展名一般是*.iso。通过访问 https://archive.kernel.org/centos-vault 可以下载不同版本的 CentOS 映像文件。实验中用到的是 6.9 和 7.7 两个版本。7.7 版在 https://archive.kernel.org/centos-vault/7.7.1908/isos/x86_64/目录下，包括CentOS-7-x86_64-Everything-1908.iso和CentOS-7-x86_64-DVD- 1908.iso两个文件可供选择，一般选择后一个。

同时需要安装好虚拟机软件，可以使用 VMware 公司的 Workstation 软件，也可以使用 Oracle 公司的 VirtualBox 软件，在实验过程中，使用 Workstation 软件完成了操作系统的安装及大部分实验内容。使用 VirtualBox 完成创建虚拟机和系统安装等实验。

安装 CentOS 系统的实验，可以分成两个主要步骤：创建虚拟机硬件和安装操作系统。这里给出的示例包括五部分内容，分别是：

L0.1 使用 Workstation 创建虚拟机硬件。

L0.2 使用 VirtualBox 创建虚拟机硬件。

L0.3 安装 CentOS 7.7 的 64 位系统。

L0.4 安装 CentOS 6.9 的 64 位系统。

L0.5 使用 VirtualBox 安装 Ubuntu。

实验项目较多，刚开始时选择 1、3 或 1、4 以及 2、3 或 2、4 组合中的一种即可。第 5 个实验作为扩展。

L0.1 使用 Workstation 创建虚拟机硬件

运行 VMware 的 Workstation 软件，其主页窗口如图实 0-1 所示。单击"创建新的虚拟机"按钮，弹出"欢迎使用新建虚拟机向导"对话框，如图实 0-2 所示。按〈F9〉键可以打开/关闭图实 0-1 左侧的"库"子窗口。

选择"自定义(高级)(C)"选项，然后单击"下一步"按钮，如图实 0-3 所示，显示将要创建的虚拟机的基本硬件参数，包括硬件兼容性、兼容产品和限制三部分内容，列举了将要创建的虚拟机能够支持的硬件限制，如支持 16 个处理器、内存最大 64GB、磁盘最大 8TB、10 个网络适配器等。之后单击"下一步"按钮，弹出"安装客户机操作系统"对话框，如图实 0-4 所示。

选择"稍后安装操作系统"单选按钮，单击"下一步"按钮，弹出"选择客户机操作系统对话框"，如图实 0-5 所示。这里需要选择客户机操作系统类型，包括了主流的商业操作系统，如 Windows、Linux、Solaris 等。还要选择操作系统的具体发行版本。Linux 系统的发行版本较多，可以根据需要选择。本实验分别给出了安装 CentOS 6.9、CentOS 7 和 Ubuntu 系统时，创建虚拟机的具体步骤。这里选择 CentOS 64 位版本。之后单击"下一步"按钮，弹出命名虚拟机对话框，如图实 0-6 所示。

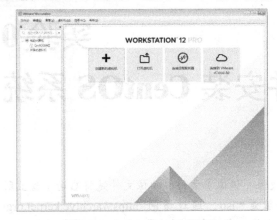

图实 0-1　Workstation 主页窗口

图实 0-2　"欢迎使用新建虚拟机向导"对话框

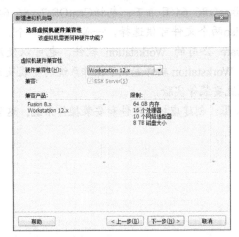

图实 0-3　"选择虚拟机硬件兼容性"对话框

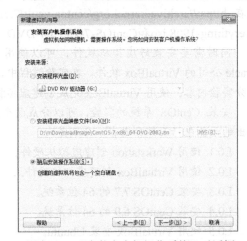

图实 0-4　"安装客户机操作系统"对话框

图实 0-5　"选择客户机操作系统"对话框

图实 0-6　"命名虚拟机"对话框

在"命名虚拟机"对话框中根据情况修改虚拟机的名称，并且修改设定此次创建的虚拟机所在的具体位置，也就是设置具体路径，单击"浏览"按钮（对于 Windows 10 系统，这一步更为重要，可以避免一些麻烦）。创建的目录下包含了虚拟机的所有数据，复制此目录即代表复制虚拟机。单击"下一步"按钮，弹出"处理器配置"对话框，如图实 0-7 所示。一般虚拟机中使用的处理器数量不需要修改。单击"下一步"按钮，弹出"此虚拟机的内存"对话框，如图实 0-8 所示。

图实 0-7　"处理器配置"对话框　　　　图实 0-8　"此虚拟机的内存"对话框

这里根据自己机器的实际情况选择给定虚拟机的内存容量。Linux 系统的内存设置为 1GB 内存即可正常流畅地运行，如果作为服务器使用可以适当考虑增加容量，但一般不要超过宿主机内存的三分之一。单击"下一步"按钮后弹出"网络类型"对话框，如图实 0-9 所示。

在"网络类型"对话框中，选择使用默认选项，也就是"使用网络地址转换（NAT）"选项。在后续实验中可以根据需要进行必要的网络连接类型配置修改，如使用桥接网络、使用仅主机模式网络以及不使用网络连接等选项。单击"下一步"按钮后弹出"选择 I/O 控制器类型"对话框，使用推荐的选项即可，如图实 0-10 所示。

图实 0-9　"网络类型"对话框　　　　图实 0-10　"选择 I/O 控制器类型"对话框

在图实 0-10 中选择"LSI Logic（推荐）"选项后单击"下一步"按钮，弹出"选择磁盘类型"对话框，如图实 0-11 所示，同样使用推荐选项即可，一般是选择 SCSI 类型的磁盘。之后单击"下一步"按钮,弹出"选择磁盘"对话框,如图实 0-12 所示,这里可以选择"创建新虚拟磁盘"选项,也可以根据实际情况选择"使用现有虚拟磁盘""使用物理磁盘"选项。本次实验选择默认选项,也就是使用"创建新虚拟磁盘"选项。

图实 0-11 "选择磁盘类型"对话框　　　　　　　　　图实 0-12 "选择磁盘"对话框

单击"下一步"按钮,弹出"指定磁盘容量"对话框,如图实 0-13 所示,一般可根据宿主机磁盘空间的空闲情况进行设置,建议最大磁盘容量大小设置为 120GB 即可,其他选项使用默认值,也就是"将虚拟磁盘拆分成多个文件"。单击"下一步"按钮后弹出"指定磁盘文件"对话框,如图实 0-14 所示,可以根据情况作必要修改,如删除空格及中文字符,避免后续实验出现不必要的错误。

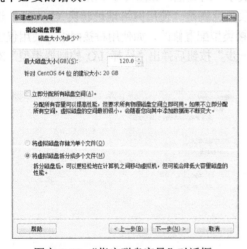 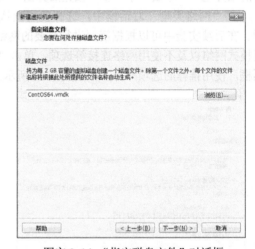

图实 0-13 "指定磁盘容量"对话框　　　　　　　　图实 0-14 "指定磁盘文件"对话框

在"指定磁盘文件"对话框中,确定虚拟磁盘文件之后,单击"下一步"按钮,弹出"已准备好创建虚拟机"对话框,如图实 0-15 所示,展示了上述步骤创建的虚拟机硬件的主要参数。如果需要修改,可以单击"自定义硬件"按钮,弹出如图实 0-16 所示对话框,进行必要的硬件参数设置的修改,关闭后返回到如图实 0-15 所示的对话框。确认无误后单击"完成"按钮,创建虚拟机硬件的步骤完成,在设定的目录路径中创建了此虚拟机的必要文件,并保存了此虚拟机的所有参数。

图实 0-15　"已准备好创建虚拟机"对话框

图实 0-16　自定义硬件对话框

L0.2　使用 VirtualBox 创建虚拟机硬件

VirtualBox 虚拟机软件在其官网 https://www.virtualbox.org/wiki/Downloads 上，可以免费下载。它能够在主流的商业操作系统上流畅运行，如 Windows、MacOS X、Linux Distributions、Solaris等操作系统。VirtualBox 软件具有更加广泛的适应性。软件的下载页面如图实 0-17 所示。安装后运行软件，打开其帮助菜单中的"关于"选项，弹出窗口如图实 0-18 所示。

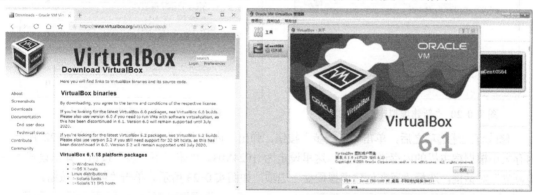

图实 0-17　VirtualBox 下载页面　　　　　图实 0-18　帮助菜单的"关于"窗口

VirtualBox 虚拟机软件的主窗口结构与其他软件相似，主要由标题栏、菜单栏、工作区几个部分组成，其中的工作区子窗口分成左右两部分，左侧子窗口中包括工具选项和已经创建的虚拟机，右侧子窗口的上部包括新建(N)、设置(S)、清除和启动(T)四个工具栏按钮，如图实 0-19a 所示，苹果 macOS 系统中 VirtualBox 软件运行界面如图实 0-19b 所示。单击"新建(N)工具栏"按钮，开始创建新的虚拟机，弹出"新建虚拟电脑"对话框，如图实 0-20 所示。

在"新建虚拟电脑"对话框中，需要填写虚拟电脑的名称，如 boxCent69。然后修改此虚拟电脑所在的文件目录位置，如 D:\boxCent69。之后修改安装系统的类型，本次要安装的操作系统是 Linux 的一个发行版本，所以修改成 Linux，版本修改成 Other Linux（64-bit），由于 CentOS 主要使用的是 Red Hat 的源代码，因此选择 Red Hat（64-bit）也可以正确完成后续安装过程。如图实 0-21 所示。

a)   b)

图实 0-19　VirtualBox 窗口

a) VirtualBox 主窗口　b) macOS 中 VirtualBox 窗口

图实 0-20　"新建虚拟电脑"窗口　　　　　　　图实 0-21　选择系统类型及版本

修改好上述选项之后，单击"下一步"按钮，弹出"内存大小"对话框，如图实 0-22 所示。内存大小根据宿主机的内存进行设置。这里设定为 1024MB。单击"下一步"按钮，弹出设置"虚拟硬盘"对话框，选择"现在创建虚拟硬盘"选项，如图实 0-23 所示。单击"创建"按钮。

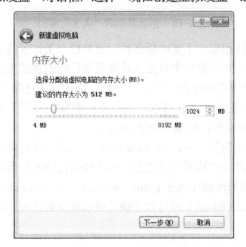

图实 0-22　设置虚拟电脑"内存大小"对话框　　　图实 0-23　设置"虚拟硬盘"对话框

在弹出的"虚拟硬盘文件类型"对话框中，可以选择"VMDK（虚拟机磁盘）"选项，与 VMware 的虚拟磁盘类型保持一致，如图实 0-24 所示，也可以选择使用"VDI（VirtualBox 磁盘映像）"。单击"下一步"按钮后弹出"存储在物理硬盘上"对话框，如图实 0-25 所示，选择"动态分配"文件大小。

图实 0-24　"虚拟硬盘文件类型"对话框

图实 0-25　"存储在物理硬盘上"对话框

单击"下一步"按钮，弹出"文件位置和大小"对话框，如图实 0-26 所示，修改磁盘容量为 128GB，文件目录及文件名保持不变即可。单击"创建"按钮，完成虚拟机的创建过程。返回到如图实 0-27 所示界面，显示了上述步骤创建的虚拟机的相关参数。与图实 0-19a 相比较，增加了新的虚拟机。

图实 0-26　"文件位置和大小"对话框

图实 0-27　VirtualBox 主窗口

这台新创建的虚拟机暂时还不能进行操作系统的安装操作，需要进一步修改一些参数。在图实 0-27 所示页面上单击"设置(S)"按钮，弹出"boxCent69-设置"对话框。需要修改的参数选项包括如下几项。

1）"常规"菜单的"高级"标签中，将"共享粘贴板参数"改为双向。如图实 0-28 和图实 0-29 所示。

Linux 系统与服务管理

图实 0-28 "常规"菜单的"基本"标签　　　　图实 0-29 "常规"菜单的"高级"标签

2）"系统"菜单的"主板"标签中，"芯片组"及"指点设备"参数按照图实 0-30 修改。

3）"显示"菜单的"屏幕"标签中，"显存大小"参数按照图实 0-31 修改。

图实 0-30 "系统"菜单的"主板"标签　　　　图实 0-31 "显示"菜单的"屏幕"标签

4）"存储"菜单中，显示"没有盘片"选项。单击分配光驱右侧的光盘图标按钮，按照图实 0-32，选择使用需要安装的操作系统的映像文件，如 CentOS-6.9-x86_64-bin-DVD1.iso。

5）"共享文件夹"菜单中，按照图实 0-33，单击右侧的"添加共享文件夹"按钮。将弹出对话框修改成图实 0-34 所示页面。单击"OK"按钮后返回，弹出如图实 0-35 所示对话框。

图实 0-32 "存储"菜单的插入光盘　　　　图实 0-33 "共享文件夹"菜单添加共享

236

图实 0-34　"添加共享文件夹"对话框　　　　　图实 0-35　添加共享文件夹完成

之后单击当前页面的"OK"按钮则保存了当前虚拟机的设置，返回到如图实 0-27 所示界面。下面就可以开始在创建好的虚拟机硬件中安装操作系统软件了。

L0.3　安装 CentOS 7.7 版 64 位系统

创建好的虚拟机硬件如图实 0-36 所示，此时需要使用虚拟机菜单中的设置选项，插入光盘的映像文件。或者单击图实 0-36 左侧上部的"编辑此虚拟机设置"按钮（与选择虚拟机(M)菜单的设置选项作用一致），弹出如图实 0-37 所示的窗口。单击左侧的"CD/DVD（IDE）"选项后，显示如图实 0-38 所示的窗口，选择右侧的使用 ISO 映像文件(M)单选按钮，再单击其右侧的"浏览(B)"按钮，弹出文件对话框，如图实 0-39 所示，选择的映像文件是 CentOS-7-x86_64- DVD-2003.iso，就是安装 CentOS 7 发行版的 64 位系统。单击"打开"按钮即可。最后在图实 0-38 中单击"确定"按钮返回，显示如图实 0-36 所示页面。

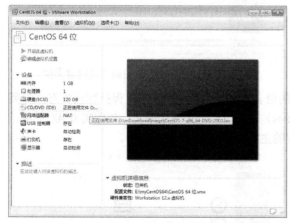

图实 0-36　虚拟机中插入光盘映像文件　　　　　图实 0-37　虚拟机设置窗口

现在开始将映像文件中的操作系统安装到虚拟机硬件的步骤。单击"开启此虚拟机"按钮之后，需要在窗口中单击鼠标，让虚拟机捕获鼠标焦点，此时鼠标光标不可见，键盘可以使用，此时按〈Ctrl+Alt〉组合键输入将重新定向到 Windows。

安装不同版本的 Linux，如 CentOS 6.9、CentOS 7 以及 Ubuntu 的界面不同。CentOS 7 的安装界面如图实 0-40 所示。

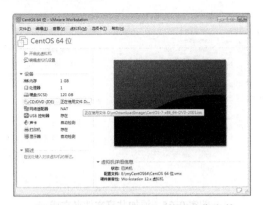

图实 0-38　选择 CD/DVD 使用映像文件　　　　图实 0-39　选择光盘映像文件

使用键盘的方向键，将焦点移动到"Install CentOS 7"选项上，按〈Enter〉键，经过一段时间的系统加载运行（可以看出版本 7 还处于不断完善的过程中）过程后，弹出"WELCOME TO CENTOS 7"窗口，如图实 0-41 所示，此时鼠标光标可见。

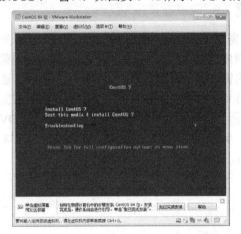

图实 0-40　CentOS 7 的安装界面　　　　　　图实 0-41　选择安装时的语言及键盘类型

在此对话框中，需要选择安装过程中使用的语言以及使用的键盘类型，保持默认状态，即英语 English 和美国英语键盘 English（United States）。也可以选择使用中文，如图实 0-42 所示。之后单击"Continue"按钮，弹出系统安装过程的主界面，如图实 0-43 所示。

图实 0-42　选择安装过程使用中文　　　　　　图实 0-43　安装主界面窗口

[✍]需要注意的是，这个界面与 CentOS 6 的界面有较大不同。此时可以使用鼠标或方向键选择不同安装项目。此窗口中的"Begin Installation"按钮呈现灰色不可用状态。

CentOS 7 系统使用简化的图标菜单方式进行系统安装的各项参数设置，可以滚动鼠标看到完整的项目。主要包括如下三个类别，每个类别中有包含不同数量的子项目。

1）LOCALIZATION：DATE & TIME、KEYBOARD、LANGUAGE SUPPORT。

2）SOFTWARE：INSTALLATION SOURCE、SOFTWARE SELECTION。

3）SYSTEM：INSTALLATION DESTINATION、NETWOR & HOST NAME、KDUMP、SECURITY POLICY。

这里需要进行设置的主要包括网络和主机名、安装目标、日期时间、软件包选择。分别叙述如下。

1）在安装主窗口中选择"NETWORK&HOSTNAME"选项，弹出"NETWORK&HOST NAME"窗口，在此对话框中主要修改主机名，将原来的 localhost.localdomain 修改成 ABCx（或 XYZa），单击"Apply"按钮后生效。网络链接的其他配置内容可以在系统安装完成后再进行。如图实 0-44 所示。单击窗口上部的"Done"按钮返回到安装的主界面，即图实 0-43。

2）在安装主窗口中选择"INSTALLATION DESTINATION"选项（不修改这一选项将自动进行磁盘的分区操作），弹出安装目标窗口，如图实 0-45 所示。选择 120GB 虚拟硬盘后，选中"I will configure partitioning"，然后单击窗口上部的"Done"按钮，弹出手动分区窗口，如图实 0-46 所示。

图实 0-44　设置网络及主机名　　　　　　　　　　图实 0-45　选择安装目标

在图实 0-46 中，首先选择窗口左侧的下拉框，将 LVM 分区修改成标准分区 Standard Partition，然后单击"+"按钮添加新的挂载点，如图实 0-47 所示。在"Mount Point"处选择"swap"交换分区，之后单击"Add mount point"按钮。结果如图实 0-48 所示。这个交换分区的大小需要修改成 4GiB，之后单击右下侧的"Update Setting"按钮（需要使用鼠标在窗口中滚动才可见）进行更新。显示如图实 0-49 所示窗口。

到此完成了一个分区的创建工作。接下来采用相同的步骤创建/home 和/根分区，/home 给定的分区大小为 20GiB，/根分区的大小为剩余的全部空间。其他选项保持默认即可。其中，文件系统类型在 CentOS 7 版本中是一种新的类型 XFS。如图实 0-50 和图实 0-51 所示。

完成分区操作后，在图实 0-51 中单击上部的"Done"按钮，弹出分区结果窗口，如图实 0-52 所示。单击"Accept Changes"按钮接受分区结果，返回安装主窗口界面，如图实 0-53 所示，此时"Begin Installation"按钮变成可用状态。

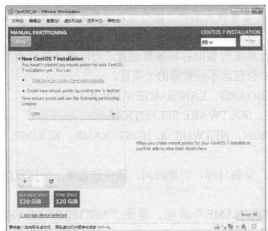

图实 0-46　手动分区

图实 0-47　添加新挂载点

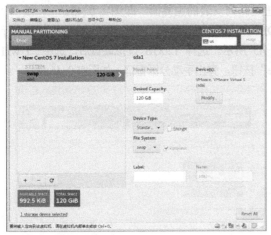

图实 0-48　修改 swap 分区大小

图实 0-49　swap 分区修改成 4GiB

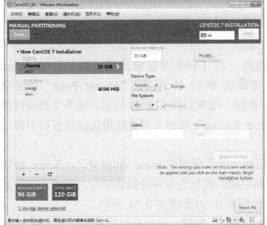

图实 0-50　设定/home 分区及大小

图实 0-51　设定/根分区及大小

3）在安装主窗口中选择"DATE & TIME"日期时间选项，选择中国所在时区即可。

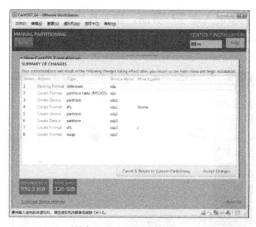
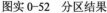

图实 0-52　分区结果

图实 0-53　安装主窗口界面

4）在安装主窗口中选择"SOFTWARE SELECTION"软件包选项，弹出软件包选项，如图实 0-54 所示。选择"GNOME Desktop"基本环境，插件选项可以添加"GNOME Applications"部分。单击"Done"按钮返回到安装主窗口。安装软件包选定之后安装源项目也会自行改变，不需要另外选择。

至此，需要设置的安装选项基本完成，可以单击"Begin Installation"按钮，进行将操作系统及相关软件从光盘的映像文件中复制安装到硬盘的过程。单击"Begin Installation"按钮弹出开始安装软件窗口，在此处可以设置 root 用户的密码，CentOS 7 要求 root 用户必须使用强密码，也就是包括大小写字母和数字的混合密码，如图实 0-56 和图实 0-57 所示。在图实 0-55 处如果不创建普通用户，则在第一次重启后，出现如图实 0-61 所示页面。

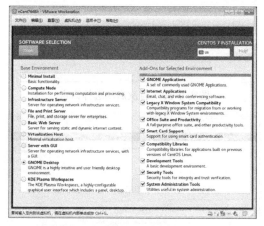

图实 0-54　选择 GNOME Desktop

图实 0-55　开始安装软件窗口

安装及系统的配置过程大约需要 10min（与机器硬件的性能有关），共计安装 1564 个软件包（按照上面选择的安装项目）。现在可以等待安装完成。

安装完成界面如图实 0-58 所示。单击"Reboot"按钮进行重新启动操作。运行一段时间后显示的界面如图实 0-59 所示。选择在以后的操作中使用的语言，由于后面的命令都要用英文输入，因此选择"English"。如果考虑使用 Office 软件进行文字处理方面的工作，则可以选择中文，因为这样才提供输入方法。单击"Next"按钮继续下一项设定。接下来的几个选项读者可以自行设置，如图实 0-60、图实 0-61、图实 0-62 所示。最后以普通用户身份进入 CentOS 7 的界面，如图实 0-63 所示。可以使用 Open Terminal 选项进入命令行界面，输入几个命令验证系统能够正常运行，如图实 0-64 所示。随后使用 sudo shutdown -h 0 命令关闭此计算机。

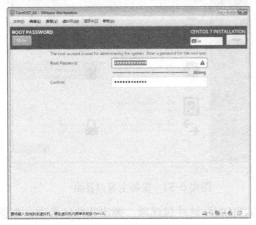

图实 0-56 设置 root 用户密码

图实 0-57 设置普通用户

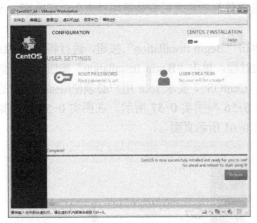

图实 0-58 安装完成显示 Reboot 按钮

图实 0-59 首次启动选择语言

图实 0-60 设置隐私策略选项

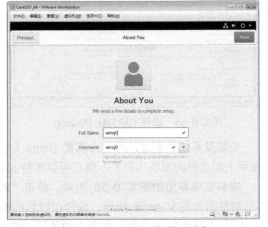

图实 0-61 设置第一个普通用户

CentOS 7 系统正常运行之后，一般不需要安装 VM Tools 工具。如果共享 Windows 文件后，在挂载目录/mnt/hgfs/下没有共享的文件夹（子目录），就需要重新安装了。在安装 VM Tools 之前，需要先安装 GCC 及与 Kernel 相关的包 kernel、kernel-headers、kernel-devel。命令如下。

```
yum reinstall gcc kernel kernel-headers kernel-devel
```

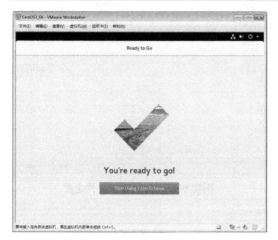

图实 0-62　首次启动完成

图实 0-63　CentOS 7 启动后的桌面

安装 CentOS 7 时，最好对应使用 VMware 的 Workstation Pro 14 或者更新的版本。否则安装 VM Tools 会出现若干编译错误，主要是类型不匹配。重新安装 VM Tool，CentOS 的内核也升级了。

另外，在 VirtualBox 虚拟机中安装 CentOS 7 之后，最好也要选择 devices 菜单下的 Insert Guest Additions CD image 命令，在 CentOS 中安装客户插件，方便实现宿主机与虚拟机之间的共享，同时还能够任意调整虚拟机窗口大小。安装客户插件之前，同样需要先安装上述软件包。

图实 0-64　终端窗口输入命令

L0.4　安装 CentOS 6.9 版 64 位系统

CentOS 6.9 是一个比较成熟、能够长期稳定运行的发行版本，现在许多生产环境中还在广泛使用。另外此版本的系统安装过程也与 CentOS 7 有较大区别，因此有必要单独说明其安装过程。

在安装系统之前，访问 https://archive.kernel.org/centos-vault 网站，下载 CentOS 6.9 的映像 CentOS-6.9-x86_64-bin-DVD1.iso 和 CentOS-6.9-x86_64-bin-DVD2.iso 两个文件，共计需要占用 5.72GB 磁盘空间，因此，需要事先规划好磁盘，选择或创建新目录，存放文件。此次安装仅用第一个文件即可。

下面在已经创建好的虚拟机上，开始安装过程，如图实 0-65 所示。

需要将映像文件插入到虚拟机的 CD/DVD 光驱之中。单击"CD/DVD（IDE）"选项，弹出"虚拟机设置"对话框，如图实 0-66 所示。选择使用"ISO 映像文件(M)"单选按钮，然后单击右侧的"浏览"按钮，在弹出的打开文件对话框中选择已经下载的映像文件 CentOS-6.9-x86_64-bin-DVD1.iso 后，单击"打开"按钮返回，结果如图实 0-67 所示。要注意"启动时连接"复选框应该处于选中状态，其他选项不需要修改，单击"确定"按钮后返回，结果如图实 0-68 所示。后面的介绍中将这一过程称为将光盘插入到光驱中。

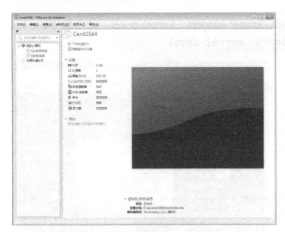

图实 0-65　CentOS 64 位虚拟机

图实 0-66　使用映像文件之前

图实 0-67　选择映像文件之后

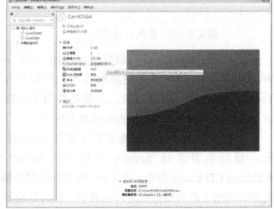

图实 0-68　插入光盘后的虚拟机

接下来，在图实 0-68 中，单击"开启此虚拟机"选项，运行一段时间后，显示如图实 0-69 所示的界面。

单击"开启此虚拟机"按钮之后，需要在如图实 0-69 所示的窗口中单击鼠标，让虚拟机捕获鼠标焦点，之后鼠标光标处于不可见状态，键盘可以使用。此时如果按〈Ctrl+Alt〉组合键，鼠标输入将重新定向到 Windows。

注意按〈F9〉键可以打开/关闭窗口中左侧的库子窗口。结果如图实 0-70 所示。使用键盘的上下方向键可以将光标条在五个选项上移动。五个选项的含义分别是安装或更新系统、使用基本显示驱动安装系统、救援已存在的系统、从本地设备启动、内存测试。

在图实 0-70 中使用键盘的方向键，将光标条移动到第一个选项上，即安装或者更新系统，按〈Enter〉键。弹出如图实 0-71 所示的窗口，询问安装者是否要进行光盘介质的测试以保证后续安装过程顺利进行，选择"Skip"即可。弹出如图实 0-72 所示的窗口，光标重新可见。此时也可以使用键盘的方向键及〈Tab〉键将焦点切换到不同的部件及按钮上。在"Next"键上按〈Enter〉键，弹出如图实 0-73 所示的窗口，选择安装过程中使用的语言，使用默认选项或者选用中文。单击"Next"按钮，弹出如图实 0-74 所示的窗口，选择键盘类型，保持默认项。

图实 0-69　Cent6 的主安装界面

图实 0-70　关闭左侧的库子窗口

图实 0-71　检测光盘介质对话框

图实 0-72　显示 CentOS 6 图形界面

图实 0-73　选择安装过程使用的语言

图实 0-74　选择键盘类型

在图实 0-74 中单击"Next"按钮，弹出如图实 0-75 所示的窗口，选择安装系统的存储设备类型，使用默认选项，即"Basic Storage Devices"（基本的存储设备），另外一个选项是专业的存储设备，在生产环境下会用到此种设备。单击"Next"按钮弹出如图实 0-76 所示窗口，询问现有的存储设备可能包含有用的数据，是否丢弃？单击"Yes，discard any data"按钮，这用于提示安装者在生产环境下数据的重要性。

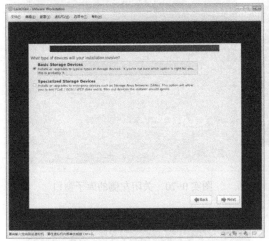

图实 0-75　选择存储设备类型

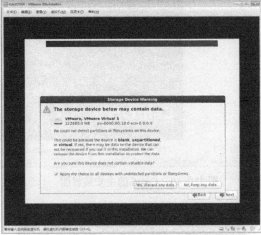

图实 0-76　确认放弃磁盘数据

在弹出的计算机名称窗口中，将原来默认的 localhost.localdomain 修改成新的计算机名称，如 XYZ000，如图实 0-77 所示。单击"Next"按钮，弹出时区窗口，修改成中国时区。

单击"Next"按钮，弹出 root 用户密码窗口，如图实 0-78 所示。为了学习方便，输入 123456 作为密码即可。系统提示密码过于简单，在图实 0-79 窗口中给出提示，单击"Use Anyway"按钮强制使用即可。

单击"Next"按钮，弹出如图实 0-80 所示窗口，选择创建用户分区"Create Custom Layout"选项，单击"Next"按钮，弹出创建硬盘分区窗口，如图实 0-81 所示。

图实 0-77　设定计算机名称

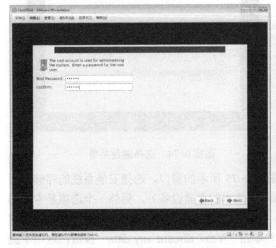

图实 0-78　设定 root 用户的密码

图实 0-79　确认设定的密码

图实 0-80　选择用户自定义分区

图实 0-81　选择 Free 创建新分区

单击 sda 硬盘下面的"Free"选项，可以看到整个硬盘空间全部是空闲的。此时单击"Create"按钮弹出创建分区窗口，如图实 0-82 所示，包括标准分区、RAID 分区、LVM 物理卷三个选项，现在选择标准分区即可。单击"Create"按钮，弹出如图实 0-83 所示的窗口。在文件系统类型"File System Type"对应的列表框中选择"swap"，然后在分区大小"Size"项处，输入"4096"。单击"OK"按钮完成 swap 分区的创建过程，显示如图实 0-84 所示的分区窗口。此时 swap 分区出现在窗口中。

图实 0-82　选择创建标准分区

图实 0-83　设定 swap 分区及大小

继续在图实 0-84 窗口中选择"Free"选项后，单击"Create"按钮，完成/home 和/根分区的创建过程。其中，/home 分区大小设定为 20000MB，/根分区占用剩余的全部分区。结果如图实 0-85～图实 0-89 所示。

创建分区的过程中，如果出现误操作，可以选择某个分区后，单击"Delete"按钮删除，之后再重新进行分区操作。如果没有选择"Free"项就进行分区的创建操作，系统会给出必要的提示。

事实上，在生产环境下，分区操作不是随意进行的，必须事先进行必要的规划设计，特别是对于专业的存储设备来说，更是如此。

在三个分区全部划分完成后，单击"Next"按钮会再次弹出确认窗口，如图实 0-90 所示，确认磁盘上没有有用数据，则选择"Write changes to disk"，否则单击"Go back"按钮。单击

Linux 系统与服务管理

"Write changes to disk" 按钮后，弹出格式化分区窗口，如图实 0-91 所示。

图实 0-84　创建完成 swap 分区

图实 0-85　再次选择 Free 创建新分区

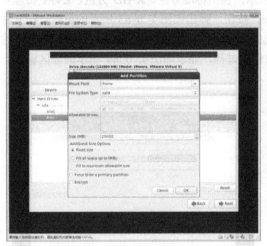
图实 0-86　设定/home 分区及大小

图实 0-87　第三次选择 Free 创建新分区

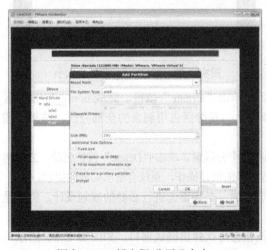
图实 0-88　设定根/分区及大小

图实 0-89　创建新分区完成

248

图实 0-90　再次确认创建分区

图实 0-91　格式化分区窗口

单击"Format"按钮，在已经划分的三个分区都执行格式化操作后弹出安装引导加载程序窗口，如图实 0-92 所示。现在不需要修改，单击"Next"按钮，弹出选择安装软件类型窗口，如图实 0-93 所示，考虑到使用的方便性，选择使用默认选项"Desktop"类型，其他软件可以在需要时再进行安装。同时也可以选择使用"Custom now"单选按钮，查看 Desktop 选项下的软件包都有哪些。

图实 0-92　安装引导加载程序窗口

图实 0-93　选择安装软件类型窗口

单击"Next"按钮弹出软件包选择窗口，如图实 0-94 所示。现在可以选择在 Desktop 已经包含的软件包基础上再增加一些其他软件包，也可以不增加选择，在今后的学习过程中，使用命令同样可以安装需要的软件包。单击"Next"按钮，系统经过一段时间的运行后弹出开始安装软件窗口，如图实 0-95 及图实 0-96 所示。

根据用户选择安装软件包的不同，安装软件的数量会有一定差别，本次共安装了 1131 个软件包。根据不同计算机性能的区别，安装过程整体大约需要 10min。软件包安装以及必要的配置工作完成后弹出如图实 0-97 所示窗口，表明可以使用安装在磁盘中的系统启动计算机了。单击"Reboot"按钮，系统进行重新加载引导，如图实 0-98 所示，引导加载系统软件完成后，弹出如图实 0-99 所示的窗口显示欢迎界面。

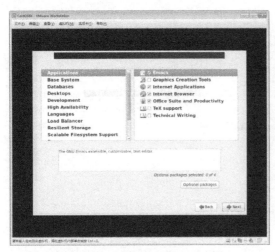

图实 0-94 选择具体的软件包

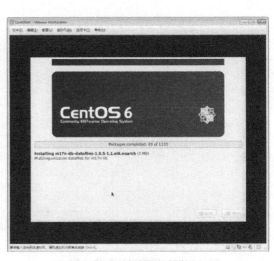

图实 0-95 开始安装软件

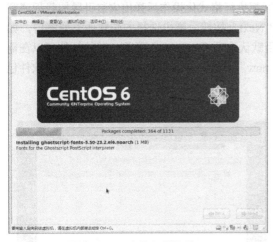

图实 0-96 安装复制软件

图实 0-97 安装软件完成

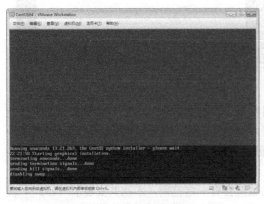

图实 0-98 重新启动过程

图实 0-99 首次启动进行设置

图实 0-99 表明在正式进入 CentOS 6.9 系统登录界面之前,还需要几个简单步骤完成相关设置。单击"Forward"按钮弹出如图实 0-100 所示的窗口,默认选项是接受许可。单击"Forward"按钮,弹出如图实 0-101 所示的窗口,创建系统的普通用户。

图实 0-100　安装引导加载程序

图实 0-101　创建系统的普通用户

输入用户名及密码即可创建普通用户，也可以暂时不创建新用户。单击"Forward"按钮，弹出提示对话框，如图实 0-102 所示。单击"Yes"确认不创建新用户，弹出"Date and Time"窗口，如图实 0-103 所示，选中复选框，同步系统时钟。单击"Forward"按钮，进行同步操作，等待一会，弹出"Kdump"窗口，如图实 0-104 所示。单击"Finish"按钮完成运行系统前的配置操作，出现 CentOS 6.9 的登录界面，如图实 0-105 所示。

图实 0-102　选择不创建普通用户

图实 0-103　日期时间同步设置

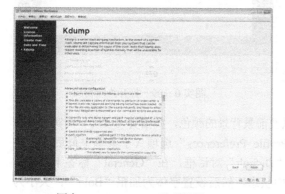

图实 0-104　Kdump 选项设置

图实 0-105　用户登录界面

接下来，登录系统。在图实 0-105 中，单击"Other"项，输入 root 后，按〈Enter〉键或单击"login"按钮，弹出如图实 0-106 所示的窗口，在输入 root 密码之前，可以选择系统中使用的语言文字类型，此时可以修改成中文。即在图中单击窗口下部的列表框按钮，选择

"Other"项，在弹出的对话框中选中中文即可。然后再输入密码，单击"Log in"按钮，弹出提示对话框，如图实 0-107 所示，表明 root 权限很大，不建议使用。单击"Close"按钮后，显示系统桌面。

图实 0-106　输入密码及选择语言

图实 0-107　登录后的提示信息

　　Linux 系统桌面环境与 Windows 相似。现在在桌面空白处单击鼠标右键，如图实 0-108 所示，选中"Open in Terminal"选项，打开一个终端窗口；在系统任务栏上（安装完成后默认处于窗口上方）按照如下顺序也可以打开终端窗口：Application→System Tools→Terminal。现在可以输入几个常用命令，验证系统运行一切正常，如图实 0-109 所示。

图实 0-108　桌面上的右键菜单

图实 0-109　打开终端窗口

　　接下来，可以设置终端窗口中使用的字体以及前景背景的颜色，如图实 0-110～图实 0-113 所示。首先单击终端窗口"Edit"菜单下的"Profile Preferences"选项（子菜单中最后一个选项），弹出如图实 0-111 所示的 Edit Profile "Default"对话框，在"General"标签下，取消"Use the system fixed width font"复选框的选中状态，然后设置字体为加粗"Bold"，大小为16。再单击对话框上的"Colors"标签，如图实 0-112 所示，显示颜色设置对话框，可以选择设置窗口为深蓝背景，绿色文字。设置结果如图实 0-113 所示。

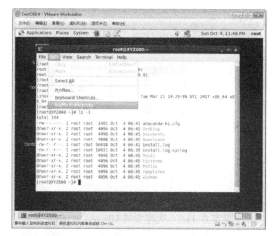

图实 0-110　设置终端窗口的属性

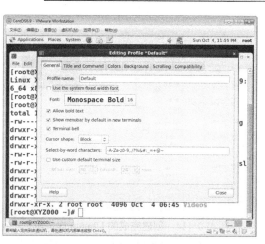

图实 0-111　设置终端窗口中的字体

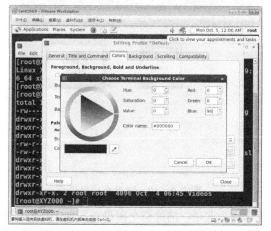

图实 0-112　设置终端窗口的字体颜色

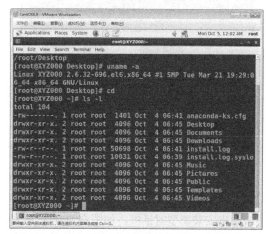

图实 0-113　字体及颜色设置结果

L0.5　使用 VirtualBox 安装 Ubuntu

本节介绍在 macOS 系统上使用 VirtualBox 软件安装 Ubuntu 的过程，分两个主要步骤。

1）创建安装 Ubuntu 的虚拟机硬件。

2）在创建的虚拟机硬件上安装 Ubuntu 操作系统软件。

使用 VirtualBox 创建虚拟机的步骤见 L0.2 节，在 macOS 系统上创建虚拟机的步骤与 Windows 的步骤基本一致。

创建完成的虚拟机硬件如图实 0-114 所示，Ubuntu 系统的映像文件已经插入到虚拟机的光驱之中。之后单击"启动(T)"按钮，运行一段时间后显示如图实 0-115 所示的对话框。

此时，如果选择使用中文进行安装过程，则单击对话框左侧下方的"中文（简体）"选项，如图实 0-116 所示（使用中文安装系统时，由于分辨率的原因，有一些对话框会看不到继续按钮，因此本次安装过程使用默认的 English。这不会影响后续在 Ubuntu 系统中使用中文）。

选择好安装过程使用的语言之后，单击"Install Ubuntu"按钮，弹出键盘布局对话框，如图实 0-117 所示。单击"Continue"按钮弹出更新与其他设置对话框，如图实 0-118 所示。选择正常安装，并选定安装 Ubuntu 时下载更新选项以及安装第三方软件，单击"Continue"按钮。

图实 0-114　创建完成的 Ubuntu 虚拟机

图实 0-115　欢迎安装 Ubuntu 对话框

图实 0-116　使用中文进行 Ubuntu 安装

图实 0-117　键盘布局对话框

弹出安装类型对话框，如图实 0-119 所示，包含两个选项：清除整个磁盘并安装 Ubuntu 以及其他选项。为了掌握安装过程中的分区操作，本次选择其他选项进行 Ubuntu 的安装。单击"Continue"按钮，弹出分区对话框，如图实 0-120 所示。双击"/dev/sda"磁盘设备（这个就是创建虚拟机时添加的 120GB 磁盘），弹出创建新的空分区对话框，如图实 0-121 所示。分区操作能够删除磁盘上的所有数据，是比较危险的，因此系统给出提示，要求用户确认。单击"Continue"按钮后，显示如图实 0-122 所示的对话框。

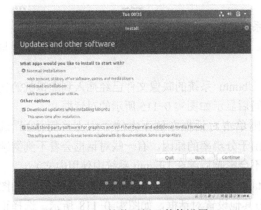

图实 0-118　软件更新及其他设置

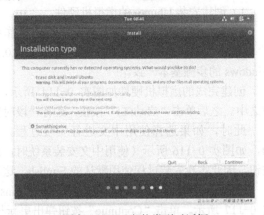

图实 0-119　安装类型对话框

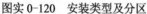

图实 0-120　安装类型及分区

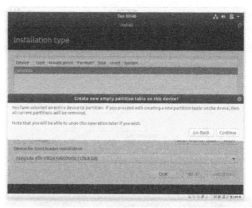

图实 0-121　创建新的空分区对话框

在空闲光标条上双击鼠标或单击"+"按钮，弹出创建分区对话框，如图实 0-123 所示。在"Use as:"下拉框选择 swap 交换分区，大小位置输入 8192，如图实 0-124 所示。单击"OK"按钮，结果如图实 0-125 所示。

图实 0-122　空闲的磁盘/dev/sda

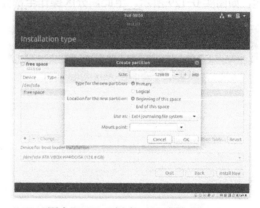

图实 0-123　创建 swap 交换分区

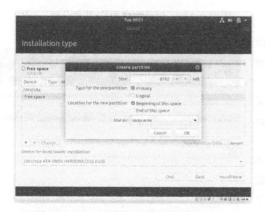

图实 0-124　创建交换分区指定大小

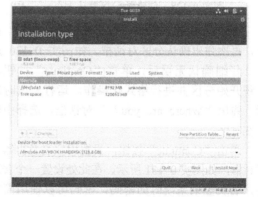

图实 0-125　创建完成 swap 分区

在图实 0-125 中，再次双击空闲光标条（一定注意此处的操作），弹出继续创建分区对话框，如图实 0-126 所示，选择挂载点是"/home"，大小给定"20000MB"，其他项保持默认。单击"OK"按钮，完成/home 分区的创建，如图实 0-127 所示。

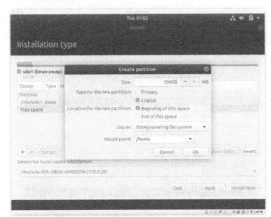

图实 0-126 创建/home 分区指定大小　　　　　图实 0-127 创建完成/home 分区

创建完成/home 分区后，再次双击空闲光标条，弹出继续创建分区对话框，如图实 0-128 所示，选择挂载点是"/"，大小保持默认，可以选择主分区。单击"OK"按钮，完成根/分区的创建，如图实 0-129 所示。至此，分区操作全部完成。

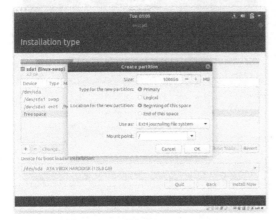

图实 0-128 创建根/分区默认大小

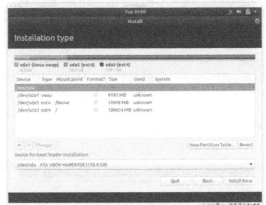

图实 0-129 创建完成根/及其他分区

此时在图实 0-129 中单击"Install Now"按钮，再次弹出确认分区对话框，如图实 0-130 所示。仔细确认无误后，单击"Continue"按钮，系统开始分区并进行格式化操作。运行一段时间后，弹出"Where are you？"对话框，选择中国所在时区。

单击"Continue"按钮，设置用户名及机器名对话框，如图实 0-131 所示。在此处设置一个普通用户名及登录系统时的密码，密码可以使用简单的 123456。同时设置此机器用于通信的名称，这个机器名在终端对话框中能够直接看到。单击"Continue"按钮，弹出对话框如图实 0-132 所

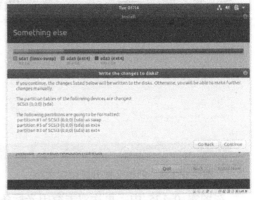

图实 0-130 确认分区对话框

示，开始系统软件的安装过程。根据安装软件包的数量不同，大约在 10min 之内完成。

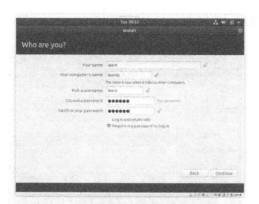

图实 0-131　设置普通用户名及机器名

图实 0-132　开始安装系统软件

安装完成，弹出如图实 0-133 所示的对话框，要求重新启动计算机。单击"Restart Now"按钮。运行一段时间后显示如图实 0-134 所示的对话框。按〈Enter〉键即可重新启动到登录界面，如图实 0-135 所示。单击用户名，输入密码后进入到 Ubuntu 的桌面。如果是初次登录，显示介绍 Ubuntu 系统的新特性对话框，如图实 0-136 所示。分别单击右上角的"Next"及"Done"按钮继续，直至最后完成，不再细述。

图实 0-133　软件安装完成重新启动

图实 0-134　重新启动过程窗口

图实 0-135　Ubuntu 的图形登录界面

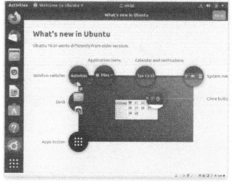

图实 0-136　初次登录到系统

Ubuntu 系统的桌面如图实 0-137 所示。关闭计算机的按钮在窗口右上角的下拉框中，如图实 0-138 所示。

用户可以自行修改 Ubuntu 的桌面背景图片，如图实 0-139 所示。需要打开终端窗口时，鼠标单击窗口左下角的 "…" 图标，如图实 0-140 所示，选择 Terminal 图标即可。

图实 0-137　Ubuntu 系统的桌面

图实 0-138　Ubuntu 的关闭按钮

图实 0-139　修改 Ubuntu 桌面背景

图实 0-140　Ubuntu 的终端图标

实验1
实现动态桌面背景

实验目的：在 Linux 系统中，使用多张图片作为桌面背景，并按照一定间隔时间，滚动显示，即实现动态桌面背景。

实验要求：掌握 Linux 中 ls、cd、mkdir、cp、vim 等命令的基本使用方法，以及执行外部命令的方法。了解文件、目录、路径等概念。

实验环境：CentOS 6、CentOS 7 系统。

实验步骤：

1）安装 VM Tools 软件。

启动 CentOS 后，选择 VMware 窗口的虚拟机菜单中的安装 VM Tools 选项。之后在 CentOS 桌面上弹出文件窗口中，按照图形方式使用鼠标进程操作，选择 VM Tools 压缩包，复制到/opt 子目录下，进行解压缩，按照提示进行操作即可。如果使用命令行界面，则执行如下命令。

```
[root@XYZa ~]# cd  /opt
[root@XYZa opt]# cp  /run/media/root/VMware\ Tools/*.tar.gz  .            #注意这里
最后的小数点.代表当前目录，也可以用绝对路径/opt/代替。其中VMware\ Tools 子目录名称部分需要使用〈Tab〉键补全方式输入
[root@XYZa opt]# tar  -xzvf  VMwareTools-10.2.5-8068393.tar.gz            #解压缩之后，创建子目录vmware-tools-distrib/存放文件
```

完成复制及解压缩之后，就可以执行脚本文件进行软件的安装了，命令如下。

```
[root@XYZa opt]# cd  vmware-tools-distrib/                          #切换到子目录
[root@XYZa vmware-tools-distrib]# ./vmware-install.pl               #执行安装脚本
```

VM Tools 工具的安装过程中，如果输入有错误，或者无法进行下去时，按〈Ctrl+C〉能够结束当前命令的执行过程，回到提示符状态。然后重新执行./vmware-install.pl 进行安装。

安装完成后，输入如下命令还可以重新进行配置。

```
[root@XYZa ~]# vmware-config-tools.pl
```

在 Ubuntu 系统下，安装 VM Tools 的具体命令如下。

```
learn@ABCx:~$ cd  /opt
learn@ABCx:opt$ sudo  cp  /media/learn/VMware\ Tools/*.tar.gz  .  #注意这里最后的点.代表当前目录，也可以用绝对路径/opt/代替。其中VMware\ Tools 子目录名称部分需要使用〈Tab〉键补全方式输入
learn@ABCx:opt$ sudo  tar  -xzvf  VMwareTools-10.2.5-8068393.tar.gz
```

```
learn@ABCx:opt$ cd  vmware-tools-distrib/              #进入 vmware-tools-distrib/子目录
learn@ABCx:vmware-tools-distrib$ sudo  ./vmware-install.pl
```

2）从 Windows/macOS 共享图片文件。

VM Tools 软件安装完成后，关闭 CentOS。选择虚拟机菜单的设置选项，添加共享给 CentOS 的目录，修改共享名为 vmshare，实现在 Windows 与 CentOS 之间的文件共享。重启 CentOS。在/mnt 目录下找到共享的目录及图片。

macOS 与 CentOS 之间共享图片与上述步骤类似。

3）在自己家目录下新建子目录保存图片及 XML 脚本文件，命令如下。

```
[root@XYZa opt]# cd
[root@XYZa ~]# mkdir  /root/mbgs/                       #在/root 下创建 mbgs 子目录
```

4）将图片文件复制到 mbgs 目录中，命令如下。

```
[root@XYZa ~]# cp  /mnt/hgfs/vmshare/*.jpg   mbgs/
```

5）复制动态背景的脚本文件，命令如下。

```
[root@XYZa ~]# cp  /usr/share/background/cosmos/*.xml   mbgs/back.xml
```

6）编辑修改 XML 脚本文件，命令如下。

```
[root@XYZa ~]# vim  mbgs/back.xml    #修改 back.xml 文件中的图片显示时间、图片切换间隔
时间以及图片文件的路径名
  11    <static>
  12      <duration>15.0</duration>                           #修改间隔时间
  13      <file>/root/mbgs/img1.jpg</file>                    #修改路径及文件名
  14    </static>
  15    <transition>
  16      <duration>1.0</duration>                            #修改图片切换间隔时间
  17      <from>/root/mbgs/img1.jpg</from>                    #修改路径及文件名
  18      <to>/root/mbgs/img2.jpg</to>                        #修改路径及文件名
  19    </transition>
  ......                                                      #输出的其他内容省略
```

7）在桌面上单击鼠标右键，选择菜单中的"修改桌面背景"选项，单击"添加"按钮，再单击"图像"按钮，然后选择"back.xml"文件，再单击"打开"按钮。可以看到桌面背景显示图片，并动态变化。

对实验步骤的提示性说明如下。

1）在 CentOS 中安装 VM Tools 软件时遇到的问题及解决方案如下。

① 解压缩软件包，按照图形化界面操作即可，需要选择解压缩的路径。

② 安装 VM Tools 软件，是执行./vmware-install.pl 脚本文件，命令如下。

```
[root@XYZa vmware-tools-distrib]# ./vm<Tab>ware-install.pl
```

③ 安装过程中，都按〈Enter〉键即可，只有一处是[no]的选项，输入 yes 后按〈Enter〉键。

2）back.xml 文件中需要编辑修改哪些内容？

① 添加行号，有助于看清文件内容，便于删除操作。

② 使用三张图片的轮动效果，需要保留哪些行？

③ back.xml 文件中的几个重要数字的含义？

④ 路径及图片文件名怎么修改？

3）在 CentOS 7 系统中，default.xml 文件只能保存在/usr/share/background/路径下，修改内容后保存退出。在桌面单击右键，选择 Changes background，单击 wallpaper 图片右下角的时钟标记，才能看到效果。

4）在 Ubuntu 系统中是否能够实现动态桌面背景？

实验 2
多终端切换及单用户模式启动

实验目的： 考察不同启动级别及多终端切换效果，重设 root 用户密码。

实验要求： 熟练掌握 echo、who、ll、cd、mkdir、cp、vim 命令的基本使用方法。

实验环境： CentOS 6、CentOS 7、Ubuntu 系统。

实验步骤：

1. 多终端窗口切换

使用快捷键〈Ctrl + Alt + F1〉～〈Ctrl+Alt+F6〉（有的笔记本计算机需要加上〈Fn〉键）能够在 Linux 系统提供的多个终端窗口之间进行切换。一般情况下，〈Ctrl + Alt + F1〉对应的是当前启动的图形界面窗口，有的笔记本则是〈F7〉键与图形界面对应。

图形界面窗口下的第一个命令行窗口与 pts/0 对应，第二个与 pts/1 对应，依此类推。

2. 在不同终端窗口中进行登录

使用〈Ctrl + Alt + F3〉组合键能够切换到 tty3 终端窗口。输入 root 用户名及密码，在 tty3 终端窗口以 root 身份登录。

root 用户使用如下命令，可以向 pts/0 或 pts/1 窗口发送 "Hello World" 字符串。

```
[root@ABCx ~]# echo  "Hello World"  >  /dev/pts/0
[root@ABCx ~]# Hello World           #在 pts/0 窗口看到字符串输出
[root@ABCx ~]# echo  "Hello World"  >  /dev/pts/1
```

root 用户也可以从 pts/0 或 pts/1 窗口向 tty3 终端窗口发送字符串，命令如下。

```
[root@ABCx ~]# echo  "Hello World"  >  /dev/tty3
```

此时使用 who 命令能够观察当前登录到系统的用户信息，命令如下。

```
[root@ABCx ~]# who
root     :0        2020-12-28 15:48 (:0)
root     pts/0     2020-12-28 15:48 (:0)
root     tty3      2020-12-28 15:49
[learn@ABCx ~]$ who                              #CentOS 8 下执行的结果
root     tty2      2021-01-02 08:15 (tty2)
learn    tty3      2021-01-02 09:13
wmq      tty4      2021-01-02 09:15 (tty4)
halen    tty5      2021-01-02 09:16 (tty5)
```

还可以在不同的终端窗口以不同用户身份登录，然后分别输入 whoami、pwd、mkdir、

touch、vim、cd、ll、cp、uname 等命令进行练习。

3. 启动单用户模式

（1）CentOS 6 启动单用户模式

1）启动 CentOS 6 虚拟机系统后，及时在窗口内部单击鼠标。显示系统的启动菜单，有 3s 停留时间，在第一个菜单上按〈Space〉键。之后使用上下方向键移动光标，在 kernel 行上按〈E〉键，对此选项进行编辑。

2）此时光标在行末闪烁。输入数字 1，注意在 1 前需要输入至少一个空格。按〈Enter〉键后返回到 kernel 行状态。这里数字 1 表示单用户模式。

3）按〈B〉键启动系统到单用户模式，纯字符界面。

4）使用 passwd 命令修改密码。

5）重新启动系统，使用 reboot 命令即可。

（2）CentOS 7 启动单用户模式

1）启动 CentOS 7 虚拟机系统后，及时在窗口内部单击鼠标。显示系统的启动菜单，有 3s 停留时间，在第一个菜单上按〈Space〉键。之后使用上下方向键移动光标，在启动选项的第一项上按〈E〉键，对此选项进行编辑。

2）向下移动光标到 linux16 开头的行，然后再将光标移动到行末。并输入 init=/bin/sh 字符串。注意在 init 前需要输入至少一个空格。

3）修改确认无误，按〈Ctrl+X〉键可以启动系统。此时不需要 root 密码就可以进入到单用户模式。

4）执行 mount -o remount,rw /命令，重新以读写模式挂载根分区。

5）使用 passwd 命令修改密码，可以是简单密码，六位即可。普通用户的密码也可以是比较简单的。

6）使用 touch /.autorelabel 命令创建文件。

7）执行 exec /sbin/init 重启系统。

（3）Ubuntu 下 root 用户登录桌面，需要修改以下几个文件的内容。

1）编辑修改 gdm-autologin 文件，命令如下。

```
learn@ABCx:~$ sudo  vim  /etc/pam.d/gdm-autologin          #注释其中第二行
"auth requied pam_succeed_if.so user != root quiet success"，在行首输入符号#
```

2）编辑修改 gdm-password 文件，命令如下。

```
learn@ABCx:~$ sudo  vim  /etc/pam.d/gdm-password          #注释其中行 auth requied
pam_succeed_if.so user != root quiet success，在行首输入符号#
```

此时重启计算机，使用 root 账户登录，还是会出现如下错误提示。

Error found when loading/root /.profile:mesg: ttyname 失败: 对设备不适当的 ioctl 操作，As a result the session will not be configured correctly.You shoud fix the problem as soon as feasible.

继续执行下面的步骤，则可以解决

3）编辑修改.profile 文件，命令如下。

```
learn@ABCx:~$ sudo  vim  /root/.profile          #编辑修改.profile 文件
#在行"mesg n || true"前添加"tty -s && "，变为"tty -s && mesg n || true"
```

实验 3
添加组群及用户并设置权限

实验目的： 创建多个组群及用户；设置相应访问控制权限。

实验要求： 熟练掌握 useradd、groupadd、chmod、chown、passwd、su、id、who 等命令的基本使用方法；熟悉 passwd 及 group 文件内容及格式。

实验环境： CentOS 6、CentOS 7、Ubuntu 系统。

问题描述：

abc 公司下设有三个部门，每个部门内分别设有两个用户。分别是：training 部门，有 cplus、php 两个用户；market 部门，有 changc、bjing 用户；manage 部门，有 yang、sun 用户。通过权限设置，满足如下限制性要求。

1）每个部门有各自的子目录；每个用户在部门内有自己的家目录。

2）部门之间的用户不能相互访问。部门内各用户能够相互访问，但不可相互修改。

实验步骤：

1）为 abc 公司创建属于自己的子目录/home/abc，并给公司的各部门分别创建属于自己部门的子目录，命令如下。

```
[root@ABCx ~]# mkdir  /home/abc                          #创建公司目录 abc
[root@ABCx ~]# mkdir  /home/abc/training                 #在 abc/下分别创建部门子目录
[root@ABCx ~]# mkdir  /home/abc/market
[root@ABCx ~]# mkdir  /home/abc/manage
```

2）使用 groupadd 命令创建三个组群，与部门同名，并使用 chown 修改目录所属组群，具体如下。

```
[root@ABCx ~]# groupadd  training                        #为每个部门创建组群

[root@ABCx ~]# groupadd  market

[root@ABCx ~]# groupadd  manage
```

接下来，执行 chown 命令修改每个目录的所属组群，具体如下。

```
[root@ABCx ~]# ll  /home/abc
drwxr-xr-x. 2 root root 6 Mar  5 13:27 manage             #属于 root 组群
drwxr-xr-x. 2 root root 6 Mar  5 13:27 market
drwxr-xr-x. 2 root root 6 Mar  5 13:27 training
[root@ABCx ~]# chown  :training  /home/abc/training/      #修改目录属于自己的组群
[root@ABCx ~]# chown  :market    /home/abc/market/
[root@ABCx ~]# chown  :manage    /home/abc/manage/
```

263

```
[root@ABCx ~]# ll /home/abc/                          #检查验证命令正确执行
drwxr-xr-x. 2 root manage   6 Mar  5 13:27 manage
drwxr-xr-x. 2 root market   6 Mar  5 13:27 market
drwxr-xr-x. 2 root training 6 Mar  5 13:27 training
```

3）使用 useradd 命令创建用户 bjing、changc、cplus、php、sun、yang，同时指定其家目录及所属组群，具体如下。

```
[root@ABCx ~]# useradd -g market   -d /home/abc/market/bjing  bjing
[root@ABCx ~]# useradd -g market   -d /home/abc/market/changc changc
[root@ABCx ~]# useradd -g training -d /home/abc/training/cplus cplus
[root@ABCx ~]# useradd -g training -d /home/abc/training/php   php
[root@ABCx ~]# useradd -g manage   -d /home/abc/manage/sun     sun
[root@ABCx ~]# useradd -g manage   -d /home/abc/manage/yang    yang
```

每个用户的家目录都在自己的组群目录之下创建，并且所有者及所属组群也是正确的，具体如下。

```
[root@ABCx ~]# ll /home/abc/training
drwx------. 3 cplus training 78 Mar  5 13:42 cplus
drwx------. 3 php   training 78 Mar  5 13:42 php
[root@ABCx ~]# ll /home/abc/market
drwx------. 3 bjing  market 78 Mar  5 13:38 bjing
drwx------. 3 changc market 78 Mar  5 13:41 changc
[root@ABCx ~]# ll /home/abc/manage
drwx------. 3 sun  manage 78 Mar  5 13:43 sun
drwx------. 3 yang manage 78 Mar  5 13:45 yang
```

查看/etc/passwd 及/etc/group 文件的内容，也能够看到创建的新用户及组群，具体如下。

```
[root@ABCx ~]# cat -b /etc/passwd                     #查看 passwd 文件的内容，添加行号
......                                                 #输出的其他内容省略
    52 bjing:x:1304:1305::/home/abc/market/bjing:/bin/bash
    53 changc:x:1305:1305::/home/abc/market/changc:/bin/bash
    54 cplus:x:1306:1304::/home/abc/training/cplus:/bin/bash
    55 php:x:1307:1304::/home/abc/training/php:/bin/bash
    56 sun:x:1308:1306::/home/abc/manage/sun:/bin/bash
    57 yang:x:1309:1306::/home/abc/manage/yang:/bin/bash
[root@ABCx ~]# cat -b /etc/group                      #查看 group 文件的内容，添加行号
......                                                 #输出的其他内容省略
    79 training:x:1304:
    80 market:x:1305:
    81 manage:x:1306:
```

4）创建每个用户的同时，使用 passwd 命令设置密码，具体如下。

```
[root@ABCx ~]# passwd bjing                           #设置 bjing 用户的密码
Changing password for user bjing.
New password:                                         #在此输入 bjing 用户的默认密码
BAD PASSWORD: The password is shorter than 8 characters
Retype new password:                                  #再次输入 bjing 的默认密码
passwd: all authentication tokens updated successfully.    #设置密码成功
```

输入密码时，屏幕上没有任何输出，只要按照顺序输入正确的密码后，直接按〈Enter〉键即可。其他 5 位用户的密码采用同样的方式进行设置。

5）使用 chmod 命令按照上述限制修改访问权限。也就是对于每个用户的家目录进行权限设置，所有者具有全部 rwx 权限，同组用户具有 rx 权限，其他用户则没有任何权限。命令如下。

```
[root@ABCx ~]# chmod  g+rx  /home/abc/manage/sun          #给/home/abc/sun 目录增加 rx
权限
[root@ABCx ~]# chmod  g+rx  /home/abc/manage/yang
[root@ABCx ~]# ll /home/abc/manage/                       #查看验证
drwxr-x---. 3 sun  manage 78 Mar  5 13:43 sun             #同组用户具有 rx 权限，其他用
户没有任何权限
drwxr-x---. 3 yang manage 78 Mar  5 13:45 yang
```

如果使用数字模式，应该写成 chmod 750 /home/abc/manage/sun。

其他用户的家目录采用同样的方式进行设置，并分别验证。

6）在不同终端登录或者切换每个用户分别验证上述限制是否实现，同时检验 mkdir、cp、cat、touch、vim、cd、ll 等命令的使用限制，具体如下。

```
[root@ABCx ~]# su - bjing                                 #切换到 bjing 用户
[bjing@ABCx ~]$ pwd                                       #查看家目录的绝对路径
/home/abc/market/bjing                                    #正确
[bjing@ABCx ~]$ touch  file11                             #创建文件，成功
[bjing@ABCx ~]$ mkdir  dir11                              #创建子目录，成功
[bjing@ABCx ~]$ ll        #验证，在自己的家目录下具有创建文件及子目录的权限，不受限制
drwxr-xr-x. 2 bjing market 6 Mar  5 14:35 dir11
-rw-r--r--. 1 bjing market 0 Mar  5 14:35 file11
```

检查 bjing 用户是否可以访问 changc 用户的家目录，是否具有创建文件及子目录的权限，命令如下。

```
[bjing@ABCx ~]$ cd  /home/abc/market/changc/              #进入到 changc 用户的家目录
[bjing@ABCx changc]$ touch  file22                        #创建文件
touch: cannot touch 'file22': Permission denied           #不允许
[bjing@ABCx changc]$ mkdir  dir22                         #创建子目录
mkdir: cannot create directory 'dir22': Permission denied #不允许
```

再检查 bjing 用户是否可以访问 sun 用户的家目录，是否具有创建文件及子目录的权限，命令如下。

```
[bjing@ABCx changc]$ cd  /home/abc/manage                 #进入 manage 子目录，允许
[bjing@ABCx manage]$ cd  sun                              #进入 sun 子目录
-bash: cd: sun: Permission denied                         #不允许
[bjing@ABCx manage]$ ll                                   #能够查看内容
total 0
drwxr-x---. 3 sun  manage 78 Mar  5 13:43 sun
drwxr-x---. 3 yang manage 78 Mar  5 13:45 yang
[bjing@ABCx manage]$ cd ..                                #进入到上一级
[bjing@ABCx abc]$ ll                                      #查看权限
drwxr-xr-x. 4 root manage  29 Mar  5 13:45 manage         #其他用户具有 rx 权限，所以允许
drwxr-xr-x. 4 root market  33 Mar  5 13:41 market
drwxr-xr-x. 4 root training 30 Mar  5 13:42 training
```

进一步的验证可以作为练习。

实验 4
批量添加新用户

实验目的：实现新用户的批量添加。

实验要求：熟练掌握 mkdir、vim、groupadd、su、who、pwd、cd、ls、cp 等命令的使用方法，以及隐藏文件的作用。了解 newusers、chpasswd、pwunconv、pwconv 等命令。

实验环境：CentOS 6、CentOS 7 系统。

问题描述：新学年开学之后，使用批量添加新用户的方法，给计算机及大数据专业的新生设置账号，并设置初始密码。

实验步骤：

1）创建组群并建立对应子目录，命令如下。

```
[root@ABCx ~]# groupadd  -g 2001  computer          #创建组群，指定 GID
[root@ABCx ~]# mkdir  /home/computer
[root@ABCx ~]# groupadd  -g 2002  bigdata           #创建组群，指定 GID
[root@ABCx ~]# mkdir  /home/bigdata
```

2）执行 vim 命令编辑用户信息文件，命令如下。

```
[root@ABCx ~]# vim  userinfo.txt                    #在当前目录下创建一个新
文件保存用户的账号信息，并编辑如下内容
C2020107:x:2020107:2001:::/home/computer/C2020107:/bin/bash
C2020214:x:2020214:2001:::/home/computer/C2020214:/bin/bash
D2023123:x:2023123:2002:::/home/bigdata/D2023123:/bin/bash
```

输入时，每一行包括 6 个部分，6 个冒号:，除了格式正确之外，还不能有空行。确认无误之后，保存退出，也就是依序按〈Esc〉键、输入:wq，按〈Enter〉键。

3）使用输入重定向，将用户信息文件 userinfo.txt 中的账号数据传送给 newusers 命令，执行批量添加新用户的操作，具体如下。

```
[root@ABCx ~]# newusers  <  userinfo.txt
```

如果 userinfo.txt 文件中数据格式有误，则此命令不能正确执行，会提示出错信息，此时就应该再次编辑修改用户信息文件，直到正确无误，然后重新执行上述命令。

4）编辑用户密码文件。此文件每一行对应一个用户，并与上面的用户信息文件的顺序保持一致。每一行的格式为名:密码，具体如下。

```
[root@ABCx ~]# vim  initpass.txt                    #在当前目录下，创建一个新文件
保存用户的密码，并与上面的用户顺序保持一致，编辑内容如下
```

```
C2020107:123456                                                    #用户的初始密码
C2020214:123456
D2023123:123456
```

5）执行下面的命令，进行密码的批量修改。

```
[root@ABCx ~]# pwunconv
[root@ABCx ~]# chpasswd  <  initpass.txt
[root@ABCx ~]# pwconv
```

如果不能正确完成密码的批量修改，请重新检查编辑 initpass.txt 和 userinfo.txt 文件。然后再次执行 chpasswd 命令即可。

6）在不同终端上，使用上述用户名验证是否能够正常登录、访问创建文件、子目录等操作，并修改自己的密码。

切换到不同终端，使用〈Ctrl + Alt + F1〉～〈Ctrl + Alt + F6〉组合键。然后输入用户名及密码进行登录。执行如下命令，验证在自己的家目录具有 rwx 权限。

```
-bash-4.2$ touch  file33                                           #创建新文件
-bash-4.2$ mkdir  dir33                                            #创建新目录
-bash-4.2$ ll                                                      #查看验证
drwxr-xr-x. 2 C2020107 computer 6 Mar  5 15:58 dir33
-rw-r--r--. 1 C2020107 computer 0 Mar  5 15:58 file33             #正确
-bash-4.2$ ll  -d  ../C2020107                                    #查看自己家目录的权限
drwx------. 5 C2020107 computer 62 Mar  5 15:58 ../C2020107
-bash-4.2$ passwd                                                 #修改自己的密码
```

用户的提示符是-bash-4.2$ 这样的字符串，与之前看到的不一致。

7）修改提示符的格式：复制两个隐藏文件.bashrc 和.bash_profile 到用户的子目录后，再次登录，验证提示符格式是否已修改，命令如下。

```
[root@ABCx ~]# ll  -a  /home/abc/market/bjing     #查看 bjing 用户家目录的隐藏文件
-rw-------. 1 bjing market 144 Mar  5 15:05 .bash_history
-rw-r--r--. 1 bjing market  18 Apr  1  2020 .bash_logout
-rw-r--r--. 1 bjing market 193 Apr  1  2020 .bash_profile #与提示符有关的文件之一
-rw-r--r--. 1 bjing market 231 Apr  1  2020 .bashrc      #与提示符有关的文件之二
......                                                     #省略了输出的其他内容
```

root 用户将上述两个文件复制到 C2020107 用户的家目录之中，命令如下。

```
[root@ABCx ~]# cp  /home/abc/market/bjing/.bashrc  /home/computer/C2020107/
[root@ABCx ~]# cp  /home/abc/market/bjing/.bash_profile  /home/computer/C2020107/
```

重新登录 C2020107 用户，发现提示符已经修改完成了，具体如下。

```
[C2020107@ABCx ~]$
```

自行完成 yang 用户的访问限制及登录后提示符的修改。

实验目的：添加硬盘进行配置文件的备份。

实验要求：熟练掌握 fdisk、mkfs、mount、umount、fsck 等命令的基本使用方法，并掌握为虚拟机添加不同的硬件设备的基本方法。

实验环境：CentOS 6、CentOS 7、Ubuntu 系统。

问题描述：添加第二块硬盘，并将用户及组群信息备份到此磁盘，保存在/backup/目录下。

实验步骤：本实验需要在 root 权限情况下进行。

1）在系统启动状态下，查看验证/dev 子目录下是否存在 sdb（或 sdc 等）设备。

```
[root@ABCx ~]# ll  /dev/sd*                              #查看 sd 开头的所有磁盘设备
brw-rw----. 1 root disk 8,  0 Feb 22 18:18 /dev/sda
brw-rw----. 1 root disk 8,  1 Feb 22 18:18 /dev/sda1
brw-rw----. 1 root disk 8,  2 Feb 22 18:18 /dev/sda2
brw-rw----. 1 root disk 8,  3 Feb 22 18:18 /dev/sda3
[root@ABCx ~]# ll  /dev/sd?                              #查看 sd 开头后接一个字符的设备
brw-rw----. 1 root disk 8,  0 Feb 22 18:18 /dev/sda        #表明只有一块磁盘
```

2）在虚拟机的设置选项中添加第二块硬盘。

为虚拟机添加硬盘，必须首先关闭虚拟机。在 VirtualBox 中添加硬盘的步骤如下。

① 在 VirtualBox 管理器界面上，选中某个要添加硬盘的虚拟机，然后单击"设置(S)"选项。如图实 5-1 所示。

② 在弹出的窗口选择"存储"标签；再选择"控制器：SATA"最右侧添加虚拟硬盘的加号图标，如图实 5-2 所示。

图实 5-1 管理器界面选择"设置"选项

图实 5-2 存储介质管理界面

③ 单击添加虚拟硬盘的加号图标,弹出如图实 5-3 所示的对话框。选择创建图标,弹出"虚拟硬盘文件类型"对话框,如图实 5-4 所示。

图实 5-3 创建虚拟硬盘对话框   图实 5-4 选择"虚拟硬盘文件类型"对话框

④ 选择"VMDK(虚拟机硬盘)"类型之后,单击"继续"按钮。弹出"存储在物理硬盘上"对话框,如图实 5-5 所示,保持默认选项"动态分配",再次单击"继续"按钮。弹出"文件位置和大小"对话框,修改磁盘大小为80GB,如图实 5-6 所示。

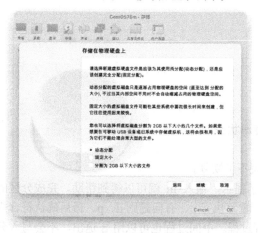

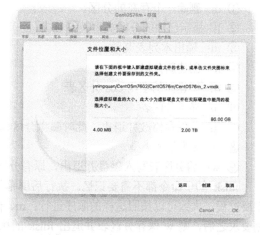

图实 5-5 "存储在物理硬盘上"对话框   图实 5-6 "文件位置和大小"对话框

之后单击"创建"按钮,系统按照上述步骤设置的参数创建硬盘,返回到图实 5-2,可以看到添加了一块新的硬盘,此步任务完成。

3)重启系统后,验证/dev 目录下存在对应的 sdb 设备,命令如下。

```
[root@ABCx ~]# ll  /dev/sd?                    #查看 sd 开头后接一个字符的设备
brw-rw----. 1 root disk 8,  0 Feb 22 18:18 /dev/sda       #第一块磁盘
brw-rw----. 1 root disk 8,  0 Feb 22 18:18 /dev/sdb       #第二块磁盘
```

4)对新的硬盘设备进行分区操作,命令如下。

```
[root@ABCx ~]# fdisk  /dev/sdb                 #执行 fdisk 命令,对 sdb 划分分区
Welcome to fdisk (util-linux 2.23.2).
Changes will remain in memory only, until you decide to write them.
Be careful before using the write command.
```

```
Command (m for help): m                                    #在此输入 m 子命令并按〈Enter〉键，查看帮助
Command action                                             #m 子命令显示的结果如下
   a   toggle a bootable flag
   b   edit bsd disklabel
   c   toggle the dos compatibility flag
   d   delete a partition
   g   create a new empty GPT partition table
   G   create an IRIX (SGI) partition table
   l   list known partition types
   m   print this menu
   n   add a new partition
   o   create a new empty DOS partition table
   p   print the partition table
   q   quit without saving changes
   s   create a new empty Sun disklabel
   t   change a partition's system id
   u   change display/entry units
   v   verify the partition table
   w   write table to disk and exit
   x   extra functionality (experts only)
Command (m for help):
```

fdisk 的常用子命令列表如下。

① d：删除一个存在的分区。

② l：显示已知的分区类型及编号。

③ m：输出本列表菜单。

④ n：创建新分区。

⑤ o：创建新的空闲 dos 分区表。

⑥ p：显示分区表。

⑦ q：不保存修改并退出，此时磁盘分区保持原状态。

⑧ t：修改分区类型。

⑨ w：将分区表写入磁盘并退出，原有分区表不可恢复。

　　fdisk 的子命令都不需要记忆。执行后屏幕显示提示，输入 m 就可以得到帮助。完成分区的主要过程，大致可以按照这样的顺序进行：m、p、重复执行 n、有问题则 d、p、最后确认符合规划要求之后，则 w 保存分区表并退出 fdisk 的执行过程。中间过程也可以用 q 退出，不会写入分区表，没有破坏作用。

　　5）在新分区上建立 ext4 或 xfs 类型的文件系统，命令如下。

```
[root@ABCx ~]# mkfs  -c  -t  ext4  /dev/sdb1              #使用 ext4 类型是为了保
证兼容性，在 CentOS 7 系统下使用 xfs 类型
```

　　6）挂载/卸载文件系统，命令如下。

```
[root@ABCx ~]# mount                                      #查看当前已经挂载的设备有哪些
[root@ABCx ~]# mount  /dev/sdb2  /mnt/disk                #将设备/dev/sdb2 挂载到/mnt/disk 目
录。在此之后，卸载命令之前，对于/mnt/disk 目录的操作结果均保存在/dev/sdb2 设备上
[root@ABCx ~]# umount  /mnt/disk                          #卸载命令
[root@ABCx ~]# umount  /dev/sdb2                          #与上一条命令同样可卸载已经挂载的设备
```

　　7）挂载成功后，对/mnt/disk 目录的操作结果都将保存在对应的设备上，命令如下。

```
[root@ABCx ~]# mkdir  /mnt/disk/backup                    #按照题目要求
```

8）备份用户及组群信息。使用 cp 命令将/etc/passwd、/etc/group、/etc/shadow 以及/etc/gshadow 四个文件备份到创建的子目录中，当然也可以使用 tar 命令打包压缩后复制。

9）深入练习 1：切换到不同终端，登录不同用户检查是否可以访问。进一步熟练使用已学过的命令，如 touch、vim、cat、mkdir、cp/mv、cd、ll、who、pwd、su、sudo 等。

10）深入练习 2：实现启动时的自动挂载，需要修改/etc/fstab 文件。

创建 **YUM** 本地仓库并安装软件

实验目的：创建、设置 YUM 本地仓库，安装相关软件。

实验要求：熟练掌握 YUM、RPM 工具安装软件的方法，以及命令格式要求；进一步熟练运用 cd、ll、mkdir、cp、vim 等命令，完成本实验。

实验环境：CentOS 6、CentOS 7 系统。

问题描述：修改 YUM 仓库的配置文件，完成 YUM 本地仓库的创建过程，然后在默认位置安装软件，如 GIMP、GCC、Java、MySQL 以及各种网络服务等，并验证。

实验步骤：

首先需要完成 YUM 本地仓库的创建及配置文件的修改。

1）将光盘上 Packages 子目录下的所有 RPM 包文件复制到本地目录/packages 下，命令如下。

```
[root@ABCx ~]# mkdir  /packages                      #创建子目录保存 RPM 文件
[root@ABCx ~]# ll  /run/media/root/CentOS\ 7\ x86_64/ #查看 CentOS 7 目录内容
[root@ABCx ~]# cp  /run/media/root/CentOS\ 7\ x86_64/Packages/*.rpm  /packages
```

将所有*.rpm 包文件复制到/packages 目录，构成本地仓库主体，方便随时使用。

2）安装 createrepo 软件及依赖文件。CentOS 7 系统的 createrepo 命令已经安装，之前版本的系统中需要使用 rpm 命令进行安装，具体如下。

```
[root@ABCx30 ~]# rpm  -ivh  /packages/createrepo-0.9.9-18.el6.noarch.rpm   \
/packages/python-deltarpm-3.5-0.5.20090913git.el6.i686.rpm      \
/packages/deltarpm-3.5-0.5.20090913git.el6.i686.rpm
```

安装 createrepo 需要两个依赖文件，在命令的后面继续写下去，Bash 会自动换行。CentOS 6.9 下的情况如下。

```
warning: /packages/createrepo-0.9.9-18.el6.noarch.rpm: Header V3 RSA/SHA1 Signature,
 key ID c105b9de: NOKEY
Preparing...                    ########################################### [100%]
1:deltarpm                      ########################################### [ 33%]
2:python-deltarpm               ########################################### [ 67%]
3:createrepo                    ########################################### [100%]
```

3）执行 createrepo 命令，分析 RPM 包的相关信息、检查依赖性，然后创建基于 XML 的元数据仓库，并建立便于快速检索的索引。

```
[root@ABCx ~]# createrepo  -v  /packages/                      #此命令的执行结果都保存
在新创建的/packages/repodata/子目录下。-v 选项用于显示运行的过程。需要运行一段时间
```

4）编写使用/packages/本地仓库的配置文件，具体命令如下。

```
[root@ABCx ~]# mkdir  /etc/yumbak                  #创建此目录保存原来的仓库配置文件
[root@ABCx ~]# mv  /etc/yum.repo.d/*  /etc/yumbak       #将*.repo 文件剪切到 yumbak
[root@ABCx ~]# cp  /etc/yumbak/CentOS-Base.repo  /etc/yum.repos.d/myBase.repo
```

cp 命令仅复制一个配置文件到 yum.repo.d/子目录下，并且改名。

```
[root@ABCx ~]# vim  /etc/yum.repos.d/myBase.repo  #编辑修改本地仓库的配置文件
......                              #文件中前面的均为注释，省略无关内容，也可以删除
[baseLocal]
name=CentOS-$releasever - Base
#mirrorlist=http://mirrorlist.centos.org/?release=$releasever&arch=$basearch&repo
=os&infra=$infra    #此行注释掉，不需要搜索
baseurl=file:///packages/                    #去掉此行行首的注释符号#，指定使用本地仓库
gpgcheck=1
gpgkey=file:///etc/pki/rpm-gpg/RPM-GPG-KEY-CentOS-7
enabled=1                          #添加此行明确表示启用此仓库，其他行均可以删除
```

5）完成 YUM 本地仓库的创建及配置文件的修改之后，执行 YUM 的 install 子命令就可以开始安装各种软件了。为保证安装过程顺利执行，一般可以先清除当前缓存中的数据，使用如下命令。

```
[root@ABCx ~]# yum  clean  all
```

6）安装软件并验证是否可以正常执行。实际上，只要是本地仓库之中包含的软件，如常见的 GIMP、GCC、Java、MySQL 等，以及本书后续的各种服务类软件都可以安装。图像处理工具 GIMP 的安装命令如下。

```
[root@ABCx ~]# yum  install  gimp                  #执行 install 子命令安装 GIMP
---> Package gimp.x86_64 2:2.8.22-1.el7 will be installed
 Package         Arch         Version              Repository      Size
Installing:
 gimp            x86_64       2:2.8.22-1.el7        MYbase          15 M
 atlas           x86_64       3.10.1-12.el7         MYbase          4.5 M
Complete!
......                                              #输出的其他部分省略
```

软件安装完成后，就可以立即执行。执行方法有多种，如果是图形界面的软件，则在 Applications 菜单中可以找到。另外，也可以在 Bash 中直接输入命令执行，具体如下。

```
[root@ABCx ~]# gimp                                #软件安装之前执行
bash: gimp: command not found...                   #没有此命令
[root@ABCx ~]# gimp  &                             #将其放在后台执行
[1] 4961                                            #当前的任务号
[root@ABCx ~]#                                     #可以继续执行其他命令
```

执行 gimp 命令之后的工作窗口及图形界面下执行 gimp 的菜单命令，如图实 6-1 及图实 6-2 所示。

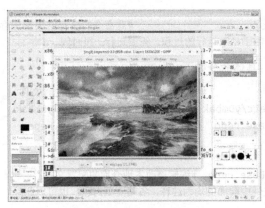

图实 6-1 GIMP 的工作窗口 图实 6-2 图形界面执行 GIMP

実験 **7**

使用固定 **IP** 地址配置桥接网络

实验目的： 配置桥接网络并设置固定 IP 地址访问网络。

实验要求： 熟练掌握 ifconfig、service、ping、rmmod、modprobe 方法，以及命令格式要求；进一步熟练运用 cd、ll、mkdir、cp、vim 等命令，完成本实验。

实验环境： CentOS 7 系统。

问题描述： 在虚拟机中使用与宿主机相同网段的固定 IPv4 地址，采用桥接模式连接宿主机处于活动状态的网络适配器，即网卡，进而与 Internet 网络连接。同时设置此设备的 IP 别名。

实验步骤：

1）在关闭 CentOS 虚拟机状态下，设置桥接模式连接网卡。

2）启动 CentOS 虚拟机后，设置网络使用固定 IPv4。

3）验证网络处于连通状态。

使用固定 IP 地址配置桥接网络连通的详细步骤，具体如下。

1）使用 Workstation 软件时，需要在虚拟机菜单中选择编辑→虚拟网络编辑器选项，如图实 7-1 所示。选择 VMnet0 桥接模式，单击"桥接到"下拉框，选择 Windows 系统当前使用的网卡。然后单击"确定"按钮，窗口关闭。

接下来选择虚拟机→设置选项，弹出"虚拟机设置"窗口，将"网络适配器"设置成"桥接模式"，直接连接物理网络，如图实 7-2 所示。单击"确定"按钮之后，重新启动此虚拟机。

图实 7-1　虚拟网络编辑器窗口

图实 7-2　设置桥接模式窗口

使用 VirtualBox 软件时，配置桥接模式连接网络，先选中某个虚拟机，然后单击"设置"菜单命令，执行过程如图实 7-3 及图实 7-4 所示。

图实 7-3　选择 CentOS 7 虚拟机　　　　　图实 7-4　设置桥接网卡连接方式

下面针对 VirtualBox 软件，讨论 IPv4 地址的设置过程。在 VirtualBox 中，网卡的设备名称是 enp0s3，而在 Workstation 中，网卡的设备名称是 ens33，在 CentOS 6 中，网卡的设备名称是 eth0，这些都是指系统中的第一块网卡。所以导致配置文件名也有区别，而文件的存放位置没有发生变化。

2）启动虚拟机修改配置文件。

CentOS 启动之后，首先使用 vim 命令查看网络配置文件 ifcfg-enp0s3，其内容如下。

```
[root@XYZw ~]# vim  /etc/sysconfig/network-scripts/ifcfg-enp0s3    #编辑配置文件
TYPE="Ethernet"                                #指定网络类型是以太网
PROXY_METHOD="none"                            #不使用代理
BROWSER_ONLY="no"
BOOTPROTO="dhcp"                               #启动网络使用的协议是 DHCP
DEFROUTE="yes"                                 #默认路由设置为 yes
NAME="enp0s3"                                  #网络名称 enp0s3
UUID="1497525c-f40d-4b57-8df4-bfc5ca132d0a"    #设备的 UUID
DEVICE="enp0s3"                                #设备名称 enp0s3
ONBOOT="yes"                                   #系统引导后同时启动网络
......                                         #输出的其他部分省略
```

接下来，可以直接在 ifcfg-enp0s3 文件的最后添加字段 IPADDR、PREFIX、GATEWAY、DNS1 等，设置 IPv4、子网掩码、网关、DNS 等地址值。

另外一种比较方便的方法是，执行 nmtui 命令，辅助修改 IPv4 等的相关地址，结果如图实 7-5 所示。此时，使用上、下、左、右方向键将光标条移动到"Edit a connection"选项上，按〈Enter〉键，弹出编辑连接对话框，如图实 7-6 所示。将光标条移动到其中的 enp0s3 设备上，按〈Enter〉键，弹出设置此网卡 IPv4 地址的对话框，如图实 7-7 及图实 7-8 所示。

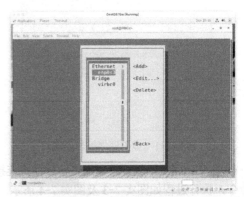

图实 7-5　nmtui 的主界面　　　　　　图实 7-6　编辑连接对话框

图实 7-7　IPv4 设置上部对话框　　　　　　　图实 7-8　IPv4 设置下部对话框

在图实 7-7 中，使用方向键将光标移动到不同位置，可以分别设置 IPv4 地址、网关地址以及 DNS 服务器地址。子网掩码与 IPv4 地址一起设置。另外，IPv4 地址应该与宿主机 Windows 的 IPv4 地址处于同一网段，而网络号不一致。否则，网络不能连通。

地址设置完成后，将光标移动到图实 7-8 中的"OK"按钮上，按〈Enter〉键，保存参数返回上一层，在图实 7-6 之后，单击"Back"按钮，按〈Enter〉键后返回到图实 7-5，在"Quit"按钮上按〈Enter〉键，退出 nmtui 命令。

在执行 nmtui 命令之后，再次查看 ifcfg-enp0s3 文件，具体如下。

```
[root@ABCx ~]# vim  /etc/sysconfig/network-scripts/ifcfg-enp0s3    #编辑文件
TYPE=Ethernet
BOOTPROTO=none
NAME=enp0s3
UUID=ade1eb74-d788-4ab5-a71b-0f943c32cce9
DEVICE=enp0s3
ONBOOT=yes
IPADDR=192.168.0.110                          #已经设置了 IPv4 地址
PREFIX=24                                     #即掩码 255.255.255.0
GATEWAY=192.168.0.1                           #网关地址
DNS1=192.168.0.1                              #第一个 DNS 地址
PEERDNS=no
......                                        #输出的其他部分省略
```

3）验证网络的连通性，命令如下。

```
[root@ABCx ~]# ifconfig  enp0s3                      #检查 enp0s3 的 IPv4 地址
enp0s3: flags=4163<UP,BROADCAST,RUNNING,MULTICAST>  mtu 1500
        inet 192.168.0.110  netmask 255.255.255.0  broadcast 192.168.0.255
        inet6 fe80::f9fc:cd29:615b:2535  prefixlen 64  scopeid 0x20<link>
        ether 08:00:27:9c:51:a1  txqueuelen 1000  (Ethernet)
......                                               #输出的其他部分省略
```

上面的结果表明，enp0s3 的 IPv4 地址是 192.168.0.110。已经设置了默认网关是 192.168.0.1，宿主机的 IPv4 地址可以使用 ipconfig 命令查看到，是 192.168.0.102。下面分别验证网络是否连通。

可以先执行如下命令测试环回地址是否连通。

```
[root@ABCx ~]# ping  -c 4  127.0.0.1                 #测试与 127.0.0.1 是否连通
PING 127.0.0.1 (127.0.0.1) 56(84) bytes of data.
64 bytes from 127.0.0.1: icmp_seq=1 ttl=64 time=0.032 ms
```

```
64 bytes from 127.0.0.1: icmp_seq=2 ttl=64 time=0.041 ms
64 bytes from 127.0.0.1: icmp_seq=3 ttl=64 time=0.033 ms
64 bytes from 127.0.0.1: icmp_seq=4 ttl=64 time=0.066 ms
--- 127.0.0.1 ping statistics ---
4 packets transmitted, 4 received, 0% packet loss, time 3000ms
rtt min/avg/max/mdev = 0.032/0.043/0.066/0.013 ms          #结果表明已经连通
```

测试与网关是否连通，命令如下。

```
[root@ABCx ~]# ping -c 4 192.168.0.1                      #测试与网关是否连通
PING 192.168.0.1 (192.168.0.1) 56(84) bytes of data.
64 bytes from 192.168.0.1: icmp_seq=1 ttl=64 time=8.04 ms  #结果表明已经连通
......                                                      #输出的其他部分省略
```

测试与宿主机是否连通，命令如下。

```
[root@ABCx ~]# ping -c 4 192.168.0.102                    #测试与宿主机是否连通
PING 192.168.0.102 (192.168.0.102) 56(84) bytes of data.
64 bytes from 192.168.0.102: icmp_seq=1 ttl=64 time=0.417 ms  #结果表明已经连通
......                                                      #输出的其他部分省略
```

还可以从宿主机一侧，执行 ping 命令检查是否能够连通 CentOS 虚拟机，命令如下。

```
abc@bogon ~ % ping -c 4 192.168.0.110                     #测试与虚拟机是否连通
PING 192.168.0.110 (192.168.0.110): 56 data bytes
64 bytes from 192.168.0.110: icmp_seq=0 ttl=64 time=0.362 ms  #结果表明已经连通
```

4）如果正确完成上述步骤之后，网络还是没有连通，则从以下两个方面检查。

首先，检查宿主机与虚拟机的网络防火墙设置，在进行测试期间，先暂时关闭。CentOS 虚拟机一侧可以执行如下命令。

```
[root@ABCx ~]# setenforce 0
[root@ABCx ~]# iptables -F
```

其次，执行如下命令，重新启动网络服务。

```
[root@ABCx ~]# systemctl stop network                     #暂停网络服务
[root@ABCx ~]# systemctl start network                    #启动网络服务
```

这两条命令正确执行后，都没有输出。在 CentOS 6 下也可以执行如下命令。

```
[root@ABCx ~]# service network stop
[root@ABCx ~]# service network start
```

执行上述步骤之后，都可以正常连通网络。

5）设置 IP 别名。

设置 IP 别名，就是在同一个网络接口设备上设置多个有效的 IP 地址，可以分成两种情况，即临时设置及长久设置。临时设置 IP 地址执行如下命令。

```
[root@ABCx ~]# ifconfig enp0s3:1 192.168.0.234 netmask 255.255.255.0
[root@ABCx ~]# ifconfig enp0s3:1
enp0s3:1: flags=4163<UP,BROADCAST,RUNNING,MULTICAST> mtu 1500
        inet 192.168.0.234 netmask 255.255.255.0 broadcast 192.168.3.255
        ether 08:00:27:4a:92:e8 txqueuelen 1000 (Ethernet)
```

在宿主机一侧执行 ping 命令检查连通状况，具体如下。

```
C:\ftp>ping  192.168.0.234
正在 Ping 192.168.0.234 具有 32 字节的数据:
来自 192.168.0.234 的回复: 字节=32 时间<1ms TTL=64
```

如果需要长久设置 IP 别名，应该为网络接口设备添加相应的配置文件，一个简单方法就是直接复制某个设备的配置文件，具体如下。

```
[root@ABCx ~]# cp  /etc/sysconfig/network-scripts/ifcfg-enp0s3  /etc/sysconfig/
network- scripts/ifcfg-enp0s3:1              #复制 enp0s3 的配置文件，并改名为 enp0s3:1
```

然后，将 enp0s3:1 的配置文件修改成如下内容。

```
[root@ABCx ~]# vim  /etc/sysconfig/network-scripts/ifcfg-enp0s3:1
NAME=enp0s3:1                                     #修改名称，添加:1
DEVICE=enp0s3:1                                   #如果不存在则添加此行
IPADDR=192.168.0.234                              #修改地址
```

除了上述三个参数需要修改之外，其他参数均保持不变。然后，重新启动 network 服务，并再次执行 ifconfig 命令查看，发现已经存在 enp0s3:1 设备及对应的 IP 地址，执行 ping 命令也可以验证 IP 地址工作正常。

実 験 **8**

访问 vsftp 服务

实验目的：使用匿名及本地用户访问 vsftpd 服务。

实验要求：掌握 vsftpd 服务的主要参数及配置文件内容，熟练掌握 vim、systectl、yum、rpm、netstat、ps 等命令的基本使用方法。

实验环境：CentOS 7 系统。

问题描述：设计完成为客户端提供匿名 vsftpd 服务所必需的具体步骤及方法。

实验步骤：

在进行本次实验之前，应该确保网络连通。

1. 安装 vsftpd 软件

（1）检查 vsftpd 是否安装

执行如下命令，均可检查 vsftpd 是否已经安装。

```
[root@ABCx ~]# vsftpd  -v            #查看 vsftpd 的版本
vsftpd: version 3.0.2                 #显示版本号，表明已经安装
[root@ABCx ~]# rpm -q  vsftpd         #直接查找 vsftpd 软件包
vsftpd-3.0.2-28.el7.x86_64           #显示了软件包的全名，表明此软件包已经安装到系统中了
```

（2）安装 vsftpd 软件

执行 yum 的 install 子命令可以比较方便地完成 vsftpd 软件安装过程。

```
[root@ABCx ~]# yum -y  install  vsftpd                    #安装 vsftpd 软件包
```

创建本地主机上的 YUM 仓库，安装各种软件都比较方便。按照实验 6 完成即可。

（3）默认的安装路径

软件安装完成后，在/usr/lib/systemd/system/目录中，包含 vsftpd 服务的单元配置文件；在/etc/vsftpd/子目录中，包含与服务相关的参数配置文件；/usr/share/doc/vsftpd-3.0.2/子目录中，包含 vsftpd 服务 DOC 文档文件，包括一些具体的例子；/usr/sbin/子目录中的 vsftpd 是可执行文件。

2. 设置用户访问的参数

将配置文件 vsftpd.conf 的参数设置为如下取值，就可以允许匿名用户拥有上传文件、创建子目录的权限。

```
[root@ABCx ~]# vim  /etc/vsftpd/vsftpd.conf        #编辑修改 vsftpd.conf 文件
 12 anonymous_enable=YES                           #允许匿名访问 FTP 服务器，是默认值
 29 anon_upload_enable=YES                         #允许匿名用户上传文件
 33 anon_mkdir_write_enable=YES                    #允许匿名用户创建子目录
```

如果再添加参数设置，则同时拥有删除文件、修改文件名等权限，命令如下。

```
34 anon_other_mkdir_write_enable=YES        #匿名用户具有改名、删除文件的权限
```

另外，如果允许服务器上的用户具有访问的权限，则在 vsftpd.conf 文件的最后，添加如下两行。

```
129 userlist_deny=NO              #user_list 中的用户能够访问服务器
130 userlist_file=/etc/vsftpd/user_list   #指定具有访问权限的用户列表文件
```

检查无误之后，保存退出。同时，必须修改 user_list 文件中的用户名，命令如下。

```
[root@ABCx ~]# vim  /etc/vsftpd/user_list   #编辑修改 user_list
#root                     #将所列用户名全部注释
learn                     #添加具有访问权限的用户名
bjing                     #每个用户名占一行
```

修改并保存之后，应该重新启动 vsftpd 服务。

3．启动及停止 vsftpd 服务

```
[root@ABCx ~]# systemctl  start  vsftpd     #启动 vsftpd 服务，没有输出表明此服
务已经正常运行了。可以执行 status 子命令等方法验证查看
```

服务启动之后，正常运行过程中，仍然会随机产生一些故障，此时可以使用 restart 子命令重新启动此服务，具体如下。

```
[root@ABCx ~]# systemctl  restart  vsftpd   #重新启动 vsftpd.sevice 服务
```

需要注意的是，如果 systemctl 命令的参数部分没有添加扩展名，默认情况下首先查找 service 服务单元。需要结束 vsftpd 服务时，执行 stop 子命令，具体如下。

```
[root@ABCx ~]# systemctl  stop  vsftpd      #停止 vsftpd 服务的运行
```

4．查看服务状态

如果服务处于正常运行过程中，执行 status 子命令能够查看服务的状态，具体如下。

```
[root@ABCx ~]# systemctl  status  vsftpd    #查看 vsftpd 的运行状态
```

如果需要将 vsftpd 服务设置为在下一次系统启动后自动运行，可以执行 enable 子命令，具体如下。

```
[root@ABCx ~]# systemctl  enable  vsftpd    #设置下一次系统启动后自动运行
```

5．客户端访问 vsftpd 服务

（1）Windows 访问 vsftpd

Windows 系统提供了 ftp 命令，用于登录服务器，并进行下载文件、上传文件的过程。进入 Windows 的命令行，执行如下命令。

```
C:\Windows\system32>cd  \ftp
C:\ftp>ftp  192.168.3.123                   #登录 192.168.3.123 服务器
连接到 192.168.3.123。                        #已经连接到服务器
用户(192.168.3.123:(none)): learn            #输入本地用户名登录
密码：                                        #输入密码
230 Login successful.                       #表示成功登录到服务器
ftp> cd  /var/ftp                           #执行命令切换命令 cd
ftp> ls  -l                                 #查看结果
```

下载服务器的文件，执行 get 命令，具体如下。

```
ftp> get  linux-4.19.165.tar                                   #下载文件到当前目录
200 PORT command successful. Consider using PASV.
150 Opening BINARY mode data connection for linux-4.19.165.tar (841748480 bytes).
226 Transfer complete.
ftp: 收到 841748480 字节, 用时 20.34 秒 41385.93 千字节/秒。
ftp> !dir                                                      #执行 Windows 命令查看结果
 C:\ftp 的目录
2021/03/26  21:15          841,748,480 linux-4.19.165.tar
```

在 Windows 下也可以使用 Xshell 或 PuTTY 软件，访问 vsftpd 服务。

（2）Linux 访问 vsftpd

如果 Linux 客户端软件包 FTP 没有安装，则执行 yum 的 install 子命令进行即可。命令如下。

```
[root@ABCx ~]# yum  install  ftp                               #安装 FTP 客户端软件包
```

然后执行 ftp 命令，并输入服务器的 IP 地址，即可与 vsftpd 服务器连接，命令如下。

```
[root@ABCx ~]# ftp  192.168.3.123                              #客户端执行 ftp 命令访问
vsftpd 服务器, 其 IP 地址是 192.168.3.123
Connected to 192.168.3.123 (192.168.3.123).                    #表明已经连接到服务器
Name (192.168.3.123:root): anonymous                           #输入 anonymous 用户名
Password:                                                      #输入邮件地址作为密码
230 Login successful.                                          #登录成功
ftp> ls  -l                                                    #执行 ftp 命令
drwxrwxrwx    2 0        0               6 Jan 29 03:33 111
drwxr-xr-x    2 0        0               6 Oct 30  2018 pub
......                                                         #输出的其他部分省略
```

上述结果表明，已经成功连接到服务器。可以执行的其他命令参见表 8-1。

实验 9
访问 Samba 服务

9

实验目的：实现 Windows 访问 Samba 服务提供的共享目录。

实验要求：掌握 Samba 配置文件的参数及含义，并正确设置相关参数，实现文件共享的 Samba 服务；熟练掌握相关 rpm、yum、vim、systemctl、ifconfig、ping 等命令。

实验环境：CentOS 7 系统。

问题描述：正确设置 Linux 系统的 Samba 配置文件中的相关参数，使用 Windows 的浏览器访问 Samba 服务，并进行验证。

实验步骤：

在进行本次实验之前，应该确保网络连通。

1. 检查并安装 Samba 软件包

默认情况下，可以执行如下命令检查 Samba 服务的软件包是否安装。

```
[root@ABCx ~]# rpm -q samba                    #查看 Samba 软件包是否安装
package samba is not installed                 #没有安装
[root@ABCx ~]# rpm -qa | grep samba            #查看 samba 开头的软件包
samba-common-4.10.16-13.el7_9.noarch           #通用功能软件包
samba-common-libs-4.10.16-13.el7_9.x86_64      #通用功能库软件包
samba-libs-4.10.16-13.el7_9.x86_64             #库文件软件包
samba-client-libs-4.10.16-13.el7_9.x86_64      #客户端库文件软件包
samba-client-4.10.16-13.el7_9.x86_64           #客户端软件包
```

上述结果表明，提供 Samba 服务的软件包没有安装，其他的相关基础功能软件包都已经安装到系统中了。

在配置好本地 YUM 仓库或网络连接畅通的情况下，执行 yum 的 install 命令进行 Samba 软件包的安装过程，命令如下。

```
[root@ABCx ~]# yum install samba               #安装 Samba 软件包
```

安装完成后，可以再次执行 rpm -qa | grep samba 命令，查看 samba 开头的软件包，比上述多了两个软件包，具体如下。

```
[root@ABCx ~]# rpm -qa | grep samba
samba-4.10.16-13.el7_9.x86_64                  #Samba 服务软件包
samba-common-tools-4.10.16-13.el7_9.x86_64     #Samba 通用工具软件包
......                                         #输出的其他部分省略
```

将 Samba 软件包安装到系统之后，守护进程名称分别是 smbd 和 nmbd，具体如下。

```
[root@ABCx ~]# whereis  smbd  nmbd
smbd: /usr/sbin/smbd /usr/share/man/man8/smbd.8.gz
nmbd: /usr/sbin/nmbd /usr/share/man/man8/nmbd.8.gz
```

而提供的服务单元名称分别是 smb.service、nmb.service，具体如下。

```
[root@ABCx ~]# ll  /usr/lib/systemd/system/smb*  /usr/lib/systemd/system/nmb*
-rw-r--r--. 1 root root 476 Mar 16 23:29 /usr/lib/systemd/system/nmb.service
-rw-r--r--. 1 root root 522 Mar 16 23:29 /usr/lib/systemd/system/smb.service
```

2. 添加 Samba 用户

默认情况下，Samba 服务使用的安全级别是 user，只允许 Samba 用户数据库中存在的用户访问此服务。

执行 smbpasswd 或 pdbedit 命令均可管理 Samba 用户。命令的选项中，-a 选项表示把本地用户添加到 Samba 的用户数据库中，并设置在 Samba 数据库中的密码；-x 选项表示从 Samba 数据库中删除指定的用户。具体如下。

```
[root@ABCx ~]# pdbedit -a  hadoop0              #添加 hadoop0 用户
new password:
retype new password:
UNIX username:          hadoop0
......                                          #输出的其他部分省略
```

如果用户不存在，需要执行 useradd 命令将用户先添加到本地主机，命令如下。

```
[root@ABCx ~]# useradd -g learn0 -d /home/ubun0/ ubun0
[root@ABCx ~]# passwd ubun0                     #设置本地主机的登录密码
[root@ABCx ~]# smbpasswd -a ubun0               #设置 Samba 的密码并添加
New SMB password:
Retype new SMB password:
Added user ubun0.                               #添加完成
```

pdbedit 命令具有更多的管理功能，smbpasswd 仅可以设置密码并添加用户。可以执行 man 命令查看这两个命令的详细信息。

3. 修改配置文件

Samba 服务的配置文件是/etc/samba/smb.conf。实现 user 级别的 Samba 共享服务可以对配置文件内容进行修改，具体如下。

```
[root@ABCx ~]# cp  /etc/samba/smb.conf  /etc/samba/bak.smb.conf
```

执行上述命令完成配置文件的备份，然后再进行修改，命令如下。

```
[root@ABCx ~]# vim  /etc/samba/smb.conf        #修改 smb.conf 文件
 6 [global]                                     #全局参数设置
 7        workgroup = SAMBA                      #设定工作组是 SAMAB
 8        security = user                        #设定安全级别是 user
10        passdb backend = tdbsam               #设定使用 tdbsam 验证
11        map to guest = Bad User
```

修改 smb.conf 文件时，仅保留原文件中的第 6、7、8 及 10 行，其他行均作为注释，就是在行首添加字符#。然后添加新的第 11 行，如上，允许匿名用户访问。Samba 服务默认的安全级别是 user 方式，即本地主机负责进行安全认证。

下面添加两个共享的子目录。

```
38 [smbShare]                                        #共享名称
39       comment = Public Share                     #对共享的注释描述，可以不写
40       path = /var/smbShare                       #真正的共享目录路径
41       browseable = yes                           #设定共享路径是否可以浏览
42       writable = yes                             #设定共享路径是否具有写权限
43       guest ok = yes                             #设定是否允许匿名账号访问
45 [pubsrv]                                          #共享名称
46       path = /srv/pubsrv                         #真正的共享目录路径
47       browseable = no                            #设定共享路径是否可以浏览
48       read only = yes                            #设定共享目录是只读的
```

其中，因为 guest ok 参数设置为 yes，因此 smbShare 可以共享给任何用户，包括匿名的；而
pubsrv 只能共享给 Samba 认证数据库中的用户。

另外，可以根据需要设置多个共享目录。

4. 创建共享目录

```
[root@ABCx ~]# mkdir  /srv/pubsrv/
[root@ABCx ~]# ll  -d  /srv/*
drwxr-xr-x. 2 root root  6 May  2 16:08 /srv/pubsrv/
[root@ABCx ~]# mkdir  /var/smbShare/
[root@ABCx ~]# ll  -d  /var/smbShare/
drwxr-xr-x. 2 root root  6 May  2 16:09 /var/smbShare/
```

在配置文件 smb.conf 中已经设定允许/var/smbShare/子目录具有写入的权限，因此这里还需
要执行 chmod 命令修改权限，具体如下。

```
[root@ABCx ~]# chmod  o+w  /var/smbShare/         #赋予其他用户写入的权限
```

复制文件到共享目录，命令如下。

```
[root@ABCx ~]# cp  /etc/samba/*  /var/smbShare/              #复制文件
[root@ABCx ~]# cp  /etc/samba/smb.conf.example  /srv/pubsrv/  #复制文件
```

5. 验证配置文件语法是否正确

执行 testparm 命令，完成验证，具体如下。

```
[root@ABCx ~]# testparm                           #验证配置文件
Load smb config files from /etc/samba/smb.conf
Loaded services file OK.
Server role: ROLE_STANDALONE
......                                             #输出的其他部分省略
```

如果配置文件包含错误语句，则提示相关问题，此时需要重新修改配置文件。

6. 设置防火墙

设置防火墙放行 Samba 服务，并添加到永久放行队列中，执行如下命令。

```
[root@ABCx ~]# firewall-cmd  --permanent  --add-service=samba   #放行 Samba 服务
[root@ABCx ~]# firewall-cmd  --reload                           #重新加载防火墙
```

7. 启动 Samba 服务

```
[root@ABCx ~]# systemctl  start  smb  nmb        #同时启动 smb、nmb 两项服务
```

如果需要，可以执行 stop、restart 子命令停止、重新启动服务，执行 status 子命令查看服务的状态，也可以执行命令查看服务端口，具体如下。

```
[root@ABCx ~]# netstat -an4  | grep -E '137|138|139|445'
tcp        0      0 0.0.0.0:445            0.0.0.0:*               LISTEN
tcp        0      0 0.0.0.0:139            0.0.0.0:*               LISTEN
udp        0      0 192.168.3.255:137      0.0.0.0:*
udp        0      0 192.168.3.255:138      0.0.0.0:*
......                                                            #输出的其他部分省略
```

8. Linux 验证

在 Linux 客户端输入 smbclient 命令验证 Samba 服务是否可以访问，具体如下。

```
[hadoop0@ABCx ~]$ smbclient  -L 192.168.3.123
Enter SAMBA\hadoop0's password:
    Sharename       Type      Comment
    ---------       ----      -------
    sbmShare        Disk      Public Share
    pubsrv          Disk
    IPC$            IPC       IPC Service (Samba 4.10.16)
Reconnecting with SMB1 for workgroup listing.
    Server          Comment
    ---------       -------
    Workgroup       Master
    ---------       -------
    SAMBA           ABCX
    WORKGROUP       WMQ-PC
```

smbclient 命令中，也可以使用-U 指定用户名。

9. 在 Windows 下验证

在 Windows 资源管理器的地址栏中，输入提供 Samba 服务的 IP 地址"192.168.3.123"进行访问，如图实 9-1 所示。

第一次访问其中的 pubsrv 共享目录时，需要输入用户名及密码进行验证，如图实 9-2 所示；而双击 smbShare 共享目录时，则不需要输入密码。进一步验证了配置文件中设置参数的区别。

图实 9-1 资源管理器访问 Samba 服务

图实 9-2 pubsrv 共享目录需要密码

如果打开文件之后看不到共享的文件，则在 Linux 的命令行下输入如下命令。

```
[root@ABCx ~]# setenforce  0                                    #关闭 SELinux
```

将图片文件 img24.jpg 复制到 pubsrv 目录的结果如图实 9-3 所示；复制到 smbShare 目录的结果如图实 9-4 所示。

图实 9-3　pubsrv 共享目录　　　　　　　　　　　　　图实 9-4　smbShare 共享目录

实验目的：实现使用 IP 地址及域名访问 Web 服务。

实验要求：熟练掌握 ll、cd、mkdir、cp、vim 命令的基本使用方法。

实验环境：CentOS 7 系统。

问题描述：修改 httpd 服务的配置文件，并正确设置参数，实现并验证使用 IP 地址及域名访问 Web 服务的任务。

实验步骤：

在进行本次实验之前，应该确保网络正常连通。

假设某公司的域名是 uvwd.coop，其 Web 服务器上需要支持集团 groups、市场 market 网站同时存在，对应的配置信息见表实 10-1。

表实 10-1　网站信息对照表

网站名称	域名	IP 地址	网站所在子目录
集团 groups	groups.uvwd.coop	192.168.3.123/24	/var/www/uvwd/groups/
市场 market	market.uvwd.coop	192.168.3.234/24	/var/www/uvwd/market

1）根据题目要求，修改/etc/hosts 文件，添加如下记录。

```
[root@ABCx ~]# vim  /etc/hosts                          #编辑修改 hosts 文件
192.168.3.123    groups.uvwd.coop                       #添加的这两行对应不同网站
192.168.3.234    market.uvwd.coop
```

也可以按照 8.3 节正确配置并启动本网段内的 DNS 服务，完成域名解析任务，而不使用 hosts 文件进行静态的映射。

2）设置 enp0s8 接口设备的 IP 别名，应该为网络接口设备创建相应的配置文件，一个简单方法就是直接复制某个设备的配置文件，具体如下。

```
[root@ABCx ~]# cp  /etc/sysconfig/network-scripts/ifcfg-enp0s8  /etc/sysconfig/
network- scripts/ifcfg-enp0s8:1          #复制 enp0s8 的配置文件，并改名为 enp0s8:1
```

然后，修改 enp0s8:1 的配置文件的内容，命令如下。

```
[root@ABCx ~]# vim /etc/sysconfig/network-scripts/ifcfg-enp0s8:1
NAME=enp0s8:1                                           #修改名称，添加:1
DEVICE=enp0s8:1                                         #如果不存在则添加此行
IPADDR=192.168.3.234                                    #修改地址
```

　　除了上述三个参数需要修改之外，其他参数均保持不变。如果想要练习，也应该修改成指向本地 DNS 服务器的地址。

　　配置文件修改完成后，重新启动 network 服务，并再次执行 ifconfig 命令查看，发现已经存在 enp0s8:1 设备及对应的 IP 地址，执行 ping 命令也可以验证 IP 地址工作正常。

　　3）创建网站子目录并设置权限，命令如下。

```
[root@ABCx ~]# mkdir  -p  /var/www/uvwd/groups/
[root@ABCx ~]# mkdir  /var/www/uvwd/market            #分别创建子目录
[root@ABCx ~]# chmod  -R  755  /var/www               #修改 www 及子目录权限属性
```

　　4）创建修改主页文件，将前面给出的 index.html 主页文件分别复制到上述两个子目录中，命令如下。

```
[root@ABCx ~]# cp  /var/www/html/index.html  /var/www/uvwd/groups/
[root@ABCx ~]# vim  /var/www/uvwd/groups/index.html   #编辑修改网站主页文件
3        <title>Groups</title>
6        <h1>uvwd's  Groups</h1>                        #根据需要修改第 3、6、7 行
7        <p><a><img src="images/img8.jpg"></a></p>
```

　　对于 market 网站的子目录做相同处理，并做必要修改。

　　5）创建虚拟主机的配置文件。在/etc/httpd/conf.d/目录下，创建 groups.conf 文件，作为 groups.uvwd.coop 网站虚拟主机的配置文件，命令如下。

```
[root@ABCx ~]# vim  /etc/httpd/conf.d/groups.conf     #创建并编辑配置文件
<VirtualHost  *:80>                                    #指定虚拟主机及访问端口
DocumentRoot  "/var/www/uvwd/groups/"                  #指定主页根目录
ServerName  groups.uvwd.coop                           #指定服务器域名
</VirtualHost>                                         #虚拟主机定义结束
<Directory  "/var/www/uvwd/groups/">                   #指定虚拟主机主页根目录属性
AllowOverride  None                                    #禁止使用此目录下的配置文件
Require  all  granted                                  #允许所有主机访问此目录
</Directory>                                           #定义结束
```

　　同样创建 market.conf 文件，并做必要修改，作为 market.uvwd.coop 网站的配置文件。之后执行 httpd 或 apachectl 命令进行语法检查，具体如下。

```
[root@ABCx ~]# apachectl  configtest                  #对所有配置文件进行语法检查
Syntax OK
```

　　上述结果表明所有的配置文件（包括新创建的两个配置文件）语法检查都是正确的。

　　6）重新启动服务。由于 httpd.conf 配置文件的最后一个语句包含了 conf.d 子目录下所有 *.conf 文件，因此，在重新启动 httpd 服务时，上述新创建的两个配置文件会被自动引用，具体如下。

```
[root@ABCx ~]# apchectl  graceful                     #重新启动 httpd 服务
```

　　执行 apchectl graceful 命令同样可以完成 systemctl restart httpd 命令重新启动 httpd 服务的功能。

　　7）可以在本地主机上打开火狐浏览器进行测试验证，具体如下。

```
[root@ABCx ~]# firefox  &                             #后台方式运行 Firefox
```

　　在浏览器的地址栏中分别输入groups.uvwd.coop 以及 market.uvwd.coop 域名均可访问对应的网页内容。

参 考 文 献

[1] 鸟哥. 鸟哥的 Linux 私房菜：基础学习篇[M]. 4 版. 北京：人民邮电出版社，2018.

[2] 谢蓉. Linux 基础及应用[M]. 2 版. 北京：中国铁道出版社，2014.

[3] 丁明一. Linux Shell 核心编程指南[M]. 北京：电子工业出版社，2019.

[4] 张春晓. Ubuntu Linux 系统管理实战[M]. 北京：清华大学出版社，2018.

[5] 沈超，李明，等. 细说 Linux 基础知识[M]. 2 版. 北京：电子工业出版社，2018.

[6] 梁如军，王宇昕，车亚军，等. Linux 基础及应用教程：基于 CentOS 7[M]. 2 版. 北京：机械工业出版社，2016.

[7] 绍茨. Linux 命令行大全[M]. 郭光伟，郝记生，译. 北京：人民邮电出版社，2013.

[8] 张敬东. Linux 服务器配置与管理[M]. 北京：清华大学出版社，2014.